新工科建设·电子信息类系列教材

自适应信号处理

王立国　肖　瑛　赵春晖　张朝柱　编著

電子工業出版社
Publishing House of Electronics Industry
北京·BEIJING

内 容 简 介

本书系统地介绍时域自适应信号处理的基本理论、基本算法和典型应用。从最优准则上看，本书主要涉及最小均方误差准则和最小二乘准则。从滤波器结构上看，主要介绍横向滤波器和格型滤波器。在应用方面，重点介绍自适应模拟、自适应逆模拟、自适应干扰对消和自适应预测等。

全书共 11 章，主要包括：绪论、维纳滤波、最小均方自适应算法、改进型最小均方自适应算法、最小均方误差线性预测及自适应格型算法、线性最小二乘滤波、最小二乘横向滤波自适应算法、最小二乘格型自适应算法、非线性滤波及其自适应算法、自适应信号处理的应用、盲自适应信号处理理论及应用。

本书可作为高等院校的通信、电子信息工程及其他相关专业的高年级本科生和研究生的教材，也可作为从事信号与信息处理领域研究的工程技术人员的参考书。

图书在版编目 (CIP) 数据

自适应信号处理 / 王立国等编著. — 北京：电子工业出版社，2023.1

ISBN 978-7-121-45016-7

Ⅰ. ①自…　Ⅱ. ①王…　Ⅲ. ①自适应控制－信号处理－高等学校－教材　Ⅳ. ①TN911.7

中国国家版本馆 CIP 数据核字（2023）第 021094 号

责任编辑：王晓庆
印　　刷：北京七彩京通数码快印有限公司
装　　订：北京七彩京通数码快印有限公司
出版发行：电子工业出版社
　　　　　北京市海淀区万寿路 173 信箱　　邮编：100036
开　　本：787×1 092　1/16　印张：13.75　字数：352 千字
版　　次：2023 年 1 月第 1 版
印　　次：2023 年 8 月第 2 次印刷
定　　价：55.00 元

凡所购买电子工业出版社图书有缺损问题，请向购买书店调换。若书店售缺，请与本社发行部联系，联系及邮购电话：（010）88254888，88258888。

质量投诉请发邮件至 zlts@phei.com.cn，盗版侵权举报请发邮件至 dbqq@phei.com.cn。

本书咨询联系方式：（010）88254113，wangxq@phei.com.cn。

前　言

自适应信号处理是现代信号与信息处理学科的一个重要分支，自适应滤波理论与技术是统计信号处理和非平稳信号处理的重要组成部分，在通信、雷达、控制、声呐、遥感、生物医学等工程领域具有广泛的应用。

本书旨在介绍自适应信号处理的基本理论、基本算法和典型应用。全书共 11 章，其中，第 1 章主要介绍自适应滤波的基本概念、自适应信号处理的发展过程和自适应信号处理的应用。第 2、3、4、5 章主要介绍基于最小均方误差准则的最优滤波及其自适应算法，包括维纳滤波、最小均方自适应算法、改进型最小均方自适应算法、最小均方误差线性预测及自适应格型算法。第 6、7、8 章主要介绍基于最小二乘准则的最优滤波及其自适应算法，包括线性最小二乘滤波、最小二乘横向滤波自适应算法、最小二乘格型自适应算法。第 9 章主要介绍非线性滤波及其自适应算法，包括 Volterra 级数滤波器、LMS 和 RLS Volterra 级数滤波器、形态滤波器理论及自适应算法、层叠滤波器理论及自适应算法。第 10 章主要介绍自适应信号处理的应用，包括自适应模拟与系统辨识、自适应逆模拟、自适应干扰对消、自适应预测。第 11 章对盲自适应信号处理的典型应用进行简单介绍，包括盲自适应均衡、盲源分离、盲系统辨识算法等。另外，本书还附有矩阵和向量的基础知识、相关矩阵及时间平均自相关矩阵的主要性质。

本书结合了作者多年在自适应信号处理领域的教学心得，融入了作者部分科研成果，同时参考了国内外同类教材和论文。

本书由王立国、肖瑛、赵春晖、张朝柱编著，本书为大连民族大学、哈尔滨工程大学、齐鲁工业大学三校紧密合作完成，编写和出版得到了三个单位的大力支持，在此表示诚挚的感谢！

由于编者水平有限，书中难免还存在误漏之处，希望得到广大读者批评指正。

作　者

2023 年 1 月

目　录

第1章　绪　　论

1.1　自适应滤波的基本概念

信号在采集和传输过程中往往会掺杂着噪声和干扰，信号处理的主要任务之一就是从信号中滤除噪声和干扰，从而提取有用信息，这一处理过程称为滤波。完成滤波功能的系统称为滤波器。人们对滤波器的研究就是在某种最优准则下如何设计最优滤波器的问题。20 世纪 40 年代，维纳建立了在最小均方误差准则下的最优滤波理论（亦称维纳滤波理论），这一滤波理论要求：（1）输入信号是广义平稳的；（2）输入信号的统计特性已知。到了 20 世纪 60 年代，随着空间技术的发展，卡尔曼建立了适用于非平稳信号处理的卡尔曼滤波理论。无论是维纳滤波，还是卡尔曼滤波，都需要输入信号的统计特性先验知识，而这些先验知识是由外界环境决定的，这往往是未知的或变化的，因此无法满足最优滤波的要求，这就促使人们开始研究自适应滤波。

自适应滤波用来研究一类结构和参数可以改变或调整的系统，这种系统能够通过与外界环境的接触来改善自身的信号处理性能，称为自适应系统。这类系统可以自动适应信号传输变化的环境和要求，无须知道信号的结构和先验知识，无须精确设计信号处理系统的结构和参数。

自适应系统是一类时变的非线性系统。自适应系统的非线性特性主要是由系统对不同信号环境实现自身调整确定的。例如，一个自适应滤波器的输入仅为有用信号时，它可以调整为一个全通系统；若输入为有用信号并掺杂噪声或干扰，则它可根据噪声的特点，自动调整为一个带通或带阻系统。自适应系统的时变特性主要是由其自适应响应（即自适应学习）过程确定的。当自适应过程结束，不再进行系统调整时，有一类自适应系统成为线性系统，并称之为线性自适应系统；与之相对应，存在另一类自适应系统，当不再进行系统调整时该系统仍具有非线性特性，这类自适应系统称为非线性自适应系统。由于线性自适应系统设计简便且易于数学处理，所以使用广泛。

自适应系统一般分为开环自适应系统和闭环自适应系统两种类型。开环自适应系统的工作原理为：对输入信号或环境特性进行测量，用测量得到的信息形成公式或算法，并用以调整自适应系统本身；而闭环自适应系统还利用系统调整所得结果的有关知识去优化系统的某种性能，因此这类系统是带有性能反馈的自适应系统。开环自适应系统与闭环自适应系统的原理框图如图 1-1 和图 1-2 所示。从图中可以看出：开环自适应系统的自适应算法仅由输入信号确定；而闭环自适应系统的自适应算法不仅取决于输入信号，而且与输出结果有关，是由二者共同确定的。

当具体设计一个自适应系统时，选择开环还是闭环，应考虑很多因素。其中输入信号及性能指示信号的可利用性是要考虑的一个主要因素。一般开环自适应系统的运算速度较快，实现相对容易，但它的适应性较差，应用面窄；而闭环自适应系统由于存在着性能反馈，能够自身优化系统结构和参数，使系统的适应性和可靠性得以改善。本书主要介绍闭环自适应系统。

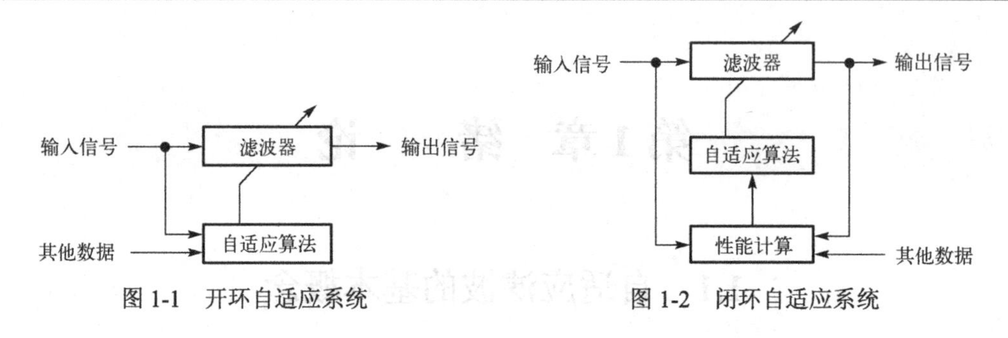

图 1-1 开环自适应系统 图 1-2 闭环自适应系统

1.2 自适应信号处理的发展过程

自适应信号处理由优化理论发展而来。通信领域中的优化理论的研究可以追溯到 20 世纪 20 年代，Nyquist 及 Hareley 研究了频带及信噪比问题。1942 年维纳研究了基于最小均方误差（MMSE）准则的在可加噪声中信号的最佳滤波问题，并利用 Wiener-Hopf（维纳-霍夫）方程给出了对连续信号情况的最佳解。基于 MMSE 准则的最佳滤波器被称为维纳滤波器。1947 年 Levenson 给出了对于离散信号的 Wiener-Hopf 方程的矩阵形式和解方程的一种递推算法。1960 年 Kalman 在维纳工作的基础上，提出了基于 MMSE 准则的对于动态系统的离散形式递推算法，这就是有名的卡尔曼滤波算法，他的工作是最佳滤波器研究的又一重大进展。

对最优化电子系统的研究及实际的需要，推动了对自适应信号处理系统的研究。20 世纪 50 年代末，自适应天线这一术语最先由 Van Atta 等人用来描述所谓的“自定相天线系统”。而自适应滤波器则最先由 Jakowatz 等人于 20 世纪 60 年代初用来描述一个从噪声中提取出现时刻随机的信号系统。

自 20 世纪 60 年代初开始，在许多领域出现了对自适应滤波技术的开创性研究工作。在这些工作的基础上，伴随着大规模集成电路技术、计算机技术的飞速发展，自适应滤波技术在几十多年来获得了极大的发展和广泛的应用，成为最活跃的研究领域之一。

自适应技术的发展都是与自适应滤波理论及算法研究密不可分的。1959 年，Widrow 和 Hoff 提出的最小均方（LMS）算法对自适应技术的发展起到了极大的作用。由于 LMS 算法简单和易于实现，因此已被广泛应用。对算法的性能和改进算法已做了相当多的研究，并且至今仍然是一项重要的研究课题。1996 年 Hassibi 等证明 LMS 算法在准则下为最佳，因而在理论上证明了算法具有坚实性，这是 LMS 算法研究的一个重要进展。当输入相关矩阵的特征值分散时，算法的收敛性变差。为了改善 LMS 算法的收敛性，文献中已提出了包括变长算法在内的很多改进算法。在这些算法中，由 Nagumo 等人提出的归一化算法得到了较广泛的应用。LMS 算法属于随机梯度算法类，属于这一类的还有梯度格型和其他一些梯度算法，但是 LMS 算法是最重要和应用最广泛的算法之一。

第二类重要算法是最小二乘（LS）算法，LS 算法最早在 1795 年由高斯提出。但是直接利用 LS 算法时运算量大，且每次新输入数据都必须对所有数据处理一次，因而在自适应滤波中应用得有限。递推最小二乘算法（RLS）通过递推方式寻求最佳解。复杂度比直接 LS 算法小，获得了广泛应用。许多学者推导了 RLS 算法，其中包括 Placket。1994 年 Sayed 和 Kailath 建立了 Kalman 滤波和 RLS 算法的对应关系，这不但使人们对 RLS 算法有进一步的理解，而且 Kalaman 滤波的大量研究成果可应用于自适应滤波处理，对自适应滤波技术起到了重要的推动作用。1983 年 McWhirter 提出了一种可用 Kung 的 Systolic 处理结构实现的 RLS 算法。这一方法由 Ward 等和 McWhirter 进一步发展为用于空域自适应滤波的 QR 分解 LS 算法。该算法不针对输入数据的相关矩阵进行递推，有很好的数据稳定性，而且可用 Systolic 处理结构高效地实现，因而在空余处理中获得广泛应用。

采样矩阵求逆（SMI）算法是另一种重要的自适应算法。SMI 算法又称为直接矩阵求逆（DMI）算法。1974 年，Reed 等人首先系统地讨论了 SMI 算法。SMI 算法可以实现很高的处理速度，因而在雷达等系统中获得了广泛应用。K.Teitlebaum 在其关于林肯实验室雷达的文中叙述了基于直接对数据矩阵进行处理的算法，该算法同样采用 Systolic 处理结构进行处理。

最小方差无失真响应（MVDR）算法属于另一类重要的自适应算法。1969 年，Capon 在研究高分辨率测向的论文中讨论了在保证信号方向增益的条件下，使自适应矩阵输出方差最小的准则，即最小方差无失真响应（MVDR）准则。该论文是研究 MVDR 算法的最早工作之一。

1.3 自适应信号处理的应用

本节简要地介绍闭环自适应系统的几个主要应用领域，有关详细内容将在第 10 章中具体阐述。

首先将图 1-2 所示的闭环自适应系统的性能反馈过程更确切地用图 1-3 来描述。图中输入信号记为 $u(n)$，$d(n)$ 表示一个自适应系统的期望响应信号，即图 1-2 中的其他数据，自适应系统的实际输出信号记为 $y(n)$，误差信号 $e(n)$ 是期望响应信号 $d(n)$ 与实际输出信号 $y(n)$ 之差。采用这个误差信号，闭合性能反馈环，按照某种使量度误差最小化的自适应算法来调整自适应系统的结构和参数，从而改变了系统的响应性能。

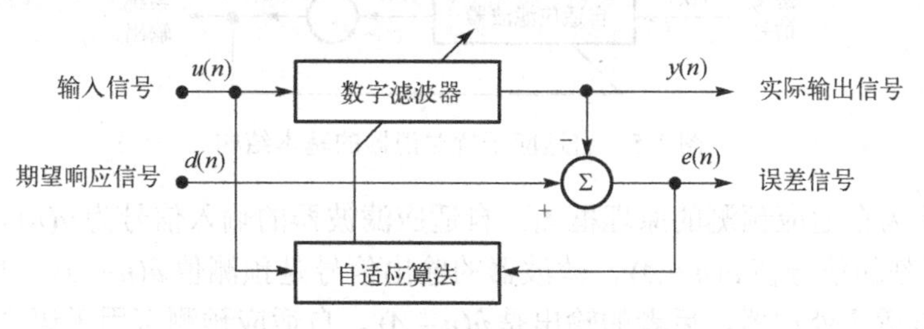

图 1-3 闭环自适应系统的结构模型

下面给出闭环自适应系统的几个应用示例。

图 1-4 所示为自适应建模的原理框图。图 1-4（a）是正向建模，图 1-4（b）是逆向建模。在正向建模中，自适应滤波器调整自己的权系数，使得输出响应 $y(n)$ 尽可能逼近未知系统（被建模系统）的输出 $d(n)$。如果激励源的频率成分固定，且未知系统的内部噪声 $v(n)$ 很小，那么自适应滤波器将调整自己成为未知系统的一个好模型，自适应正向建模有时也称为系统辨识。正向建模已被广泛地应用于自适应控制系统、数字滤波器设计、相干估计和地球物理中。在逆向建模中，自适应滤波器调整自己的权系数以成为被建模系统的逆系统，即把被建模系统的输出转换成输入信号的延迟 $u(n-\Delta)$，这里延迟时间 Δ 包括被建模系统和自适应滤波器引起的延迟。如果输入信号的频谱固定且噪声 $v(n)$ 很小，那么自适应滤波器调整权系数的结

果是使自己成为未知系统的逆系统的好模型。逆向建模常被用于自适应控制、语音分析、信道均衡、解卷积、数字滤波器设计等方面。

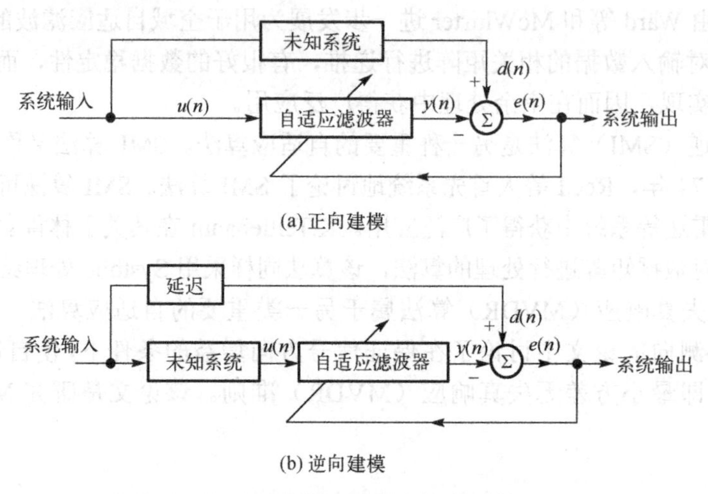

(a) 正向建模

(b) 逆向建模

图 1-4 自适应建模的原理框图

图 1-5 所示为自适应干扰对消器的基本结构，它在许多方面有广泛应用。这里期望响应信号 $d(n)$ 是信号与噪声之和，即 $d(n)=u(n)+v(n)$，自适应滤波器的输入是与 $v(n)$ 相关的另一个噪声 $v'(n)$。当 $u(n)$ 与 $v(n)$ 不相关时，自适应滤波器将调整自己的参数，以使 $y(n)$ 成为 $v(n)$ 的最优估计 $e(n)$。这样，$e(n)$ 将逼近信号 $u(n)$ 且其均方值 $E[e^2(n)]$ 最小，噪声 $v(n)$ 就得到一定程度的对消。

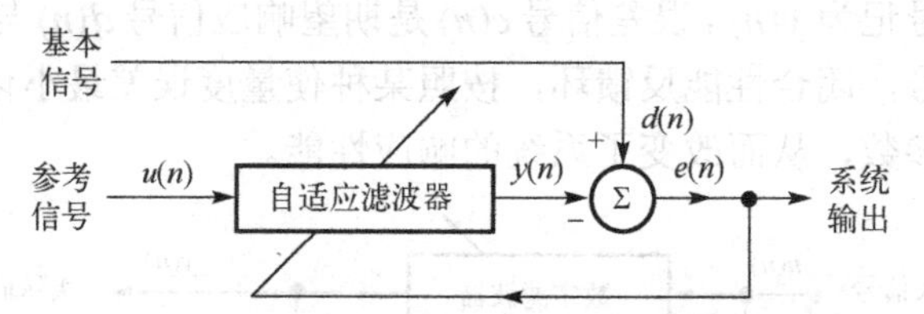

图 1-5 自适应干扰对消器的基本结构

图 1-6 所示为自适应预测的原理框图。自适应滤波器的输入信号为 $u(n)$，期望响应信号 $d(n)$ 是 $n+\Delta$ 时刻的信号值 $u(n+\Delta)$，滤波器的输出信号是预测值 $\hat{u}(n+\Delta)$。自适应滤波器的参数被复制到自适应处理器，后者的输出是 $\hat{u}(n+\Delta)$。自适应预测可用于语音编码、谱估计、谱线增强、信号白化等方面。

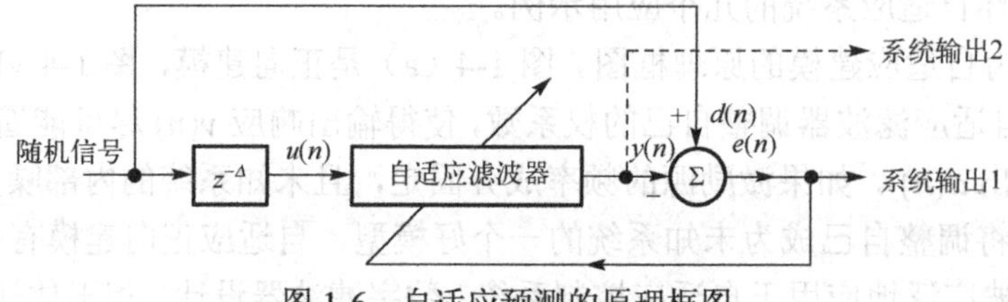

图 1-6 自适应预测的原理框图

在以上几个自适应应用示例中，请读者注意研究各种信号的接入方法以及各实用框图与图 1-3 中的一致性。设计自适应滤波器时，首先要确定滤波器的结构，然后设计自适应算法，以调整滤波器参数，其目标是使某一特定的代价函数最小。

第2章 维纳滤波

2.1 问题的提出

图 2-1 给出了离散形式维纳滤波器的方框图，滤波器的单位冲激响应为 $h(n)$。

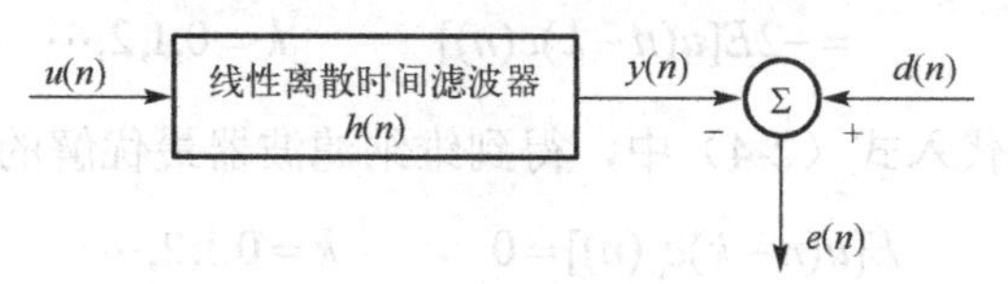

图 2-1 离散形式维纳滤波器的方框图

现要用滤波器 $h(n)$ 对输入信号 $u(n)$ 进行处理，对期望响应 $d(n)$ 进行估计，即滤波器的输出 $y(n)$ 为期望响应 $d(n)$ 的一个估值 $\hat{d}(n)$，则估计误差为 $e(n)=d(n)-y(n)$。其要求是在给定的约束条件以及最优准则下来设计最佳滤波器。

在这里，约束条件为：

（1）滤波器是离散时间滤波器；

（2）滤波器是线性的。

最优准则为最小均方误差（MMSE）准则。如果输入信号 $u(n)$ 和期望响应 $d(n)$ 平稳且联合平稳，则所得的最佳滤波器为维纳滤波器。这就是离散形式维纳滤波器的问题描述，其本质如下：给定一个输入信号 $u(n)$，设计一个线性离散滤波器 $h(n)$，对期望响应 $d(n)$ 估计，使得其估计误差 $e(n)$ 的均方值最小。

2.2 离散形式维纳滤波器的解

参看图 2-1，设滤波器的单位冲激响应 $h(n)$ 用 $w_0,w_1,w_2,\cdots$ 表示，则滤波器的输出 $y(n)$ 为线性卷积和

$$y(n)=\sum_{k=0}^{\infty}w_k u(n-k) \qquad n=0,1,2,\cdots \tag{2-1}$$

由于采用最小均方误差准则，因此代价函数为均方误差

$$J=E[e^2(n)] \tag{2-2}$$

显然，代价函数 J 是滤波器的权系数 w_k（$k=0,1,2,\cdots$）的函数。为了设计最优的滤波器，即选择最优的滤波器系数，使代价函数 J 达到其最小值，定义代价函数 J 的梯度向量为 ∇J，其第 k 个元素为

$$\nabla_k J=\frac{\partial J}{\partial w_k} \qquad k=0,1,2,\cdots \tag{2-3}$$

因此，若梯度向量∇J的所有元素同时等于零，即

$$\nabla_k J = 0 \qquad k = 0,1,2,\cdots \tag{2-4}$$

则滤波器就是在均方误差意义下的最优。

将式（2-2）代入式（2-3），得到

$$\begin{aligned}\nabla_k J &= \frac{\partial J}{\partial w_k} = \frac{\partial E[e^2(n)]}{\partial w_k} \\ &= 2E\left[\frac{\partial e(n)}{\partial w_k}e(n)\right] \\ &= -2E[u(n-k)e(n)] \qquad k = 0,1,2,\cdots\end{aligned} \tag{2-5}$$

将式（2-5）的最后结果代入式（2-4）中，得到维纳滤波器最优解的等效形式为

$$E[u(n-k)e_{\mathrm{o}}(n)] = 0 \qquad k = 0,1,2,\cdots \tag{2-6}$$

式中，$e_{\mathrm{o}}(n)$表示滤波器工作在最优条件下的估计误差。

根据式（2-6）可得结论：使均方误差代价函数J达到最小值的充要条件是其相应的估计误差序列正交于用于估计期望响应的输入样本序列及其移位。这就是线性最小均方估计的正交原理，它是线性优化滤波理论中最重要的原理之一。有关正交原理的几何解释及相关推论后面有详细介绍。

利用式(2-6)，可以得到离散形式维纳滤波器的另一个充要条件。将式(2-1)代入式(2-6)，得到

$$\begin{aligned}0 &= E[u(n-k)e_{\mathrm{o}}(n)] \\ &= E\{u(n-k)[d(n)-y_{\mathrm{o}}(n)]\} \\ &= E\left\{u(n-k)\left[d(n)-\sum_{i=0}^{\infty} w_{\mathrm{o}i}u(n-i)\right]\right\} \\ &= E[u(n-k)d(n)] - \sum_{i=0}^{\infty} w_{\mathrm{o}i}E[u(n-k)u(n-i)] \quad k = 0,1,2,\cdots\end{aligned} \tag{2-7}$$

式中，$y_{\mathrm{o}}(n)$为滤波器工作在最优条件下的输出，$w_{\mathrm{o}i}$为最优滤波器冲激响应的第i个系数。将上式进行整理可得

$$\sum_{i=0}^{\infty} w_{\mathrm{o}i}E\big[u(n-k)u(n-i)\big] = E\big[u(n-k)d(n)\big] \qquad k = 0,1,2,\cdots \tag{2-8}$$

式中，$E\big[u(n-k)u(n-i)\big] = r(i-k)$，即滤波器输入的自相关函数；$E\big[u(n-k)d(n)\big] = p(-k)$，即滤波器输入$u(n-k)$与期望响应$d(n)$的互相关。于是，维纳滤波器的另一个充要条件为

$$\sum_{i=0}^{\infty} w_{\mathrm{o}i}r(i-k) = p(-k) \qquad k = 0,1,2,\cdots \tag{2-9}$$

这个方程称为维纳-霍夫（Wiener-Hopf）方程，它从相关函数的角度定义了维纳滤波器的系数。

2.3 离散形式维纳滤波器的性质

2.3.1 正交原理的几何解释

式（2-6）所给出的线性最小均方估计满足的正交原理可以给出几何解释，如图 2-2 所示。此处，输入随机变量、期望响应、滤波器的输出以及估计误差分别用向量表示。可以看出，估计误差向量垂直（正交）于滤波器的输入向量。需要强调的是，这种解释只是一种比拟。

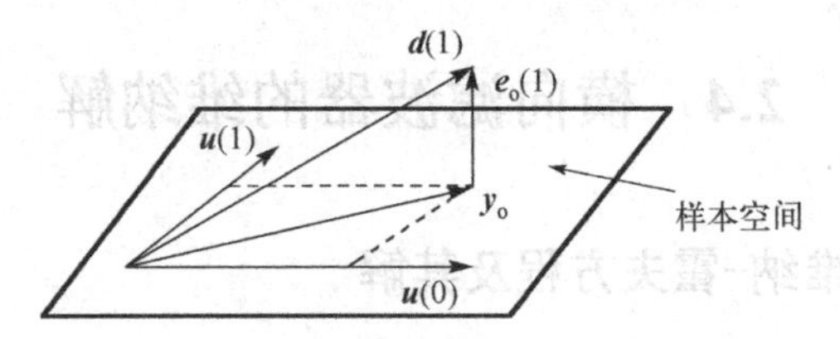

图 2-2 正交原理的几何解释（二维的情况）

2.3.2 正交原理推论

利用正交原理还可以得出维纳滤波器估计误差的另一条性质。考察滤波器输出信号与估计误差之间的相关特性。利用式（2-1），可以得到滤波器输出信号 $y(n)$ 与估计误差 $e(n)$ 的相关函数为

$$E[y(n)e(n)] = E\left[\sum_{k=0}^{\infty} w_k u(n-k) e(n)\right] = \sum_{k=0}^{\infty} w_k E[u(n-k)e(n)] \tag{2-10}$$

当滤波器为维纳滤波器，即在均方误差意义下最优工作时，该相关函数为

$$E[y_o(n)e_o(n)] = E\left[\sum_{k=0}^{\infty} w_{ok} u(n-k) e_o(n)\right] = \sum_{k=0}^{\infty} w_{ok} E[u(n-k)e_o(n)] \tag{2-11}$$

利用正交原理的表达式（2-6），可得

$$E[y_o(n)e_o(n)] = 0 \tag{2-12}$$

由此可见：维纳滤波器的估计误差序列不仅与输入样本序列正交，还与滤波器的输出序列正交。利用正交原理的几何解释，亦容易理解此推论（参照图 2-2）。

2.3.3 最小均方误差

考察维纳滤波器的均方误差，即最小均方误差。由滤波器估计误差 $e(n)$ 的定义，可得维纳滤波器的估计误差为

$$e_o(n) = d(n) - y_o(n) = d(n) - \hat{d}_o(n) \tag{2-13}$$

式中，$\hat{d}_o(n)$ 表示在均方误差意义下期望响应的最优估值。于是，有

$$d(n) = \hat{d}_o(n) + e_o(n) \tag{2-14}$$

令最小均方误差为

$$J_{\min} = E[e_o^2(n)] \tag{2-15}$$

对式（2-14）两边同时取均方值，同时假定$d(n)$和$\hat{d}_o(n)$为零均值，根据正交原理的推论式（2-12），可得

$$\sigma_d^2 = \sigma_{\hat{d}_o}^2 + J_{\min} \tag{2-16}$$

式中，σ_d^2是期望响应$d(n)$的方差，$\sigma_{\hat{d}_o}^2$是其最优估值$\hat{d}_o(n)$的方差。于是得到

$$J_{\min} = \sigma_d^2 - \sigma_{\hat{d}_o}^2 \tag{2-17}$$

该式表明：维纳滤波器所得最小均方误差等于期望响应的方差与滤波器输出方差的差值。

2.4 横向滤波器的维纳解

2.4.1 横向滤波器的维纳-霍夫方程及其解

图 2-3 给出横向滤波器的结构示意图，它由M级抽头延迟线级联而成。其中，z^{-1}表示单位延迟单元，每个抽头的输入分别为$u(n),u(n-1),\cdots,u(n-M+1)$，各抽头权值分别为$w_0,w_1,\cdots,w_{M-1}$，因此$u(n-k)$（$k=0,1,\cdots,M-1$）构成一组输入信号，$w_k$（$k=0,1,\cdots,M-1$）构成一组权系数。若将$u(n)$看成滤波器的当前输入值，则滤波器的当前输出为$y(n)$，相应的期望响应为$d(n)$。很显然，横向滤波器属于线性 FIR 滤波器，其单位冲激响应$h(n)$由有限抽头权值$w_0,w_1,\cdots,w_{M-1}$表示。若采用最小均方误差（MMSE）准则进行优化，则根据式（2-9）可知横向滤波器满足的维纳-霍夫方程为

$$\sum_{i=0}^{M-1} w_{oi} r(i-k) = p(-k) \qquad k=0,1,2,\cdots \tag{2-18}$$

式中，$w_{o,0},w_{o,1},\cdots,w_{o,M-1}$是滤波器抽头权值的最优值。

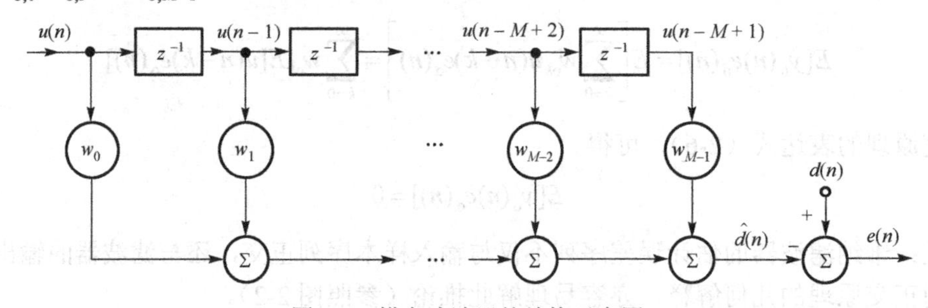

图 2-3 横向滤波器的结构示意图

横向滤波器的维纳-霍夫方程可采用矩阵形式表示。定义横向滤波器的抽头输入$u(n),u(n-1),\cdots,u(n-M+1)$的相关矩阵为$\boldsymbol{R}$，则

$$\begin{aligned}\boldsymbol{R} &= E[\boldsymbol{u}(n)\boldsymbol{u}^{\mathrm{T}}(n)] \\ &= \begin{bmatrix} r(0) & r(1) & \cdots & r(M-1) \\ r(1) & r(0) & \cdots & r(M-2) \\ \vdots & \vdots & & \vdots \\ r(M-1) & r(M-2) & \cdots & r(0) \end{bmatrix}\end{aligned} \tag{2-19}$$

式中，$\boldsymbol{u}(n)=[u(n),u(n-1),\cdots,u(n-M+1)]^{\mathrm{T}}$ 是横向滤波器的抽头输入向量。矩阵 $\boldsymbol{R}$ 一定是对称矩阵，并且非负定（实际上，一般情况下 $\boldsymbol{R}$ 都是正定的）。定义横向滤波器抽头输入与期望响应的互相关向量为 $\boldsymbol{p}$，则

$$\boldsymbol{p}=E[\boldsymbol{u}(n)d(n)]=[p(0),p(-1),\cdots,p(1-M)]^{\mathrm{T}} \tag{2-20}$$

这样可以将横向滤波器的维纳-霍夫方程[式（2-18）]表示成

$$\boldsymbol{R}\boldsymbol{w}_{\mathrm{o}}=\boldsymbol{p} \tag{2-21}$$

式中，$\boldsymbol{w}_{\mathrm{o}}=[w_{\mathrm{o},0},w_{\mathrm{o},1},\cdots,w_{\mathrm{o},M-1}]^{\mathrm{T}}$ 是横向滤波器的最优抽头权向量。显然，如果相关矩阵 $\boldsymbol{R}$ 是非奇异的，则可得横向滤波器的维纳解为

$$\boldsymbol{w}_{\mathrm{o}}=\boldsymbol{R}^{-1}\boldsymbol{p} \tag{2-22}$$

2.4.2 横向滤波器的误差性能

1. 误差性能曲面

考察横向滤波器抽头权值的代价函数 J，即横向滤波器的均方误差。对于横向滤波器来说，其输出为

$$y(n)=\sum_{k=0}^{M-1}w_k u(n-k)=\boldsymbol{u}^{\mathrm{T}}(n)\boldsymbol{w}(n)=\boldsymbol{w}^{\mathrm{T}}(n)\boldsymbol{u}(n) \tag{2-23}$$

式中，$\boldsymbol{w}=[w_0,w_1,\cdots,w_{M-1}]^{\mathrm{T}}$ 是横向滤波器的抽头权向量。估计误差为

$$e(n)=d(n)-y(n)=d(n)-\boldsymbol{w}^{\mathrm{T}}(n)\boldsymbol{u}(n) \tag{2-24}$$

因此，横向滤波器的均方误差为

$$\begin{aligned}J&=E[e^2(n)]=E\{[d(n)-y(n)]^2\}E\{[d(n)-\boldsymbol{w}^{\mathrm{T}}(n)\boldsymbol{u}(n)]^2\}\\&=E[d^2(n)]+\boldsymbol{w}^{\mathrm{T}}(n)E[\boldsymbol{u}(n)\boldsymbol{u}^{\mathrm{T}}(n)]\boldsymbol{w}(n)-2\boldsymbol{w}^{\mathrm{T}}(n)E[d(n)\boldsymbol{u}(n)]\\&=\sigma_d^2+\boldsymbol{w}^{\mathrm{T}}(n)\boldsymbol{R}\boldsymbol{w}(n)-2\boldsymbol{w}^{\mathrm{T}}(n)\boldsymbol{p}\end{aligned} \tag{2-25}$$

将代价函数相对于抽头权值的关系曲面称为滤波器的误差性能曲面。式（2-25）表明，横向滤波器的代价函数或者均方误差性能函数是滤波器抽头权值的二次函数，误差性能曲面是一个 $M+1$ 维曲面，其自由度为 M。如果矩阵 $\boldsymbol{R}$ 是正定的，误差性能曲面就是一个碗状曲面，且有唯一的最小值点。该点所对应的权值为滤波器最优权值 $\boldsymbol{w}_{\mathrm{o}}$，所对应的均方误差为滤波器的最小均方误差 $J_{\min}$，该点的梯度向量 ∇J 等于零，即

$$\nabla J=\frac{\partial J}{\partial \boldsymbol{w}}=\left[\frac{\partial J}{\partial w_0},\frac{\partial J}{\partial w_1},\cdots,\frac{\partial J}{\partial w_{M-1}}\right]^{\mathrm{T}}=\boldsymbol{0} \tag{2-26}$$

利用式（2-25），可得

$$\nabla J=2\boldsymbol{R}\boldsymbol{w}(n)-2\boldsymbol{p} \tag{2-27}$$

将式（2-26）用于式（2-27），可得横向滤波器最优权值向量满足如下方程

$$\boldsymbol{R}\boldsymbol{w}_{\mathrm{o}}=\boldsymbol{p} \tag{2-28}$$

显然应与维纳-霍夫方程一致。

2．最小均方误差

前面已经说过，滤波器的工作在最优情况下的输出 $y_{\mathrm{o}}(n)$ 就是期望响应 $d(n)$ 的最优估值 $\hat{d}_{\mathrm{o}}(n)$，即

$$\hat{d}_{\mathrm{o}}(n)=y_{\mathrm{o}}(n) \tag{2-29}$$

对于横向滤波器来说，参照式（2-23），可得

$$y_{\mathrm{o}}(n)=\boldsymbol{w}_{\mathrm{o}}^{\mathrm{T}}\boldsymbol{u}(n) \tag{2-30}$$

这样，在零均值的假定条件下，可得

$$\begin{aligned}\sigma_{\hat{d}_{\mathrm{o}}}^{2}&=E[\hat{d}_{\mathrm{o}}^{2}(n)]=E[\boldsymbol{w}_{\mathrm{o}}^{\mathrm{T}}\boldsymbol{u}(n)\boldsymbol{u}^{\mathrm{T}}(n)\boldsymbol{w}_{\mathrm{o}}]\\&=\boldsymbol{w}_{\mathrm{o}}^{\mathrm{T}}E[\boldsymbol{u}(n)\boldsymbol{u}^{\mathrm{T}}(n)]\boldsymbol{w}_{\mathrm{o}}\\&=\boldsymbol{w}_{\mathrm{o}}^{\mathrm{T}}\boldsymbol{R}\boldsymbol{w}_{\mathrm{o}}\end{aligned} \tag{2-31}$$

利用式（2-21）、式（2-22），上式可写成

$$\sigma_{\hat{d}_{\mathrm{o}}}^{2}=\boldsymbol{w}_{\mathrm{o}}^{\mathrm{T}}\boldsymbol{p}=\boldsymbol{p}^{\mathrm{T}}\boldsymbol{w}_{\mathrm{o}}=\boldsymbol{p}^{\mathrm{T}}\boldsymbol{R}^{-1}\boldsymbol{p} \tag{2-32}$$

利用维纳滤波器最小均方误差的表达式（2-17），可得横向滤波器的最小均方误差为

$$J_{\min}=\sigma_{d}^{2}-\boldsymbol{w}_{\mathrm{o}}^{\mathrm{T}}\boldsymbol{R}\boldsymbol{w}_{\mathrm{o}}=\sigma_{d}^{2}-\boldsymbol{p}^{\mathrm{T}}\boldsymbol{w}_{\mathrm{o}}=\sigma_{d}^{2}-\boldsymbol{p}^{\mathrm{T}}\boldsymbol{R}^{-1}\boldsymbol{p} \tag{2-33}$$

【例 2-1】 如图 2-4 所示的横向滤波器，该系统输入信号为 $u(n)=\sin(2\pi n/N)$，期望响应 $d(n)=2\cos(2\pi n/N)$。试计算在均方误差意义下的最优权向量 $\boldsymbol{w}_{\mathrm{o}}$ 和最小均方误差 $J_{\min}$。

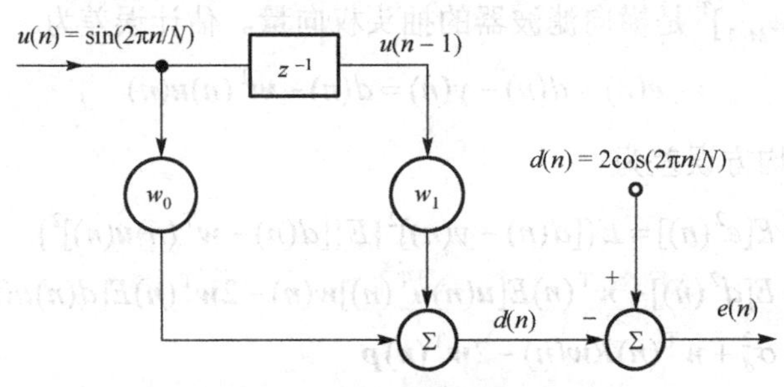

图 2-4 横向滤波器的例子

解： 由题中给的条件可知，滤波器输入的自相关函数为

$$r(k)=E\left[u(n)u(n-k)\right]=\frac{1}{N}\sum_{n=1}^{N}\sin\frac{2\pi n}{N}\sin\frac{2\pi(n-k)}{N}=0.5\cos\frac{2\pi k}{N}\qquad k=0,1$$

滤波器输入 $u(n-k)$ 与期望响应 $d(n)$ 的互相关函数为

$$p(-k)=E\left[u(n-k)d(n)\right]=\frac{2}{N}\sum_{n=1}^{N}\cos\frac{2\pi n}{N}\sin\frac{2\pi(n-k)}{N}=-\sin\frac{2\pi k}{N}\qquad k=0,1$$

因此，可得输入自相关矩阵 $\boldsymbol{R}$ 和互相关向量 $\boldsymbol{p}$ 分别为

$$\boldsymbol{R}=\begin{bmatrix}r(0)&r(1)\\r(1)&r(0)\end{bmatrix}=\begin{bmatrix}0.5&0.5\cos\dfrac{2\pi}{N}\\0.5\cos\dfrac{2\pi}{N}&0.5\end{bmatrix}$$

$$p=\left[p(0) \quad p(-1)\right]^{\mathrm{T}}=\left[0 \quad -\sin\frac{2\pi}{N}\right]^{\mathrm{T}}$$

此外，还可计算出$\sigma_d^2=E[d^2(n)]=2$，将上述计算结果代入式（2-25）中，求得均方误差为

$$\begin{aligned}J&=\sigma_d^2+\boldsymbol{w}^{\mathrm{T}}\boldsymbol{R}\boldsymbol{w}-2\boldsymbol{w}^{\mathrm{T}}\boldsymbol{p}\\&=2+0.5\left[w_0 \quad w_1\right]\begin{bmatrix}1 & \cos\frac{2\pi}{N}\\ \cos\frac{2\pi}{N} & 1\end{bmatrix}\begin{bmatrix}w_0\\ w_1\end{bmatrix}-2\left[w_0 \quad w_1\right]\begin{bmatrix}0\\ -\sin\frac{2\pi}{N}\end{bmatrix}\\&=0.5(w_0^2+w_1^2)+w_0w_1\cos\frac{2\pi}{N}+2w_1\sin\frac{2\pi}{N}+2\end{aligned}$$

梯度向量为

$$\begin{aligned}\nabla J=2\boldsymbol{R}\boldsymbol{w}-2\boldsymbol{p}&=\begin{bmatrix}1 & \cos\frac{2\pi}{N}\\ \cos\frac{2\pi}{N} & 1\end{bmatrix}\begin{bmatrix}w_0\\ w_1\end{bmatrix}-2\times\begin{bmatrix}0\\ -\sin\frac{2\pi}{N}\end{bmatrix}\\&=\begin{bmatrix}w_0+w_1\cos\frac{2\pi}{N}\\ w_0\cos\frac{2\pi}{N}+w_1+2\sin\frac{2\pi}{N}\end{bmatrix}\end{aligned}$$

最佳权向量$\boldsymbol{w}_{\mathrm{o}}$可根据式（2-22）通过对$\boldsymbol{R}$求逆得到，也可令$\nabla J=\boldsymbol{0}$求得。两种方法的结果相同，均为

$$\boldsymbol{w}_{\mathrm{o}}=\left[2\cot\frac{2\pi}{N} \quad -2\csc\frac{2\pi}{N}\right]^{\mathrm{T}}$$

最后，可求得最小均方误差为

$$\begin{aligned}J_{\min}&=\sigma_d^2-\boldsymbol{p}^{\mathrm{T}}\boldsymbol{w}_{\mathrm{o}}\\&=2-\left[0 \quad -\sin\frac{2\pi}{N}\right]\begin{bmatrix}2\cot\frac{2\pi}{N}\\ -2\csc\frac{2\pi}{N}\end{bmatrix}\\&=0\end{aligned}$$

3. 二次型误差性能曲面的性质

平稳随机信号的统计特性不随时间变化，因此，其性能表面在坐标系中是固定不变的或“刚性”的。但对于非平稳随机信号来说，由于其统计特性随着时间在变化，因此其性能表面是“晃动的”或“模糊的”。下面只讨论平稳随机信号情况下性能表面的某些基本性质。

由式（2-25），可以把横向滤波器的均方误差表示为

$$
\begin{aligned}
J &= \sigma_d^2 + \boldsymbol{w}^{\mathrm{T}}\boldsymbol{R}\boldsymbol{w} - 2\boldsymbol{w}^{\mathrm{T}}\boldsymbol{p} \\
&= \sigma_d^2 - \boldsymbol{w}^{\mathrm{T}}\boldsymbol{p} - \boldsymbol{p}^{\mathrm{T}}\boldsymbol{w} + \boldsymbol{w}^{\mathrm{T}}\boldsymbol{R}\boldsymbol{w} \\
&= \sigma_d^2 - \boldsymbol{p}^{\mathrm{T}}\boldsymbol{R}^{-1}\boldsymbol{p} + (\boldsymbol{w} - \boldsymbol{R}^{-1}\boldsymbol{p})^{\mathrm{T}}\boldsymbol{R}(\boldsymbol{w} - \boldsymbol{R}^{-1}\boldsymbol{p}) \\
&= J_{\min} + (\boldsymbol{w} - \boldsymbol{R}^{-1}\boldsymbol{p})^{\mathrm{T}}\boldsymbol{R}(\boldsymbol{w} - \boldsymbol{R}^{-1}\boldsymbol{p}) \\
&= J_{\min} + (\boldsymbol{w} - \boldsymbol{w}_{\mathrm{o}})^{\mathrm{T}}\boldsymbol{R}(\boldsymbol{w} - \boldsymbol{w}_{\mathrm{o}})
\end{aligned} \tag{2-34}
$$

由此式易见，抽头权向量有唯一的最优解 $\boldsymbol{w}_{\mathrm{o}}$，且 $J(\boldsymbol{w}_{\mathrm{o}}) = J_{\min}$。

为明确二次型误差性能曲面的物理意义，有必要通过改变基底使误差性能曲面的表达式简单化。为此，定义权偏差向量为

$$
\boldsymbol{w}' = \boldsymbol{w} - \boldsymbol{w}_{\mathrm{o}} = \left[w_0', w_1', \cdots, w_{M-1}'\right]^{\mathrm{T}} \tag{2-35}
$$

此时，式（2-34）的二次型误差性能函数可以表示为

$$
J = J_{\min} + \boldsymbol{w}'^{\mathrm{T}}\boldsymbol{R}\boldsymbol{w}' \tag{2-36}
$$

由式（2-34）或式（2-36）可以看出，二次型误差性能表面与 $\boldsymbol{R}$ 有关，因此，它的性质将取决于输入信号自相关矩阵 $\boldsymbol{R}$ 的性质。

为了便于理解，下面讨论只有两个权值 w_0 和 w_1 的横向滤波器。在这种情况下，误差性能曲面是三维空间（J, w_0, w_1）中的一个抛物面。如图 2-5（a）所示，若用一组 $J = C$（C 为一常量）的等值平面来截取误差性能表面，并向权值平面投影，则可在权值平面上得到一组同心椭圆，这就是误差性能曲面的等高线图，如图 2-5（b）所示。椭圆的中心为 $\boldsymbol{w}_{\mathrm{o}} = (w_{\mathrm{o}0}, w_{\mathrm{o}1})^{\mathrm{T}}$，它是性能表面最低点 $J_{\min}$ 的投影。

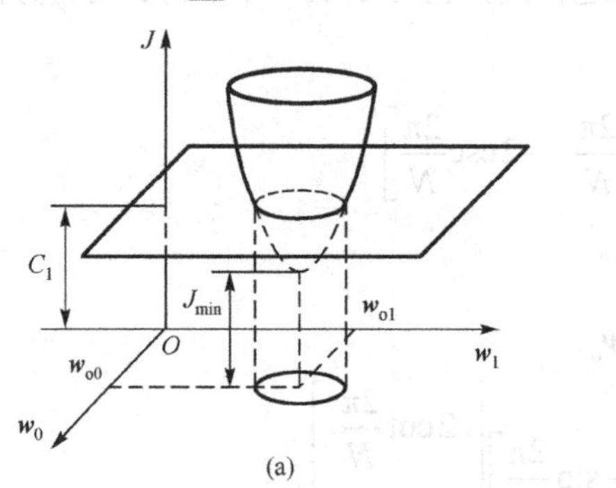

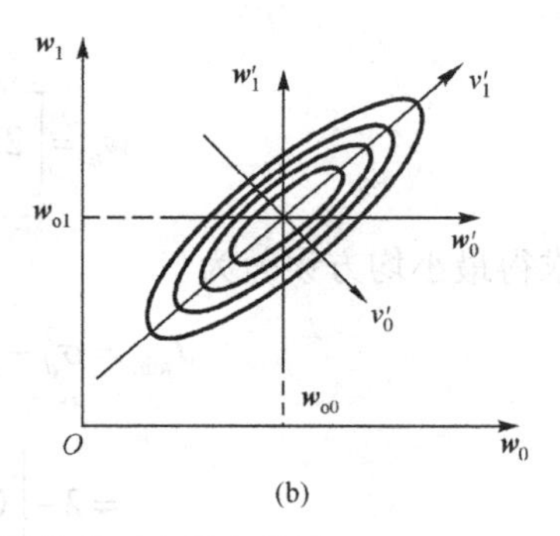

图 2-5　横向滤波器的二次型误差性能曲面和等高线图

在 (w_0, w_1) 坐标系中，等高线方程可由式（2-25）得到，即

$$
\boldsymbol{w}^{\mathrm{T}}\boldsymbol{R}\boldsymbol{w} - 2\boldsymbol{w}^{\mathrm{T}}\boldsymbol{p} = \text{常数} \tag{2-37}
$$

若将坐标原点平移至 $(w_{\mathrm{o}0}, w_{\mathrm{o}1})$，便得到权偏差向量坐标系 (w_0', w_1')，在该坐标系中等高线方程为

$$
\boldsymbol{w}'^{\mathrm{T}}\boldsymbol{R}\boldsymbol{w}' = \text{常数} \tag{2-38}
$$

这仍是一组同心椭圆，中心位于新的坐标系原点 $(0,0)$。

将以上讨论推广到有 M 个权值的情况。不难想象，等高线将是 M 维空间中的一组同心超椭圆，椭圆中心位于坐标系 $(w_0', w_1', \cdots, w_{M-1}')$ 的原点。这组同心超椭圆有 M 根主轴，它们也是均方误差性能曲面的主轴。

利用特征分解并按照其特征值和特征向量可把相关矩阵 $\boldsymbol{R}$ 化为标准形

$$\boldsymbol{R}=\boldsymbol{Q}\boldsymbol{\Lambda}\boldsymbol{Q}^{\mathrm{T}} \tag{2-39}$$

式中，$\boldsymbol{\Lambda}$ 是 $\boldsymbol{R}$ 的特征值矩阵，它是一个对角线矩阵，即

$$\boldsymbol{\Lambda}=\begin{bmatrix} \lambda_0 & 0 & \cdots & 0 \\ 0 & \lambda_1 & \cdots & 0 \\ \vdots & \vdots & & \vdots \\ 0 & 0 & \cdots & \lambda_{M-1} \end{bmatrix} \tag{2-40}$$

其对角线上的元素 $\lambda_0,\lambda_1,\cdots,\lambda_{M-1}$ 是相关矩阵 $\boldsymbol{R}$ 的 M 个特征值，可由 $\boldsymbol{R}$ 的特征方程

$$\det[\boldsymbol{R}-\lambda\boldsymbol{I}]=0 \tag{2-41}$$

解出。矩阵 $\boldsymbol{Q}$ 是相关矩阵 $\boldsymbol{R}$ 的特征向量矩阵，该矩阵为正交归一化阵，它是以 $\boldsymbol{R}$ 的特征向量 $\boldsymbol{q}_n$ 作为列构成的方阵，即

$$\boldsymbol{Q}=\begin{bmatrix}\boldsymbol{q}_0 & \boldsymbol{q}_1 & \cdots & \boldsymbol{q}_{M-1}\end{bmatrix} \tag{2-42}$$

式中，$\boldsymbol{q}_0,\boldsymbol{q}_1,\cdots,\boldsymbol{q}_{M-1}$ 是相关矩阵 $\boldsymbol{R}$ 的特征向量，它们与 $\boldsymbol{R}$ 的特征值之间有下列关系

$$\boldsymbol{R}\boldsymbol{q}_n=\lambda_n\boldsymbol{q}_n \tag{2-43}$$

将式（2-39）代入式（2-36），可得到误差性能表面的另一种表示形式

$$\begin{aligned} J &= J_{\min}+\boldsymbol{w}'^{\mathrm{T}}(\boldsymbol{Q}\boldsymbol{\Lambda}\boldsymbol{Q}^{\mathrm{T}})\boldsymbol{w}' \\ &= J_{\min}+(\boldsymbol{Q}^{\mathrm{T}}\boldsymbol{w}')^{\mathrm{T}}\boldsymbol{\Lambda}(\boldsymbol{Q}^{\mathrm{T}}\boldsymbol{w}') \\ &= J_{\min}+\boldsymbol{v}^{\mathrm{T}}\boldsymbol{\Lambda}\boldsymbol{v} \end{aligned} \tag{2-44}$$

式中，

$$\boldsymbol{v}=\boldsymbol{Q}^{\mathrm{T}}\boldsymbol{w}'=\boldsymbol{Q}^{-1}\boldsymbol{w}' \tag{2-45}$$

是坐标系统 $\boldsymbol{w}'$ 旋转后得到的新坐标系统。在坐标系统 $\boldsymbol{v}$ 中，误差性差曲面的梯度 ∇J 可由式（2-44）求出，即

$$\nabla J=\frac{\partial J}{\partial \boldsymbol{v}}=2\boldsymbol{\Lambda}\boldsymbol{v}=2\left[\lambda_0 v_0,\lambda_1 v_1,\cdots,\lambda_{M-1}v_{M-1}\right]^{\mathrm{T}} \tag{2-46}$$

可以看出，如果只有一个分量 v_n 是非零的，那么梯度向量就位于该坐标轴上。因此，式（2-45）定义的旋转坐标系统 $\boldsymbol{v}$ 是超椭圆的主轴坐标系统。这是性能表面的第一条性质。

与椭圆正交的任何向量都可用误差性能曲面的梯度向量 ∇J 来表示。在坐标系统 $\boldsymbol{w}'$ 中，由式（2-36）可知，误差性能曲面的梯度向量 ∇J 还可以表示为

$$\nabla J=2\boldsymbol{R}\boldsymbol{w}' \tag{2-47}$$

而任何通过坐标原点 $\boldsymbol{w}'=\boldsymbol{0}$ 的向量都可以表示为 $\mu\boldsymbol{w}'$。由于误差性能曲面的主轴与椭圆正交且通过坐标原点，因此，主轴向量 $\boldsymbol{v}_n$ 满足

$$2\boldsymbol{R}\boldsymbol{v}_n=\mu\boldsymbol{v}_n \tag{2-48}$$

经过变形，可得

$$\left(\boldsymbol{R}-\frac{\mu}{2}\boldsymbol{I}\right)\boldsymbol{v}_n=\boldsymbol{0} \tag{2-49}$$

式中，$\boldsymbol{I}$ 为单位矩阵。而相关矩阵 $\boldsymbol{R}$ 与其特征值 λ_n 和特征向量 $\boldsymbol{q}_n$ 满足下列关系

$$(\boldsymbol{R}-\lambda_n \boldsymbol{I})\boldsymbol{q}_n = \boldsymbol{0} \tag{2-50}$$

将该式与式（2-49）比较可以看出，主轴向量 $\boldsymbol{v}_n$ 是相关矩阵 $\boldsymbol{R}$ 的特征向量。这是性能表面的第二条性质。

由式（2-46）可知，误差性能曲面 J 沿主轴 v_n 的梯度分量可写成

$$\frac{\partial J}{\partial v_n} = 2\lambda_n v_n \qquad n = 0,1,\cdots,M-1 \tag{2-51}$$

J 沿主轴 v_n 的二阶导数为

$$\frac{\partial^2 J}{\partial {v_n}^2} = 2\lambda_n \qquad n = 0,1,\cdots,M-1 \tag{2-52}$$

这就是说，输入信号的相关矩阵 $\boldsymbol{R}$ 的特征值给出了误差性能曲面沿主轴的二阶导数值。这是性能表面的第三条性质。

现将二次型误差性能表面的三条基本性质总结如下：

（1）旋转坐标系统 $\boldsymbol{v}$ 确定了误差性能曲面等高线（一组同心超椭圆）的主轴坐标系统；

（2）误差性能曲面的主轴向量是由输入信号相关矩阵 $\boldsymbol{R}$ 的特征向量 $\boldsymbol{q}_n$ 确定的；

（3）相关矩阵 $\boldsymbol{R}$ 的特征值给出了误差性能曲面沿主轴的二阶导数值。

第 3 章　最小均方自适应算法

第 2 章介绍了在输入信号和期望响应都是平稳随机信号的情况下的线性最小均方最优估计问题。但是在许多实际应用中，信号是非平稳的或者其统计特性未知，因此其误差性能曲面的参数甚至解析表示式都是变化的或者是未知的，所以只能根据已知的测量数据，采用某种算法自动地对性能曲面进行搜索，寻找最小点，从而得到最优权向量。本章首先介绍最陡下降算法和牛顿算法这两种搜索性能曲面的著名方法，然后介绍一种被广泛使用的自适应算法——最小均方（LMS）算法。LMS 算法克服了最陡下降算法和牛顿算法这两种方法在每次迭代时都需要对梯度进行估计的弊端，它采用了一种特殊的梯度估计方法。这种方法的主要特点是不需要离线方式的梯度估计值或重复使用输入样本数据，而只需在每次迭代时对数据做瞬时梯度估计。这种方法不仅对第 2 章中讨论的横向滤波器是有效的，而且可推广到后面将讲的自适应格型滤波器。最后给出基于牛顿算法的 LMS 算法。

3.1　最陡下降算法

3.1.1　最陡下降算法的基本思想

最陡下降算法（steepest descent method）就是沿性能曲面最陡方向向下调整权向量，搜索性能曲面的最小点的方法。性能曲面的最陡下降方向是曲面的负梯度方向，即性能曲面梯度向量的反方向。

最陡下降算法是一种迭代搜索过程：首先从性能曲面上的某个初始权向量 $\boldsymbol{w}(0)$ 出发，沿性能曲面在该点处的负梯度方向搜索至第 1 点 $\boldsymbol{w}(1)$，$\boldsymbol{w}(1)$ 等于初始权向量 $\boldsymbol{w}(0)$ 加上一个正比于负梯度的增量。用类似的方法，依次迭代可逐步搜索到性能曲面最小点 $\boldsymbol{w}_{\mathrm{o}}$。

最陡下降算法计算权向量的迭代公式为

$$\boldsymbol{w}(n)=\boldsymbol{w}(n)+\mu(-\nabla J) \tag{3-1}$$

式中，μ 是正常数，称为收敛因子或步长参数；n 表示迭代次数。μ 控制着搜索的步长，决定迭代的稳定性和收敛性。

3.1.2　最小均方误差最陡下降算法

1. 算法描述

图 3-1 给出自适应横向滤波器的结构框图。它在第 2 章介绍的横向滤波器的基础上引入了自适应算法，构成了自适应滤波器。现在以横向滤波器为基础，探讨在最小均方误差（MMSE）准则下的最陡下降算法。

为方便起见，将第 2 章给出的 MMSE 准则下的横向滤波器的有关表示式整理如下：横向滤波器的抽头输入向量 $\boldsymbol{u}(n)=[u(n),u(n-1),\cdots,u(n-M+1)]^{\mathrm{T}}$，抽头权向量为 $\boldsymbol{w}=[w_0,w_1,\cdots,w_{M-1}]^{\mathrm{T}}$，

在 MMSE 准则下对期望响应 $d(n)$ 进行最优估计。当输入信号和期望响应平稳且联合平稳时，横向滤波器的误差性能函数为

$$J = \sigma_d^2 + \boldsymbol{w}^{\mathrm{T}}(n)\boldsymbol{R}\boldsymbol{w}(n) - 2\boldsymbol{w}^{\mathrm{T}}(n)\boldsymbol{p} \tag{3-2}$$

其中，$\boldsymbol{R} = E[\boldsymbol{u}(n)\boldsymbol{u}^{\mathrm{T}}(n)]$，是横向滤波器的抽头输入向量 $\boldsymbol{u}(n)$ 的相关矩阵；$\boldsymbol{p} = E[\boldsymbol{u}(n)d(n)]$，是横向滤波器的抽头输入向量与期望响应的互相关向量。

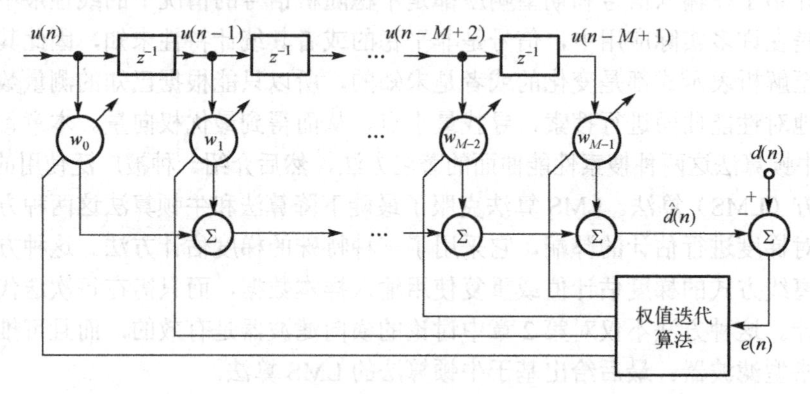

图 3-1 自适应横向滤波器的结构框图

误差性能函数的梯度向量为

$$\nabla J = 2\boldsymbol{R}\boldsymbol{w}(n) - 2\boldsymbol{p} \tag{3-3}$$

将维纳滤波的梯度向量公式（3-3）代入最陡下降算法的权向量的迭代公式（3-1）中，可得维纳滤波的最陡下降权值迭代算法的基本表示式为

$$\boldsymbol{w}(n+1) = \boldsymbol{w}(n) - 2\mu[\boldsymbol{R}\boldsymbol{w}(n) - \boldsymbol{p}] \tag{3-4}$$

2. 算法的稳定性

由式（3-4）可以得出最陡下降算法的向量信号流图，如图 3-2 所示。从流图容易看出，最陡下降算法含有反馈环节，因此这种算法有不稳定的可能性。由图 3-2 所示的反馈模型可以看出，该算法的稳定性取决于两个因素：收敛因子 μ、抽头输入向量 $\boldsymbol{u}(n)$ 的相关矩阵 $\boldsymbol{R}$。

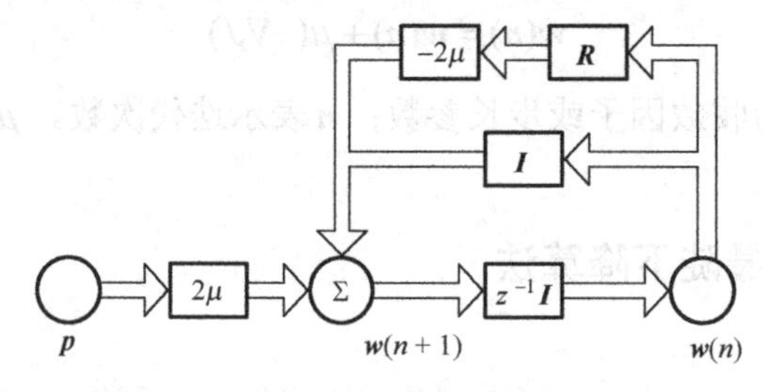

图 3-2 最陡下降算法的向量信号流图

为了得到最陡下降算法的稳定收敛条件，可以通过坐标系的平移和旋转，利用主轴坐标系 $\boldsymbol{v}$ 来进行分析。由式（3-4）可得

$$\begin{aligned}\boldsymbol{w}(n+1) &= \boldsymbol{w}(n) - 2\mu[\boldsymbol{R}\boldsymbol{w}(n) - \boldsymbol{p}] \\ &= \boldsymbol{w}(n) - 2\mu\boldsymbol{R}[\boldsymbol{w}(n) - \boldsymbol{w}_{\mathrm{o}}] \\ &= [\boldsymbol{I} - 2\mu\boldsymbol{R}]\boldsymbol{w}(n) + 2\mu\boldsymbol{R}\boldsymbol{w}_{\mathrm{o}}\end{aligned} \tag{3-5}$$

求解式（3-5）即可得到权向量随迭代次数 n 变化的函数关系。但是由于权向量 $\boldsymbol{w}(n)$ 的系数矩阵 $(\boldsymbol{I}-2\mu\boldsymbol{R})$ 不是对角阵，若将式（3-5）展开，则各方程之间将通过 $\boldsymbol{w}(n)$ 的各分量互相耦合起来，这就给式（3-5）的求解造成困难。为此，我们利用主轴坐标系 $\boldsymbol{v}$ 进行分析，这样可以将式（3-5）变换成 M 个互相独立的标量方程。在主轴坐标系 $\boldsymbol{v}$ 中，式（3-5）变为

$$\begin{aligned}\boldsymbol{Q}^{\mathrm{T}}[\boldsymbol{w}(n+1)-\boldsymbol{w}_{\mathrm{o}}] &= \boldsymbol{Q}^{\mathrm{T}}\{[\boldsymbol{I}-2\mu\boldsymbol{R}]\boldsymbol{w}(n)+2\mu\boldsymbol{R}\boldsymbol{w}_{\mathrm{o}}-\boldsymbol{w}_{\mathrm{o}}\} \\ \boldsymbol{v}(n+1) &= \boldsymbol{Q}^{\mathrm{T}}[\boldsymbol{I}-2\mu\boldsymbol{R}][\boldsymbol{w}(n)-\boldsymbol{w}_{\mathrm{o}}] \\ \boldsymbol{v}(n+1) &= \boldsymbol{Q}^{\mathrm{T}}[\boldsymbol{I}-2\mu\boldsymbol{R}\boldsymbol{Q}\boldsymbol{Q}^{\mathrm{T}}]\boldsymbol{w}'(n) \\ \boldsymbol{v}(n+1) &= (\boldsymbol{I}-2\mu\boldsymbol{\Lambda})\boldsymbol{v}(n)\end{aligned} \tag{3-6}$$

其中，$\boldsymbol{\Lambda}$ 和 $\boldsymbol{v}(n)$ 的定义分别由式（2-40）和式（2-45）给出。将式（3-6）展开，可以得到 M 个互相独立的标量方程

$$v_k(n+1)=(1-2\mu\lambda_k)v_k(n) \qquad k=0,1,\cdots,M-1 \tag{3-7}$$

假设初始权向量为

$$\boldsymbol{v}(0)=[v_0(0),v_1(0),\cdots,v_{M-1}(0)]^{\mathrm{T}} \tag{3-8}$$

分别利用初始权值进行迭代运算，可得权值随迭代次数 n 变化的函数关系为

$$v_k(n)=(1-2\mu\lambda_k)^n v_k(0) \qquad k=0,1,\cdots,M-1 \tag{3-9}$$

上式可用向量形式表示为

$$\boldsymbol{v}(n)=(\boldsymbol{I}-2\mu\boldsymbol{\Lambda})^n\boldsymbol{v}(0) \tag{3-10}$$

从式（3-9）可看出，为确保最陡下降算法稳定且收敛，对所有的特征值都须满足

$$\lim_{n\to\infty}(1-2\mu\lambda_k)^n=0 \qquad k=0,1,\cdots,M-1 \tag{3-11}$$

其向量形式为

$$\lim_{n\to\infty}(\boldsymbol{I}-2\mu\boldsymbol{\Lambda})^n=\boldsymbol{0} \tag{3-12}$$

式（3-11）等价于

$$|1-2\mu\lambda_k|<1 \qquad k=0,1,\cdots,M-1 \tag{3-13}$$

由于相关矩阵 $\boldsymbol{R}$ 的所有特征值都是正实数，因此上式可表示为

$$0<\mu<\frac{1}{\lambda_k} \qquad k=0,1,\cdots,M-1 \tag{3-14}$$

因此，自适应横向滤波器在 MMSE 准则下最陡下降算法稳定收敛的充分必要条件为

$$0<\mu<\frac{1}{\lambda_{\max}} \tag{3-15}$$

式中，$\lambda_{\max}$ 是相关矩阵 $\boldsymbol{R}$ 的最大特征值。当此条件满足时，根据式（3-10），有

$$\lim_{n\to\infty}\boldsymbol{v}(n)=\boldsymbol{0} \tag{3-16}$$

即

$$\lim_{n\to\infty} \boldsymbol{w}(n) = \boldsymbol{w}_{\text{o}} \tag{3-17}$$

这表明权向量最终收敛于最佳权向量。

为了免去计算$\boldsymbol{R}$特征值的麻烦，现将式（3-15）做一些变换。因为$\boldsymbol{R}$是正定的，所以有

$$\text{tr}[\boldsymbol{R}] = \sum_{k=0}^{M-1} \lambda_k > \lambda_{\max} \tag{3-18}$$

式中，$\text{tr}[\boldsymbol{R}]$是相关矩阵$\boldsymbol{R}$的迹，它等于矩阵$\boldsymbol{R}$中对角线元素之和，也等于特征值矩阵$\boldsymbol{\Lambda}$的对角线元素之和。它可以用输入信号的样值求出，即$\text{tr}[\boldsymbol{R}] = \sum_{k=0}^{M-1} E[u_k^2(n)]$。由式（3-18）可以看出，若有

$$0 < \mu < \frac{1}{\text{tr}^{-1}[\boldsymbol{R}]} \tag{3-19}$$

则式（3-15）必然满足。因此，式（3-19）是自适应横向滤波器在MMSE准则下最陡下降算法稳定收敛的一个充分条件。

由式（3-9）或式（3-10）可看出，在主轴坐标系中，权值各分量沿各坐标轴收敛是独立进行的，它们均按几何级数的规律衰减，其几何级数的公比为

$$r_k = 1 - 2\mu\lambda_k \qquad k = 0,1,\cdots,M-1 \tag{3-20}$$

这意味着在用最陡下降算法搜索性能曲面的过程中，权向量在主轴坐标系$\boldsymbol{v}$的各坐标轴上的投影是一个等比级数序列，其公比由相应的特征值决定。

为了解权向量$\boldsymbol{w}(n)$的自适应调整规律，将式（3-10）的结果由主轴坐标系$\boldsymbol{v}$返回到自然坐标系$\boldsymbol{w}$中。由式（3-10）可得

$$\boldsymbol{Q}\boldsymbol{v}(n) = \boldsymbol{Q}(\boldsymbol{I} - 2\mu\boldsymbol{\Lambda})^n \boldsymbol{v}(0) \tag{3-21}$$

再利用

$$\boldsymbol{v}(n) = \boldsymbol{Q}^{-1}\boldsymbol{w}'(n) = \boldsymbol{Q}^{-1}[\boldsymbol{w}(n) - \boldsymbol{w}_{\text{o}}] \tag{3-22}$$

$$\boldsymbol{v}(0) = \boldsymbol{Q}^{-1}[\boldsymbol{w}(0) - \boldsymbol{w}_{\text{o}}] \tag{3-23}$$

式（3-21）可写成

$$\boldsymbol{w}(n) = \boldsymbol{w}_{\text{o}} + \boldsymbol{Q}(\boldsymbol{I} - 2\mu\boldsymbol{\Lambda})^n \boldsymbol{Q}^{-1}[\boldsymbol{w}(0) - \boldsymbol{w}_{\text{o}}] \tag{3-24}$$

利用恒等式$(\boldsymbol{Q}\boldsymbol{\Lambda}\boldsymbol{Q}^{-1})^n = \boldsymbol{Q}\boldsymbol{\Lambda}^n\boldsymbol{Q}^{-1}$，上式可以表示成

$$\begin{aligned} \boldsymbol{w}(n) &= \boldsymbol{w}_{\text{o}} + [\boldsymbol{Q}(\boldsymbol{I} - 2\mu\boldsymbol{\Lambda})\boldsymbol{Q}^{-1}]^n [\boldsymbol{w}(0) - \boldsymbol{w}_{\text{o}}] \\ &= \boldsymbol{w}_{\text{o}} + (\boldsymbol{I} - 2\mu\boldsymbol{R})^n [\boldsymbol{w}(0) - \boldsymbol{w}_{\text{o}}] \end{aligned} \tag{3-25}$$

由于该式中的系数矩阵$(\boldsymbol{I} - 2\mu\boldsymbol{R})^n$不是对角线矩阵，因此权向量$\boldsymbol{w}(n)$各分量沿坐标轴的收敛不是独立进行的。

3. 算法学习曲线

在自适应调整权向量过程中，均方误差J是迭代次数n的函数，由该函数$J(n)$给出的曲线称为学习曲线。

在自适应横向滤波器 MMSE 准则下的最陡下降算法中，权向量随迭代次数变化的关系由式（3-10）给出，将式（3-10）代入式（2-44）中，得到

$$J(n) = J_{\min} + [\boldsymbol{v}(0)]^{\mathrm{T}}[(\boldsymbol{I}-2\mu\boldsymbol{\Lambda})^n]^{\mathrm{T}}\boldsymbol{\Lambda}(\boldsymbol{I}-2\mu\boldsymbol{\Lambda})^n\boldsymbol{v}(0) \tag{3-26}$$

由于两对角线矩阵相乘的运算服从交换律，故上式可以变为

$$J(n) = J_{\min} + [\boldsymbol{v}(0)]^{\mathrm{T}}(\boldsymbol{I}-2\mu\boldsymbol{\Lambda})^{2n}\boldsymbol{\Lambda}\boldsymbol{v}(0) \tag{3-27}$$

将上式展开后，可得

$$J(n) = J_{\min} + \sum_{k=0}^{M-1}\lambda_k(1-2\mu\lambda_k)^{2n}v_k^2(0) \tag{3-28}$$

这就是自适应横向滤波器 MMSE 准则下的最陡下降算法学习曲线的表示式。

式（3-28）表明：最陡下降算法学习曲线是由 M 条指数曲线之和构成的，每条指数曲线上的均方误差随迭代次数 n 按几何级数衰减，几何公比为

$$(r_{\mathrm{mse}})_k = r_k^2 = (1-2\mu\lambda_k)^2 \qquad k=0,1,\cdots,M-1 \tag{3-29}$$

式中，$r_k = 1-2\mu\lambda_k$ 是主轴坐标系中权值各分量沿各坐标轴衰减的几何公比。

因为学习曲线几何公比 $(r_{\mathrm{mse}})_k$（$k=0,1,\cdots,M-1$）恒为非负，所以学习曲线永远不会出现振荡，其稳定和收敛的充要条件与式（3-15）相同。当式（3-15）的条件满足时，由式（3-10）看出，权向量在各主轴坐标上的投影将收敛于最佳值，收敛速度取决于几何公比 r_k；由式（3-28）看出，学习曲线将收敛于最小均方误差 $J_{\min}$，收敛速度取决于几何公比 $(r_{\mathrm{mse}})_k = r_k^2$。

图 3-3 所示为 MMSE 最陡下降算法学习曲线示例，它给出了均方误差 J 随迭代次数 n 的增大而按指数规律下降的变化关系。图 3-4 所示为权向量的一个分量 $w_k(n)$ 随迭代次数 n 收敛的情况，图中给出了几何公比 r_k 取不同值时的几种情况：当 $|r_k|<1$ 时，收敛速度随 $|r_k|$ 的减小而增大；在 $r_k=0$ 时，收敛速度达到最大，这时只需迭代一次即能收敛于最佳权值；当 $0<r_k<1$ 时，不会出现振荡现象；当 $-1<r_k<0$ 时，会产生衰减振荡；当 $|r_k|>1$ 时，会使自适应过程失去稳定性，导致权值不收敛。表 3-1 总结了 μ 和 r_k 对权值收敛情况的影响。

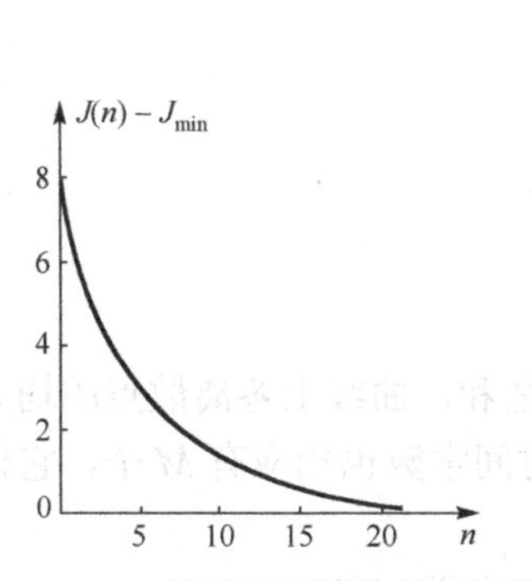

图 3-3　MMSE 最陡下降算法学习曲线示例

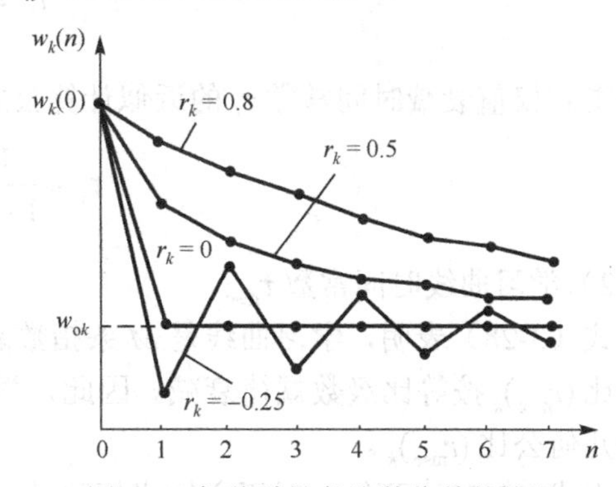

图 3-4　权值随迭代次数收敛的情况

4．算法的收敛速度

收敛速度的快慢常用时间常数来定量说明。下面定义三个常用的时间常数。

表 3-1 μ 和 r_k 对权值收敛情况的影响

稳定 $0<\mu<1/\lambda_k$ $\lvert r_k\rvert<1$	$0<\mu<1/2\lambda_k$	$0<r_k<1$	过阻尼
	$\mu=1/2\lambda_k$	$r_k=0$	临界阻尼
	$1/2\lambda_k<\mu<1/\lambda_k$	$-1<r_k<0$	欠阻尼
不稳定	$\mu>1/\lambda_k$	$\lvert r_k\rvert>1$	不收敛

1）权值衰减时间常数 τ

由式（3-9）得到权向量在主轴坐标系的任一坐标轴上的分量为

$$v_k(n)=(1-2\mu\lambda_k)^n v_k(0)=r_k^n v_k(0) \quad k=0,1,\cdots,M-1 \tag{3-30}$$

图 3-5 给出了 $0<r_k<1$ 情况下式（3-30）的函数曲线。不同的权值 $v_k(n)$ 对应着不同的关系曲线，因此，权值衰减时间常数有 M 个，它们取决于相应的几何公比 r_k。

各权值 $v_k(n)$ 以几何公比 r_k 按等比级数的规律衰减，即 $\dfrac{v_k(n)}{v_k(0)}=r_k^n$。定义 $v_k(n)$ 衰减为 $v_k(0)$ 的 e^{-1} 倍时所经历的迭代次数为权值 $v_k(n)$ 衰减时间常数 τ_k，即

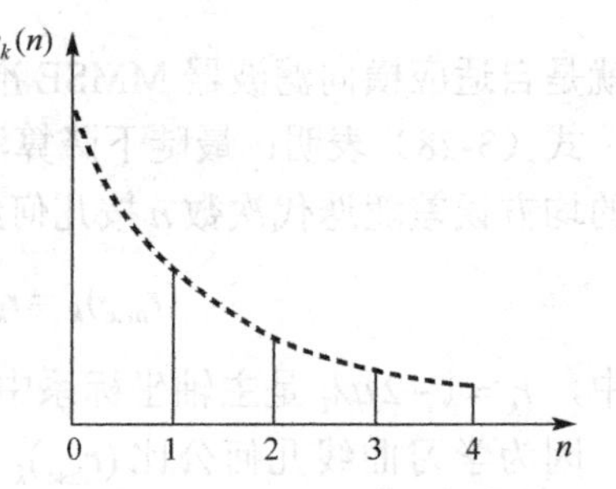

图 3-5 权值 $v_k(n)$ 与迭代次数 n 的关系曲线

$$r_k^{\tau_k}=\mathrm{e}^{-1} \tag{3-31}$$

上式等效为

$$r_k=\mathrm{e}^{-\frac{1}{\tau_k}} \tag{3-32}$$

通常收敛因子 μ 较小，权值衰减时间常数 τ_k 较大（一般 $\tau_k>10$），这时上式可近似为

$$r_k\approx 1-\frac{1}{\tau_k} \tag{3-33}$$

由此得到权值衰减时间常数 τ_k 的近似计算公式为

$$\tau_k\approx\frac{1}{1-r_k}=\frac{1}{2\mu\lambda_k} \tag{3-34}$$

2）学习曲线时间常数 τ_{mse}

式（3-28）表明，学习曲线是 M 条指数衰减曲线之和，曲线上各离散点的均方误差以几何公比 $(r_{\mathrm{mse}})_k$ 按等比级数规律衰减。因此，学习曲线时间常数也相应有 M 个，它们取决于相应的几何公比 $(r_{\mathrm{mse}})_k$。

由式（3-28）可知，对于主轴坐标系的一个坐标轴来说，有

$$\begin{aligned}J(n)&=J_{\min}+\lambda_k(1-2\mu\lambda_k)^{2n}[v_k(0)]^2\\&=J_{\min}+\lambda_k(r_{\mathrm{mse}})_k^n[v_k(0)]^2\end{aligned} \tag{3-35}$$

由上式可得

$$J(0)=J_{\min}+\lambda_k[v_k(0)]^2 \tag{3-36}$$

由式（3-35）和式（3-36），得

$$\frac{J(n)-J_{\min}}{J(0)-J_{\min}}=(r_{\mathrm{mse}})_k^n \tag{3-37}$$

这是一个公比为 $(r_{\mathrm{mse}})_k$ 的等比级数。定义 $J(n)-J_{\min}$ 衰减为 $J(0)-J_{\min}$ 的 e^{-1} 倍时所需的迭代次数为学习曲线时间常数 $(\tau_{\mathrm{mse}})_k$，即

$$r_{\mathrm{mse}}^{(\tau_{\mathrm{mse}})_k}=\mathrm{e}^{-1} \tag{3-38}$$

用与推导权值衰减时间常数 τ 类似的方法，可得学习曲线时间常数 τ_{mse} 的近似公式

$$(\tau_{\mathrm{mse}})_k=\frac{1}{4\mu\lambda_k} \tag{3-39}$$

3）自适应时间常数 T_{mse}

学习曲线时间常数 τ_{mse} 是用迭代次数来度量的，若将其用数据样本数来度量，则称之为自适应时间常数，常用 T_{mse} 表示。如果取样率 f_{s} 已知，则由自适应时间常数 T_{mse} 容易得到以真实时间单位度量的自适应过渡时间。

3.2 牛顿算法

3.2.1 牛顿算法的基本思想

牛顿算法最初用于求解方程 $f(\boldsymbol{w})=0$ 的解。其求解过程为：由初始值 $\boldsymbol{w}(0)$ 开始，用一阶导数 $f'(\boldsymbol{w}(0))$ 计算新的估计值 $\boldsymbol{w}(1)$，如图 3-6 所示，$\boldsymbol{w}(1)$ 由曲线 $f(\boldsymbol{w})$ 在 A 点处的切线与 $\boldsymbol{w}$ 轴的交点来确定。

因此，利用图中的几何关系，有

$$f'(\boldsymbol{w}(0))=\frac{f(\boldsymbol{w}(0))}{\boldsymbol{w}(0)-\boldsymbol{w}(1)} \tag{3-40}$$

则

$$\boldsymbol{w}(1)=\boldsymbol{w}(0)-\frac{f(\boldsymbol{w}(0))}{f'(\boldsymbol{w}(0))} \tag{3-41}$$

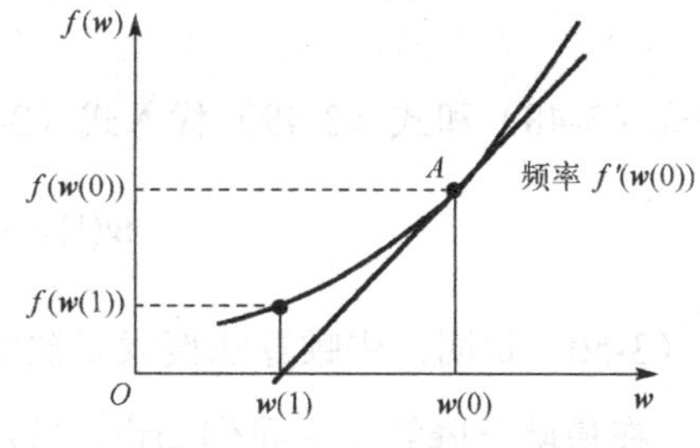

图 3-6　求函数 $f(\boldsymbol{w})$ 零点解的牛顿算法

求下一个点 $\boldsymbol{w}(2)$ 可将 $\boldsymbol{w}(1)$ 当作初始值，用与求 $\boldsymbol{w}(1)$ 相同的方法进行计算。依次继续下去，则一般表示式为

$$\boldsymbol{w}(n+1)=\boldsymbol{w}(n)-\frac{f(\boldsymbol{w}(n))}{f'(\boldsymbol{w}(n))} \tag{3-42}$$

显然，牛顿算法的收敛与初始值 $\boldsymbol{w}(0)$ 的选取及函数 $f(\boldsymbol{w})$ 的性质有关。对一大类函数，牛顿算法的收敛速度是相当快的。

由式（3-42）可以看出，通常需要对导数 $f'(\boldsymbol{w}(n))$ 加以估计，且将它表示为

$$f'(\boldsymbol{w}(n))=\frac{f(\boldsymbol{w}(n))-f(\boldsymbol{w}(n-1))}{\boldsymbol{w}(n)-\boldsymbol{w}(n-1)} \tag{3-43}$$

将式（3-43）代入式（3-42），则得牛顿算法迭代表示式为

$$w(n+1)=w(n)-\frac{w(n)-w(n-1)}{f(w(n))-f(w(n-1))}f(w(n)) \tag{3-44}$$

3.2.2 最小均方误差牛顿算法

如上所述，牛顿算法用于求方程 $f(\boldsymbol{w})=0$ 解的方法，而对于性能曲面 $J(\boldsymbol{w})$ 的最小点来说，有 $J'(\boldsymbol{w}_{\mathrm{o}})=0$，或者一般地有 $\nabla J=\mathbf{0}$。因而，对于具有一个权值的性能曲面来说，可令

$$f(\boldsymbol{w})=J'(\boldsymbol{w}) \tag{3-45}$$

于是，应用式（3-42）可得权值迭代公式为

$$w(n+1)=w(n)-\frac{J'(w(n))}{J''(w(n))} \tag{3-46}$$

式中，$J''(\boldsymbol{w})$ 是性能曲面 $J(\boldsymbol{w})$ 的二阶导数。

均方误差性能曲面是二次型的，只有一个权值的二次型误差性能曲面就是一条抛物线，可表示为

$$J=J_{\min}+\lambda(\boldsymbol{w}-\boldsymbol{w}_{\mathrm{o}})^2 \tag{3-47}$$

性能函数 J 对权值 $\boldsymbol{w}$ 的一阶导数为

$$\frac{\mathrm{d}J}{\mathrm{d}\boldsymbol{w}}=2\lambda(\boldsymbol{w}-\boldsymbol{w}_{\mathrm{o}}) \tag{3-48}$$

其二阶导数为

$$\frac{\mathrm{d}^2J}{\mathrm{d}\boldsymbol{w}^2}=2\lambda \tag{3-49}$$

将式（3-48）和式（3-49）代入式（3-46）中，并令 $n=0$，得

$$w(1)=w(0)-\frac{2\lambda(w(0)-w_{\mathrm{o}})}{2\lambda}=w_{\mathrm{o}} \tag{3-50}$$

式（3-50）说明：牛顿算法搜索二次型误差性能曲面可以一步搜索到最优权值。

在最陡下降算法中我们知道，当几何公比 $r=1-2\mu\lambda=0$ 或 $\mu=\dfrac{1}{2\lambda}$ 时，单个权值的搜索过程是临界阻尼的。在这种情况下，对二次型性能曲面的搜索仅一步就收敛。因此，对于二次型的误差性能曲面来说，牛顿算法就是最陡下降算法在几何公比为 $r=0$ 时的特例，应用它将导致一步求解，如图 3-4 所示。

然而，牛顿算法有两点缺陷：

（1）如果性能曲面 $J(\boldsymbol{w})$ 并不准确已知，其一阶导数和二阶导数必须通过估计获得。

（2）性能曲面可能不是二次型，此时迭代次数将跟初始权值的选取有关。对某些初始权值，牛顿算法可能得不到它的最佳点。

在多维二次型误差性能曲面上，牛顿算法搜索是单权值牛顿算法的推广。参照式（3-46），可写出最小均方误差权向量的牛顿算法迭代公式为

$$\boldsymbol{w}(n+1)=\boldsymbol{w}(n)-\boldsymbol{H}^{-1}(n)\boldsymbol{g}(n) \tag{3-51}$$

式中，向量 $\boldsymbol{g}(n)=\dfrac{\partial J(\boldsymbol{w})}{\partial \boldsymbol{w}}=\nabla J(\boldsymbol{w})$ 是性能函数 $J(\boldsymbol{w})$ 的梯度向量；矩阵 $\boldsymbol{H}(n)=\dfrac{\partial^2 J(\boldsymbol{w})}{\partial \boldsymbol{w}^2}$ 是性能函数 $J(\boldsymbol{w})$ 的海森（Hessian）矩阵，$\boldsymbol{H}^{-1}(n)$ 是海森矩阵 $\boldsymbol{H}(n)$ 的逆矩阵。

对于二次型误差性能函数，梯度向量为

$$\boldsymbol{g}(n)=\nabla J(\boldsymbol{w})=2\boldsymbol{R}\boldsymbol{w}(n)-2\boldsymbol{p} \tag{3-52}$$

海森矩阵为

$$\boldsymbol{H}(n)=\frac{\partial \boldsymbol{g}(n)}{\partial \boldsymbol{w}}=2\boldsymbol{R} \tag{3-53}$$

将式（3-52）和式（3-53）代入式（3-51），得最小均方误差权向量牛顿算法的迭代公式为

$$\begin{aligned}\boldsymbol{w}(n+1)&=\boldsymbol{w}(n)-\frac{1}{2}\boldsymbol{R}^{-1}\nabla J(n)\\&=\boldsymbol{w}(n)-\frac{1}{2}\boldsymbol{R}^{-1}\left(2\boldsymbol{R}\boldsymbol{w}(n)-2\boldsymbol{p}\right)\\&=\boldsymbol{R}^{-1}\boldsymbol{p}\\&=\boldsymbol{w}_{\mathrm{o}}\end{aligned} \tag{3-54}$$

式（3-54）表明，在二次型误差性能曲面上，牛顿算法可以由性能曲面上的任一点 $\boldsymbol{w}(n)$ 经一次迭代达到最优解 $\boldsymbol{w}_{\mathrm{o}}$。

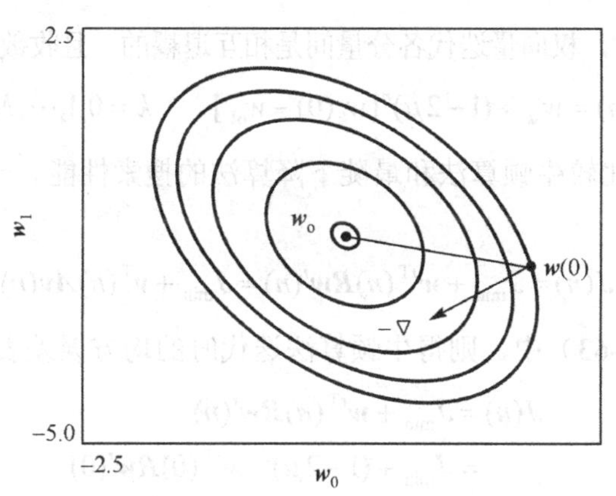

图 3-7 具有两个权值的牛顿算法示意图

如图 3-7 所示，在有两个权值二次型误差性能曲面的情况下，权向量从任一初始位置 $\boldsymbol{w}(0)=[w_0(0) \quad w_1(0)]^{\mathrm{T}}$ 开始，在迭代一步之后即跳到最佳位置 $\boldsymbol{w}_{\mathrm{o}}=[w_{\mathrm{o}0} \quad w_{\mathrm{o}1}]^{\mathrm{T}}$。从图 3-7 和式（3-54）可以看出，牛顿算法的搜索一般并不在负梯度方向上，因为负梯度方向的搜索路径必须与每条椭圆等高线正交。仅当 $\boldsymbol{w}(0)$ 处于椭圆族主轴上时，牛顿算法的搜索路径才和梯度方向重合。由式（3-54）还可看出，对于单权值的牛顿算法实际上就是收敛步长 μ 取为 $1/2\lambda$ 的最陡下降算法（临界阻尼状态），自然地，权值的搜索方向即为负梯度方向。

若在式（3-54）中重新引入一个调整收敛速度的收敛参数 μ，则可将牛顿算法推广为

$$\boldsymbol{w}(n+1)=\boldsymbol{w}(n)-\mu\boldsymbol{R}^{-1}\nabla J(n) \tag{3-55}$$

利用梯度 $\nabla J(n)=2\boldsymbol{R}\boldsymbol{w}(n)-2\boldsymbol{p}$ 和最优权向量 $\boldsymbol{w}_{\mathrm{o}}=\boldsymbol{R}^{-1}\boldsymbol{p}$，式（3-55）可以表示成

$$w(n+1)=(1-2\mu)w(n)+2\mu w_o \tag{3-56}$$

利用权偏差向量可表示为

$$w'(n+1)=(1-2\mu)w'(n) \tag{3-57}$$

经递推可得

$$w'(n)=(1-2\mu)^n w'(0) \tag{3-58}$$

由此可得

$$w(n)=w_o+(1-2\mu)^n[w(0)-w_o] \tag{3-59}$$

式（3-59）表明：

（1）当 $\mu=1/2$ 时，$w(1)=w_o$，即一步迭代收敛到最优解 w_o。

（2）牛顿算法稳定收敛的条件为

$$0<\mu<1 \tag{3-60}$$

和最陡下降算法的情况类似：若收敛因子 $\mu<1/2$，则权向量迭代收敛过程为过阻尼状态；若收敛因子 $\mu>1/2$，则权向量迭代收敛过程为欠阻尼状态。

（3）当式（3-60）满足时，有

$$\lim_{n\to\infty} w(n)=w_o \tag{3-61}$$

（4）牛顿算法搜索时，权向量迭代各分量间是相互退耦的，且收敛仅与收敛因子 μ 有关，即

$$w_k(n)=w_{ok}+(1-2\mu)^n[w_k(0)-w_{ok}] \qquad k=0,1,\cdots,M-1 \tag{3-62}$$

利用学习曲线可以比较牛顿算法和最陡下降算法的搜索性能。一个二次型均方误差性能曲面的函数表示式为

$$J(n)=J_{\min}+w'^{\mathrm{T}}(n)Rw'(n)=J_{\min}+v^{\mathrm{T}}(n)\Lambda v(n) \tag{3-63}$$

将式（3-58）代入式（3-63）中，则得牛顿算法迭代时的均方误差表示式为

$$\begin{aligned}J(n)&=J_{\min}+w'^{\mathrm{T}}(n)Rw'(n)\\&=J_{\min}+(1-2\mu)^{2n}w'^{\mathrm{T}}(0)Rw'(0)\\&=J_{\min}+(1-2\mu)^{2n}v^{\mathrm{T}}(0)\Lambda v(0)\\&=J_{\min}+(1-2\mu)^{2n}\sum_{k=0}^{M-1}[v_k(0)]^2\lambda_k\end{aligned} \tag{3-64}$$

由式（3-64）可以看出，牛顿算法的学习曲线是具有单一几何公比的衰减几何级数，且几何公比为

$$r_{\mathrm{mse}}=r^2=(1-2\mu)^2 \tag{3-65}$$

而从式（3-28）给出的最陡下降算法迭代时的均方误差表示式可以看出，最陡下降算法的学习曲线是 M 个衰减几何级数之和，各几何级数的几何公比分别为

$$(r_{\mathrm{mse}})_k=r_k^2=(1-2\mu\lambda_k)^2 \qquad k=0,1,\cdots,M-1 \tag{3-66}$$

【例 3-1】对于一个有两个权值的二次型均方误差性能曲面，其最小均方误差 $J_{\min}=0$，若

取权值迭代步长 $\mu = 0.3$，初始权偏差向量 $\boldsymbol{w}'(0) = [3.5 \quad -0.5]^{\mathrm{T}}$，输入相关矩阵 $\boldsymbol{R}$ 的特征值分别为 $\lambda_0 = 1.0$、$\lambda_1 = 0.5$，正交归一化矩阵为

$$\boldsymbol{Q} = \frac{1}{\sqrt{2}}\begin{bmatrix} 1 & 1 \\ -1 & 1 \end{bmatrix}$$

试分别写出用最陡下降算法和牛顿算法迭代的均方误差表示式，并画出它们的学习曲线。

解： 由式（2-45）可知，在主轴坐标系中的旋转权偏差向量为

$$\boldsymbol{v}(0) = \boldsymbol{Q}^{\mathrm{T}}\boldsymbol{w}'(0)$$

$$= \frac{1}{\sqrt{2}}\begin{bmatrix} 1 & -1 \\ 1 & 1 \end{bmatrix}\begin{bmatrix} 3.5 \\ -0.5 \end{bmatrix} = \frac{1}{\sqrt{2}}\begin{bmatrix} 4 \\ 3 \end{bmatrix}$$

于是，将已知条件代入式（3-28）中，可得最陡下降算法的均方误差为

$$J(n) = 8 \times (0.4)^{2n} + 2.25 \times (0.7)^{2n}$$

同样，将已知条件代入式（3-64）中，可得牛顿算法的均方误差为

$$J(n) = 10.25 \times (0.4)^{2n}$$

采用两种方法在不同迭代次数 n 所得的均方误差列于表 3-2 中。当 n 大于 5 次时，两种方法的均方误差输出已相当接近于零。最陡下降算法和牛顿算法的均方误差学习曲线分别示于图 3-8 中的曲线 a 和曲线 b。两者相比，牛顿算法的收敛速度要快一些。

表 3-2　例 3-1 中 $J(n)$ 的计算结果

迭代次数 n/次	1	2	3	4	5
最陡下降算法	2.38	0.75	0.30	0.14	0.064
牛顿算法	1.64	0.26	0.042	0.0067	0.0011

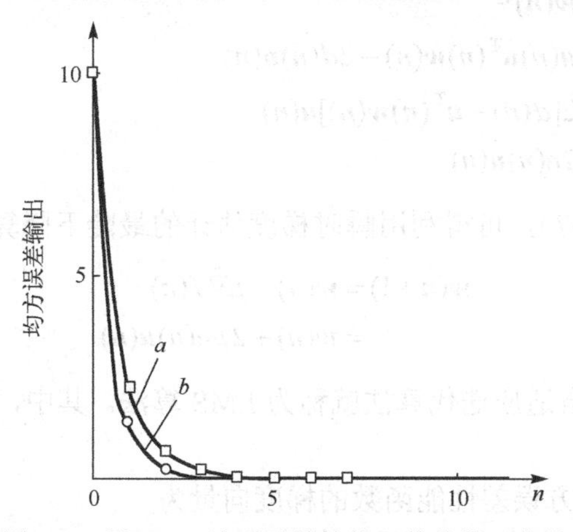

图 3-8　例 3-1 二次型误差性能函数的学习曲线

从以上讨论可得：如果计算的简单性相对重要，那么人们更喜欢采用最陡下降算法计算横向滤波器的抽头权向量；如果收敛速度是人们感兴趣的因素，则牛顿算法及其改进推广型是首选方案。

3.3 LMS 算法

3.3.1 LMS 算法描述

本节仍以自适应横向滤波器（如图 3-1 所示）为基础，探讨一种广泛使用的自适应算法——最小均方（LMS）算法。这种算法是由 Widrow 和 Hoff 于 1960 年提出的，该算法由于简单实用，因此成为线性自适应滤波算法的参照标准。

在最陡下降算法中，我们知道如果能够精确测量每一次迭代的梯度向量 $\nabla J(n)$ ，而且若收敛因子 μ 选取得合适，则最陡下降算法能够使得抽头权向量收敛于维纳解（对于平稳过程）。但是，梯度向量的精确测量需要知道抽头输入的相关矩阵 $\boldsymbol{R}$ 以及抽头输入与期望响应之间的互相关向量 $\boldsymbol{p}$ ，因此当最陡下降算法应用于未知环境时，梯度向量的精确测量是不可能的，必须根据可用数据对梯度向量进行估计。使用估计梯度向量 $\hat{\nabla} J(n)$ 的最陡下降算法为

$$\boldsymbol{w}(n+1)=\boldsymbol{w}(n)-\mu\hat{\nabla} J(n) \tag{3-67}$$

对于最小均方误差准则下的自适应横向滤波器来说，若采用一般的梯度估计方法推出自适应算法，则需要分别取权值经扰动后的两个均方误差估计（即在一段短时间内的采样数据平均值）之差来作为梯度估计。而 LMS 算法则直接利用单次采样数据获得的 $e^2(n)$ 来代替均方误差 $J(n)$，从而进行梯度估计，所以把这种梯度估计称为瞬时梯度估计。于是在自适应过程的每次迭代时，其梯度估计具有如下形式

$$\begin{aligned}\hat{\nabla} J(n)&=\frac{\partial e^2(n)}{\partial \boldsymbol{w}(n)}\\&=\frac{\partial}{\partial \boldsymbol{w}(n)}\left[d^2(n)+\boldsymbol{w}^{\mathrm{T}}(n)\boldsymbol{u}(n)\boldsymbol{u}^{\mathrm{T}}(n)\boldsymbol{w}(n)-2d(n)\boldsymbol{u}^{\mathrm{T}}(n)\boldsymbol{w}(n)\right]\\&=2\boldsymbol{u}(n)\boldsymbol{u}^{\mathrm{T}}(n)\boldsymbol{w}(n)-2d(n)\boldsymbol{u}(n)\\&=-2[d(n)-\boldsymbol{u}^{\mathrm{T}}(n)\boldsymbol{w}(n)]\boldsymbol{u}(n)\\&=-2e(n)\boldsymbol{u}(n)\end{aligned} \tag{3-68}$$

将式（3-68）代入式（3-67），可得利用瞬时梯度估计的最陡下降算法的迭代公式为

$$\begin{aligned}\boldsymbol{w}(n+1)&=\boldsymbol{w}(n)-\mu\hat{\nabla} J(n)\\&=\boldsymbol{w}(n)+2\mu e(n)\boldsymbol{u}(n)\end{aligned} \tag{3-69}$$

式（3-69）给出的权向量自适应迭代算法就称为 LMS 算法。其中，μ 是控制自适应收敛速度和稳定性的收敛参数。

从另一个角度看，均方误差性能函数的梯度向量为

$$\nabla J(n)=2\boldsymbol{R}\boldsymbol{w}(n)-2\boldsymbol{p} \tag{3-70}$$

而 LMS 算法所做的梯度估计，就是对梯度向量 $\nabla J(n)$ 中的相关矩阵 $\boldsymbol{R}$ 和互相关向量 $\boldsymbol{p}$ 做瞬时估计，即

$$\hat{\boldsymbol{R}}(n)=\boldsymbol{u}(n)\boldsymbol{u}^{\mathrm{T}}(n) \tag{3-71}$$

$$\hat{\boldsymbol{p}}(n)=\boldsymbol{u}(n)d(n) \tag{3-72}$$

相应的梯度向量的瞬时梯度估计为

$$\begin{aligned}\hat{\nabla}J(n) &= 2\hat{\boldsymbol{R}}\boldsymbol{w}(n) - 2\hat{\boldsymbol{p}} \\ &= 2\boldsymbol{u}(n)\boldsymbol{u}^{\mathrm{T}}(n)\boldsymbol{w}(n) - 2\boldsymbol{u}(n)d(n)\end{aligned} \tag{3-73}$$

因此，利用式（3-73）的瞬时梯度估计的最陡下降算法的迭代公式为

$$\begin{aligned}\boldsymbol{w}(n+1) &= \boldsymbol{w}(n) - \mu\hat{\nabla}J(n) \\ &= \boldsymbol{w}(n) - 2\mu[\hat{\boldsymbol{R}}\boldsymbol{w}(n) - \hat{\boldsymbol{p}}] \\ &= \boldsymbol{w}(n) - 2\mu[\boldsymbol{u}(n)\boldsymbol{u}^{\mathrm{T}}(n)\boldsymbol{w}(n) - \boldsymbol{u}(n)d(n)] \\ &= \boldsymbol{w}(n) + 2\mu\boldsymbol{u}(n)[d(n) - \boldsymbol{u}^{\mathrm{T}}(n)\boldsymbol{w}(n)] \\ &= \boldsymbol{w}(n) + 2\mu e(n)\boldsymbol{u}(n)\end{aligned} \tag{3-74}$$

与式（3-69）给出的迭代公式一致。

图 3-9 给出了实现 LMS 算法的向量信号流图。可以看出，这是一个带有反馈环节的闭环自适应系统。该系统除利用输入向量 $\boldsymbol{u}(n)$ 外，还利用输出误差 $e(n)$ 的反馈信息来调整权向量的迭代过程。从图 3-9 可以看出，实现 LMS 算法时不需要平方、平均或微分运算，这就使得该算法可高效实现。

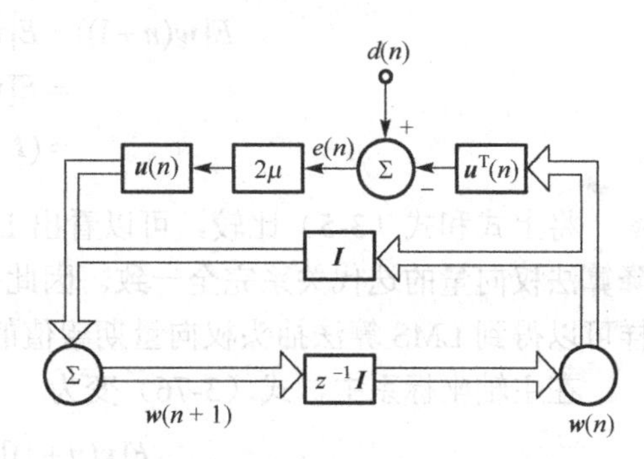

图 3-9　LMS 算法的向量信号流图

梯度向量的每个分量都由单个数据样本得到，无须扰动权向量，因而梯度估计必然含有一个较大的噪声成分，也就是说这个自适应过程是带有噪声的，它将不会严格地沿着性能曲面真实的最陡下降路径搜索。但是，在自适应过程中，如图 3-9 所示，由于存在着积分环路这样的低通滤波作用，故随着迭代的不断进行，梯度噪声将被平均。

LMS 算法的计算流程如表 3-3 所示。

表 3-3　LMS 算法的计算流程

参数设置： M = 滤波器的抽头数 μ = 收敛因子 已知数据： $\boldsymbol{u}(n)$ = 抽头输入向量 $d(n)$ = 期望响应 初始化： $\boldsymbol{w}(0)$ 由先验知识确定；否则令 $\boldsymbol{w}(0)=\boldsymbol{0}$ 迭代计算： 对 $n=0,1,\cdots$ 计算 $y(n)=\boldsymbol{w}^{\mathrm{T}}(n)\boldsymbol{u}(n)$ $e(n)=d(n)-y(n)$ $\boldsymbol{w}(n+1)=\boldsymbol{w}(n)+2\mu e(n)\boldsymbol{u}(n)$

3.3.2　LMS 算法的收敛性

我们知道，合理地设置收敛因子 μ，对于平稳随机过程来说，利用最陡下降算法可以使抽头权向量按照确定性轨迹沿着误差性能曲面最终收敛于最优解 $\boldsymbol{w}_{\mathrm{o}}$。而对于 LMS 算法，由

于瞬时梯度估计存在梯度噪声，使得 LMS 算法的权向量是以随机方式变化的，因此 LMS 算法又称为随机梯度法。LMS 算法最终所得的抽头权向量将围绕着误差性能曲面的最小点随机游动。下面考察 LMS 算法抽头权向量的期望值的收敛问题。

为了考察 LMS 算法抽头权向量的期望值的收敛性，首先注意到在式(3-69)中权向量 $\boldsymbol{w}(n)$ 仅与输入数据采样 $u(n-1),u(n-2),\cdots,u(0)$ 有关。因此，若假定相继的输入数据是独立的，则 $\boldsymbol{w}(n)$ 与 $\boldsymbol{u}(n)$ 独立。则由式（3-68），可得 LMS 算法的梯度估计的数学期望为

$$\begin{aligned}E[\hat{\nabla}J(n)] &= -2E[e(n)\boldsymbol{u}(n)] \\ &= -2E[d(n)\boldsymbol{u}(n)-\boldsymbol{u}(n)\boldsymbol{u}^{\mathrm{T}}(n)\boldsymbol{w}(n)] \\ &= 2\{\boldsymbol{R}E[\boldsymbol{w}(n)]-\boldsymbol{p}\}\end{aligned} \tag{3-75}$$

由此利用式（3-69），可得 LMS 算法的抽头权向量的数学期望为

$$\begin{aligned}E[\boldsymbol{w}(n+1)] &= E[\boldsymbol{w}(n)]-\mu E[\hat{\nabla}J(n)] \\ &= E[\boldsymbol{w}(n)]-2\mu\{\boldsymbol{R}E[\boldsymbol{w}(n)]-\boldsymbol{p}\} \\ &= (\boldsymbol{I}-2\mu\boldsymbol{R})E\left[\boldsymbol{w}(n)\right]+2\mu\boldsymbol{R}\boldsymbol{w}_{\mathrm{o}}\end{aligned} \tag{3-76}$$

将上式和式（3-5）比较，可以看出 LMS 算法抽头权向量的期望值的迭代关系与最陡下降算法权向量的迭代关系完全一致。因此，利用分析最陡下降算法权向量收敛性的方法，同样可以得到 LMS 算法抽头权向量期望值的收敛性。

在主轴坐标系中，式（3-76）变为

$$E[\boldsymbol{v}(n+1)] = (\boldsymbol{I}-2\mu\boldsymbol{\Lambda})E\left[\boldsymbol{v}(n)\right] \tag{3-77}$$

则

$$E[\boldsymbol{v}(n)] = (\boldsymbol{I}-2\mu\boldsymbol{\Lambda})^{n}\boldsymbol{v}(0) \tag{3-78}$$

根据最陡下降算法的相关结论，由式（3-78）可知，当

$$0<\mu<1/\lambda_{\max} \tag{3-79}$$

条件满足时，LMS 算法抽头权向量的期望值才收敛于最佳权向量（即主轴坐标系中的零向量）。

式（3-79）给出了 LMS 算法抽头权向量期望值的收敛条件。而

$$\lambda_{\max} \leqslant \mathrm{tr}[\boldsymbol{R}] \tag{3-80}$$

故权向量的收敛条件可写为

$$0<\mu<1/\mathrm{tr}[\boldsymbol{R}] \tag{3-81}$$

对于自适应横向滤波器来说，输入向量的相关矩阵 $\boldsymbol{R}$ 的迹可以用输入信号功率表示为

$$\mathrm{tr}[\boldsymbol{R}] = ME[u^{2}(n)] = MP_{\mathrm{in}} \tag{3-82}$$

式中，P_{in} 是输入信号功率。因此，式（3-81）的收敛条件可表示为

$$0<\mu<1/MP_{\mathrm{in}} \tag{3-83}$$

在这个取值范围中，μ 的大小决定了自适应的收敛速度，也决定了权向量解的噪声。在实际使用中，通常 μ 选取得足够小，使得

$$0<\mu\ll 1/MP_{\mathrm{in}} \tag{3-84}$$

应当指出，上面的输入向量去相关、平稳性假设和收敛条件并不是 LMS 算法收敛的必要条件，采用这样做法仅是为了分析问题方便。对于某些特定的相关和非平稳输入的 LMS 算法的收敛问题，由于分析十分复杂，这里不再赘述，请读者参阅其他文献。

下面通过一个实例进一步了解 LMS 算法的收敛性。

【例 3-2】 如图 3-10 所示，自适应横向滤波器有两个权值，输入随机信号 $r(n)$ 的样本间相互独立，且它的平均功率为 $p_{\mathrm{r}}=E[r^2(n)]=0.01$，信号周期为 $N=16$ 个样点。求最佳权向量解 $\boldsymbol{w}_{\mathrm{o}}$ 和收敛因子 μ 的取值范围，并分别绘出当 $\boldsymbol{w}(0)=[0\quad 0]^{\mathrm{T}}$、$\mu=0.1$ 及 $\boldsymbol{w}(0)=[4\quad -10]^{\mathrm{T}}$、$\mu=0.05$ 时，两种情况下的权值变化轨迹和第一种情况下误差 $e(n)$ 与迭代次数 n 的关系曲线。

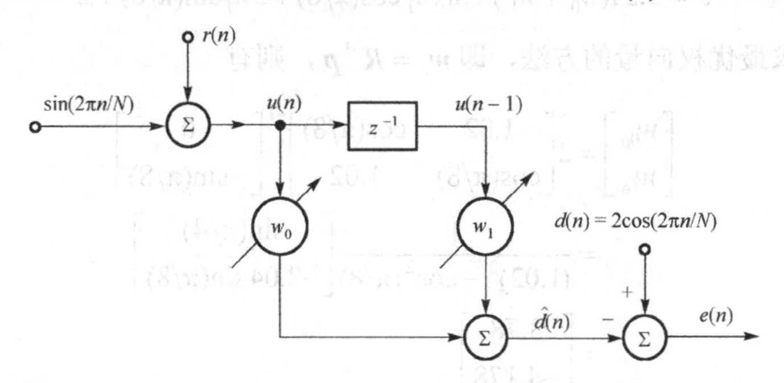

图 3-10 自适应横向滤波器示例

解： 先求出输入信号的相关值。对于单频正弦波信号，求相关可等效为在整周期内在时间上求平均，即

$$
\begin{aligned}
E[u^2(n)] &= E\left[\left(\sin\frac{2\pi n}{N}+r(n)\right)^2\right] \\
&= \frac{1}{N}\sum_{n=0}^{N-1}\left(\sin\frac{2\pi n}{N}\right)^2 + E[r^2(n)] \\
&= 0.51
\end{aligned}
$$

$$
\begin{aligned}
E[u(n)u(n-1)] &= E\left[\left(\sin\frac{2\pi n}{N}+r(n)\right)\left(\sin\frac{2\pi(n-1)}{N}+r(n-1)\right)\right] \\
&= \frac{1}{N}\sum_{n=0}^{N-1}\sin\frac{2\pi n}{N}\sin\frac{2\pi(n-1)}{N} + E[r(n)r(n-1)] \\
&= 0.5\cos(\pi/8)
\end{aligned}
$$

再计算期望响应和输入信号的互相关值

$$
E[d(n)u(n)] = E\left[2\cos\frac{2\pi n}{N}\left(\sin\frac{2\pi n}{N}+r(n)\right)\right] = \frac{1}{N}\sum_{n=0}^{N-1}2\cos\frac{2\pi n}{N}\sin\frac{2\pi n}{N} = 0
$$

$$
\begin{aligned}
E[d(n)u(n-1)] &= E\left[2\cos\frac{2\pi n}{N}\left(\sin\frac{2\pi(n-1)}{N}+r(n-1)\right)\right] \\
&= \frac{1}{N}\sum_{n=0}^{N-1}2\cos\frac{2\pi n}{N}\sin\frac{2\pi(n-1)}{N} \\
&= -\sin(\pi/8)
\end{aligned}
$$

因此，输入向量的相关矩阵 $\boldsymbol{R}$ 为

$$\boldsymbol{R}=0.5\begin{bmatrix}1+2p_r & \cos(2\pi/N)\\ \cos(2\pi/N) & 1+2p_r\end{bmatrix}=0.5\begin{bmatrix}1.02 & \cos(\pi/8)\\ \cos(\pi/8) & 1.02\end{bmatrix}$$

期望响应与输入向量的互相关向量 $\boldsymbol{p}$ 为

$$\boldsymbol{p}=\begin{bmatrix}0 & -\sin(\pi/8)\end{bmatrix}^{\mathrm{T}}$$

则均方误差的性能函数为

$$J=0.51(w_0^2+w_1^2)+w_0w_1\cos(\pi/8)+2w_1\sin(\pi/8)+2$$

采用类似第 2 章求最优权向量的方法，即 $\boldsymbol{w}_{\mathrm{o}}=\boldsymbol{R}^{-1}\boldsymbol{p}$，则有

$$\begin{bmatrix}w_{0\mathrm{o}}\\ w_{1\mathrm{o}}\end{bmatrix}=2\begin{bmatrix}1.02 & \cos(\pi/8)\\ \cos(\pi/8) & 1.02\end{bmatrix}^{-1}\begin{bmatrix}0\\ -\sin(\pi/8)\end{bmatrix}$$

$$=\frac{1}{(1.02)^2-\cos^2(\pi/8)}\begin{bmatrix}\sin(\pi/4)\\ -2.04\sin(\pi/8)\end{bmatrix}$$

$$=\begin{bmatrix}3.78\\ -4.178\end{bmatrix}$$

为了确定收敛因子 μ 的取值范围，可求出相关矩阵 $\boldsymbol{R}$ 的特征值，由特征值满足的方程 $\det(\boldsymbol{R}-\lambda\boldsymbol{I})=0$，可得

$$\begin{vmatrix}0.51-\lambda & 0.5\cos(\pi/8)\\ 0.5\cos(\pi/8) & 0.51-\lambda\end{vmatrix}=0$$

于是得

$$(0.51-\lambda)^2-0.25\cos^2(\pi/8)=0$$

解上述方程可得两个特征值分别为 $\lambda_0=0.972$ 和 $\lambda_1=0.048$，则

$$\operatorname{tr}[\boldsymbol{R}]=\lambda_0+\lambda_1=1.02$$

故根据式（3-81）可确定 μ 的取值范围为

$$0<\mu<0.98$$

图 3-11 绘出了两种情况下 LMS 算法的权值迭代轨迹。其中权向量初始点分别是：上轨迹 $\boldsymbol{w}(0)=[0\quad 0]^{\mathrm{T}}$，下轨迹 $\boldsymbol{w}(0)=[4\quad -10]^{\mathrm{T}}$。图中同时绘出了 J 的等高线，两条权值迭代轨迹与 J 的等高线大致正交。由此看出，LMS 算法具有最陡下降算法的本质特征。

由于在每步迭代过程中梯度估计值都是含有噪声的，因此在图 3-11 中权值移动的轨迹是游弋（Erratic）的，即移动轨迹并不严格地与真实梯度方向一致。对于较大的 μ 值，由于每次迭代权值的调整大，因此游弋也较大，但它仅仅用了相当于小 μ 轨迹一半的迭代次数就达到了与小 μ 轨迹相同的等高椭圆上。如果让自适应过程继续进行，则两个轨迹最终将逼近 J 的最小值区域，即“碗底”区域，并在该区域游动，得到一个带有噪声的权向量解。图 3-12 绘出了误差 $e(n)$ 与迭代次数 n 的关系曲线，从中可以进一步观察到 LMS 算法的收敛过程。

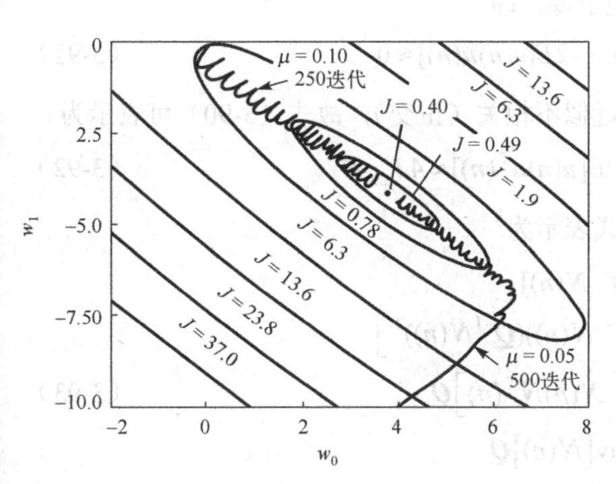

图 3-11　例 3-2 性能曲面等高线与权值迭代轨迹

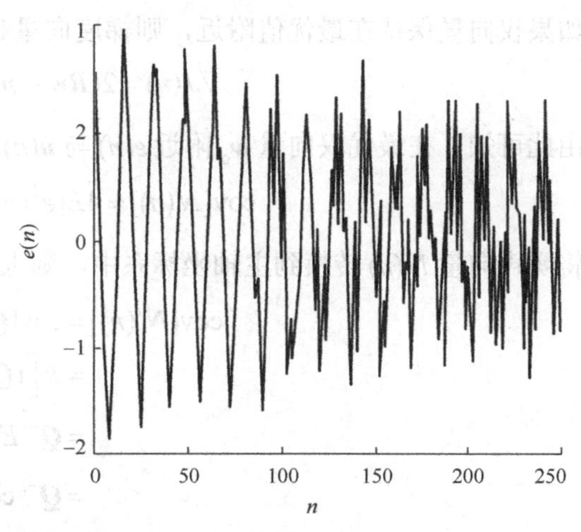

图 3-12　例 3-2 误差 $e(n)$ 与迭代次数 n 的关系曲线（第一种情况：初始权向量为 $\boldsymbol{w}(0)=[0\quad 0]^{\mathrm{T}}$、收敛因子 $\mu=0.1$）

3.3.3　LMS 算法的权向量噪声

上面分析了 LMS 算法权向量期望值的收敛问题。从上面的分析可以看出，在一定的收敛条件下，LMS 算法权向量期望值收敛于最优权向量。但是，由于 LMS 算法对梯度向量各分量的估计是根据单个数据样本得到的，没有进行平均，使得梯度估计中存在噪声，因此使得 LMS 算法权向量是带噪声的，最终权向量不收敛于最优值，而是在最优值附近漂移，形成了最优值上的权向量噪声。下面来分析 LMS 算法最终权向量噪声的统计特性。

设第 n 次迭代中梯度估计的噪声向量为 $\boldsymbol{N}(n)$，则

$$\hat{\nabla}J(n)=\nabla J(n)+\boldsymbol{N}(n) \tag{3-85}$$

在 LMS 算法中，有

$$E[\hat{\nabla}J(n)]=-2E[e(n)\boldsymbol{u}(n)] \tag{3-86}$$

$$\nabla J(n)=2(\boldsymbol{R}\boldsymbol{w}-\boldsymbol{p})=-2E[e(n)\boldsymbol{u}(n)] \tag{3-87}$$

于是，LMS 算法中的梯度估计噪声向量的均值为

$$E[\boldsymbol{N}(n)]=E[\hat{\nabla}J(n)]-\nabla J(n)=\boldsymbol{0} \tag{3-88}$$

即 LMS 算法中瞬时梯度估计是无偏的，梯度估计噪声向量的均值为零。

另外，假定 LMS 算法运行时采用一个小的收敛因子 μ，并且自适应过程已收敛到最优权向量 $\boldsymbol{w}_{\mathrm{o}}$ 附近，则上式中的真实梯度 $\nabla J(n)$ 趋于零。根据式（3-68），噪声向量 $\boldsymbol{N}(n)$ 将逼近于

$$\boldsymbol{N}(n)=\hat{\nabla}J(n)=-2e(n)\boldsymbol{u}(n) \tag{3-89}$$

进而其协方差矩阵为

$$\mathrm{cov}[\boldsymbol{N}(n)]=E[\boldsymbol{N}(n)\boldsymbol{N}^{\mathrm{T}}(n)]=4E[e^2(n)\boldsymbol{u}(n)\boldsymbol{u}^{\mathrm{T}}(n)] \tag{3-90}$$

如果权向量保持在最优值附近，则梯度向量趋于零，即

$$\nabla J(n)=2(\boldsymbol{R}\boldsymbol{w}-\boldsymbol{p})=-2E[e(n)\boldsymbol{u}(n)]\approx 0 \tag{3-91}$$

由此可知，在最优权向量 $\boldsymbol{w}_{\text{o}}$ 附近 $e(n)$ 与 $\boldsymbol{u}(n)$ 近似不相关（正交），故式（3-90）可表示为

$$\text{cov}[\boldsymbol{N}(n)]\approx 4E[e^2(n)]E[\boldsymbol{u}(n)\boldsymbol{u}^{\text{T}}(n)]\approx 4J_{\min}\boldsymbol{R} \tag{3-92}$$

将噪声向量 $\boldsymbol{N}(n)$ 转换到主轴坐标系中，则上式表示为

$$\begin{aligned}\text{cov}[\boldsymbol{N}'(n)]&=\text{cov}[\boldsymbol{Q}^{-1}\boldsymbol{N}(n)]\\&=E\left[(\boldsymbol{Q}^{-1}\boldsymbol{N}(n))(\boldsymbol{Q}^{-1}\boldsymbol{N}(n))^{\text{T}}\right]\\&=\boldsymbol{Q}^{-1}E\left[\boldsymbol{N}(n)\boldsymbol{N}^{\text{T}}(n)\right]\boldsymbol{Q}\\&=\boldsymbol{Q}^{-1}\text{cov}\left[\boldsymbol{N}(n)\right]\boldsymbol{Q}\\&\approx 4J_{\min}\boldsymbol{\varLambda}\end{aligned} \tag{3-93}$$

这是梯度估计噪声向量协方差矩阵的近似计算公式。

下面考察梯度估计噪声对最终权向量噪声的影响。用式（3-85）中的 $\hat{\nabla}J(n)$ 代入式（3-67）中，则得

$$\boldsymbol{w}(n+1)=\boldsymbol{w}(n)-\mu[\nabla J(n)+\boldsymbol{N}(n)] \tag{3-94}$$

利用 $\nabla J(n)=2\boldsymbol{R}\boldsymbol{w}(n)-2\boldsymbol{p}=2\boldsymbol{R}\boldsymbol{w}(n)-2\boldsymbol{R}\boldsymbol{w}_{\text{o}}=2\boldsymbol{R}\boldsymbol{w}'(n)$，得平移坐标系关系式

$$\boldsymbol{w}'(n+1)=(\boldsymbol{I}-2\mu\boldsymbol{R})\boldsymbol{w}'(n)-\mu\boldsymbol{N}(n) \tag{3-95}$$

再将上式变换到主轴坐标系，得

$$\boldsymbol{v}(n+1)=(\boldsymbol{I}-2\mu\boldsymbol{\varLambda})\boldsymbol{v}(n)-\mu\boldsymbol{N}'(n) \tag{3-96}$$

用归纳法求解式（3-96）的差分方程，得

$$\boldsymbol{v}(n)=(\boldsymbol{I}-2\mu\boldsymbol{\varLambda})^n\boldsymbol{v}(0)-\mu\sum_{k=0}^{n-1}(\boldsymbol{I}-2\mu\boldsymbol{\varLambda})^k\boldsymbol{N}'(n-k-1) \tag{3-97}$$

若 μ 按式（3-79）选取，则当 n 足够大时，上式的第一项将趋于零。于是可以得到最终权向量的解为

$$\boldsymbol{v}(n)=-\mu\sum_{k=0}^{n-1}(\boldsymbol{I}-2\mu\boldsymbol{\varLambda})^k\boldsymbol{N}'(n-k-1) \tag{3-98}$$

该式表明梯度估计噪声的存在，使得收敛后的稳态权向量在最优权向量附近随机起伏。该式给出了梯度估计噪声对最终权向量噪声的影响。

由式（3-96）计算 $\boldsymbol{v}(n)$ 的协方差，得

$$\begin{aligned}\text{cov}[\boldsymbol{v}(n)]&=E\left[\boldsymbol{v}(n)\boldsymbol{v}^{\text{T}}(n)\right]\\&=E\Big[(\boldsymbol{I}-2\mu\boldsymbol{\varLambda})^2\boldsymbol{v}(n-1)\boldsymbol{v}^{\text{T}}(n-1)+\mu^2\boldsymbol{N}'(n-1)\boldsymbol{N}'^{\text{T}}(n-1)-\\&\quad\mu((\boldsymbol{I}-2\mu\boldsymbol{\varLambda})\boldsymbol{v}(n-1)\boldsymbol{N}'^{\text{T}}(n-1)+\boldsymbol{N}'(n-1)\boldsymbol{v}^{\text{T}}(n-1)(\boldsymbol{I}-2\mu\boldsymbol{\varLambda})^{\text{T}})\Big]\end{aligned} \tag{3-99}$$

假设权向量 $\boldsymbol{v}(n)$ 和梯度估计噪声向量 $\boldsymbol{N}'(n)$ 统计独立，则上式中两个交叉项的期望值等于零（因为梯度估计噪声向量为零均值），所以上式为

$$\text{cov}[\boldsymbol{v}(n)] = (\boldsymbol{I} - 2\mu\boldsymbol{\Lambda})^2 \text{cov}[\boldsymbol{v}(n)] + \mu^2 \text{cov}[\boldsymbol{N}'(n)] \tag{3-100}$$

由此得到

$$\text{cov}[\boldsymbol{v}(n)] = \frac{\mu}{4}(\boldsymbol{\Lambda} - \mu\boldsymbol{\Lambda}^2)^{-1} \text{cov}[\boldsymbol{N}'(n)] \tag{3-101}$$

该式建立了 LMS 算法在最优值附近梯度估计噪声协方差与权向量协方差之间的关系。将式（3-93）代入上式，则得

$$\text{cov}[\boldsymbol{v}(n)] \approx \mu J_{\min}(\boldsymbol{\Lambda} - \mu\boldsymbol{\Lambda}^2)^{-1}\boldsymbol{\Lambda} \tag{3-102}$$

若选取 μ 为很小的值，这时 $\mu\boldsymbol{\Lambda}$ 的元素远小于1，则上式可近似为

$$\text{cov}[\boldsymbol{v}(n)] \approx \mu J_{\min}\boldsymbol{I} \tag{3-103}$$

将上式变换回平移坐标系，得

$$\text{cov}[\boldsymbol{w}'(n)] = \boldsymbol{Q}\,\text{cov}[\boldsymbol{v}(n)]\boldsymbol{Q}^{-1} \approx \mu J_{\min}\boldsymbol{I} \tag{3-104}$$

这就是 LMS 算法中梯度估计的噪声引起的最终权向量噪声的协方差。

3.3.4　LMS 算法的期望学习曲线

前面在介绍最陡下降算法过渡过程的时候讲过均方误差性能函数与迭代次数的关系 $J(n)$，即为学习曲线。现在我们来讨论 LMS 算法的期望学习曲线，并给出相应的时间常数。

对于给定权向量 $\boldsymbol{w}(n)$ 的横向滤波器来说，均方误差性能函数随着迭代次数 n 的变化关系为

$$J = J_{\min} + \boldsymbol{w}'^{\text{T}}\boldsymbol{R}\boldsymbol{w}' \tag{3-105}$$

在最陡下降算法中，每次迭代都要精确计算性能函数的梯度向量，权向量准确地按照误差性能曲面的负梯度方向逐步收敛于最优权向量（在满足收敛的条件下），使得均方误差性能函数最终达到最小值 $J_{\min}$。但 LMS 算法中由于采用瞬时梯度估计，使得梯度估计存在噪声向量，从而产生权向量噪声，结果均方误差 $J(n)$ 在随着迭代次数 n 的增大而减小的过程中出现小的波动，如图 3-13 所示。从式（3-105）来看，LMS 算法均方误差 $J(n)$ 中小的波动，是由于权偏差向量 $\boldsymbol{w}'(n)$ 的随机性引起的，即单次实验中均方误差 $J(n)$ 具有随机性。为了了解 LMS 算法均方误差随着迭代次数变化的统计规律，我们来研究 LMS 算法中 $E[J(n)]$ 的动态特性，并将 $E[J(n)]$ 随着迭代次数 n 的变化关系称为期望学习曲线。

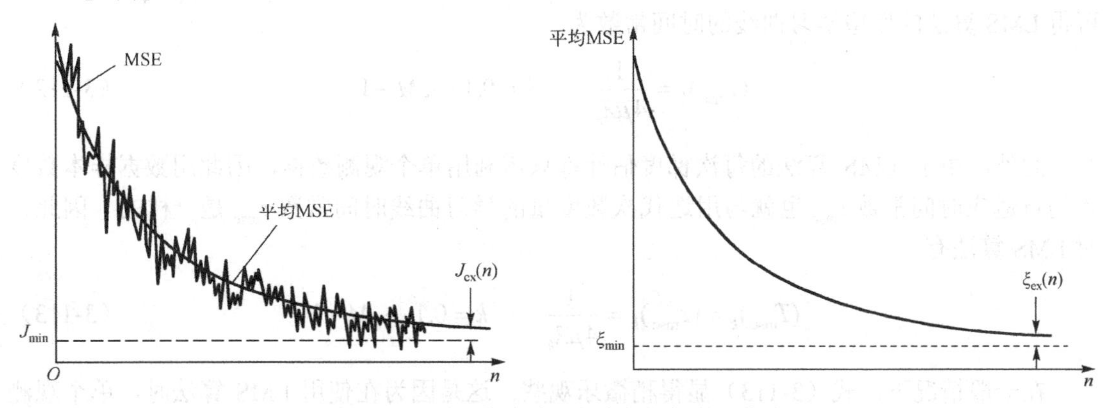

图 3-13　LMS 算法学习曲线与期望学习曲线

由式（3-105），可得

$$E[J(n)] = J_{\min} + E[\boldsymbol{w}'^{\mathrm{T}}(n)\boldsymbol{R}\boldsymbol{w}'(n)] \tag{3-106}$$

由于一个标量的迹等于其自身，因此上式可表示为

$$\begin{aligned} E[J(n)] &= J_{\min} + \mathrm{tr}\{E[\boldsymbol{w}'^{\mathrm{T}}(n)\boldsymbol{R}\boldsymbol{w}'(n)]\} \\ &= J_{\min} + E\{\mathrm{tr}[\boldsymbol{w}'^{\mathrm{T}}(n)\boldsymbol{R}\boldsymbol{w}'(n)]\} \end{aligned} \tag{3-107}$$

再利用矩阵运算公式 $\mathrm{tr}[\boldsymbol{AB}] = \mathrm{tr}[\boldsymbol{BA}]$，则上式为

$$\begin{aligned} E[J(n)] &= J_{\min} + E\{\mathrm{tr}[\boldsymbol{R}\boldsymbol{w}'(n)\boldsymbol{w}'^{\mathrm{T}}(n)]\} \\ &= J_{\min} + \mathrm{tr}\{E[\boldsymbol{R}\boldsymbol{w}'(n)\boldsymbol{w}'^{\mathrm{T}}(n)]\} \\ &= J_{\min} + \mathrm{tr}\{\boldsymbol{R}E[\boldsymbol{w}'(n)\boldsymbol{w}'^{\mathrm{T}}(n)]\} \end{aligned} \tag{3-108}$$

利用旋转坐标系，则上式为

$$\begin{aligned} E[J(n)] &= J_{\min} + \mathrm{tr}\{\boldsymbol{R}E[\boldsymbol{Q}\boldsymbol{v}(n)\boldsymbol{v}^{\mathrm{T}}(n)\boldsymbol{Q}^{\mathrm{T}}]\} \\ &= J_{\min} + E\{\mathrm{tr}[\boldsymbol{R}\boldsymbol{Q}\boldsymbol{v}(n)\boldsymbol{v}^{\mathrm{T}}(n)\boldsymbol{Q}^{\mathrm{T}}]\} \\ &= J_{\min} + E\{\mathrm{tr}[\boldsymbol{v}^{\mathrm{T}}(n)\boldsymbol{Q}^{\mathrm{T}}\boldsymbol{R}\boldsymbol{Q}\boldsymbol{v}(n)]\} \\ &= J_{\min} + E\{\mathrm{tr}[\boldsymbol{v}^{\mathrm{T}}(n)\boldsymbol{\Lambda}\boldsymbol{v}(n)]\} \\ &= J_{\min} + \sum_{k=0}^{M-1}\lambda_k E[v_k^2(n)] \end{aligned} \tag{3-109}$$

根据式（3-97），可得

$$E[v_k^2(n)] = \frac{\mu J_{\min}}{1-\mu\lambda_k} + (1-2\mu\lambda_k)^{2n}\left[v_k^2(0) - \frac{\mu J_{\min}}{1-\mu\lambda_k}\right] \tag{3-110}$$

将上式代入式（3-109），得

$$E[J(n)] = J_{\min} + \mu J_{\min}\sum_{k=0}^{M-1}\frac{\lambda_k}{1-\mu\lambda_k} + \sum_{k=0}^{M-1}\lambda_k(1-2\mu\lambda_k)^{2n}\left[v_k^2(0) - \frac{\mu J_{\min}}{1-\mu\lambda_k}\right] \tag{3-111}$$

上式即为 LMS 算法的期望学习曲线。由此可以看出，LMS 算法的期望学习曲线在一定条件下与最陡下降算法的学习曲线的变化规律相同。根据最陡下降算法学习曲线时间常数的分析，可得 LMS 算法的期望学习曲线的时间常数为

$$(\tau_{\mathrm{mse}})_k = \frac{1}{4\mu\lambda_k} \qquad k = 0,1,\cdots,M-1 \tag{3-112}$$

此外，由于 LMS 算法的每次梯度估计都只需利用单个观测数据，因此用数据样本数度量的自适应时间常数 T_{mse} 也就与用迭代次数度量的学习曲线时间常数 τ_{mse} 是一样的。因此，对 LMS 算法有

$$(T_{\mathrm{mse}})_k = (\tau_{\mathrm{mse}})_k = \frac{1}{4\mu\lambda_k} \qquad k = 0,1,\cdots,M-1 \tag{3-113}$$

在一般情况下，式（3-113）显得稍微乐观些。这是因为在使用 LMS 算法时，单个观测数据并不是期望值的一个好的近似，从而使得其收敛过程是游弋的。下面仍以例 3-2 中图 3-11

所示的下轨迹（$\mu = 0.05$）为例。其中 $\lambda_0 = 0.972$ 和 $\lambda_1 = 0.048$，由于收敛因子 $\mu = 0.05$，因此时间常数分别为

$$(\tau_{\text{mse}})_0 = \frac{1}{4\mu\lambda_0} = 5 \text{ 次迭代}，\quad (\tau_{\text{mse}})_1 = \frac{1}{4\mu\lambda_1} = 104 \text{ 次迭代}$$

为了比较这些数值，把相同情况下的学习曲线绘制在一起，如图 3-14 所示。图中 $J(n)$ 是取 500 次独立运行分别得到 $e^2(n)$ 对 n 的关系曲线，并在同次迭代上做平均来估计的。每次运行中，图 3-10 的输入 $u(n)$ 都采用不同的随机序列与不同初相的正弦波信号。在图 3-14 所示的对数坐标曲线上，可以观察到两段学习曲线具有不同的斜率，它们分别对应图 3-11 中下轨迹的两个运动方向以及上面求出的两个时间常数。其中一个较陡斜率的时间常数可以近似估计为经 13 次迭代后 $J - J_{\min}$ 下降到 1/10（即 $\mathrm{e}^{-2.3}$），因此观察到的 $(\tau_{\text{mse}})_0 = 13/2.3 \approx 6$ 次迭代；在这个起始模式过去以后，第二个时间常数起主要作用，且可近似估计为 $(\tau_{\text{mse}})_1 = 265/2.3 \approx 115$ 次迭代。可见，由于 $E[e^2(n)]$ 的估值是含有噪声的，因此实际观测到的时间常数稍大于理论值。对于 LMS 算法来说，上述结果是有代表性的。

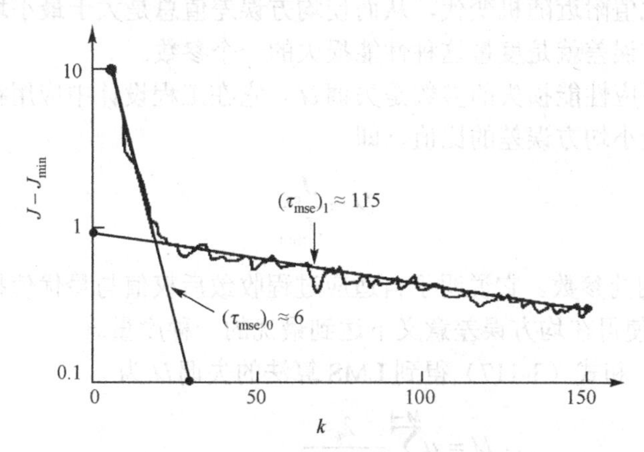

图 3-14　图 3-11 中下轨迹（$\mu = 0.05$）对应的学习曲线

3.3.5　LMS 算法的性能

如前所述，梯度估计噪声的存在使得收敛后的稳态权向量在最优权向量附近随机起伏。这意味着稳态均方误差值总大于最小均方误差 $J_{\min}$，且在 $J_{\min}$ 附近随机地改变，如图 3-15 所示。该图表示 J 与一个偏差权系数 w' 的关系曲线，在稳态情况下偏差权系数在最佳值（$w' = 0$）附近随机地发生偏移，从而引起 J 随机地偏离最低点 $J_{\min}$。

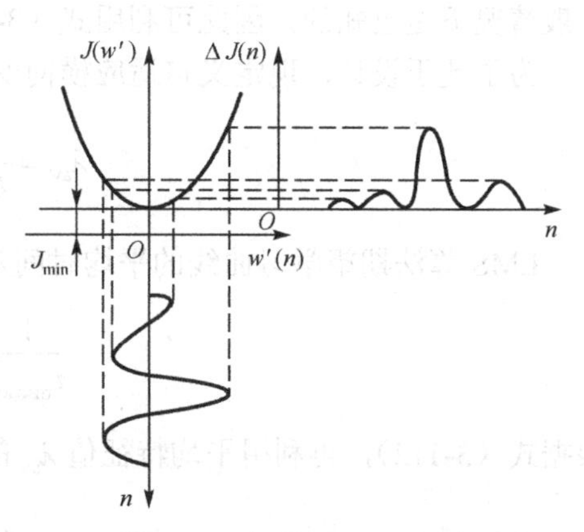

图 3-15　超量 MSE 示意图

现在定义自适应过渡过程结束后的稳态均方误差的数学期望 $E[J(n)]$ 与最小均方误差 $J_{\min}$ 的差值为超量均方误差 J_{ex}，即

$$J_{\text{ex}} = E\big[J(n)\big] - J_{\min} \tag{3-114}$$

将式（3-109）代入式（3-114），则

$$J_{\text{ex}} = E\{\text{tr}[\boldsymbol{v}^{\text{T}}(n)\boldsymbol{\Lambda}\boldsymbol{v}(n)]\} = \sum_{k=0}^{M-1}\lambda_k E[v_k^2(n)] \tag{3-115}$$

在稳态情况下，利用式（3-111）可得

$$J_{\text{ex}} = \mu J_{\min}\sum_{k=0}^{M-1}\frac{\lambda_k}{1-\mu\lambda_k} \tag{3-116}$$

参照式（3-111），在稳态情况下，所得超量均方误差 J_{ex} 与上式结果一致。当选取的 μ 较小时，上式可近似为

$$J_{\text{ex}} \approx \mu J_{\min}\sum_{k=0}^{M-1}\lambda_k \approx \mu J_{\min}\text{tr}[\boldsymbol{R}] \tag{3-117}$$

从以上讨论可知，采用 LMS 算法时，由于存在梯度估计噪声，在自适应过渡过程结束后，权值仍然在最优值附近随机变代，从而使均方误差值总是大于最小均方误差并在其附近随机变化，超量均方误差就是度量这种性能损失的一个参数。

另一个度量自适应性能损失的参数是失调 $\mathcal{U}$，它在工程设计中应用得更为广泛。它定义为超量均方误差与最小均方误差的比值，即

$$\mathcal{U} = \frac{J_{\text{ex}}}{J_{\min}} \tag{3-118}$$

失调 $\mathcal{U}$ 是一个无量纲的参数。它说明了自适应过程收敛后权值与最优值接近的程度，提供了如何选择 LMS 算法使得在均方误差意义下达到最优的一种度量。

根据式（3-116）和式（3-117）得到 LMS 算法的失调 $\mathcal{U}$ 为

$$\begin{aligned}\mathcal{U} &= \mu\sum_{k=0}^{M-1}\frac{\lambda_k}{1-\mu\lambda_k} \\ &\approx \mu\text{tr}[\boldsymbol{R}] \qquad \text{当}\mu\text{较小时}\end{aligned} \tag{3-119}$$

由此可见，LMS 算法的失调 $\mathcal{U}$ 正比于自适应收敛因子 μ。由于 $\boldsymbol{R}$ 的迹是输入信号总功率，一般情况下是已知的，因此可利用式（3-119）由所允许的失调量来选择 μ 值。

为了便于设计，现定义自适应横向滤波器抽头输入的相关矩阵 $\boldsymbol{R}$ 的平均特征值为

$$\lambda_{\text{av}} = \frac{1}{M}\sum_{k=0}^{M-1}\lambda_k = \frac{1}{M}\text{tr}[\boldsymbol{R}] \tag{3-120}$$

LMS 算法期望学习曲线的平均时间常数 $\tau_{\text{mse,av}}$ 定义为

$$\frac{1}{\tau_{\text{mse,av}}} = \frac{1}{M}\sum_{k=0}^{M-1}\frac{1}{(\tau_{\text{mse}})_k} \tag{3-121}$$

根据式（3-112），再利用平均特征值 λ_{av} 的定义，可得

$$\tau_{\text{mse,av}} = \frac{1}{4\mu\lambda_{\text{av}}} \tag{3-122}$$

利用式（3-120）和式（3-122）的平均值，在 μ 较小时，式（3-119）中给出的 LMS 算

法的失调可以表示为

$$\mathcal{U}=\mu M\lambda_{\mathrm{av}}=\frac{M}{4\tau_{\mathrm{mse,av}}} \tag{3-123}$$

由上式可以得出如下结论。

（1）对于固定的$\tau_{\mathrm{mse,av}}$，失调$\mathcal{U}$随着横向滤波器的阶数M的增大而线性增大。

（2）失调$\mathcal{U}$正比于收敛因子μ，而平均时间常数$\tau_{\mathrm{mse,av}}$反比于收敛因子μ。因此LMS算法的失调和收敛速度之间存在矛盾，收敛因子μ的选择需要注意。通常失调量和收敛速度之间要折中考虑。

3.4 LMS牛顿算法

如前所述，LMS算法的基本思想就是在最陡下降算法中采用了瞬时梯度估计。如果将这种瞬时估计的基本原则应用于牛顿算法中，就构成了LMS算法。由于牛顿算法自身所具有的快速收敛的特点，使得LMS牛顿算法不仅可提高收敛速度，而且不会太增加计算复杂度。特别是当滤波器的输入信号为有色随机过程时，如果输入信号为高度相关的情况，则大多数自适应滤波算法的收敛速度都要下降，对于上述典型的LMS算法，此问题更加突出。LMS牛顿算法可以很好地解决这个问题。

下面仍以自适应横向滤波器为基础，讨论相应的LMS牛顿算法。式（3-54）给出了牛顿算法的迭代公式，为了方便起见，现重写为

$$\boldsymbol{w}(n+1)=\boldsymbol{w}(n)-\frac{1}{2}\boldsymbol{R}^{-1}\nabla J(n) \tag{3-124}$$

根据在牛顿算法中的讨论我们知道，在理想情况下，若相关矩阵$\boldsymbol{R}$和梯度向量$\nabla J(n)$都是精确已知的，则牛顿算法经过一次迭代运算就可达到最优解

$$\boldsymbol{w}(n+1)=\boldsymbol{R}^{-1}\boldsymbol{p}=\boldsymbol{w}_{\mathrm{o}} \tag{3-125}$$

利用LMS算法瞬时估计的基本思想，在牛顿算法的迭代公式（3-124）中，分别将相关矩阵$\boldsymbol{R}$和梯度向量$\nabla J(n)$用其各自的瞬时估计$\hat{\boldsymbol{R}}$和$\hat{\nabla}J(n)$来替代，则LMS牛顿算法的迭代公式为

$$\boldsymbol{w}(n+1)=\boldsymbol{w}(n)-\frac{1}{2}\mu\hat{\boldsymbol{R}}^{-1}(n)\hat{\nabla}J(n) \tag{3-126}$$

式中，μ为收敛因子，$0<\mu<2$。

梯度向量$\nabla J(n)$的瞬时估计$\hat{\nabla}J(n)$采用LMS算法中给出的瞬时梯度向量估计，即

$$\hat{\nabla}J(n)=-2e(n)\boldsymbol{u}(n) \tag{3-127}$$

则LMS牛顿算法的权值更新公式为

$$\boldsymbol{w}(n+1)=\boldsymbol{w}(n)+\mu e(n)\hat{\boldsymbol{R}}^{-1}(n)\boldsymbol{u}(n) \tag{3-128}$$

下面来寻求横向滤波器中相关矩阵$\boldsymbol{R}$的瞬时估计。当输入信号为平稳随机过程时，$\boldsymbol{R}$的无偏估计为

$$\hat{\boldsymbol{R}}(n)=\frac{1}{n+1}\sum_{i=0}^{n}\boldsymbol{u}(i)\boldsymbol{u}^{\mathrm{T}}(i)=\frac{n}{n+1}\hat{\boldsymbol{R}}(n-1)+\frac{1}{n+1}\boldsymbol{u}(n)\boldsymbol{u}^{\mathrm{T}}(n) \tag{3-129}$$

这是因为

$$E[\hat{\boldsymbol{R}}(n)]=\frac{1}{n+1}\sum_{i=0}^{n}E[\boldsymbol{u}(i)\boldsymbol{u}^{\mathrm{T}}(i)]=\boldsymbol{R} \tag{3-130}$$

采用如下的加权求和方法，可以得到相关矩阵 $\boldsymbol{R}$ 的另一种估计形式

$$\begin{aligned}\hat{\boldsymbol{R}}(n)&=\alpha\boldsymbol{u}(n)\boldsymbol{u}^{\mathrm{T}}(n)+(1-\alpha)\hat{\boldsymbol{R}}(n-1)\\&=\alpha\boldsymbol{u}(n)\boldsymbol{u}^{\mathrm{T}}(n)+\alpha\sum_{i=0}^{n-1}(1-\alpha)^{n-i}\boldsymbol{u}(i)\boldsymbol{u}^{\mathrm{T}}(i)\end{aligned} \tag{3-131}$$

其中，α 实际上是一个很小的因子，通常在 $0<\alpha\leqslant 0.1$ 范围内选取。α 的这个取值范围允许在当前和过去输入信号之间进行较好的平衡。通过在上式两端同时取数学期望，并令 $n\to\infty$，可以得到

$$E[\hat{\boldsymbol{R}}(n)]=\alpha\sum_{i=0}^{n}(1-\alpha)^{n-i}E[\boldsymbol{u}(i)\boldsymbol{u}^{\mathrm{T}}(i)]=\boldsymbol{R}\qquad n\to\infty \tag{3-132}$$

因此，式（3-131）中的估计是无偏的。

令 $\boldsymbol{A}=(1-\alpha)\hat{\boldsymbol{R}}(n-1)$，$\boldsymbol{B}=\boldsymbol{D}^{\mathrm{T}}=\boldsymbol{u}(n)$，$C=\alpha$，再利用矩阵求逆引理公式

$$[\boldsymbol{A}+\boldsymbol{BCD}]^{-1}=\boldsymbol{A}^{-1}-\boldsymbol{A}^{-1}\boldsymbol{B}[\boldsymbol{DA}^{-1}\boldsymbol{B}+\boldsymbol{C}^{-1}]\boldsymbol{DA}^{-1} \tag{3-133}$$

式中，矩阵 $\boldsymbol{A}$ 和 $\boldsymbol{C}$ 是非奇异矩阵。可以导出 $\hat{\boldsymbol{R}}^{-1}(n)$ 的计算公式为

$$\hat{\boldsymbol{R}}^{-1}(n)=\frac{1}{1-\alpha}\left[\hat{\boldsymbol{R}}^{-1}(n-1)-\frac{\hat{\boldsymbol{R}}^{-1}(n-1)\boldsymbol{u}(n)\boldsymbol{u}^{\mathrm{T}}(n)\hat{\boldsymbol{R}}^{-1}(n-1)}{\dfrac{1-\alpha}{\alpha}n+\boldsymbol{u}^{\mathrm{T}}(n)\hat{\boldsymbol{R}}^{-1}(n-1)\boldsymbol{u}(n)}\right] \tag{3-134}$$

从每次迭代运算所需的乘法来看，上式计算 $\hat{\boldsymbol{R}}^{-1}(n)$ 的运算量为 $O(M^2)$，低于直接计算 $\hat{\boldsymbol{R}}(n)$ 之逆的运算量 $O(M^3)$。

式（3-128）和式（3-134）构成了自适应横向滤波器的 LMS 牛顿算法。其初始化条件可以设定为

$$\hat{\boldsymbol{R}}(-1)=\delta\boldsymbol{I}\text{，}\delta\text{ 为小的正数} \tag{3-135}$$

$$\boldsymbol{w}(0)=[0\quad 0\quad\cdots\quad 0]^{\mathrm{T}} \tag{3-136}$$

如前所述，LMS 算法梯度估计的方向趋于理想梯度方向。类似地，由 $\hat{\boldsymbol{R}}^{-1}(n)$ 相乘所生成的向量接近于牛顿算法梯度估计的方向。所以 LMS 牛顿算法朝均方误差性能曲面最小点方向的路径收敛，而且算法的收敛特性表明与相关矩阵 $\boldsymbol{R}$ 的特征值扩张无关。

第4章　改进型最小均方自适应算法

第3章讨论的LMS算法中存在着失调与收敛速度的矛盾。在保证滤波器具有一定的失调性能的情况下，如何缩短收敛过程就成为一个值得研究的问题。本章将给出几种用于提高收敛速度、缩短收敛过程的改进型LMS算法。

提高LMS算法收敛速度的基本思路主要有三种。

（1）采用不同的梯度估值。如LMS牛顿算法，它在估计梯度时采用了输入向量相关矩阵的估值，使得收敛速度大大快于基本LMS算法，因为它在迭代过程中采用了更多的有关输入信号向量的信息。

（2）对收敛因子(步长)选用不同方法。步长的大小决定着算法的收敛速度和稳态时失调量的大小。对于步长取常数值来说，收敛速度和失调量是一对矛盾量。而采用变步长的方法可以克服这一矛盾。自适应过程开始时，选用较大的步长以保证较快的收敛速度，然后让步长逐渐减小，以保证收敛后得到较小的失调量，如归一化LMS算法。

（3）采用变换域分块处理技术。对用滤波器权向量来调整修正项的迭代方式，可以用变换域快速算法与分块处理技术来大大减小计算量，且能改善收敛特性，如频域内的快速块LMS算法。

LMS牛顿算法在第3章已经介绍，下面分别来介绍归一化LMS算法和快速块LMS算法。

4.1　归一化LMS算法

4.1.1　基于约束优化问题求解归一化LMS算法

归一化LMS算法滤波器的结构形式与LMS算法滤波器完全一样，都是如图3-1所示的横向滤波器。在第3章讨论的基本LMS算法中，$n+1$次迭代中滤波器抽头权向量的修正项包含三项：步长参数μ、抽头输入向量$\boldsymbol{u}(n)$、估计误差$e(n)$。由于滤波器抽头权向量修正项与抽头输入向量$\boldsymbol{u}(n)$成正比，因此当$\boldsymbol{u}(n)$较大时，LMS算法的梯度噪声将被放大。采用归一化LMS（NLMS）算法可以克服LMS算法的这一缺点。在归一化LMS算法中，$n+1$次迭代中滤波器抽头权向量的修正项被抽头输入向量$\boldsymbol{u}(n)$的平方欧氏范数归一化。本节将从约束优化问题的角度来导出归一化LMS算法。

归一化LMS算法的基本思想遵循滤波器设计的最小化干扰原理。滤波器设计的最小化干扰原理为：自适应滤波器权向量从一次迭代到下一次迭代的过程中应以最小方式改变，而且受到更新的滤波器输出所施加的约束。遵循这种最小化干扰原理的归一化LMS算法的约束优化准则可表述为：给定横向滤波器的抽头输入向量$\boldsymbol{u}(n)$和期望响应$d(n)$，滤波器抽头权向量更新$\boldsymbol{w}(n+1)$应使得权向量增量

$$\boldsymbol{w}_{\Delta}(n+1)=\boldsymbol{w}(n+1)-\boldsymbol{w}(n) \tag{4-1}$$

的欧氏范数最小化，并且受制于

$$\boldsymbol{w}^{\mathrm{T}}(n+1)\boldsymbol{u}(n)=d(n) \tag{4-2}$$

的约束条件。为此，采用拉格朗日乘子法，可以将归一化 LMS 算法的代价函数表示为

$$J(n)=\|\boldsymbol{w}_{\Delta}(n+1)\|^2+\lambda[d(n)-\boldsymbol{w}^{\mathrm{T}}(n+1)\boldsymbol{u}(n)] \tag{4-3}$$

式中，λ 为拉格朗日乘子。而

$$\|\boldsymbol{w}_{\Delta}(n+1)\|^2=[\boldsymbol{w}_{\Delta}(n+1)]^{\mathrm{T}}\boldsymbol{w}_{\Delta}(n+1)=[\boldsymbol{w}(n+1)-\boldsymbol{w}(n)]^{\mathrm{T}}[\boldsymbol{w}(n+1)-\boldsymbol{w}(n)] \tag{4-4}$$

为权向量增量的欧氏范数的平方。$d(n)-\boldsymbol{w}^{\mathrm{T}}(n+1)\boldsymbol{u}(n)$ 为权向量更新后滤波器输出与期望响应的瞬时误差。

下面来求解使代价函数最小的最优更新权向量。首先将代价函数 $J(n)$ 对 $\boldsymbol{w}(n+1)$ 求导并置零，可得最优更新权向量。为此，将式（4-3）对 $\boldsymbol{w}(n+1)$ 求导，可得

$$\frac{\partial J(n)}{\partial \boldsymbol{w}(n+1)}=2[\boldsymbol{w}(n+1)-\boldsymbol{w}(n)]-\lambda\boldsymbol{u}(n) \tag{4-5}$$

令其为零，可得最优更新权向量为

$$\boldsymbol{w}(n+1)=\boldsymbol{w}(n)+\frac{1}{2}\lambda\boldsymbol{u}(n) \tag{4-6}$$

将式（4-6）代入式（4-2），可得

$$\begin{aligned}d(n)&=[\boldsymbol{w}(n)+\frac{1}{2}\lambda\boldsymbol{u}(n)]^{\mathrm{T}}\boldsymbol{u}(n)\\&=\boldsymbol{w}(n)^{\mathrm{T}}\boldsymbol{u}(n)+\frac{1}{2}\lambda\boldsymbol{u}^{\mathrm{T}}(n)\boldsymbol{u}(n)\\&=\boldsymbol{w}(n)^{\mathrm{T}}\boldsymbol{u}(n)+\frac{1}{2}\lambda\|\boldsymbol{u}(n)\|^2\end{aligned} \tag{4-7}$$

由式（4-7）可求解出

$$\lambda=\frac{2[d(n)-\boldsymbol{w}(n)^{\mathrm{T}}\boldsymbol{u}(n)]}{\|\boldsymbol{u}(n)\|^2}=\frac{2e(n)}{\|\boldsymbol{u}(n)\|^2} \tag{4-8}$$

式中，

$$e(n)=d(n)-\boldsymbol{w}(n)^{\mathrm{T}}\boldsymbol{u}(n) \tag{4-9}$$

为估计误差。将式（4-8）代入式（4-6），可以得到

$$\boldsymbol{w}(n+1)=\boldsymbol{w}(n)+\frac{1}{\|\boldsymbol{u}(n)\|^2}\boldsymbol{u}(n)e(n) \tag{4-10}$$

为了对迭代过程中权向量的增量变化进行控制，同样引入收敛因子 μ，则式（4-10）为

$$\boldsymbol{w}(n+1)=\boldsymbol{w}(n)+\frac{\mu}{\|\boldsymbol{u}(n)\|^2}\boldsymbol{u}(n)e(n) \tag{4-11}$$

式（4-11）就是归一化 LMS 算法抽头权向量的迭代公式。为避免抽头输入向量的平方欧氏范数 $\|\boldsymbol{u}(n)\|^2$ 过小时步长太大，通常将式（4-11）修正为

$$w(n+1) = w(n) + \frac{\mu}{\gamma + \|u(n)\|^2} u(n)e(n) \tag{4-12}$$

式中，γ 是一小的正常数，用以防止后项过小时分母趋近于零。式（4-11）清楚地表明归一化 LMS 算法权向量的修正项被抽头输入向量 $u(n)$ 的平方欧氏范数归一化。相比于基本 LMS 算法权向量的迭代公式（3-69）可以看出，若设

$$\mu(n) = \frac{\mu}{\|u(n)\|^2} \tag{4-13}$$

则可以把归一化 LMS 算法视为变步长的 LMS 算法。由于归一化 LMS 算法在 LMS 算法随机梯度估计的基础上相对于抽头输入向量 $u(n)$ 的平方欧氏范数进行了归一化，因此无论是对于不相关数据还是对于相关数据，归一化 LMS 算法都比基本 LMS 算法有更快的收敛速度。

4.1.2　归一化 LMS 算法小结

基于式（4-11）的归一化 LMS 算法的算法流程如表 4-1 所示。

表 4-1　归一化 LMS 算法流程

参数设置： M = 滤波器的抽头数 μ = 收敛因子（$0<\mu<2$） 已知数据： $u(n)$ = 抽头输入向量 $d(n)$ = 期望响应 初始化： $w(0)$ 由先验知识确定；否则令 $w(0)=0$ 迭代计算： 对 $n=0,1,\cdots$ 计算 $y(n)=w^{T}(n)u(n)$ $e(n)=d(n)-y(n)$ $w(n+1)=w(n)+\frac{\mu}{\|u(n)\|^2}u(n)e(n)$

除归一化 LMS 算法外，还有两种改进型 LMS 算法：时域正交 LMS（TDO-LMS）算法和修正 LMS（MLMS）算法，都属于可变步长的 LMS 算法，可以缩短自适应收敛过程的时间。感兴趣的读者可参阅相关文献。

4.2　块 LMS 算法

快速块 LMS 算法是频域内的块处理 LMS 算法。为了理解快速块 LMS 算法，下面先来学习普通的块 LMS 算法。

4.2.1　块自适应滤波器

图 4-1 给出了块自适应滤波器的结构框图。输入数据序列 $u(n)$ 通过串-并转换器被分成长度为 L 的块，产生的输入数据块被一次一块地加到长度为 M 的横向滤波器。在收集到每一块数据样值后进行滤波器抽头权值的更新，使得滤波器的自适应一块一块地进行，而不是像基本 LMS 滤波器那样一个一个样值地进行。

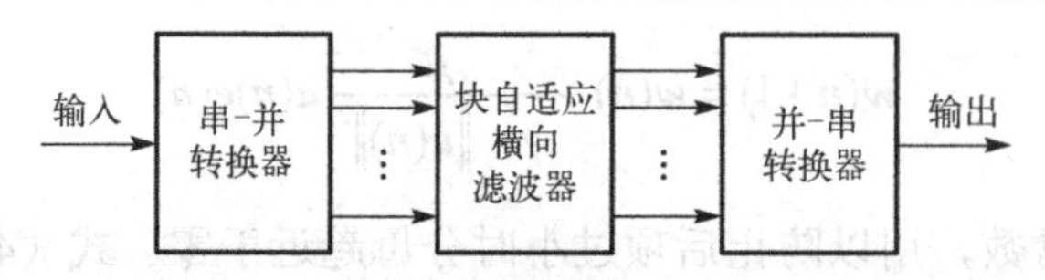

图 4-1 块自适应滤波器的结构框图

令原始样值时间为 n，块编号为 k，块长度为 L，横向滤波器阶数为 M，则有

$$n = kL + i \qquad i = 0,1,\cdots,L-1 \tag{4-14}$$

分块后的第 k 块输入数据中的第 i（$i = 0,1,\cdots,L-1$）个输入信号向量为

$$\boldsymbol{u}(kL+i) = [u(kL+i), u(kL+i-1),\cdots,u(kL+i-M+1)]^{\mathrm{T}} \tag{4-15}$$

则第 k 块的输入数据用矩阵形式可表示为

$$\boldsymbol{A}(k) = [\boldsymbol{u}(kL), \boldsymbol{u}(kL+1),\cdots,\boldsymbol{u}(kL+L-1)]^{\mathrm{T}} \tag{4-16}$$

横向滤波器的抽头权向量随着输入数据块的更新而自适应地改变，在输入数据块持续期间保持不变，因此滤波器的抽头权向量为数据块数 k 的函数，即第 k 个数据块对应的滤波器的抽头权向量 $\boldsymbol{w}(k)$ 为

$$\boldsymbol{w}(k) = [w_0(k), w_1(k),\cdots,w_{M-1}(k)]^{\mathrm{T}} \tag{4-17}$$

则滤波器对输入信号向量 $\boldsymbol{u}(kL+i)$ 所产生的输出为

$$y(kL+i) = \boldsymbol{w}^{\mathrm{T}}(k)\boldsymbol{u}(kL+i) = \sum_{j=0}^{M-1} w_j(k)\boldsymbol{u}(kL+i-j) \qquad i = 0,1,\cdots,L-1 \tag{4-18}$$

误差信号为

$$e(kL+i) = d(kL+i) - y(kL+i) \qquad i = 0,1,\cdots,L-1 \tag{4-19}$$

式中，$d(kL+i)$ 为 $n = kL+i$ 时刻的期望响应。

4.2.2 块 LMS 算法描述

块 LMS（BLMS）算法是在块自适应滤波器中采用 LMS 算法进行权向量迭代的。LMS 算法采用瞬时梯度估计，而块 LMS 算法中当前数据块的梯度向量估计则采用该数据块对应的各瞬时梯度估计的平均值。根据 LMS 算法梯度估计的表示式（3-68），可得块自适应滤波器中第 k 个数据块对应的梯度向量估计为

$$\hat{\nabla}(k) = -\frac{2}{L}\sum_{i=0}^{L-1}\boldsymbol{u}(kL+i)e(kL+i) \tag{4-20}$$

由此可得块 LMS 算法的权向量迭代公式为

$$\boldsymbol{w}(k+1) = \boldsymbol{w}(k) - \mu_{\mathrm{B}}\hat{\nabla}(k) = \boldsymbol{w}(k) + 2\frac{\mu_{\mathrm{B}}}{L}\sum_{i=0}^{L-1}\boldsymbol{u}(kL+i)e(kL+i) \tag{4-21}$$

式中，μ_{B} 为块 LMS 算法的步长参数。式（4-21）就是块 LMS 算法权向量的迭代公式。为表示方便起见，式（4-21）可改写为如下形式

$$\boldsymbol{w}(k+1) = \boldsymbol{w}(k) + 2\frac{\mu_{\mathrm{B}}}{L}\boldsymbol{A}^{\mathrm{T}}(k)\boldsymbol{e}(k) = \boldsymbol{w}(k) + 2\frac{\mu_{\mathrm{B}}}{L}\boldsymbol{\varphi}(k) \tag{4-22}$$

式中，$\boldsymbol{A}(k)$为第k块的输入数据矩阵；

$$\boldsymbol{e}(k)=[e(kL),e(kL+1),\cdots,e(kL+L-1)]^{\mathrm{T}} \tag{4-23}$$

为误差信号向量；

$$\boldsymbol{\varphi}(k)=\boldsymbol{A}^{\mathrm{T}}(k)\boldsymbol{e}(k)=\sum_{i=0}^{L-1}\boldsymbol{u}(kL+i)e(kL+i) \tag{4-24}$$

为滤波器抽头输入信号与误差信号的线性相关向量。

4.2.3　块 LMS 算法的收敛性

下面仿照 LMS 算法，来分析块 LMS 算法权向量期望值的收敛性。假设输入信号$\boldsymbol{u}(n)$和期望响应$d(n)$平稳，且$\boldsymbol{w}(n)$与$\boldsymbol{u}(n)$不相关，则对式（4-21）两边取数学期望，并利用式（4-19）和式（4-18），可得

$$E[\boldsymbol{w}(k+1)]=[\boldsymbol{I}-2\mu_{\mathrm{B}}\boldsymbol{R}]E[\boldsymbol{w}(k)]+2\mu_{\mathrm{B}}\boldsymbol{p} \tag{4-25}$$

式中，

$$\boldsymbol{R}=E[\boldsymbol{u}(n)\boldsymbol{u}^{\mathrm{T}}(n)] \tag{4-26}$$

$$\boldsymbol{p}=E[\boldsymbol{u}(n)d(n)] \tag{4-27}$$

对比式（4-25）和式（3-76），类似于 LMS 算法中的讨论，可得块 LMS 算法的收敛条件为

$$0<\mu_{\mathrm{B}}<1/\lambda_{\max} \tag{4-28}$$

式中，$\lambda_{\max}$为矩阵$\boldsymbol{R}$的最大特征值。块 LMS 算法的权值期望值衰减时间常数为

$$\tau_k=\frac{1}{2\mu_{\mathrm{B}}\lambda_k}\qquad k=0,1,\cdots,M-1 \tag{4-29}$$

块 LMS 算法的失调为

$$\mathcal{U}=\frac{\mu_{\mathrm{B}}}{L}\mathrm{tr}[\boldsymbol{R}] \tag{4-30}$$

对比于 LMS 算法的失调[式（3-119）]，可知在保证失调一定的前提下，块 LMS 算法的步长参数可取为

$$\mu_{\mathrm{B}}=L\mu \tag{4-31}$$

式中，μ为 LMS 算法的步长参数。将式（4-31）代入式（4-29）可以看出，块 LMS 算法的收敛速度要比 LMS 算法的收敛速度快。

基于上述分析可以看出，块 LMS 算法梯度向量的估计方法不同于 LMS 算法，块 LMS 算法使用了更精确的平均梯度向量估计，使得块 LMS 算法相对于 LMS 算法可采用更大的步长参数，从而使得块 LMS 算法的收敛速度高于 LMS 算法的收敛速度。

4.2.4　块 LMS 算法块长度的选择

块 LMS 算法的块长度L存在三种可能的选择，每种选择都有各自的实际应用。这三种可能选择分别如下。

（1）$L=M$，从计算复杂性来看，这是最佳选择。

（2）$L<M$，这种情况具有降低处理延迟的好处。此外，由于块长度小于滤波器长度，因此此时还有自适应滤波器算法的计算效率优于 LMS 算法的优点。

（3）$L>M$，会产生自适应过程的冗余运算，因为此时梯度向量的估计使用了比滤波器本身更多的信息。

在大多数实际应用中，人们更多地使用 $L=M$ 的块自适应滤波情况。

4.3 快速块 LMS 算法

块 LMS 算法的关键问题在于如何采用有效的计算方式来实现该算法。从式（4-18）和式（4-24）可以看出，块 LMS 算法滤波器的输出运算为滤波器的抽头输入信号与抽头权值的线性卷积；块 LMS 算法权向量修正项的主要运算为滤波器抽头输入信号与误差信号的线性相关。而根据数字信号处理相关理论可知，快速傅里叶变换（FFT）可以实现快速卷积和快速相关运算。因此，利用 FFT 在频域上可以完成块 LMS 算法。用这种方式实现的块 LMS 算法称为快速块 LMS（FBLMS）算法。

首先考虑式（4-18）的线性卷积。利用 FFT 计算线性卷积有两种方法：重叠保留法和重叠相加法。其中重叠保留法更常用，并且研究表明 50% 重叠保留法的运算效率最高，因此将重点介绍用 50%重叠保留法实现的快速块 LMS 算法。

当块长度等于滤波器长度时，50% 重叠保留法在 M 个抽头权值后添加 M 个 0，再用 $2M$ 点 FFT 计算频域权向量 $\boldsymbol{W}(k)$，即

$$\boldsymbol{W}^{\mathrm{T}}(k)=\mathrm{FFT}[\boldsymbol{w}^{\mathrm{T}}(k),0,\cdots,0] \tag{4-32}$$

相应地，对输入数据的两个相继子块进行 $2M$ 点 FFT，得到一个对角阵 $\boldsymbol{U}(k)$，即

$$\boldsymbol{U}(k)=\mathrm{diag}\{\mathrm{FFT}[\underbrace{u(kM-M),\cdots,u(kM-1)}_{\text{第}(k-1)\text{块}},\underbrace{u(kM),\cdots,u(kM+M-1)}_{\text{第}k\text{块}}]\} \tag{4-33}$$

将重叠保留法用于式（4-18）的线性卷积，可得滤波器对第 k 块数据的输出向量为

$$\begin{aligned}\boldsymbol{y}(k)&=[y(kM),y(kM+1),\cdots,y(kM+M-1)]^{\mathrm{T}}\\&=\mathrm{IFFT}[\boldsymbol{U}(k)\boldsymbol{W}(k)]\text{的最后}M\text{个元素}\end{aligned} \tag{4-34}$$

下面考虑式（4-24）的线性相关向量。对于第 k 块，期望响应向量为

$$\boldsymbol{d}(k)=[d(kM),d(kM+1),\cdots,d(kM+M-1)]^{\mathrm{T}} \tag{4-35}$$

相应的误差信号向量为

$$\boldsymbol{e}(k)=[e(kM),e(kM+1),\cdots,e(kM+M-1)]^{\mathrm{T}}=\boldsymbol{d}(k)-\boldsymbol{y}(k) \tag{4-36}$$

在误差信号向量前添加 M 个 0，并用 $2M$ 点 FFT 将误差信号向量变换到频域，得

$$\boldsymbol{E}^{\mathrm{T}}(k)=\mathrm{FFT}[0,\cdots,0,\boldsymbol{e}^{\mathrm{T}}(k)] \tag{4-37}$$

由于线性相关实际上就是线性卷积的一种翻转形式，因此将重叠保留法用于式（4-24）的线性相关向量，可得

$$\boldsymbol{\varphi}(k)=\mathrm{IFFT}[\boldsymbol{U}^{\mathrm{T}}(k)\boldsymbol{E}(k)]\text{的前 }M\text{ 个元素} \tag{4-38}$$

最后考虑滤波器抽头权向量的迭代表示式（4-22）。注意到频域权向量是在时域权向量后添加 M 个 0 并通过 FFT 计算得到的，因此可由式（4-22）通过 $2M$ 点 FFT 得到相应的频域表示式为

$$\boldsymbol{W}(k+1)=\boldsymbol{W}(k)+2\frac{\mu_{\mathrm{B}}}{M}\begin{bmatrix}\boldsymbol{\varphi}(k)\\ \boldsymbol{0}\end{bmatrix} \tag{4-39}$$

式（4-32）到式（4-39）构成了快速块 LMS 算法。图 4-2 给出了快速块 LMS 算法的信号流图。

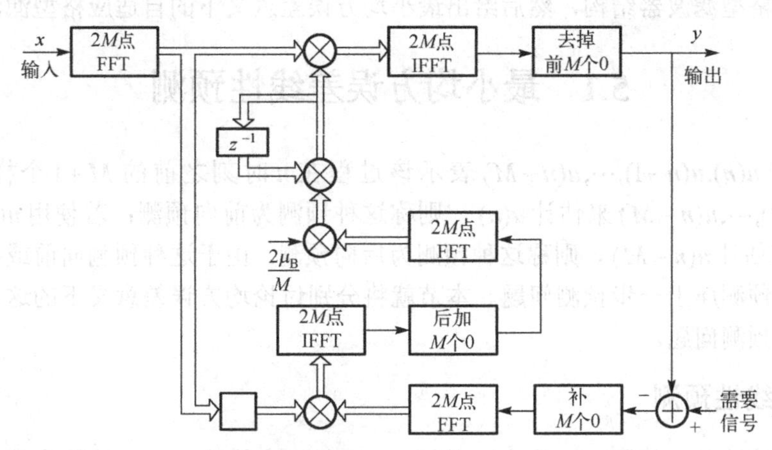

图 4-2　快速块 LMS 算法的信号流图

快速块 LMS 算法是块 LMS 算法的频域实现，其收敛性与块 LMS 算法的收敛性一样。而快速块 LMS 算法与 LMS 算法所需的乘法次数之比为

$$\frac{\text{FBLMS乘法次数}}{\text{LMS乘法次数}}=\frac{5\log_2 M+13}{M} \tag{4-40}$$

由此可以看出，快速块 LMS 算法相比于 LMS 算法具有很高的计算效率。

第5章　最小均方误差线性预测及自适应格型算法

利用随机序列的观测值估计序列的未知值是时间序列分析中的一个重要问题。这里将这种序列估计问题统称为预测。本章首先讨论最小均方误差意义下的最优线性预测问题，并以此为基础导出格型滤波器结构，然后给出最小均方误差意义下的自适应格型滤波器算法。

5.1　最小均方误差线性预测

时间序列$u(n),u(n-1),\cdots,u(n-M)$表示该过程在$n$时刻之前的$M+1$个样值。若使用$u(n-1),u(n-2),\cdots,u(n-M)$来估计$u(n)$，则称这种预测为前向预测；若使用$u(n),u(n-1),\cdots,u(n-M+1)$来估计$u(n-M)$，则称这种预测为后向预测。由于这种预测向前或向后预测一个值，因此这种预测属于一步预测问题。本节就将分别讨论均方误差意义下的这种前向线性预测和后向线性预测问题。

5.1.1　前向线性预测

利用线性滤波器，使用$u(n-1),u(n-2),\cdots,u(n-M)$来估计$u(n)$，就称为前向线性预测。其实质是使用样值$u(n-1),u(n-2),\cdots,u(n-M)$的线性组合来给出$u(n)$的预测值。由样值$u(n-1),u(n-2),\cdots,u(n-M)$张成的$M$维空间用$\mathcal{U}_{n-1}$表示，则$u(n)$的这种预测值可表示为$\hat{u}(n|\mathcal{U}_{n-1})$。图5-1给出了前向线性预测器的结构示意图，则预测值为

$$\hat{u}(n|\mathcal{U}_{n-1})=\sum_{k=1}^{M}w_{f,k}u(n-k) \tag{5-1}$$

式中，$w_{f,1},w_{f,2},\cdots,w_{f,M}$为前向线性预测系数。

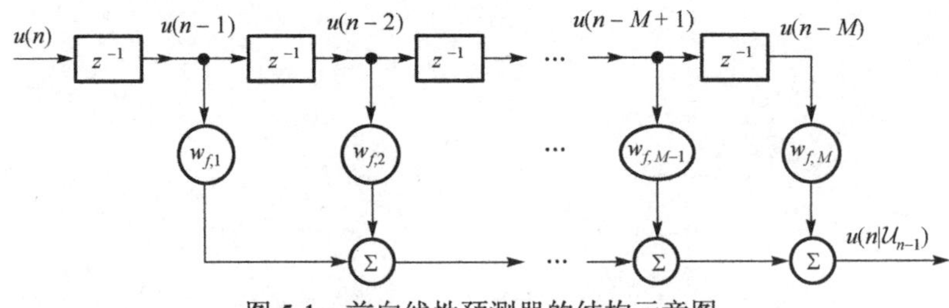

图5-1　前向线性预测器的结构示意图

下面将讨论平稳随机序列最小均方误差意义下的最优前向线性预测问题。对照第2章讨论的维纳滤波器，可以看到这里的前向线性预测相当于期望响应为

$$d(n)=u(n) \tag{5-2}$$

时的维纳滤波。前向线性预测误差为

$$e_M^f(n)=u(n)-\hat{u}(n|\mathcal{U}_{n-1})=u(n)-\sum_{k=1}^{M}w_{f,k}u(n-k)=\sum_{k=0}^{M}a_{M,k}u(n-k) \tag{5-3}$$

式中，

$$a_{M,k}=\begin{cases}1 & k=0\\ -w_{f,k} & k=1,2,\cdots,M\end{cases} \tag{5-4}$$

由样值 $u(n),u(n-1),\cdots,u(n-M)$ 作为输入、$e_M^f(n)$ 作为输出的滤波器称为前向预测误差滤波器，如图 5-2 所示。$a_{M,0},a_{M,1},\cdots,a_{M,M}$ 则为前向预测误差滤波器的抽头权值。图 5-3 给出了前向线性预测器与前向预测误差滤波器的关系。

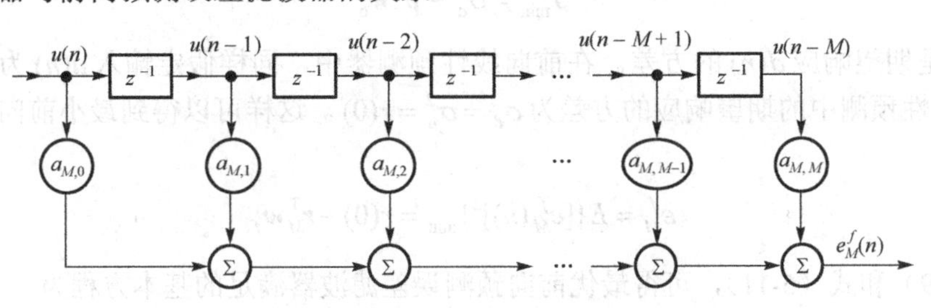

图 5-2　前向预测误差滤波器

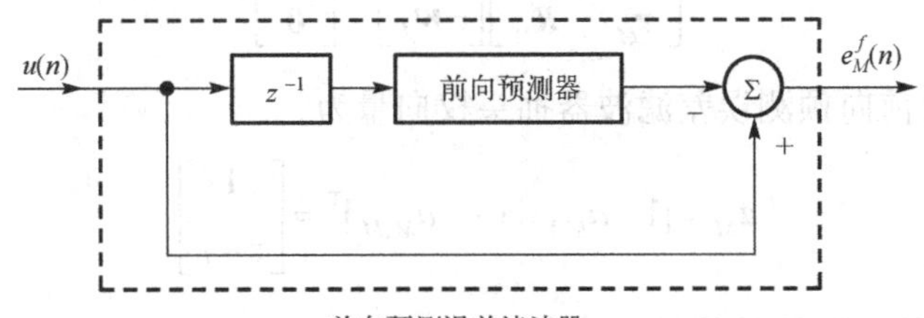

图 5-3　前向线性预测器与前向预测误差滤波器的关系

这里应用维纳滤波器的相关结论来推导最小均方误差准则下前向线性预测器和前向预测误差滤波器的最优权值。维纳滤波器所满足的维纳-霍夫方程[式（2-21）]重写为

$$\boldsymbol{R}\boldsymbol{w}_{\mathrm{o}}=\boldsymbol{p} \tag{5-5}$$

式中，矩阵 $\boldsymbol{R}$ 是滤波器抽头输入向量 $\boldsymbol{u}(n)$ 的相关矩阵，$\boldsymbol{w}_{\mathrm{o}}$ 是滤波器最优抽头权向量，$\boldsymbol{p}$ 是滤波器抽头输入与期望响应的互相关向量。参照图 5-1，在 M 阶前向线性预测器中，滤波器抽头输入向量为

$$\boldsymbol{u}(n-1)=[u(n-1),u(n-2),\cdots,u(n-M)]^{\mathrm{T}} \tag{5-6}$$

因此，可求出 M 阶前向线性预测器抽头输入向量 $\boldsymbol{u}(n-1)$ 的相关矩阵为

$$\boldsymbol{R}_M=E[\boldsymbol{u}(n-1)\boldsymbol{u}^{\mathrm{T}}(n-1)]=\begin{bmatrix}r(0) & r(1) & \cdots & r(M-1)\\ r(1) & r(0) & \cdots & r(M-2)\\ \vdots & \vdots & & \vdots\\ r(M-1) & r(M-2) & \cdots & r(0)\end{bmatrix} \tag{5-7}$$

抽头输入向量 $\boldsymbol{u}(n-1)$ 与期望响应 $d(n)=u(n)$ 的互相关向量为

$$\boldsymbol{r}_M=E[\boldsymbol{u}(n-1)u(n)]=[r(1),r(2),\cdots,r(M)]^{\mathrm{T}} \tag{5-8}$$

因此，利用维纳-霍夫方程[式（5-5）]可得出平稳输入的前向线性预测最优权向量满足的基本方程为

$$\boldsymbol{R}_M \boldsymbol{w}_f = \boldsymbol{r}_M \tag{5-9}$$

式中，$\boldsymbol{w}_f = [w_{f,1} \quad w_{f,2} \quad \cdots \quad w_{f,M}]^{\mathrm{T}}$ 为前向线性预测最优权向量。

维纳滤波器的最小均方误差[式（2-33）]重写为

$$J_{\min} = \sigma_{\mathrm{d}}^2 - \boldsymbol{p}^{\mathrm{T}} \boldsymbol{w}_{\mathrm{o}} \tag{5-10}$$

式中，σ_{d}^2 是期望响应 $d(n)$ 的方差。在前向线性预测器中，同样假定输入 $u(n)$ 为零均值，因此，前向线性预测中的期望响应的方差为 $\sigma_{\mathrm{d}}^2 = \sigma_{\mathrm{u}}^2 = r(0)$。这样可以得到最小前向预测误差功率为

$$\varepsilon_M^f = E\{[e_M^f(n)]^2\}_{\min} = r(0) - \boldsymbol{r}_M^{\mathrm{T}} \boldsymbol{w}_f \tag{5-11}$$

合并式（5-9）和式（5-11），可得最优前向预测误差滤波器满足的基本方程为

$$\begin{bmatrix} r(0) & \boldsymbol{r}_M^{\mathrm{T}} \\ \boldsymbol{r}_M & \boldsymbol{R}_M \end{bmatrix} \begin{bmatrix} 1 \\ -\boldsymbol{w}_f \end{bmatrix} = \begin{bmatrix} \varepsilon_M^f \\ \boldsymbol{0} \end{bmatrix} \tag{5-12}$$

根据式（5-4），可得前向预测误差滤波器抽头权向量为

$$\boldsymbol{a}_M = [1 \quad a_{M,1} \quad \cdots \quad a_{M,M}]^{\mathrm{T}} = \begin{bmatrix} 1 \\ -\boldsymbol{w}_f \end{bmatrix} \tag{5-13}$$

而 M 阶前向预测误差滤波器抽头输入向量 $\boldsymbol{u}(n) = [u(n), u(n-1), \cdots, u(n-M)]^{\mathrm{T}}$ 的相关矩阵可以分块表示为

$$\boldsymbol{R}_{M+1} = \begin{bmatrix} r(0) & \boldsymbol{r}_M^{\mathrm{T}} \\ \boldsymbol{r}_M & \boldsymbol{R}_M \end{bmatrix} \tag{5-14}$$

因此，利用式（5-13）和式（5-14），可以将式（5-12）表示为

$$\boldsymbol{R}_{M+1} \boldsymbol{a}_M = \begin{bmatrix} \varepsilon_M^f \\ \boldsymbol{0} \end{bmatrix} \tag{5-15}$$

上式称为 M 阶前向预测误差滤波器的增广维纳-霍夫方程。从该式可以看出，前向预测误差滤波器的最优权向量和最小前向预测误差功率可以由滤波器抽头输入的自相关函数值唯一地确定。

5.1.2 后向线性预测

对比于前向线性预测，我们把利用线性滤波器使用 $u(n), u(n-1), \cdots, u(n-M+1)$ 来对样值 $u(n-M)$ 进行预测称为后向线性预测。样值 $u(n), u(n-1), \cdots, u(n-M+1)$ 张成的 M 维空间用 $\mathcal{U}_n$ 表示，则由样值 $u(n), u(n-1), \cdots, u(n-M+1)$ 的线性组合所给出 $u(n-M)$ 的预测值 $\hat{u}(n-M|\mathcal{U}_n)$ 可表示为

$$\hat{u}(n-M|\mathcal{U}_n) = \sum_{k=0}^{M-1} w_{b,k} u(n-k) \tag{5-16}$$

式中，$w_{b,0}, w_{b,1}, \cdots, w_{b,M-1}$ 为后向线性预测系数。图 5-4 给出了后向线性预测器的结构示意图。

在平稳随机序列最小均方误差准则下，后向线性预测相当于期望响应为

$$d(n)=u(n-M) \tag{5-17}$$

时的维纳滤波。后向线性预测误差为

$$\begin{aligned} e_M^b(n) &= u(n-M)-\hat{u}(n-M|\mathcal{U}_n) \\ &= u(n-M)-\sum_{k=0}^{M-1} w_{b,k}u(n-k) \\ &= \sum_{k=0}^{M} b_{M,k}u(n-k) \end{aligned} \tag{5-18}$$

式中，

$$b_{M,k}=\begin{cases} -w_{b,k} & k=0,1,\cdots,M-1 \\ 1 & k=M \end{cases} \tag{5-19}$$

由样值 $u(n),u(n-1),\cdots,u(n-M)$ 作为输入、$e_M^b(n)$ 作为输出的滤波器称为后向预测误差滤波器。图 5-5 给出后向预测误差滤波器的结构图，$b_{M,0},b_{M,1},\cdots,b_{M,M}$ 为后向预测误差滤波器的抽头权值。

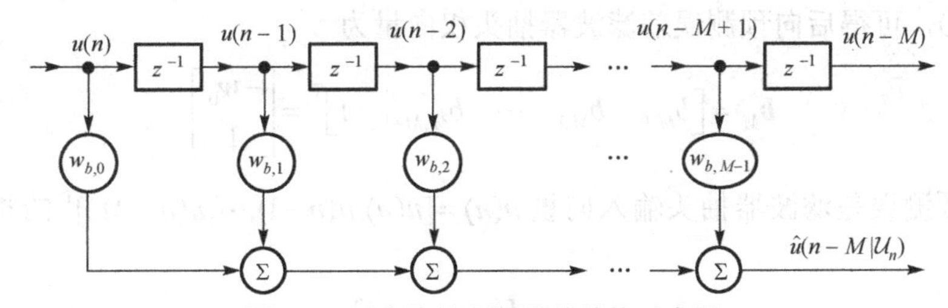

图 5-4　后向线性预测器的结构示意图

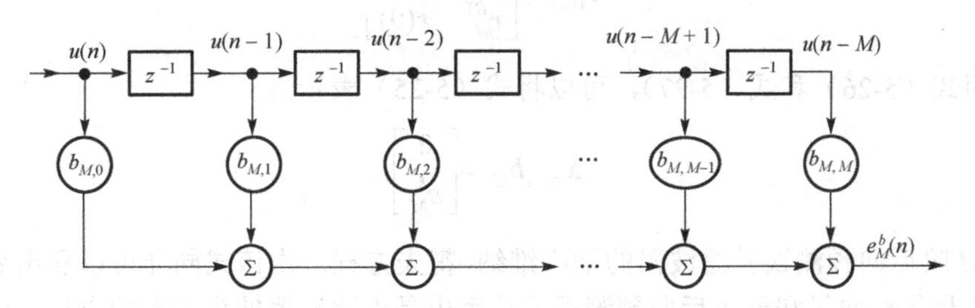

图 5-5　后向预测误差滤波器的结构图

与推导最小均方误差准则下的前向线性预测器和前向预测误差滤波器最优权值方法类似，在后向线性预测器中，滤波器抽头输入向量为

$$\boldsymbol{u}(n)=[u(n),u(n-1),\cdots,u(n-M+1)]^{\mathrm{T}} \tag{5-20}$$

则可求出 M 阶后向线性预测器抽头输入向量 $\boldsymbol{u}(n)$ 的相关矩阵为

$$\begin{aligned} \boldsymbol{R}_M &= E[\boldsymbol{u}(n)\boldsymbol{u}^{\mathrm{T}}(n)] \\ &= \begin{bmatrix} r(0) & r(1) & \cdots & r(M-1) \\ r(1) & r(0) & \cdots & r(M-2) \\ \vdots & \vdots & & \vdots \\ r(M-1) & r(M-2) & \cdots & r(0) \end{bmatrix} \end{aligned} \tag{5-21}$$

抽头输入向量$\boldsymbol{u}(n)$与期望响应$d(n)=u(n-M)$的互相关向量$\bar{\boldsymbol{r}}_M$为

$$\bar{\boldsymbol{r}}_M=\boldsymbol{r}_M^B=E[\boldsymbol{u}(n)u(n-M)]=[r(M),r(M-1),\cdots,r(1)]^{\mathrm{T}} \tag{5-22}$$

式中，向量$\boldsymbol{r}_M$的上标B表示反向排列。由此，利用维纳-霍夫方程[式（5-5）]可得出平稳输入的最优后向线性预测满足的基本方程

$$\boldsymbol{R}_M\boldsymbol{w}_b=\boldsymbol{r}_M^B \tag{5-23}$$

式中，$\boldsymbol{w}_b=[w_{b,0}\quad w_{b,1}\quad\cdots\quad w_{b,M-1}]^{\mathrm{T}}$为后向线性预测最优权向量。而在零均值的假定条件下，后向线性预测的期望响应$d(n)=u(n-M)$的方差同样为$\sigma_{\mathrm{d}}^2=r(0)$，因此，利用式（5-10），可得最小后向预测误差功率为

$$\varepsilon_M^b=E\{[e_M^b(n)]^2\}_{\min}=r(0)-\boldsymbol{r}_M^{B\mathrm{T}}\boldsymbol{w}_b \tag{5-24}$$

合并式（5-23）和式（5-24），可得最优后向预测误差滤波器满足的基本方程为

$$\begin{bmatrix}\boldsymbol{R}_M & \boldsymbol{r}_M^B\\ \boldsymbol{r}_M^{B\mathrm{T}} & r(0)\end{bmatrix}\begin{bmatrix}-\boldsymbol{w}_b\\ 1\end{bmatrix}=\begin{bmatrix}\boldsymbol{0}\\ \varepsilon_M^b\end{bmatrix} \tag{5-25}$$

根据式（5-19），可得后向预测误差滤波器抽头权向量为

$$\boldsymbol{b}_M=\begin{bmatrix}b_{M,0} & b_{M,1} & \cdots & b_{M,M-1} & 1\end{bmatrix}^{\mathrm{T}}=\begin{bmatrix}-\boldsymbol{w}_{\mathrm{b}}\\ 1\end{bmatrix} \tag{5-26}$$

而M阶后向预测误差滤波器抽头输入向量$\boldsymbol{u}(n)=[u(n),u(n-1),\cdots,u(n-M)]^{\mathrm{T}}$的相关矩阵可以分块表示为

$$\boldsymbol{R}_{M+1}=\begin{bmatrix}\boldsymbol{R}_M & \boldsymbol{r}_M^B\\ \boldsymbol{r}_M^{B\mathrm{T}} & r(0)\end{bmatrix} \tag{5-27}$$

因此，利用式（5-26）和式（5-27），可以将式（5-25）表示为

$$\boldsymbol{R}_{M+1}\boldsymbol{b}_M=\begin{bmatrix}\boldsymbol{0}\\ \varepsilon_M^b\end{bmatrix} \tag{5-28}$$

上式称为M阶后向预测误差滤波器的增广维纳-霍夫方程。由该式同样可以看出后向预测误差滤波器的最优权向量和最小后向预测误差功率也是由滤波器抽头输入的自相关函数值唯一地确定的。

5.1.3　前向线性预测与后向线性预测的关系

下面来讨论在抽头输入向量相同的情况下，前向线性预测与后向线性预测最优权向量和最小预测误差功率之间的关系。

首先，考察后向线性预测的维纳-霍夫方程[式（5-23）]，对该式左右两边的元素进行反转处理，则式（5-23）的等价形式为

$$\boldsymbol{R}_M^{\mathrm{T}}\boldsymbol{w}_b^B=\boldsymbol{r}_M \tag{5-29}$$

而相关矩阵$\boldsymbol{R}_M$是对称矩阵，即$\boldsymbol{R}_M^{\mathrm{T}}=\boldsymbol{R}_M$，因此，式（5-29）为

$$\boldsymbol{R}_M\boldsymbol{w}_b^B=\boldsymbol{r}_M \tag{5-30}$$

在抽头输入向量相同的情况下，前向线性预测和后向线性预测抽头输入向量的自相关矩阵函数值相同，因此，将上式与前向线性预测的维纳-霍夫方程[式（5-9）]比较，可得后向线性预测与对应的前向线性预测的最优权向量的关系为

$$\boldsymbol{w}_b^B = \boldsymbol{w}_f \tag{5-31}$$

上式表明，通过反转抽头权值可将后向线性预测变为对应的前向线性预测，反之亦然。再根据式（5-13）和式（5-26），可得后向预测误差滤波器和前向预测误差滤波器最优权向量的关系为

$$\boldsymbol{b}_M^B = \boldsymbol{a}_M \tag{5-32}$$

因此，同样通过反转抽头权值可将后向预测误差滤波器变为对应的前向预测误差滤波器，反之亦然。图 5-6 为用对应的前向预测误差滤波器抽头权值所表征的后向预测误差滤波器。

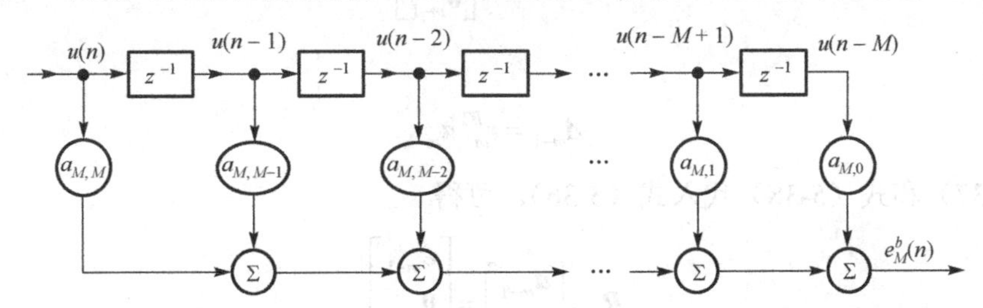

图 5-6　用对应的前向预测误差滤波器抽头权值表征的后向预测误差滤波器

然后，我们来考察最小前向预测误差功率 ε_M^f 和最小后向预测误差功率 ε_M^b 之间的关系。在最小后向预测误差功率[式（5-24）]中，由于 $\boldsymbol{r}_M^{BT}\boldsymbol{w}_b = \boldsymbol{r}_M^{T}\boldsymbol{w}_b^B$，再利用式（5-31），则最小后向预测误差功率可表示为

$$\varepsilon_M^b = r(0) - \boldsymbol{r}_M^{BT}\boldsymbol{w}_b = r(0) - \boldsymbol{r}_M^{T}\boldsymbol{w}_b^B = r(0) - \boldsymbol{r}_M^{T}\boldsymbol{w}_f \tag{5-33}$$

与最小前向预测误差功率[式（5-11）]比较，可以看到

$$\varepsilon_M^f = \varepsilon_M^b = \varepsilon_M \tag{5-34}$$

即：在平稳过程的线性预测中，最小后向预测误差功率与最小前向预测误差功率相等。

5.2　Levinson-Durbin 算法

通过求解增广维纳-霍夫方程可以得到预测误差滤波器的最优权向量和最小预测误差功率。这一节将给出一种高效率的求解增广维纳-霍夫方程的算法，该算法利用递归的思想由低一阶的预测误差滤波器的解来计算相应的高一阶的预测误差滤波器的解。该算法比直接求解方程组的标准算法大大节约计算量和存储空间。由于该算法先后由 Levinson（1947 年）和 Durbin（1960 年）给出，因此称为 Levinson-Durbin 算法。

5.2.1　Levinson-Durbin 算法的导出

为了推导出 Levinson-Durbin 算法权向量的更新方程，现在来考察 m 阶前向预测误差滤波器与 $m-1$ 阶前向预测误差滤波器之间的相关关系。根据式（5-15），可以写出 m 阶前向预

测误差滤波器的增广维纳-霍夫方程为

$$\boldsymbol{R}_{m+1}\boldsymbol{a}_m=\begin{bmatrix}\varepsilon_m\\ \boldsymbol{0}_m\end{bmatrix} \tag{5-35}$$

而利用相关矩阵 $\boldsymbol{R}_{m+1}$ 的分块形式，可以计算出 m 阶预测误差滤波器抽头输入的相关矩阵 $\boldsymbol{R}_{m+1}$ 与 $m-1$ 阶前向预测误差滤波器的权向量 $\boldsymbol{a}_{m-1}$ 的作用结果为

$$\boldsymbol{R}_{m+1}\begin{bmatrix}\boldsymbol{a}_{m-1}\\ 0\end{bmatrix}=\begin{bmatrix}\boldsymbol{R}_m & \boldsymbol{r}_m^B\\ \boldsymbol{r}_m^{BT} & r(0)\end{bmatrix}\begin{bmatrix}\boldsymbol{a}_{m-1}\\ 0\end{bmatrix}=\begin{bmatrix}\boldsymbol{R}_m\boldsymbol{a}_{m-1}\\ \boldsymbol{r}_m^{BT}\boldsymbol{a}_{m-1}\end{bmatrix} \tag{5-36}$$

利用 $m-1$ 阶前向预测误差滤波器的增广维纳-霍夫方程

$$\boldsymbol{R}_m\boldsymbol{a}_{m-1}=\begin{bmatrix}\varepsilon_{m-1}\\ \boldsymbol{0}_{m-1}\end{bmatrix} \tag{5-37}$$

同时，定义

$$\varDelta_{m-1}=\boldsymbol{r}_m^{BT}\boldsymbol{a}_{m-1} \tag{5-38}$$

则将式（5-37）和式（5-38）代入式（5-36），可得

$$\boldsymbol{R}_{m+1}\begin{bmatrix}\boldsymbol{a}_{m-1}\\ 0\end{bmatrix}=\begin{bmatrix}\varepsilon_{m-1}\\ \boldsymbol{0}_{m-1}\\ \varDelta_{m-1}\end{bmatrix} \tag{5-39}$$

类似地，可以计算出

$$\boldsymbol{R}_{m+1}\begin{bmatrix}0\\ \boldsymbol{a}_{m-1}^B\end{bmatrix}=\begin{bmatrix}r(0) & \boldsymbol{r}_m^{\mathrm{T}}\\ \boldsymbol{r}_m & \boldsymbol{R}_m\end{bmatrix}\begin{bmatrix}0\\ \boldsymbol{a}_{m-1}^B\end{bmatrix}=\begin{bmatrix}\boldsymbol{r}_m^{\mathrm{T}}\boldsymbol{a}_{m-1}^B\\ \boldsymbol{R}_m\boldsymbol{a}_{m-1}^B\end{bmatrix} \tag{5-40}$$

而根据式（5-38）的定义，有

$$\boldsymbol{r}_m^{\mathrm{T}}\boldsymbol{a}_{m-1}^B=\boldsymbol{r}_m^{BT}\boldsymbol{a}_{m-1}=\varDelta_{m-1} \tag{5-41}$$

同时，$m-1$ 阶后向预测误差滤波器的增广维纳-霍夫方程可以表示为

$$\boldsymbol{R}_m\boldsymbol{a}_{m-1}^B=\begin{bmatrix}\boldsymbol{0}_{m-1}\\ \varepsilon_{m-1}\end{bmatrix} \tag{5-42}$$

将式（5-41）和式（5-42）代入式（5-40），可得

$$\boldsymbol{R}_{m+1}\begin{bmatrix}0\\ \boldsymbol{a}_{m-1}^B\end{bmatrix}=\begin{bmatrix}\varDelta_{m-1}\\ \boldsymbol{0}_{m-1}\\ \varepsilon_{m-1}\end{bmatrix} \tag{5-43}$$

根据式（5-39）和式（5-43），并引入系数 K_m，则有

$$\boldsymbol{R}_{m+1}\begin{bmatrix}\boldsymbol{a}_{m-1}\\ 0\end{bmatrix}+K_m\boldsymbol{R}_{m+1}\begin{bmatrix}0\\ \boldsymbol{a}_{m-1}^B\end{bmatrix}=\begin{bmatrix}\varepsilon_{m-1}\\ \boldsymbol{0}_{m-1}\\ \varDelta_{m-1}\end{bmatrix}+K_m\begin{bmatrix}\varDelta_{m-1}\\ \boldsymbol{0}_{m-1}\\ \varepsilon_{m-1}\end{bmatrix} \tag{5-44}$$

比较式（5-35）和式（5-44），可以得到前向预测误差滤波器抽头权向量的阶更新递推公式为

$$\boldsymbol{a}_m=\begin{bmatrix}\boldsymbol{a}_{m-1}\\0\end{bmatrix}+K_m\begin{bmatrix}0\\\boldsymbol{a}_{m-1}^B\end{bmatrix} \tag{5-45}$$

相应的最小预测误差功率的阶更新递推公式为

$$\begin{bmatrix}\varepsilon_m\\\boldsymbol{0}_m\end{bmatrix}=\begin{bmatrix}\varepsilon_{m-1}\\\boldsymbol{0}_{m-1}\\\Delta_{m-1}\end{bmatrix}+K_m\begin{bmatrix}\Delta_{m-1}\\\boldsymbol{0}_{m-1}\\\varepsilon_{m-1}\end{bmatrix} \tag{5-46}$$

式（5-45）和式（5-46）就是求解增广维纳-霍夫方程的 Levinson-Durbin 算法的基本阶递推公式的向量形式。式（5-45）和式（5-46）是相互依存的，互为条件。

根据式（5-46），考虑其中的第一个元素和最后一个元素，有

$$\varepsilon_m=\varepsilon_{m-1}+K_m\Delta_{m-1} \tag{5-47}$$

$$0=\Delta_{m-1}+K_m\varepsilon_{m-1} \tag{5-48}$$

将式（5-47）和式（5-48）联立求解，消去 Δ_{m-1}，可以得到

$$\varepsilon_m=\varepsilon_{m-1}(1-K_m^2) \tag{5-49}$$

上式即为最小预测误差功率的阶更新公式。

根据式（5-45）和式（5-49），可以综合给出前向预测误差滤波器 Levinson-Durbin 算法阶更新公式的标量形式为

$$\begin{cases}a_{m,k}=a_{m-1,k}+K_m a_{m-1,m-k} & k=0,1,\cdots,m\\ \varepsilon_m=\varepsilon_{m-1}(1-K_m^2)\end{cases} \tag{5-50}$$

式中，$a_{m-1,0}=1$，$a_{m-1,m}=0$。

根据后向预测误差滤波器权向量与前向预测误差滤波器权向量的反转关系，利用上面给出的前向预测误差滤波器权向量的阶更新公式，可以直接写出后向预测误差滤波器权向量的阶更新公式为

$$\boldsymbol{a}_m^B=\begin{bmatrix}0\\\boldsymbol{a}_{m-1}^B\end{bmatrix}+K_m\begin{bmatrix}\boldsymbol{a}_{m-1}\\0\end{bmatrix} \tag{5-51}$$

其标量形式为

$$a_{m,m-k}=a_{m-1,m-k}+K_m a_{m-1,k} \quad k=0,1,\cdots,m \tag{5-52}$$

由于后向预测误差滤波器与前向预测误差滤波器的最小预测误差功率相等，因此，其阶更新公式也为式（5-49）。

利用 Levinson-Durbin 算法，从零阶开始逐阶递推，阶数分别取 $m=1,2,\cdots,M$，就可以推出各阶预测误差滤波器的最优权值和最小预测误差功率。对于零阶预测误差滤波器来说，$\varepsilon_0=E\{[e_0^f(n)]^2\}=E[u^2(n)]=r(0)$。

5.2.2 Levinson-Durbin 算法的几点说明

在上面推导 Levinson-Durbin 算法时，引入了两个参数：Δ_{m-1} 和 K_m，下面就这两个参数给出相关的几点说明。

首先来介绍参数Δ_{m-1}，式（5-38）给出了Δ_{m-1}的基本定义。而Δ_{m-1}的值还可以解释为前向预测误差$e_{m-1}^f(n)$和延迟的后向预测误差$e_{m-1}^b(n-1)$的互相关，即

$$\Delta_{m-1}=E[e_{m-1}^f(n)e_{m-1}^b(n-1)] \tag{5-53}$$

下面给出上式的简要证明。根据维纳滤波器的正交原理式（2-6），可以写出前向预测误差滤波器和后向预测误差滤波器所满足的正交原理分别为

$$E[e_{m-1}^f(n)u(n-k)]=0 \qquad k=1,2,\cdots,m-1 \tag{5-54}$$

$$E[e_{m-1}^b(n)u(n-k)]=0 \qquad k=0,1,\cdots,m-2 \tag{5-55}$$

再根据式（5-3）和式（5-18），可以写出

$$e_{m-1}^f(n)=\sum_{k=0}^{m-1}a_{m-1,k}u(n-k) \tag{5-56}$$

$$e_{m-1}^b(n)=\sum_{k=0}^{m-1}b_{m-1,k}u(n-k) \tag{5-57}$$

利用式（5-57），可以得出

$$\Delta_{m-1}=E[e_{m-1}^f(n)e_{m-1}^b(n-1)]=E[e_{m-1}^f(n)\sum_{k=0}^{m-1}b_{m-1,k}u(n-k-1)] \tag{5-58}$$

再根据式（5-54），有

$$\Delta_{m-1}=E[e_{m-1}^f(n)u(n-m)] \tag{5-59}$$

将式（5-56）代入式（5-59）中，得到

$$\Delta_{m-1}=E\left[u(n-m)\sum_{k=0}^{m-1}a_{m-1,k}u(n-k)\right]=\sum_{k=0}^{m-1}a_{m-1,k}r(k-m)=\boldsymbol{r}_m^{BT}\boldsymbol{a}_{m-1} \tag{5-60}$$

得证。

由于零阶时有$e_0^f(0)=e_0^b(n)=u(n)$，因此由式（5-53）可得互相关参数的零阶值为$\Delta_0=E[e_0^f(n)e_0^b(n-1)]=E[u(n)u(n-1)]=r(1)$。

其次给出参数K_m的几点说明。

（1）参数K_m在Levinson-Durbin递推算法中称为反射系数。参看式（5-49）可知，这是由K_m对功率的传输作用类似于传输线理论中的反射系数的作用而得名的。同时根据式(5-49)可以知道反射系数K_m的条件为

$$|K_m|\leqslant 1 \qquad 对所有\ m \tag{5-61}$$

这样可以保证预测误差功率ε_m随着阶数m的增大而减小或者保持不变，同时预测误差功率ε_m不可能为负值。由式（5-49）还可以得出M阶预测误差滤波器的最小预测误差功率为

$$\varepsilon_M=\varepsilon_0\prod_{m=1}^{M}(1-K_m^2) \tag{5-62}$$

（2）在式（5-50）的第一个公式中，令$k=m$，则有$a_{m,m}=K_m$，即对于m阶预测误差滤

波器来说，反射系数 K_m 等于滤波器的最后一个抽头权值 $a_{m,m}$。

（3）由式（5-48），可以得出

$$K_m = -\frac{\Delta_{m-1}}{\varepsilon_{m-1}} \tag{5-63}$$

同时再根据 Δ_{m-1} 的基本定义式（5-38），有

$$K_m = -\frac{\boldsymbol{r}_m^{BT}\boldsymbol{a}_{m-1}}{\varepsilon_{m-1}} = -\frac{\sum_{k=0}^{m-1} a_{m-1,k} r(k-m)}{\varepsilon_{m-1}} \tag{5-64}$$

（4）若将式（5-53）代入式（5-63），可得

$$\begin{aligned} K_m &= -\frac{\Delta_{m-1}}{\varepsilon_{m-1}} = -\frac{E[e_{m-1}^f(n)e_{m-1}^b(n-1)]}{\sqrt{\varepsilon_{m-1}^f}\sqrt{\varepsilon_{m-1}^b}} \\ &= -\frac{E[e_{m-1}^f(n)e_{m-1}^b(n-1)]}{\{E[(e_{m-1}^f(n))^2]\}^{1/2}\{E[(e_{m-1}^b(n))^2]\}^{1/2}} \\ &= -\rho_m \end{aligned} \tag{5-65}$$

式中，

$$\rho_m = \frac{E[e_{m-1}^f(n)e_{m-1}^b(n-1)]}{\{E[(e_{m-1}^f(n))^2]\}^{1/2}\{E[(e_{m-1}^b(n))^2]\}^{1/2}} \tag{5-66}$$

为前向预测误差 $e_{m-1}^f(n)$ 与延迟的后向预测误差 $e_{m-1}^b(n-1)$ 之间的偏相关系数。因此，在平稳条件下，反射系数 K_m 是偏相关系数的负值。

5.3　格型滤波器

这一节我们将根据 Levinson-Durbin 算法推导出一种实现线性预测的有效滤波器结构。该滤波器是一种阶递推结构，将前向预测误差滤波器和后向预测误差滤波器组合成一个基本的运算单元，整个滤波器是由各级基本单元级联而成的。对于 M 阶的预测误差滤波器来说，该滤波器结构中有 M 级基本单元。由于基本单元的结构类似于格型，因此这种滤波器称为格型滤波器。

5.3.1　格型滤波器的导出

这里根据 Levinson-Durbin 算法，用 z 变换的方法来推导出格型滤波器的基本结构。根据式（5-3），可以得出对于 m 阶前向预测误差滤波器，有

$$E_m^f(z) = \sum_{k=0}^{m} a_{m,k} z^{-k} U(z) \tag{5-67}$$

式中，$E_m^f(z)$ 和 $U(z)$ 分别为前向预测误差 $e_m^f(n)$ 和输入 $u(n)$ 的 z 变换。利用式（5-67）可以得出前向预测误差滤波器的传输函数为

$$H_m^f(z) = E_m^f(z)/U(z) = \sum_{k=0}^{m} a_{m,k} z^{-k} \tag{5-68}$$

类似地，根据式（5-18）可以得出对于m阶后向预测误差滤波器，有

$$E_m^b(z)=\sum_{k=0}^{m}b_{m,k}z^{-k}U(z) \tag{5-69}$$

式中，$E_m^b(z)$为后向预测误差$e_m^b(n)$的z变换。利用式（5-69）可以得出后向预测误差滤波器的传输函数为

$$H_m^b(z)=E_m^b(z)\big/U(z)=\sum_{k=0}^{m}b_{m,k}z^{-k} \tag{5-70}$$

下面来考察$H_m^f(z)$和$H_m^b(z)$的递推关系。将式（5-50）中给出的前向预测误差滤波器权值的阶更新关系式代入式（5-68），有

$$\begin{aligned}H_m^f(z)&=\sum_{k=0}^{m}(a_{m-1,k}+K_m a_{m-1,m-k})z^{-k}\\&=\sum_{k=0}^{m}a_{m-1,k}z^{-k}+K_m\sum_{k=0}^{m}a_{m-1,m-k}z^{-k}\\&=\sum_{k=0}^{m-1}a_{m-1,k}z^{-k}+K_m\sum_{k=1}^{m}a_{m-1,m-k}z^{-k}\\&=\sum_{k=0}^{m-1}a_{m-1,k}z^{-k}+K_m z^{-1}\sum_{i=0}^{m-1}a_{m-1,m-1-i}z^{-i}\end{aligned} \tag{5-71}$$

再根据$H_m^b(z)$的表达式[式（5-70）]，同时利用前向预测误差滤波器和后向预测误差滤波器权值的反转关系，式（5-71）可写成

$$H_m^f(z)=H_{m-1}^f(z)+K_m z^{-1}H_{m-1}^b(z) \tag{5-72}$$

同理可推出

$$H_m^b(z)=z^{-1}H_{m-1}^b(z)+K_m H_{m-1}^f(z) \tag{5-73}$$

再根据传输函数$H_m^f(z)$和$H_m^b(z)$的定义，由式（5-72）和式（5-73）可以得出

$$E_m^f(z)=E_{m-1}^f(z)+K_m z^{-1}E_{m-1}^b(z) \tag{5-74}$$

$$E_m^b(z)=z^{-1}E_{m-1}^b(z)+K_m E_{m-1}^f(z) \tag{5-75}$$

由此可以得出前向预测误差和后向预测误差的阶更新递推关系式为

$$e_m^f(n)=e_{m-1}^f(n)+K_m e_{m-1}^b(n-1) \tag{5-76}$$

$$e_m^b(n)=e_{m-1}^b(n-1)+K_m e_{m-1}^f(n) \tag{5-77}$$

式（5-76）和式（5-77）就是构成格型滤波器第m级基本运算单元的递推公式。图 5-7 给出了第m级格型滤波器的基本结构。将$m=1,2,\cdots,M$级格型滤波器逐阶级联就构成M阶格型滤波器，如图 5-8 所示。由于这种格型滤波器对应只有传输零点的横向滤波器，因此这种格型滤波器为全零点格型滤波器，其初始条件为

$$e_0^f(n)=e_0^b(n)=u(n) \tag{5-78}$$

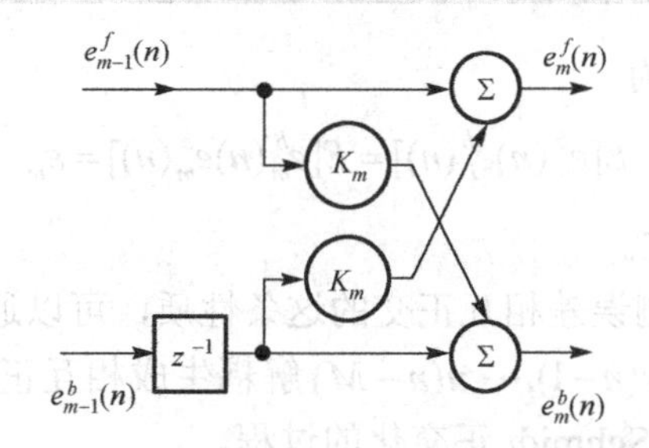

图 5-7　第 m 级格型滤波器的基本结构

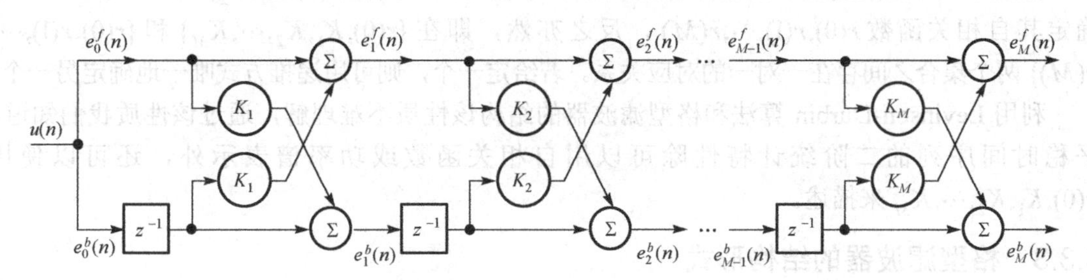

图 5-8　M 阶全零点格型滤波器

5.3.2　格型滤波器的性质

从图 5-8 给出的格型滤波器的结构可以看到，格型滤波器具有如下特点。

（1）可以同时生成前向预测误差和后向预测误差，因此格型滤波器是一种高效的结构。

（2）格型滤波器是模块化结构，因此如果需要增加滤波器的阶数，只需要增加级联单元个数而不影响以前的计算。

（3）格型滤波器的所有级结构相似，因此，格型滤波器非常适合超大规模集成实现。

除以上特点外，格型滤波器还具有以下几条主要性质。

性质 1　预测误差的正交性：平稳输入的条件下，各级格型滤波器的后向预测误差相互正交，即

$$E[e_m^b(n)e_i^b(n)]=\begin{cases}\varepsilon_m & i=m\\ 0 & i\neq m\end{cases} \tag{5-79}$$

证明：不失一般性，假设 $m\geqslant i$。根据后向预测误差 $e_i^b(n)$ 的表达式

$$e_i^b(n)=\sum_{k=0}^{i}a_{i,i-k}u(n-k) \tag{5-80}$$

可以计算出

$$E[e_m^b(n)e_i^b(n)]=E[e_m^b(n)\sum_{k=0}^{i}a_{i,i-k}u(n-k)] \tag{5-81}$$

再根据后向预测误差滤波器所满足的正交原理，有

$$E[e_m^b(n)u(n-k)]=0\qquad k=0,1,\cdots,m-1 \tag{5-82}$$

当 $m>i$ 时，将式（5-82）代入式（5-81），有

$$E[e_m^b(n)e_i^b(n)]=0 \tag{5-83}$$

当$m=i$时，式（5-81）为

$$E[e_m^b(n)e_i^b(n)]=E[e_m^b(n)e_m^b(n)]=\varepsilon_m \tag{5-84}$$

综之，可得证式（5-79）成立。

利用格型滤波器后向预测误差相互正交的这条性质，可以通过格型滤波器完成解耦的作用，即可以将输入数据$u(n),u(n-1),\cdots,u(n-M)$解耦生成相互正交的输出数据$e_0^b(n),e_1^b(n),\cdots,e_M^b(n)$，其实质是完成 Gram-Schmidt 正交化的过程。

性质 2　自相关函数和反射系数的关系： 平稳时间序列的$r(0),K_1,K_2,\cdots,K_M$可以唯一地确定其自相关函数$r(0),r(1),\cdots,r(M)$，反之亦然，即在$\{r(0),K_1,K_2,\cdots,K_M\}$和$\{r(0),r(1),\cdots,r(M)\}$两个集合之间存在一对一的对应关系。若给定一个，则可用递推方式唯一地确定另一个。

利用 Levinson-Durbin 算法和格型滤波器的结构该性质不难理解，通过该性质我们知道，平稳时间序列的二阶统计特性除可以用自相关函数或功率谱表示外，还可以使用$r(0),K_1,K_2,\cdots,K_M$来描述。

5.3.3 格型滤波器的结构形式

前面我们给出的是全零点格型滤波器，其结构如图 5-8 所示。下面再给出几种其他结构形式的格型滤波器。

重排式（5-76）中的各项，再结合式（5-77），可以得到

$$e_{m-1}^f(n)=e_m^f(n)-K_m e_{m-1}^b(n-1) \tag{5-85}$$

$$e_m^b(n)=e_{m-1}^b(n-1)+K_m e_{m-1}^f(n) \tag{5-86}$$

式（5-85）和式（5-86）定义了重组的格型滤波器的第m级输入-输出关系。式（5-78）的初始条件对应于阶数$m=0$，依次增加滤波器的阶数，就得到重组的格型滤波器，其结构如图 5-9 所示。比较图 5-8 和图 5-9，可以看到图 5-8 中$u(n)$是输入信号，$e_m^f(n)$是一个输出信号，而在图 5-9 中，$e_m^f(n)$是输入信号，$u(n)$是一个输出信号。与式（5-68）相对照，从输入$e_m^f(n)$到输出$u(n)$的滤波器的传输函数为

$$H_m^f(z)=U(z)\big/E_m^f(z)=\left[\sum_{k=0}^{m}a_{m,k}z^{-k}\right]^{-1} \tag{5-87}$$

因此把这种结构的格型滤波器称为全极点格型滤波器。如果将格型滤波器用于平稳时间序列的建模，全极点格型滤波波器可被视为综合器，而相应的全零点格型滤波器可被视为分析器。

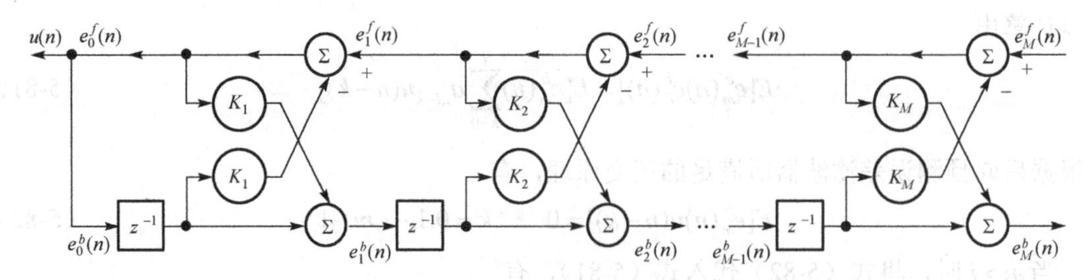

图 5-9　M阶全极点格型滤波器

前面分别给出了全零点格型滤波器和全极点格型滤波器的结构，下面再介绍一种零极点格型滤波器，其结构如图 5-10 所示。零极点格型滤波器是 Griffiths 和 Makhoul（1978 年）在解决均方误差意义下最优联合过程估计问题时给出的，通过使用自相关过程 $u(n)$ 的一组观测值来对期望响应过程 $d(n)$ 做出最小均方误差估计。这里的估计方法不同于第 2 章所考虑的问题，这里不是使用过程 $u(n)$ 的样值来直接估计 $d(n)$ 的，而使用多级格型滤波器所产生的后向预测误差。格型滤波器后向预测误差相互正交，使得利用后向预测误差来估计 $d(n)$ 的问题大为简化。

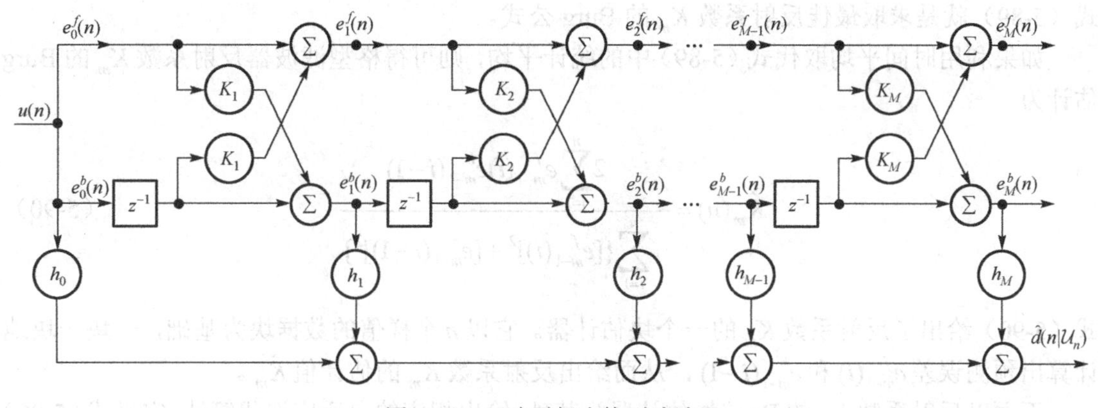

图 5-10　M 阶零极点格型滤波器

5.4　最小均方误差自适应格型算法

前面基于线性预测问题给出了求解增广维纳-霍夫方程的 Levinson-Durbin 算法及由此导出的格型滤波器。在基本的格型滤波器结构中，反射系数 K_m 是其主要的结构参数。如果已知输入数据的相关函数，利用 Levinson-Durbin 算法可以计算出最佳反射系数 K_m。本节将讨论最小均方误差准则下的自适应格型滤波器，给出格型滤波器结构参数 K_m 的自适应迭代算法。

5.4.1　自适应格型块处理迭代算法

这里将给出另外一种计算最佳反射系数 K_m 的方法，并以此为基础给出相应的自适应迭代算法。

直接利用格型滤波器结构，通过微分置零法，可以得到最佳反射系数 K_m 的另一种计算公式。由于该公式最早由 Burg（1968 年）给出，因此将该公式称为 Burg 公式。这种方法的基本思想为：若 $m-1$ 阶格型滤波器在最小均方误差准则下是最优的，即给出最小的预测误差功率 $E\{[e_{m-1}^f(n)]^2\}$ 和 $E\{[e_{m-1}^b(n)]^2\}$，则按阶递推所得的 m 阶格型滤波器就是最优的。也就是说，利用最小的预测误差功率 $E\{[e_{m-1}^f(n)]^2\}$ 和 $E\{[e_{m-1}^b(n)]^2\}$，只要反射系数 K_m 是最佳的，就可得到最小的预测误差功率 $E\{[e_m^f(n)]^2\}$ 和 $E\{[e_m^b(n)]^2\}$。换句话说，能使得预测误差功率 $E\{[e_m^f(n)]^2\}$ 和 $E\{[e_m^b(n)]^2\}$ 最小的反射系数 K_m 就是最佳的。由于前面所给出的格型滤波器结构对称，因此选用 $E\{[e_m^f(n)]^2+[e_m^b(n)]^2\}$ 作为性能函数，可兼顾两路输出。通过微分置零法，可得最佳的反射系数 K_m 满足

$$\frac{\partial E\{[e_m^f(n)]^2+[e_m^b(n)]^2\}}{\partial K_m}=0 \tag{5-88}$$

再利用第 m 级格型滤波器的输入–输出关系[式（5-76）和式（5-77）]，可以计算出最佳反射系数 K_m 为

$$K_m=-\frac{2E[e_{m-1}^f(n)e_{m-1}^b(n-1)]}{E\{[e_{m-1}^f(n)]^2\}+E\{[e_{m-1}^b(n-1)]^2\}} \tag{5-89}$$

式（5-89）就是求取最佳反射系数 K_m 的 Burg 公式。

如果利用时间平均取代式（5-89）中的统计平均，则可得格型滤波器反射系数 K_m 的 Burg 估计为

$$\hat{K}_m(n)=-\frac{2\sum_{i=1}^{n}e_{m-1}^f(i)e_{m-1}^b(i-1)}{\sum_{i=1}^{n}\{[e_{m-1}^f(i)]^2+[e_{m-1}^b(i-1)]^2\}} \tag{5-90}$$

式（5-90）给出了反射系数 K_m 的一个块估计器。它以 n 个样值的数据块为基础，一块一块地计算出预测误差 $e_{m-1}^f(i)$ 和 $e_{m-1}^b(i-1)$，从而给出反射系数 K_m 的估计值 $\hat{K}_m$。

下面以反射系数 K_m 的 Burg 块估计器为基础，给出相应的自适应迭代算法。定义式（5-90）的分母为

$$\mathcal{E}_{m-1}(n)=\sum_{i=1}^{n}\{[e_{m-1}^f(i)]^2+[e_{m-1}^b(i-1)]^2\} \tag{5-91}$$

可以得到其迭代公式为

$$\begin{aligned}\mathcal{E}_{m-1}(n)&=\sum_{i=1}^{n-1}\{[e_{m-1}^f(i)]^2+[e_{m-1}^b(i-1)]^2\}+[e_{m-1}^f(n)]^2+[e_{m-1}^b(n-1)]^2\\&=\mathcal{E}_{m-1}(n-1)+[e_{m-1}^f(n)]^2+[e_{m-1}^b(n-1)]^2\end{aligned} \tag{5-92}$$

类似地可以得到式（5-90）分子的迭代公式为

$$2\sum_{i=1}^{n}e_{m-1}^f(i)e_{m-1}^b(i-1)=2\sum_{i=1}^{n-1}e_{m-1}^f(i)e_{m-1}^b(i-1)+2e_{m-1}^f(n)e_{m-1}^b(n-1) \tag{5-93}$$

将式（5-92）和式（5-93）代入式（5-90），有

$$\hat{K}_m(n)=-\frac{2\sum_{i=1}^{n-1}e_{m-1}^f(i)e_{m-1}^b(i-1)+2e_{m-1}^f(n)e_{m-1}^b(n-1)}{\mathcal{E}_{m-1}(n-1)+[e_{m-1}^f(n)]^2+[e_{m-1}^b(n-1)]^2} \tag{5-94}$$

式（5-94）是反射系数估计值 $\hat{K}_m$ 自适应块处理迭代算法的一种形式。

为了得到标准形式的自适应格型块处理迭代算法，用 $\hat{K}_m(n-1)$ 替代式（5-76）和式（5-77）中的 K_m，有

$$e_m^f(n)=e_{m-1}^f(n)+\hat{K}_m(n-1)e_{m-1}^b(n-1) \tag{5-95}$$

$$e_m^b(n)=e_{m-1}^b(n-1)+\hat{K}_m(n-1)e_{m-1}^f(n) \tag{5-96}$$

将式（5-95）和式（5-96）代入式（5-94），并结合式（5-92），经过整理可以得到

$$\hat{K}_m(n)=\hat{K}_m(n-1)-\frac{e_{m-1}^f(n)e_m^b(n)+e_m^f(n)e_{m-1}^b(n-1)}{\mathcal{E}_{m-1}(n)} \tag{5-97}$$

在式（5-97）的基础上，Griffiths 做出如下两点修改。

（1）对式（5-97）引入步长参数 $\hat{\mu}$，用以控制迭代传递中反射系数的调整量，即

$$\hat{K}_m(n)=\hat{K}_m(n-1)-\frac{\hat{\mu}}{\mathcal{E}_{m-1}(n)}[e_{m-1}^f(n)e_m^b(n)+e_m^f(n)e_{m-1}^b(n-1)] \tag{5-98}$$

（2）对式（5-92）引入一个新参数 β（$0<\beta<1$），使得能量估计器具备记忆功能，即

$$\mathcal{E}_{m-1}(n)=\mathcal{E}_{m-1}(n-1)+\beta\{[e_{m-1}^f(n)]^2+[e_{m-1}^b(n-1)]^2\} \tag{5-99}$$

式（5-99）、式（5-95）、式（5-96）和式（5-98）构成了最小均方误差自适应格型块处理迭代算法的标准形式。表 5-1 给出了该算法的流程。

表 5-1　自适应格型块处理迭代算法流程

参数设置：
$M=$最终预测阶数
$\beta=\hat{\mu}<0.1$
α: 另一个小的正常数
初始化：
对于预测阶数 $m=1,2,\cdots,M$
$e_m^f(0)=e_m^b(0)=0$
$\mathcal{E}_{m-1}(0)=\alpha$
$\hat{K}_m(0)=0$
对于时间 $n=1,2,\cdots$
$e_0^f(n)=e_0^b(n)=u(n)$
迭代计算：
对于预测阶数 $m=1,2,\cdots,M$ 和时间 $n=1,2,\cdots$，计算
$\mathcal{E}_{m-1}(n)=\mathcal{E}_{m-1}(n-1)+\beta\{[e_{m-1}^f(n)]^2+[e_{m-1}^b(n-1)]^2\}$
$e_m^f(n)=e_{m-1}^f(n)+\hat{K}_m(n-1)e_{m-1}^b(n-1)$
$e_m^b(n)=e_{m-1}^b(n-1)+\hat{K}_m(n-1)e_{m-1}^f(n)$
$\hat{K}_m(n)=\hat{K}_m(n-1)-\frac{\hat{\mu}}{\mathcal{E}_{m-1}(n)}[e_{m-1}^f(n)e_m^b(n)+e_m^f(n)e_{m-1}^b(n-1)]$

5.4.2　自适应格型随机梯度算法

自适应格型随机梯度算法将 LMS 算法的瞬时梯度估计的基本思想用于格型滤波器中，通过迭代的方式来寻求最佳反射系数 K_m。如 5.4.1 节所述，在格型滤波器中，最佳反射系数 K_m 的优化性能函数为

$$J_m=E\{[e_m^f(n)]^2+[e_m^b(n)]^2\} \tag{5-100}$$

采用 LMS 算法的瞬时梯度估计，可得格型滤波器的瞬时梯度估计为

$$\hat{\nabla}J_m(n)=\frac{\partial}{\partial K_m}[e_m^f(n)]^2+[e_m^b(n)]^2 \tag{5-101}$$

将式（5-76）和式（5-77）代入式（5-101），可得

$$\hat{\nabla}J_m(n)=2[e_m^f(n)e_{m-1}^b(n-1)+e_m^b(n)e_{m-1}^f(n)] \tag{5-102}$$

则根据 LMS 算法的权值迭代公式，可得格型滤波器的反射系数 K_m 的迭代公式为

$$\begin{aligned}K_m(n+1)&=K_m(n)-\mu\hat{\nabla}J_m\\&=K_m(n)-\beta[e_m^f(n)e_{m-1}^b(n-1)+e_m^b(n)e_{m-1}^f(n)]\end{aligned} \tag{5-103}$$

式中，$\beta=2\mu$ 为增益系数。通常 β 选择为时变参数 $\beta(n)$，以保证收敛性及收敛速度。Alexander 等人给出了一种 $\beta(n)$ 的设置方法，取

$$\beta(n)=\frac{1}{d_m(n)} \tag{5-104}$$

式中，

$$d_m(n)=(1-\alpha)d_m(n-1)+[e_m^f(n)]^2+[e_m^b(n)]^2 \tag{5-105}$$

其中 α 为一远小于1的正常数。则式（5-103）为

$$K_m(n+1)=K_m(n)-\frac{1}{d_m(n)}[e_m^f(n)e_{m-1}^b(n-1)+e_m^b(n)e_{m-1}^f(n)] \tag{5-106}$$

由式（5-105）可以看出，$d_m(n)$ 随 n 的增大而逐渐增大，故式（5-106）中由 $K_m(n)$ 到 $K_m(n+1)$ 的调节量就随 n 的增大而逐渐减小，这符合 $K_m(n)$ 的调整由粗变细的合理规律。同时由式（5-105）还可看出，$d_m(n)$ 与 $[e_m^f(n)]^2+[e_m^b(n)]^2$ 呈正向关系，因此当预测误差 $[e_m^f(n)]^2+[e_m^b(n)]^2$ 较小，即预测器估计较正确时，此时增益系数 $1/d_m(n)$ 较大；反之，当输入信号上叠加了较大的白噪声，即预测误差 $[e_m^f(n)]^2+[e_m^b(n)]^2$ 较大时，预测器效果差，此时增益系数 $1/d_m(n)$ 较小，这也符合合理的调整规律。采用这种增益系数的自适应格型随机梯度算法称为自适应格型增益规正梯度算法，或简称为规正梯度格型算法。

下面以一个具体的实例来介绍自适应格型随机梯度算法的性能。设有一基于格型梯度算法的预测器，其输入 $u(n)$ 由下面的 AR（Auto-Regressive，自回归）模型产生

$$u(n)=a_1u(n-1)+a_2u(n-2)+v(n)$$

其中，模型系数 $a_1=1.558$，$a_2=-0.81$；$v(n)$ 为一不相关的高斯随机噪声。$u(n)$ 的波形如图 5-11 所示。通过梯度格型自适应预测器，将所得的 $K_1(n)$ 和 $K_2(n)$ 换算成 $a_1(n)$ 和 $a_2(n)$ 的估计值 $\hat{a}_1(n)$ 和 $\hat{a}_2(n)$

$$\begin{cases}\hat{a}_1(n)=-K_1(n)K_2(n)-K_1(n)\\\hat{a}_2(n)=-K_2(n)\end{cases}$$

具体推导过程如下。

由式（5-95）和式（5-96）可以写出 1 阶与 2 阶前向预测误差和后向预测误差的递推公式

$$e_1^f(n)=e_0^f(n)+K_1(n-1)e_0^b(n-1) \tag{5-107}$$

$$e_1^b(n)=e_0^b(n-1)+K_1(n-1)e_0^f(n) \tag{5-108}$$

$$e_2^f(n)=e_1^f(n)+K_2(n-1)e_1^b(n-1) \tag{5-109}$$

由于 $e_0^f(n)=e_0^b(n)=u(n)$，因此式（5-107）和式（5-108）分别为

$$e_1^f(n)=u(n)+K_1(n-1)u(n-1) \tag{5-110}$$

$$e_1^b(n)=u(n-1)+K_1(n-1)u(n) \tag{5-111}$$

将式（5-110）和式（5-111）代入式（5-109），可以得到

$$\begin{aligned} e_2^f(n) &= u(n)-\{[-K_1(n-1)K_2(n-2)-K_1(n-1)]u(n-1)-K_2(n-1)u(n-2)\} \\ &\approx u(n)-\{[-K_1(n)K_2(n)-K_1(n)]u(n-1)-K_2(n)u(n)\} \end{aligned} \tag{5-112}$$

另一方面，2 阶前向线性预测误差为

$$e_2^f(n)=u(n)-\hat{u}(n)=u(n)-[\hat{a}_1(n)u(n-1)+\hat{a}_2(n)u(n-2)] \tag{5-113}$$

对照式（5-112）与式（5-113），可得

$$\begin{cases} \hat{a}_1(n)=-K_1(n)K_2(n)-K_1(n) \\ \hat{a}_2(n)=-K_2(n) \end{cases} \tag{5-114}$$

式（5-114）就是利用自适应格型随机梯度算法对二阶信号模型参数进行估计的计算公式。

图 5-12 给出了 $\mu=0.005$ 时梯度格型自适应预测器所得的 $\hat{a}_1(n)$-n 、$\hat{a}_2(n)$-n 曲线。同时为了与 LMS 算法进行比较，给出了 LMS 算法在 $\mu=0.005$ 时所得的 $\hat{a}_1(n)$-n 、$\hat{a}_2(n)$-n 曲线。可以看出两种不同方法所得的 $\hat{a}_1(n)$ 和 $\hat{a}_2(n)$ 都分别趋于1.558和 −0.81，但梯度格型算法比 LMS 算法的趋近速度快。

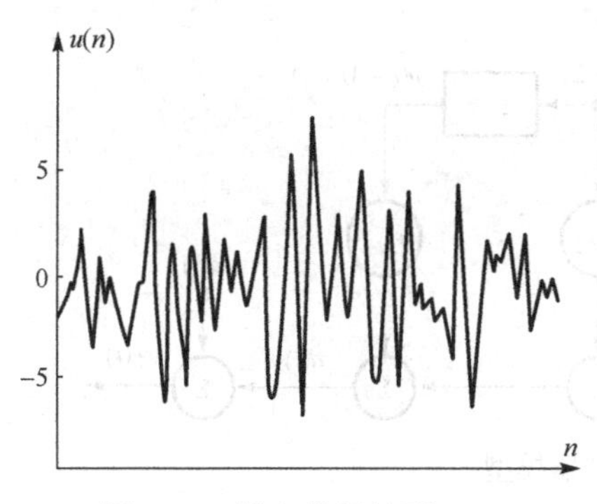

图 5-11　输入信号波形

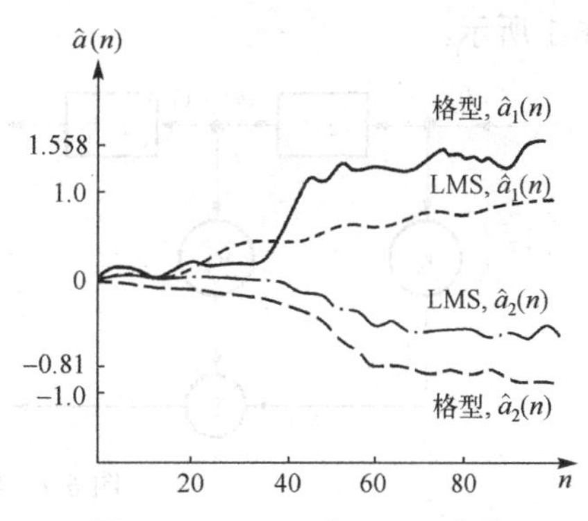

图 5-12　$\hat{a}_1(n)$-n 和 $\hat{a}_2(n)$-n 曲线

第 6 章　线性最小二乘滤波

前面几章讨论了最小均方误差准则的自适应算法。本章开始将讨论最小二乘准则下的最佳线性滤波问题及其相关的自适应算法。最小均方误差准则是在统计平均的意义下使滤波器输出与期望响应误差的平方和最小，在平稳的环境下所得的滤波器是统计意义下最优的。而最小二乘准则是对一组数据而言的，其使滤波器输出与期望响应误差的平方和最小。因此，最小均方误差准则得到的是对具有相同统计特性的一类数据的最佳滤波器，而最小二乘准则得到的是对一组给定数据的最佳滤波器。对同一类数据来说，最小均方误差准则对不同的数据组将得到同样的最佳滤波器，而最小二乘准则对不同的数据组将得到不同的最佳滤波器。因此可以说最小二乘滤波器具有确定性。本章将讨论最小二乘准则下的最佳线性滤波器及其向量空间分析法。

6.1　问题的提出

设已知 N 个数据 $u(1),u(2),\cdots,u(i),\cdots,u(N)$，现用一个 M 阶线性横向滤波器对数据进行滤波，来估计期望信号 $d(1),d(2),\cdots,d(i),\cdots,d(N)$，滤波器的输出 $\hat{d}(i)$ 即为期望响应 $d(i)$ 的估计，如图 6-1 所示。

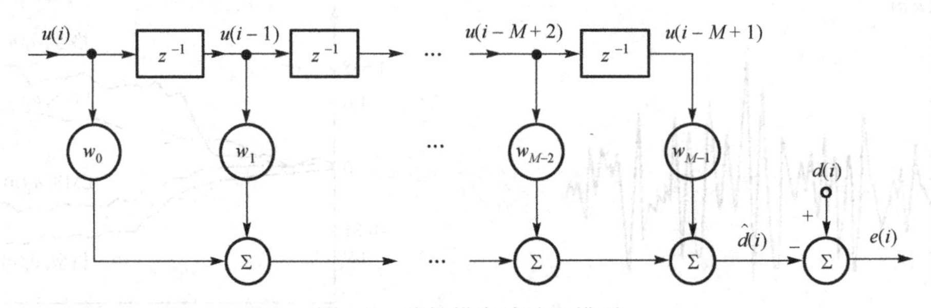

图 6-1　线性横向滤波器模型

期望响应 $d(i)$ 的估计为

$$\hat{d}(i)=\sum_{k=0}^{M-1}w_k u(i-k) \qquad i=1,2,\cdots,N \tag{6-1}$$

式中，$w_0,w_1,\cdots,w_{M-1}$ 是 M 阶线性横向滤波器的抽头权值。则估计误差为

$$e(i)=d(i)-\hat{d}(i)=d(i)-\sum_{k=0}^{M-1}w_k u(i-k) \qquad i=1,2,\cdots,N \tag{6-2}$$

式中，$e(i)$ 表示滤波器用 N 个数据对 $d(i)$ 进行估计所得的误差。采用最小二乘准则，其代价函数为估计误差的平方加权和，即

$$\xi=\sum_i \lambda^{N-i}e^2(i) \tag{6-3}$$

式中，λ 称为加权因子，其取值为 $0<\lambda\leqslant 1$。不难看出，对于越新的数据，加权越重。由式（6-2）和式（6-3）可知，误差的平方加权和 ξ 是线性横向滤波器抽头权值 $w_0,w_1,\cdots,w_{M-1}$ 的函数。线性最小二乘准则的优化问题就是确定使误差的平方加权和 ξ 最小的线性横向滤波器的抽头权值，所得的最佳滤波器就称为线性最小二乘滤波器。

式（6-3）中的求和范围有以下 4 种不同情况，如图 6-2 所示。

（1）$1\leqslant i\leqslant N+M-1$，计算全部误差的平方加权和。这就意味着在已知数据段的前、后都添加了零取样值，即假定 $u(i)=0$（$i<1$，$i>N$）。这种方法称为自相关法。

（2）$1\leqslant i\leqslant N$，计算前一部分误差的平方加权和。这就意味着只在已知数据段的前面添加了零取样值，即假定 $u(i)=0$（$i<1$）。这种方法称为前加窗法。

（3）$M\leqslant i\leqslant N+M-1$，计算后一部分误差的平方加权和。这就意味着只在已知数据段的后面添加了零取样值，即假定 $u(i)=0$（$i>N$）。这种方法称为后加窗法。

（4）$M\leqslant i\leqslant N$，计算中间一部分误差的平方加权和。这就意味着在已知数据段的前、后都没有添加零取样值。这种方法称为协方差法。

此处集中讨论前加窗法线性最小二乘滤波。

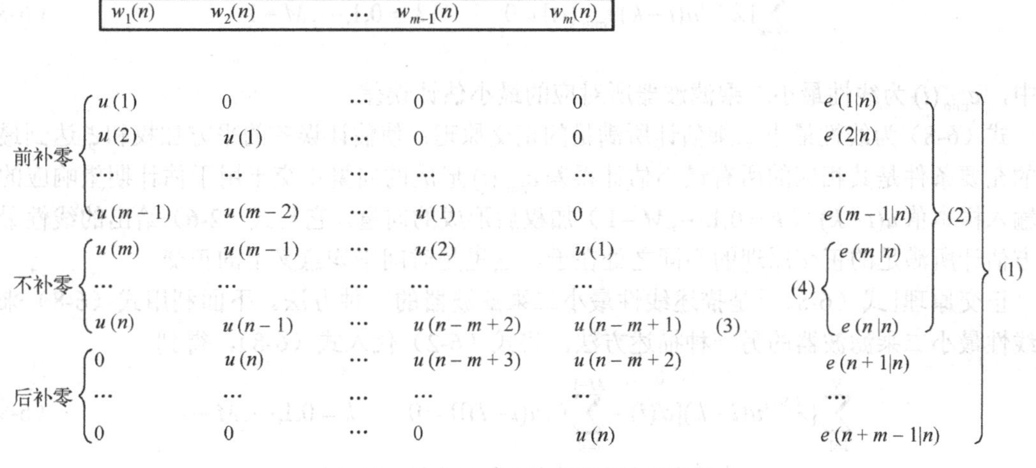

图 6-2　最小二乘 4 种求和方法示意图

6.2　线性最小二乘滤波的正则方程

6.2.1　正则方程的推导

下面以前加窗法为例来推导线性最小二乘滤波所满足的基本方程。对于上一节提出的问题，我们知道要解决的问题是确定满足最小二乘准则的横向滤波器的最佳抽头权值。对于前加窗法来说，线性最小二乘滤波的代价函数为

$$\xi=\sum_{i=1}^{N}\lambda^{N-i}e^2(i) \tag{6-4}$$

为了得到使估计误差的平方加权和 ξ 最小的抽头权值，定义代价函数 ξ 的梯度向量为 ∇J，其第 k 个元素为

$$\nabla_k \xi = \frac{\partial \xi}{\partial w_k} \quad k = 0,1,\cdots,M-1 \tag{6-5}$$

将式（6-4）和式（6-2）代入式（6-5），得到

$$\begin{aligned}\nabla_k \xi &= 2\sum_{i=1}^{N}[\lambda^{N-i}\frac{\partial e(i)}{\partial w_k}e(i)] \\ &= -2\sum_{i=1}^{N}[\lambda^{N-i}u(i-k)e(i)] \quad k = 0,1,\cdots,M-1\end{aligned} \tag{6-6}$$

当梯度向量$\nabla \xi$的所有元素同时等于零，即

$$\nabla_k \xi = 0 \quad k = 0,1,\cdots,M-1 \tag{6-7}$$

时，横向滤波器的抽头权值$w_0,w_1,\cdots,w_{M-1}$就使代价函数ξ最小，则所得的滤波器就是最小二乘准则下的最佳线性滤波器。将式（6-6）的结果代入式（6-7），可以得到线性最小二乘滤波器满足的基本方程

$$\sum_{i=1}^{N}[\lambda^{N-i}u(i-k)e_{\min}(i)] = 0 \quad k = 0,1,\cdots,M-1 \tag{6-8}$$

式中，$e_{\min}(i)$为线性最小二乘滤波器所对应的最小估计误差。

式（6-8）为线性最小二乘估计所满足的正交原理：使估计误差的平方加权和ξ达到最小值的充要条件是其相应的所有最小估计误差$e_{\min}(i)$形成的向量正交于用于估计期望响应的每个输入样本值$u(i-k)$（$k = 0,1,\cdots,M-1$）加权后形成的向量。它与式（2-6）给出的线性最小均方估计所满足的正交原理的不同之处在于，这里是时间平均意义上的正交。

正交原理[式（6-8）]是描述线性最小二乘滤波器的一种方法。下面利用式（6-8）来推导线性最小二乘滤波器的另一种描述方法。将式（6-2）代入式（6-8），得到

$$\sum_{i=1}^{N}\{\lambda^{N-i}u(i-k)[d(i)-\sum_{l=0}^{M-1}\hat{w}_k u(i-l)]\} = 0 \quad k = 0,1,\cdots,M-1 \tag{6-9}$$

式中，$\hat{w}_k$（$k = 0,1,\cdots,M-1$）为线性最小二乘滤波器的抽头权值。将上式进行整理可得

$$\sum_{l=0}^{M-1}\hat{w}_k\sum_{i=1}^{N}[\lambda^{N-i}u(i-k)u(i-l)] = \sum_{i=1}^{N}[\lambda^{N-i}u(i-k)d(i)] \quad k = 0,1,\cdots,M-1 \tag{6-10}$$

式中，

$$\sum_{i=1}^{N}\lambda^{N-i}u(i-k)u(i-l) = \varphi(l,k) \quad 0 \leqslant l,k \leqslant M-1 \tag{6-11}$$

为滤波器抽头输入的时间平均自相关函数；

$$\sum_{i=1}^{N}[\lambda^{N-i}u(i-k)d(i)] = z(-k) \quad 0 \leqslant k \leqslant M-1 \tag{6-12}$$

为滤波器的抽头输入与期望响应之间的时间平均互相关函数。利用式（6-11）和式（6-12），式（6-10）可表示为

$$\sum_{l=0}^{M-1} \hat{w}_k \varphi(l,k) = z(-k) \qquad k = 0,1,\cdots,M-1 \tag{6-13}$$

方程（6-13）称为线性最小二乘滤波器的正则方程。

6.2.2 正则方程的矩阵形式

下面给出线性最小二乘滤波器的正则方程的矩阵形式。为此，定义：时刻 i 的抽头输入向量 $\boldsymbol{u}(i)=[u(i),u(i-1),\cdots,u(i-M+1)]^{\mathrm{T}}$ 的时间平均自相关矩阵为

$$\boldsymbol{\Phi} = \begin{bmatrix} \varphi(0,0) & \varphi(1,0) & \cdots & \varphi(M-1,0) \\ \varphi(0,1) & \varphi(1,1) & \cdots & \varphi(M-1,1) \\ \vdots & \vdots & & \vdots \\ \varphi(0,M-1) & \varphi(1,M-1) & \cdots & \varphi(M-1,M-1) \end{bmatrix} \tag{6-14}$$

抽头输入向量 $\boldsymbol{u}(i)=[u(i),u(i-1),\cdots,u(i-M+1)]^{\mathrm{T}}$ 与期望响应 $d(i)$ 之间的时间平均互相关向量为

$$\boldsymbol{z} = [z(0), z(-1),\cdots, z(-M+1)]^{\mathrm{T}} \tag{6-15}$$

线性最小二乘滤波器的抽头权向量为

$$\hat{\boldsymbol{w}} = [\hat{w}_0, \hat{w}_1,\cdots,\hat{w}_{M-1}]^{\mathrm{T}} \tag{6-16}$$

根据上述定义，式（6-13）可表示为

$$\boldsymbol{\Phi}\hat{\boldsymbol{w}} = \boldsymbol{z} \tag{6-17}$$

式（6-17）是线性最小二乘滤波器的正则方程的矩阵形式。若 $\boldsymbol{\Phi}$ 是非奇异阵，则由式（6-17）可解得线性最小二乘滤波器的抽头权向量

$$\hat{\boldsymbol{w}} = \boldsymbol{\Phi}^{-1}\boldsymbol{z} \tag{6-18}$$

式（6-18）表明线性最小二乘滤波器的抽头权向量由滤波器抽头输入的时间平均自相关矩阵与抽头输入向量和期望响应之间的时间平均互相关向量唯一确定。

6.2.3 根据数据矩阵构建的正则方程

定义前加窗法线性最小二乘滤波器的输入数据矩阵为

$$\boldsymbol{A} = \begin{bmatrix} \boldsymbol{u}^{\mathrm{T}}(1) \\ \boldsymbol{u}^{\mathrm{T}}(2) \\ \vdots \\ \boldsymbol{u}^{\mathrm{T}}(N) \end{bmatrix} = \begin{bmatrix} u(1) & 0 & \cdots & 0 \\ u(2) & u(1) & \cdots & 0 \\ \vdots & \vdots & & \vdots \\ u(N) & u(N-1) & \cdots & u(N-M+1) \end{bmatrix} \tag{6-19}$$

期望数据向量为

$$\boldsymbol{d} = [d(1), d(2),\cdots, d(N)]^{\mathrm{T}} \tag{6-20}$$

利用式（6-19）和式（6-20）的定义，再根据时间平均自相关矩阵 $\boldsymbol{\Phi}$ 的定义式[式（6-14）]和式（6-11），时间平均自相关矩阵 $\boldsymbol{\Phi}$ 可以表示为

$$\boldsymbol{\Phi} = \boldsymbol{A}^{\mathrm{T}}\boldsymbol{\Lambda}\boldsymbol{A} \tag{6-21}$$

式中，

$$\boldsymbol{\Lambda}=\mathrm{diag}(\lambda^{N-1},\lambda^{N-2},\cdots,1) \tag{6-22}$$

是由加权因子λ的各次幂构成的对角矩阵。而根据时间平均互相关向量$\boldsymbol{z}$的定义式[式(6-15)]和式（6-12），时间平均互相关向量$\boldsymbol{z}$可以用输入数据矩阵$\boldsymbol{A}$和期望数据矩阵$\boldsymbol{d}$表示为

$$\boldsymbol{z}=\boldsymbol{A}^{\mathrm{T}}\boldsymbol{\Lambda}\boldsymbol{d} \tag{6-23}$$

将式（6-21）和式（6-23）代入正则方程[式（6-17）]，则有

$$\boldsymbol{A}^{\mathrm{T}}\boldsymbol{\Lambda}\boldsymbol{A}\hat{\boldsymbol{w}}=\boldsymbol{A}^{\mathrm{T}}\boldsymbol{\Lambda}\boldsymbol{d} \tag{6-24}$$

式（6-24）即为根据数据矩阵构建的正则方程。同样，若逆矩阵$(\boldsymbol{A}^{\mathrm{T}}\boldsymbol{\Lambda}\boldsymbol{A})^{-1}$存在，则可得线性最小二乘滤波器的抽头权向量为

$$\hat{\boldsymbol{w}}=(\boldsymbol{A}^{\mathrm{T}}\boldsymbol{\Lambda}\boldsymbol{A})^{-1}\boldsymbol{A}^{\mathrm{T}}\boldsymbol{\Lambda}\boldsymbol{d} \tag{6-25}$$

当加权因子$\lambda=1$时，式（6-4）为

$$\xi=\sum_{i=1}^{N}e^{2}(i) \tag{6-26}$$

即代价函数为估计误差的平方和，此时根据式（6-24）和式（6-25），可得相应的线性最小二乘滤波器的正则方程及其解为

$$\boldsymbol{A}^{\mathrm{T}}\boldsymbol{A}\hat{\boldsymbol{w}}=\boldsymbol{A}^{\mathrm{T}}\boldsymbol{d} \tag{6-27}$$

$$\hat{\boldsymbol{w}}=(\boldsymbol{A}^{\mathrm{T}}\boldsymbol{A})^{-1}\boldsymbol{A}^{\mathrm{T}}\boldsymbol{d} \tag{6-28}$$

上面利用正交原理导出线性最小二乘滤波器的正则方程及其矩阵形式。下面利用矩阵运算，通过梯度向量$\nabla\xi$与滤波器抽头权向量之间的关系式，也可直接求解出线性最小二乘滤波器的正则方程的矩阵形式。为此，在定义了输入数据矩阵$\boldsymbol{A}$和期望数据矩阵$\boldsymbol{d}$的基础上，再定义横向滤波器的抽头权向量为

$$\boldsymbol{w}=[w_0,w_1,\cdots,w_{M-1}]^{\mathrm{T}} \tag{6-29}$$

则滤波器输出的估计向量为

$$\hat{\boldsymbol{d}}=[\hat{d}(1),\hat{d}(2),\cdots,\hat{d}(N)]^{\mathrm{T}}=\boldsymbol{A}\boldsymbol{w} \tag{6-30}$$

误差向量为

$$\boldsymbol{e}=[e(1),e(2),\cdots,e(N)]^{\mathrm{T}}=\boldsymbol{d}-\hat{\boldsymbol{d}}=\boldsymbol{d}-\boldsymbol{A}\boldsymbol{w} \tag{6-31}$$

则式（6-4）定义的代价函数为

$$\xi=\boldsymbol{e}^{\mathrm{T}}\boldsymbol{\Lambda}\boldsymbol{e} \tag{6-32}$$

将式（6-31）代入式（6-32）得

$$\xi=\boldsymbol{d}^{\mathrm{T}}\boldsymbol{\Lambda}\boldsymbol{d}-2\boldsymbol{w}^{\mathrm{T}}(\boldsymbol{A}^{\mathrm{T}}\boldsymbol{\Lambda}\boldsymbol{d})+\boldsymbol{w}^{\mathrm{T}}(\boldsymbol{A}^{\mathrm{T}}\boldsymbol{\Lambda}\boldsymbol{A})\boldsymbol{w} \tag{6-33}$$

根据式（6-21）和式（6-23），式（6-33）可表示为

$$\xi=\boldsymbol{d}^{\mathrm{T}}\boldsymbol{\Lambda}\boldsymbol{d}-2\boldsymbol{w}^{\mathrm{T}}\boldsymbol{z}+\boldsymbol{w}^{\mathrm{T}}\boldsymbol{\Phi}\boldsymbol{w} \tag{6-34}$$

则可得梯度向量$\nabla\xi$为

$$\nabla\xi=-2\boldsymbol{z}+2\boldsymbol{\Phi}\boldsymbol{w} \tag{6-35}$$

当$\nabla\xi=\boldsymbol{0}$时，可得其最优权向量满足

$$\boldsymbol{\Phi}\hat{\boldsymbol{w}}=\boldsymbol{z} \tag{6-36}$$

与前面所得线性最小二乘滤波器的正则方程[式（6-17）]一致。

6.3　线性最小二乘滤波的性能

6.3.1　正交原理的推论

下面根据线性最小二乘滤波器的正交原理推导一个重要推论。设期望响应$d(i)$的线性最小二乘估计为$\hat{d}_{\mathrm{o}}(i)$，则根据式（6-1）有

$$\hat{d}_{\mathrm{o}}(i)=\sum_{k=0}^{M-1}\hat{w}_k u(i-k) \tag{6-37}$$

因此，可得

$$\sum_{i=1}^{N}[\lambda^{N-i}\hat{d}_{\mathrm{o}}(i)e_{\min}(i)]=\sum_{i=1}^{N}\left\{\lambda^{N-i}\left[\sum_{k=0}^{M-1}\hat{w}_k u(i-k)\right]e_{\min}(i)\right\} \tag{6-38}$$

交换求和次序，并根据线性最小二乘滤波器的正交原理[式（6-8）]，式（6-38）为

$$\sum_{i=1}^{N}[\lambda^{N-i}\hat{d}_{\mathrm{o}}(i)e_{\min}(i)]=\sum_{k=0}^{M-1}\hat{w}_k\sum_{i=1}^{N}[\lambda^{N-i}u(i-k)e_{\min}(i)]=0 \tag{6-39}$$

式（6-39）即为线性最小二乘滤波器正交原理推论的数学表示式。式（6-39）表明：全部期望响应$d(i)$的线性最小二乘估计$\hat{d}_{\mathrm{o}}(i)$所形成的向量与相应的最小估计误差$e_{\min}(i)$所形成的向量相互正交。

6.3.2　最小平方和误差

根据式（6-2），显然有

$$d(i)=\hat{d}_{\mathrm{o}}(i)+e_{\min}(i) \tag{6-40}$$

对式（6-40）的左右两边求平方加权和，并利用正交原理的推论[式（6-39）]，可得

$$\xi_{\mathrm{d}}=\xi_{\mathrm{est}}+\xi_{\min} \tag{6-41}$$

式中，

$$\xi_{\mathrm{d}}=\sum_{i=1}^{N}\lambda^{N-i}d^2(i) \tag{6-42}$$

$$\xi_{\mathrm{est}}=\sum_{i=1}^{N}\lambda^{N-i}\hat{d}_{\mathrm{o}}^2(i) \tag{6-43}$$

$$\xi_{\min}=\sum_{i=1}^{N}\lambda^{N-i}e_{\min}^{2}(i) \tag{6-44}$$

利用式（6-41）可得线性最小二乘滤波器所给出的最小估计误差的平方加权和为

$$\xi_{\min}=\xi_{\mathrm{d}}-\xi_{\mathrm{est}} \tag{6-45}$$

利用式（6-20）和式（6-30）的定义，可得

$$\xi_{\mathrm{d}}=\boldsymbol{d}^{\mathrm{T}}\boldsymbol{\Lambda}\boldsymbol{d} \tag{6-46}$$

$$\xi_{\mathrm{est}}=\hat{\boldsymbol{d}}_{\mathrm{o}}{}^{\mathrm{T}}\boldsymbol{\Lambda}\hat{\boldsymbol{d}}_{\mathrm{o}}=\hat{\boldsymbol{w}}^{\mathrm{T}}\boldsymbol{\Phi}\hat{\boldsymbol{w}} \tag{6-47}$$

式中，

$$\hat{\boldsymbol{d}}_{\mathrm{o}}=[\hat{d}_{\mathrm{o}}(1),\hat{d}_{\mathrm{o}}(2),\cdots,\hat{d}_{\mathrm{o}}(N)]^{\mathrm{T}}=\boldsymbol{A}\hat{\boldsymbol{w}} \tag{6-48}$$

为线性最小二乘滤波器输出的估计向量。将式（6-46）和式（6-47）代入式（6-45），得

$$\xi_{\min}=\boldsymbol{d}^{\mathrm{T}}\boldsymbol{\Lambda}\boldsymbol{d}-\hat{\boldsymbol{w}}^{\mathrm{T}}\boldsymbol{\Phi}\hat{\boldsymbol{w}} \tag{6-49}$$

再根据正则方程[式（6-17）]及其解[式（6-18）]，式（6-49）可表示为

$$\xi_{\min}=\boldsymbol{d}^{\mathrm{T}}\boldsymbol{\Lambda}\boldsymbol{d}-\hat{\boldsymbol{w}}^{\mathrm{T}}\boldsymbol{z}=\boldsymbol{d}^{\mathrm{T}}\boldsymbol{\Lambda}\boldsymbol{d}-\boldsymbol{z}^{\mathrm{T}}\hat{\boldsymbol{w}}=\boldsymbol{d}^{\mathrm{T}}\boldsymbol{\Lambda}\boldsymbol{d}-\boldsymbol{z}^{\mathrm{T}}\boldsymbol{\Phi}^{-1}\boldsymbol{z} \tag{6-50}$$

将式（6-21）和式（6-23）代入式（6-50），可得利用数据矩阵表示的线性最小二乘滤波器所给出的最小估计误差的平方加权和为

$$\xi_{\min}=\boldsymbol{d}^{\mathrm{T}}\boldsymbol{\Lambda}\boldsymbol{d}-\boldsymbol{d}^{\mathrm{T}}\boldsymbol{\Lambda}\boldsymbol{A}(\boldsymbol{A}^{\mathrm{T}}\boldsymbol{\Lambda}\boldsymbol{A})^{-1}\boldsymbol{A}^{\mathrm{T}}\boldsymbol{\Lambda}\boldsymbol{d} \tag{6-51}$$

当加权因子 $\lambda=1$ 时，式（6-51）简化为

$$\xi_{\min}=\boldsymbol{d}^{\mathrm{T}}\boldsymbol{d}-\boldsymbol{d}^{\mathrm{T}}\boldsymbol{A}(\boldsymbol{A}^{\mathrm{T}}\boldsymbol{A})^{-1}\boldsymbol{A}^{\mathrm{T}}\boldsymbol{d} \tag{6-52}$$

式（6-52）为线性最小二乘滤波器给出的最小平方和误差。

若将式（6-34）中的权向量取为最小二乘最优权向量 $\boldsymbol{w}=\hat{\boldsymbol{w}}$，通过整理可得与式（6-51）一致的结论。

6.4 线性最小二乘滤波的向量空间法分析

在自适应信号处理的研究中，向量空间相关理论最早是由Lee Morf and Friedlander（1981年）提出的。向量空间法提供了分析某些自适应算法（如 RLS 算法、LSL 算法及 FTF 算法）的有力的数学工具。本节将介绍线性向量空间的一些基本概念，并利用向量空间法来认识线性最小二乘滤波器，同时为后续最小二乘自适应算法的推导奠定基础。

6.4.1 向量空间理论

1. 线性向量空间

在时刻 n 采集的数据向量 $\boldsymbol{u}(n)$ 可表示为

$$\boldsymbol{u}(n)=[u(1),u(2),\cdots,u(n)]^{\mathrm{T}} \tag{6-53}$$

式中，$u(1)$ 为此向量的开始数据，$u(n)$ 为当前进入的数据。向量中各数据在当前时刻都已获得，向量共有 n 维。图 6-3 中表示出 $n=3$ 时的向量

$$\boldsymbol{u}(3)=[u(1),u(2),u(3)]^{\mathrm{T}}=[2,3,4]^{\mathrm{T}} \tag{6-54}$$

的情况。一组数据确定了一个向量空间，即由一个数据 $u(1)$ 定出一维向量组成的空间，如图 6-3 中的第 1 元素轴，两个数据 $u(1)$ 和 $u(2)$ 则定出二维空间，如图 6-3 中的第 1 元素轴和第 2 元素轴张成的二维空间。可以想象，n 个数据 $u(1),u(2),\cdots,u(n)$ 则定出了一个 n 维向量空间 $\{\boldsymbol{U}\}$。数据向量 $\boldsymbol{u}(n)$ 则为 n 维向量空间 $\boldsymbol{U}$ 中的一个向量。

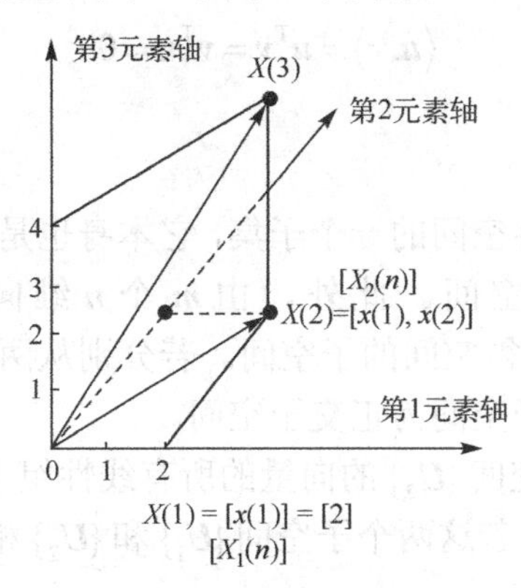

图 6-3　数据向量范例

在 n 维向量空间 $\{\boldsymbol{U}\}$ 中，任意向量 $\boldsymbol{u}$ 都可表示为基底向量的线性组合，即

$$\boldsymbol{u}=\sum_{k=1}^{n}a_k\boldsymbol{u}_k \tag{6-55}$$

式中，a_k（$k=1,2,\cdots,n$）为组合系数，$\boldsymbol{u}_k$（$k=1,2,\cdots,n$）为基底向量。n 维向量空间 $\{\boldsymbol{U}\}$ 可理解为由 n 个基底向量 $\boldsymbol{u}_1,\boldsymbol{u}_2,\cdots,\boldsymbol{u}_n$ 所有可能的线性组合所构成的集合，即

$$\{\boldsymbol{U}\}=\left\{\boldsymbol{u}\mid\boldsymbol{u}=\sum_{k=1}^{n}a_k\boldsymbol{u}_k\right\} \tag{6-56}$$

通常，将向量空间 $\{\boldsymbol{U}\}$ 称为由向量 $\boldsymbol{u}_1,\boldsymbol{u}_2,\cdots,\boldsymbol{u}_n$ 张成的空间，也可表示为 $\{\boldsymbol{U}\}=\{\boldsymbol{u}_1,\boldsymbol{u}_2,\cdots,\boldsymbol{u}_n\}$。具有上述特性的向量空间称为线性向量空间。若 n 为有限值，则称该空间为有限维向量空间。

在 n 维欧几里得（Euclidean）空间中，向量 $\boldsymbol{u}$ 和 $\boldsymbol{v}$ 的内积定义为

$$\langle\boldsymbol{u},\boldsymbol{v}\rangle=\boldsymbol{u}^{\mathrm{T}}\boldsymbol{v}=\boldsymbol{v}^{\mathrm{T}}\boldsymbol{u} \tag{6-57}$$

类似地，将矩阵视为向量的推广，矩阵 $\boldsymbol{U}$ 和 $\boldsymbol{X}$ 的内积 $\langle\boldsymbol{U},\boldsymbol{X}\rangle$ 定义为

$$\langle\boldsymbol{U},\boldsymbol{X}\rangle=\boldsymbol{U}^{\mathrm{T}}\boldsymbol{X} \tag{6-58}$$

容易证明，内积具有重要的线性运算性质，即对于矩阵 $\boldsymbol{U}$、$\boldsymbol{X}$、$\boldsymbol{V}$，有

$$\langle\boldsymbol{U},\boldsymbol{X}+\boldsymbol{V}\rangle=\langle\boldsymbol{U},\boldsymbol{X}\rangle+\langle\boldsymbol{U},\boldsymbol{V}\rangle \tag{6-59}$$

向量 $\boldsymbol{u}$ 的长度用向量范数定义为

$$\|\boldsymbol{u}\|=[\boldsymbol{u}^{\mathrm{T}}\boldsymbol{u}]^{1/2}=\langle\boldsymbol{u}(n),\boldsymbol{u}(n)\rangle \tag{6-60}$$

根据向量长度的定义可定义向量间的距离。向量 $\boldsymbol{u}$ 和向量 $\boldsymbol{v}$ 间的距离可定义为 $\boldsymbol{u}-\boldsymbol{v}$ 的长度，即

$$d[\boldsymbol{u},\boldsymbol{v}]=\|\boldsymbol{u}-\boldsymbol{v}\|=\langle\boldsymbol{u}-\boldsymbol{v},\boldsymbol{u}-\boldsymbol{v}\rangle^{1/2} \tag{6-61}$$

向量 $\boldsymbol{u}$ 和向量 $\boldsymbol{v}$ 之间的夹角 θ 取决于

$$\langle\boldsymbol{u},\boldsymbol{v}\rangle=\|\boldsymbol{u}\|\cdot\|\boldsymbol{v}\|\cos\theta \tag{6-62}$$

显然，当向量 $\boldsymbol{u}$ 和向量 $\boldsymbol{v}$ 相互正交，即夹角 $\theta=0$ 时，有

$$\langle\boldsymbol{u},\boldsymbol{v}\rangle=\boldsymbol{u}^{\mathrm{T}}\boldsymbol{v}=\boldsymbol{v}^{\mathrm{T}}\boldsymbol{u}=0 \tag{6-63}$$

2．线性空间的子空间

线性空间的子空间是该线性空间的一个子集，它本身也是线性空间。在欧几里得空间中，一条直线和一个平面都是子空间。此外，由 m 个 n 维向量 $\boldsymbol{u}_1,\boldsymbol{u}_2,\cdots,\boldsymbol{u}_m$ 所张成的空间 $\{\boldsymbol{u}_1,\boldsymbol{u}_2,\cdots,\boldsymbol{u}_m\}$ 构成了 n 维欧几里得空间的子空间。若分别从两个子空间 $\{\boldsymbol{U}_1\}$ 和 $\{\boldsymbol{U}_2\}$ 各任取一向量均相互正交，则称这两个子空间为正交子空间。

由子空间 $\{\boldsymbol{U}_1\}$ 的向量和子空间 $\{\boldsymbol{U}_2\}$ 的向量的所有线性组合所构成的子空间，称为这两个子空间的和，记为 $\{\boldsymbol{U}_1\}\oplus\{\boldsymbol{U}_2\}$。若这两个子空间 $\{\boldsymbol{U}_1\}$ 和 $\{\boldsymbol{U}_2\}$ 相互正交，则这种子空间的和称为直和，记为 $\{\boldsymbol{U}_1\}+\{\boldsymbol{U}_2\}$。

3．投影矩阵

n 维欧几里得空间中，向量 $\boldsymbol{x}$ 在向量 $\boldsymbol{u}$ 上的投影 $\boldsymbol{P}_u\boldsymbol{x}$ 定义为

$$\boldsymbol{P}_u\boldsymbol{x}=a\boldsymbol{u} \tag{6-64}$$

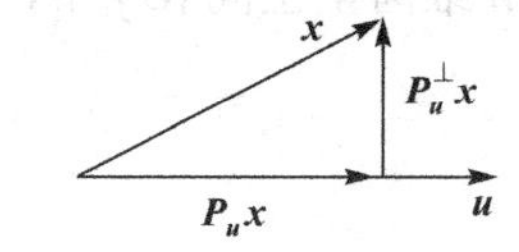

图 6-4　向量 $\boldsymbol{x}$ 在向量 $\boldsymbol{u}$ 上的投影 $\boldsymbol{P}_u\boldsymbol{x}$

式中，a 为待定系数。如图 6-4 所示，显然有

$$\langle\boldsymbol{x}-\boldsymbol{P}_u\boldsymbol{x},\boldsymbol{u}\rangle=0 \tag{6-65}$$

将式（6-64）代入式（6-65），有

$$\langle\boldsymbol{x}-\boldsymbol{P}_u\boldsymbol{x},\boldsymbol{u}\rangle=\langle\boldsymbol{x}-a\boldsymbol{u},\boldsymbol{u}\rangle=\langle\boldsymbol{x},\boldsymbol{u}\rangle-a\langle\boldsymbol{u},\boldsymbol{u}\rangle=0 \tag{6-66}$$

由此可得

$$a=\langle\boldsymbol{u},\boldsymbol{u}\rangle^{-1}\langle\boldsymbol{x},\boldsymbol{u}\rangle=(\boldsymbol{u}^{\mathrm{T}}\boldsymbol{u})^{-1}\boldsymbol{u}^{\mathrm{T}}\boldsymbol{x} \tag{6-67}$$

将式（6-67）代入式（6-64），有

$$\boldsymbol{P}_u\boldsymbol{x}=\boldsymbol{u}(\boldsymbol{u}^{\mathrm{T}}\boldsymbol{u})^{-1}\boldsymbol{u}^{\mathrm{T}}\boldsymbol{x} \tag{6-68}$$

由此可见，投影符号 $\boldsymbol{P}_u$ 相当于一个矩阵，称之为投影矩阵，且有

$$\boldsymbol{P}_u=\boldsymbol{u}(\boldsymbol{u}^{\mathrm{T}}\boldsymbol{u})^{-1}\boldsymbol{u}^{\mathrm{T}} \tag{6-69}$$

相对于投影向量 $\boldsymbol{P}_u\boldsymbol{x}$，称

$$\boldsymbol{x}-\boldsymbol{P}_u\boldsymbol{x}=\boldsymbol{P}_u^{\perp}\boldsymbol{x} \tag{6-70}$$

为正交投影向量，且由式（6-70）不难看出

$$P_u^{\perp} = I - P_u \tag{6-71}$$

且称 $P_u^{\perp}$ 为正交投影矩阵。

由上述向量 x 到向量 u 的投影向量 $P_u x$ 的定义，可以方便地将向量 x 到子空间 $\{U\} = \{u_1, u_2, \cdots, u_m\}$ 的投影向量 $P_U x$ 定义为

$$P_U x = a_1 u_1 + a_2 u_2 + \cdots + a_m u_m = Ua \tag{6-72}$$

式中，$U = [u_1, u_2, \cdots, u_m]$，$a = [a_1, a_2, \cdots, a_m]^{\mathrm{T}}$。利用投影向量 $P_u x$ 的结论，不难得出向量 x 到子空间 $\{U\}$ 的投影向量 $P_U x$ 为

$$P_U x = U(U^{\mathrm{T}}U)^{-1}U^{\mathrm{T}}x \tag{6-73}$$

因此，可得向量到子空间 $\{U\}$ 的投影矩阵 P_U 为

$$P_U = U(U^{\mathrm{T}}U)^{-1}U^{\mathrm{T}} \tag{6-74}$$

相应地，向量 x 到与 $\{U\}$ 正交的子空间的正交投影向量 $P_U^{\perp}x$ 为

$$P_U^{\perp}x = x - P_U x \tag{6-75}$$

向量到与 $\{U\}$ 正交的子空间的正交投影矩阵 $P_U^{\perp}$ 为

$$P_U^{\perp} = I - P_U = I - U(U^{\mathrm{T}}U)^{-1}U^{\mathrm{T}} \tag{6-76}$$

投影矩阵和正交投影矩阵有一系列重要性质，即

性质 1：
$$P_U^{\mathrm{T}} = P_U，\left[P_U^{\perp}\right]^{\mathrm{T}} = P_U^{\perp} \tag{6-77}$$

性质 2：
$$P_U P_U = P_U，P_U^{\perp}P_U^{\perp} = P_U^{\perp} \tag{6-78}$$

性质 3：
$$P_U^{\perp}P_U = 0 \tag{6-79}$$

6.4.2 线性最小二乘滤波的向量空间解释

前面介绍了 M 阶线性横向滤波器利用 N 个数据 $u(1), u(2), \cdots, u(N)$ 对期望信号 $d(1), d(2), \cdots, d(N)$ 进行最小二乘估计的基本问题。下面将讨论利用向量空间的概念如何来进一步认识线性最小二乘滤波。为了表征数据的扩充及滤波器的阶递推，这里将可变数据长度用 n 表示，将滤波器的阶数用 m 表示，则相应的线性最小二乘估计问题转化为利用已测数据 $u(1), u(2), \cdots, u(n)$ 对期望信号 $d(1), d(2), \cdots, d(n)$ 进行最小二乘估计的问题，滤波器的结构如图 6-5 所示。

根据式（6-19）定义的输入数据矩阵，在这里输入数据矩阵可表示为

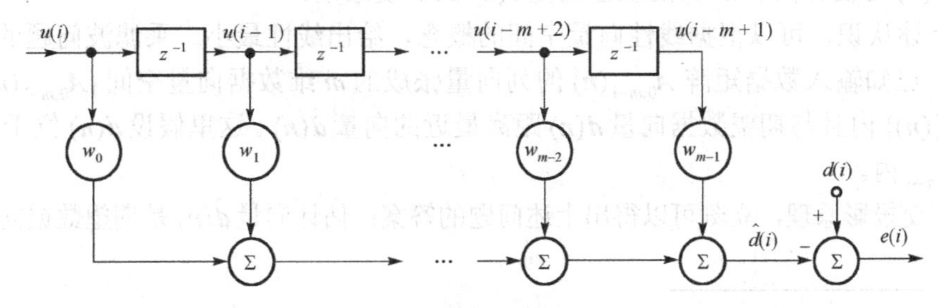

图 6-5 m 阶线性横向滤波器

$$A_{0,m-1}(n)=\begin{bmatrix} u(1) & 0 & \cdots & 0 \\ u(2) & u(1) & \cdots & 0 \\ \vdots & \vdots & & \vdots \\ u(n) & u(n-1) & \cdots & u(n-m+1) \end{bmatrix} \tag{6-80}$$

由式（6-80）可以看出，输入数据矩阵 $A_{0,m-1}(n)$ 的各列都是第一列元素依次向下移位得到的。若将第一列向量表示为①

$$u(n)=[u(1),u(2),\cdots,u(n)]^{\mathrm{T}} \tag{6-81}$$

则第 $i+1$ 列向量为

$$z^{-i}u(n)=[0,\cdots,0,u(1),\cdots,u(n-i)]^{\mathrm{T}} \tag{6-82}$$

式中，z^{-i} 表示延迟 i 个单位时间的延时算子。由此，$A_{0,m-1}(n)$ 可以表示成

$$A_{0,m-1}(n)=[z^0u(n),z^{-1}u(n),\cdots,z^{-(m-1)}u(n)] \tag{6-83}$$

由上式可以明显地看出输入数据矩阵 $A_{0,m-1}(n)$ 的下标表示其列向量的延时范围或其列数，而自变量 n 则与其行数对应。

滤波器对期望数据向量 $d(n)=[d(1),d(2),\cdots,d(n)]^{\mathrm{T}}$ 的估计为

$$\hat{d}(n)=A_{0,m-1}(n)w_m(n) \tag{6-84}$$

式中，

$$\hat{d}(n)=[\hat{d}(1),\hat{d}(2),\cdots,\hat{d}(n)]^{\mathrm{T}} \tag{6-85}$$

$$w_m(n)=[w_0(n),w_1(n),\cdots,w_{m-1}(n)]^{\mathrm{T}} \tag{6-86}$$

最小二乘估计问题在于寻求最佳滤波器权向量 $\hat{w}_m(n)$，使代价函数

$$\xi(n)=\sum_{i=1}^{n}e^2(i)=e^{\mathrm{T}}(n)e(n)=\langle e(n),e(n)\rangle=\|e(n)\|^2,\quad \lambda=1\text{时} \tag{6-87}$$

最小。式（6-87）中

$$e(n)=[e(1),e(2),\cdots,e(n)]^{\mathrm{T}}=d(n)-\hat{d}(n) \tag{6-88}$$

由式（6-84）表明，估计向量 $\hat{d}(n)$ 等于输入数据矩阵 $A_{0,m-1}(n)$ 列向量的线性组合，加权系数就是滤波器的权值。若将数据矩阵 $A_{0,m-1}(n)$ 的列向量张成的 m 维向量空间用 $\{A_{0,m-1}(n)\}$ 表示，则估计向量 $\hat{d}(n)$ 就位于数据向量空间 $\{A_{0,m-1}(n)\}$ 内。而式（6-87）表明最佳权向量应使期望数据向量 $d(n)$ 与估计向量 $\hat{d}(n)$ 的误差向量 $e(n)$ 的长度最短。

基于上述认识，可以根据线性向量空间的概念，给出线性最小二乘滤波问题的一种新的描述方法：已知输入数据矩阵 $A_{0,m-1}(n)$ 的列向量张成的 m 维数据向量空间 $\{A_{0,m-1}(n)\}$，求取位于 $\{A_{0,m-1}(n)\}$ 内且与期望数据向量 $d(n)$ 距离最近的向量 $\hat{d}(n)$。这里假设 $d(n)$ 位于 $m+1$ 维向量空间 $\{A\}_{m+1}$ 内。

根据正交投影原理，立刻可以得出上述问题的答案：估计向量 $\hat{d}(n)$ 是期望数据向量 $d(n)$ 在

① 注意当前输入数据向量 $u(n)=[u(1),u(2),\cdots,u(n)]^{\mathrm{T}}$ 与抽头输入向量 $u(n)=[u(n),u(n-1),\cdots,u(n-m+1)]^{\mathrm{T}}$ 的区别。

数据向量空间 $\{\boldsymbol{A}_{0,m-1}(n)\}$ 上的正交投影。此时，$\hat{\boldsymbol{d}}(n)$ 位于 $\{\boldsymbol{A}_{0,m-1}(n)\}$ 内，因而可以用 $\{\boldsymbol{A}_{0,m-1}(n)\}$ 的基底向量的线性组合来表示；同时估计误差的平方和或估计误差向量范数的平方最小。因此，有

$$\hat{\boldsymbol{d}}(n)=\boldsymbol{P}_{0,m-1}(n)\boldsymbol{d}(n) \tag{6-89}$$

式中，$\boldsymbol{P}_{0,m-1}(n)$ 为数据向量空间 $\{\boldsymbol{A}_{0,m-1}(n)\}$ 的投影矩阵。根据投影矩阵的表示式（6-74），则

$$\begin{aligned}\boldsymbol{P}_{0,m-1}(n)&=\boldsymbol{A}_{0,m-1}(n)[\boldsymbol{A}_{0,m-1}^{\mathrm{T}}(n)\boldsymbol{A}_{0,m-1}(n)]^{-1}\boldsymbol{A}_{0,m-1}^{\mathrm{T}}(n)\\&=\boldsymbol{A}_{0,m-1}(n)\left\langle \boldsymbol{A}_{0,m-1}(n),\boldsymbol{A}_{0,m-1}(n)\right\rangle^{-1}\boldsymbol{A}_{0,m-1}^{\mathrm{T}}(n)\end{aligned} \tag{6-90}$$

将式（6-90）代入式（6-89），有

$$\hat{\boldsymbol{d}}(n)=\boldsymbol{A}_{0,m-1}(n)\left\langle \boldsymbol{A}_{0,m-1}(n),\boldsymbol{A}_{0,m-1}(n)\right\rangle^{-1}\boldsymbol{A}_{0,m-1}^{\mathrm{T}}(n)\boldsymbol{d}(n) \tag{6-91}$$

再根据式（6-84），可得最佳权向量为

$$\hat{\boldsymbol{w}}_m(n)=\left\langle \boldsymbol{A}_{0,m-1}(n),\boldsymbol{A}_{0,m-1}(n)\right\rangle^{-1}\boldsymbol{A}_{0,m-1}^{\mathrm{T}}(n)\boldsymbol{d}(n) \tag{6-92}$$

对比于式（6-28），可见其结果与 6.2 节利用一般优化方法所得的结论一致。

同时，由此可得误差向量

$$\boldsymbol{e}(n)=\boldsymbol{d}(n)-\hat{\boldsymbol{d}}(n)=[\boldsymbol{I}-\boldsymbol{P}_{0,m-1}(n)]\boldsymbol{d}(n)=\boldsymbol{P}_{0,m-1}^{\perp}(n)\boldsymbol{d}(n) \tag{6-93}$$

式中，

$$\boldsymbol{P}_{0,m-1}^{\perp}(n)=\boldsymbol{I}-\boldsymbol{P}_{0,m-1}(n) \tag{6-94}$$

为数据向量空间 $\{\boldsymbol{A}_{0,m-1}(n)\}$ 的正交投影矩阵。

以误差向量 $\boldsymbol{e}(n)$ 作为基底向量张成的向量空间称为误差向量空间，用 $\{\boldsymbol{e}(n)\}$ 表示。误差向量空间 $\{\boldsymbol{e}(n)\}$ 是与数据向量空间 $\{\boldsymbol{A}_{0,m-1}(n)\}$ 正交的一维向量空间，即为垂直于 $\{\boldsymbol{A}_{0,m-1}(n)\}$ 的一条直线。$\boldsymbol{d}(n)$ 所在的向量空间 $\{\boldsymbol{A}\}_{m+1}$ 可以定义成数据向量空间 $\{\boldsymbol{A}_{0,m-1}(n)\}$ 与误差向量空间 $\{\boldsymbol{e}(n)\}$ 的直和，即

$$\{\boldsymbol{A}\}_{m+1}=\{\boldsymbol{A}_{0,m-1}(n)\}+\{\boldsymbol{e}(n)\} \tag{6-95}$$

式（6-95）表明 $\{\boldsymbol{A}\}_{m+1}$ 中的任何向量 $\boldsymbol{d}(n)$ 都有唯一分解，表示为

$$\boldsymbol{d}(n)=\hat{\boldsymbol{d}}(n)+\boldsymbol{e}(n) \tag{6-96}$$

式中，$\hat{\boldsymbol{d}}(n)$ 位于 $\{\boldsymbol{A}_{0,m-1}(n)\}$ 内，$\boldsymbol{e}(n)$ 位于 $\{\boldsymbol{e}(n)\}$ 内。由于 $\{\boldsymbol{A}_{0,m-1}(n)\}$ 与 $\{\boldsymbol{e}(n)\}$ 是正交的，因此 $\hat{\boldsymbol{d}}(n)$ 与 $\boldsymbol{e}(n)$ 也是正交的。式（6-96）正是正交子空间的正交分解定理。该式表明期望数据向量 $\boldsymbol{d}(n)$ 被分解成两个分量：一个分量 $\hat{\boldsymbol{d}}(n)$ 在数据子空间 $\{\boldsymbol{A}_{0,m-1}(n)\}$ 内，它是可以用输入数据矩阵 $\boldsymbol{A}_{0,m-1}(n)$ 的列向量的线性组合进行估计或预测的；另一个分量 $\boldsymbol{e}(n)$ 位于误差子空间 $\{\boldsymbol{e}(n)\}$ 内，由于误差子空间与数据子空间正交，因此 $\boldsymbol{e}(n)$ 是不可估计或不可预测的分量。有时将 $\{\boldsymbol{e}(n)\}$ 称为 $\{\boldsymbol{A}_{0,m-1}(n)\}$ 的正交补空间，将 $\boldsymbol{e}(n)$ 称为 $\boldsymbol{d}(n)$ 的投影补。

6.4.3　线性最小二乘数据扩充更新关系

最小二乘格型滤波器和快速横向滤波器等都需要在新的数据到来时进行更新。本小节利

用向量空间的基本知识推导最小二乘数据向量空间扩充更新的通用公式。这种更新的通用公式共有三组，分别为投影矩阵、投影向量和向量内积随着数据向量空间的扩充所得的新量与相应的旧量之间的相互关系式。灵活地应用这种更新的通用公式，就能方便地得到最小二乘递推中各种参量的更新关系。

设目前的数据向量空间为 $\{\boldsymbol{U}\}$，与此相应的投影矩阵为 $\boldsymbol{P}_U$，正交投影矩阵为 $\boldsymbol{P}_U^{\perp}$。现在假设有一个新的数据向量 $\boldsymbol{u}$ 加入原数据向量空间 $\{\boldsymbol{U}\}$ 的基底向量组中。一般地，向量 $\boldsymbol{u}$ 将提供某些新的信息，它们是在 $\{\boldsymbol{U}\}$ 的基底向量组中没有被包含的。由于数据子空间从 $\{\boldsymbol{U}\}$ 变化到 $\{\boldsymbol{U},\boldsymbol{u}\}$，因此需要寻找新的投影矩阵 $\boldsymbol{P}_{Uu}$ 和正交投影矩阵 $\boldsymbol{P}_{Uu}^{\perp}$，以代替旧的投影矩阵 $\boldsymbol{P}_U$ 和正交投影矩阵 $\boldsymbol{P}_U^{\perp}$。

这种更新关系很容易利用正交向量空间的概念被导出。在一般情况下，向量 $\boldsymbol{u}$ 本身并不能保证是与 $\{\boldsymbol{U}\}$ 正交的。但是可以利用向量 $\boldsymbol{u}$ 来构造一个与 $\{\boldsymbol{U}\}$ 正交的向量 $\boldsymbol{w}=\boldsymbol{P}_U^{\perp}\boldsymbol{u}$，则 $\boldsymbol{U}$ 与 $\boldsymbol{w}$ 构成的子空间 $\{\boldsymbol{U},\boldsymbol{w}\}=\{\boldsymbol{U},\boldsymbol{u}\}$，如图 6-6 所示。因此，有

$$\boldsymbol{P}_{Uu}=\boldsymbol{P}_{Uw}=\boldsymbol{P}_U+\boldsymbol{P}_w \tag{6-97}$$

$$\boldsymbol{P}_{Uu}^{\perp}=\boldsymbol{I}-\boldsymbol{P}_{Uu}=\boldsymbol{P}_U^{\perp}-\boldsymbol{P}_w \tag{6-98}$$

再利用投影矩阵的表达式（6-69），有

$$\boldsymbol{P}_w=\boldsymbol{w}\langle\boldsymbol{w},\boldsymbol{w}\rangle^{-1}\boldsymbol{w}^{\mathrm{T}}=\boldsymbol{P}_U^{\perp}\boldsymbol{u}\left\langle\boldsymbol{P}_U^{\perp}\boldsymbol{u},\boldsymbol{P}_U^{\perp}\boldsymbol{u}\right\rangle^{-1}\boldsymbol{u}^{\mathrm{T}}\boldsymbol{P}_U^{\perp} \tag{6-99}$$

其中利用了投影矩阵的性质 1：$[\boldsymbol{P}_U^{\perp}]^{\mathrm{T}}=\boldsymbol{P}_U^{\perp}$。将式（6-99）代入式（6-97）和式（6-98），于是便得到新的投影矩阵的更新公式

$$\boldsymbol{P}_{Uu}=\boldsymbol{P}_U+\boldsymbol{P}_U^{\perp}\boldsymbol{u}\left\langle\boldsymbol{P}_U^{\perp}\boldsymbol{u},\boldsymbol{P}_U^{\perp}\boldsymbol{u}\right\rangle^{-1}\boldsymbol{u}^{\mathrm{T}}\boldsymbol{P}_U^{\perp} \tag{6-100}$$

$$\boldsymbol{P}_{Uu}^{\perp}=\boldsymbol{P}_U^{\perp}-\boldsymbol{P}_U^{\perp}\boldsymbol{u}\left\langle\boldsymbol{P}_U^{\perp}\boldsymbol{u},\boldsymbol{P}_U^{\perp}\boldsymbol{u}\right\rangle^{-1}\boldsymbol{u}^{\mathrm{T}}\boldsymbol{P}_U^{\perp} \tag{6-101}$$

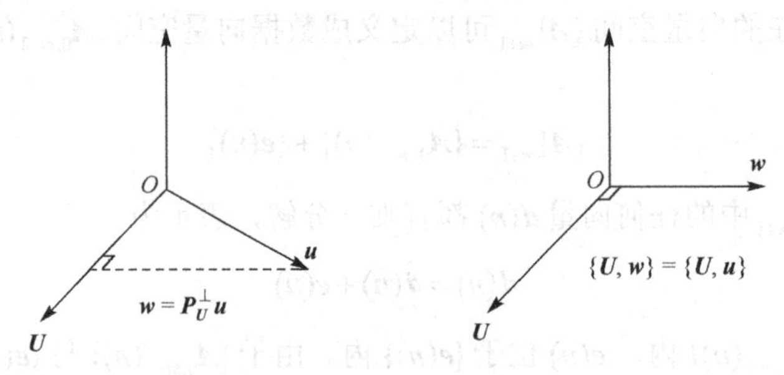

图 6-6 子空间 $\{\boldsymbol{U},\boldsymbol{w}\}=\{\boldsymbol{U},\boldsymbol{u}\}$ 的构造

对于子空间 $\{\boldsymbol{U},\boldsymbol{u}\}$ 中的任意一向量 $\boldsymbol{y}$，利用式（6-100）和式（6-101），即可得到下面的投影向量的更新公式

$$\boldsymbol{P}_{Uu}\boldsymbol{y}=\boldsymbol{P}_U\boldsymbol{y}+\boldsymbol{P}_U^{\perp}\boldsymbol{u}\left\langle\boldsymbol{P}_U^{\perp}\boldsymbol{u},\boldsymbol{P}_U^{\perp}\boldsymbol{u}\right\rangle^{-1}\left\langle\boldsymbol{u},\boldsymbol{P}_U^{\perp}\boldsymbol{y}\right\rangle \tag{6-102}$$

$$\boldsymbol{P}_{Uu}^{\perp}\boldsymbol{y}=\boldsymbol{P}_U^{\perp}\boldsymbol{y}-\boldsymbol{P}_U^{\perp}\boldsymbol{u}\left\langle\boldsymbol{P}_U^{\perp}\boldsymbol{u},\boldsymbol{P}_U^{\perp}\boldsymbol{u}\right\rangle^{-1}\left\langle\boldsymbol{u},\boldsymbol{P}_U^{\perp}\boldsymbol{y}\right\rangle \tag{6-103}$$

式（6-102）和式（6-103）非常有用，它给出了在最小二乘递推中刷新整个向量的更新公式。

在最小二乘递推中，还常常需要递推刷新某个标量。由于任一标量都可以用一广义内积 $\langle \boldsymbol{A},\boldsymbol{B}\rangle$ 来表示，因此可以利用内积的定义和式（6-102）、式（6-103）得出向量内积或者说是标量的更新公式为

$$\langle z,\boldsymbol{P}_{U\boldsymbol{u}}\boldsymbol{y}\rangle=\langle z,\boldsymbol{P}_{U}\boldsymbol{y}\rangle+\langle z,\boldsymbol{P}_{U}^{\perp}\boldsymbol{u}\rangle\langle \boldsymbol{P}_{U}^{\perp}\boldsymbol{u},\boldsymbol{P}_{U}^{\perp}\boldsymbol{u}\rangle^{-1}\langle \boldsymbol{u},\boldsymbol{P}_{U}^{\perp}\boldsymbol{y}\rangle \tag{6-104}$$

$$\langle z,\boldsymbol{P}_{U\boldsymbol{u}}^{\perp}\boldsymbol{y}\rangle=\langle z,\boldsymbol{P}_{U}^{\perp}\boldsymbol{y}\rangle-\langle z,\boldsymbol{P}_{U}^{\perp}\boldsymbol{u}\rangle\langle \boldsymbol{P}_{U}^{\perp}\boldsymbol{u},\boldsymbol{P}_{U}^{\perp}\boldsymbol{u}\rangle^{-1}\langle \boldsymbol{u},\boldsymbol{P}_{U}^{\perp}\boldsymbol{y}\rangle \tag{6-105}$$

式中，向量 $\boldsymbol{y}$ 和向量 z 是子空间 $\{\boldsymbol{U},\boldsymbol{u}\}$ 中的任一向量。在式（6-100）～式（6-105）中适当地选择 $\boldsymbol{U}$、$\boldsymbol{u}$、z 和 $\boldsymbol{y}$，就可以直接导出最小二乘格型算法和快速横向算法等所需要的主要时间更新与阶数更新的递推公式。

6.4.4　线性最小二乘时间更新

由于最小二乘滤波器根据到当前时刻为止的所有输入数据，寻求使累计平方误差最小的最佳滤波器权向量，因此随着新数据的不断到来，最小二乘滤波器的权向量应及时进行调整更新以保持最佳状态。为此，相关的矩阵、向量及标量必须随着时间进行更新，其中投影矩阵的时间更新是最根本的。

对于当前时刻 n 的数据向量

$$\boldsymbol{u}(n)=[u(1),u(2),\cdots,u(n)]^{\mathrm{T}} \tag{6-106}$$

来说，现时分量为 $u(n)$。为了区分数据向量 $\boldsymbol{u}(n)$ 中的现时部分和过去部分，引入单位现时向量

$$\boldsymbol{\pi}(n)=[0,0,\cdots,0,1]^{\mathrm{T}} \tag{6-107}$$

$\boldsymbol{\pi}(n)$ 有 n 个元素，除第 n 个（即当前时刻 n 的）元素为 1 外，其余所有元素都为 0。因此，$\boldsymbol{\pi}(n)$ 是一个沿第 n 个元素坐标轴方向长度为 1 的向量。以 $\boldsymbol{\pi}(n)$ 为基底向量所张成的一维向量空间 $\{\boldsymbol{\pi}(n)\}$ 的投影矩阵为

$$\boldsymbol{P}_{\boldsymbol{\pi}}(n)=\boldsymbol{\pi}(n)\langle \boldsymbol{\pi}(n),\boldsymbol{\pi}(n)\rangle^{-1}\boldsymbol{\pi}^{\mathrm{T}}(n)=\mathrm{diag}(0,0,\cdots,0,1) \tag{6-108}$$

相应的正交投影矩阵为

$$\boldsymbol{P}_{\boldsymbol{\pi}}^{\perp}(n)=\boldsymbol{I}-\boldsymbol{P}_{\boldsymbol{\pi}}(n)=\mathrm{diag}(1,1,\cdots,1,0) \tag{6-109}$$

因此，有

$$\boldsymbol{P}_{\boldsymbol{\pi}}(n)\boldsymbol{u}(n)=[0,0,\cdots,0,u(n)]^{\mathrm{T}} \tag{6-110}$$

$$\boldsymbol{P}_{\boldsymbol{\pi}}^{\perp}(n)\boldsymbol{u}(n)=[u(1),u(2),\cdots,u(n-1),0]^{\mathrm{T}} \tag{6-111}$$

即当前数据向量 $\boldsymbol{u}(n)$ 在 $\{\boldsymbol{\pi}(n)\}$ 上的投影就是该向量的现时部分，对 $\{\boldsymbol{\pi}(n)\}$ 的投影补就是该向量的过去部分。数据向量 $\boldsymbol{u}(n)$ 的现时分量 $u(n)$ 可表示为

$$u(n)=\langle \boldsymbol{\pi}(n),\boldsymbol{u}(n)\rangle \tag{6-112}$$

若将数据向量 $\boldsymbol{u}(n)$ 换成任意向量，则 $\boldsymbol{\pi}(n)$ 也有同样的作用。

为了直观起见，下面用一个具体例子来推导投影矩阵的时间更新关系式。假设已知数据

序列 $\{u(n)\}=\{4,3,2,\cdots\}$ 和期望响应 $\{d(n)\}=\{3,1,4,\cdots\}$，现考察用数据向量 $\boldsymbol{u}(n)$ 对期望向量 $\boldsymbol{d}(n)$ 进行最小二乘估计的问题。图 6-7 中示出了 $\boldsymbol{u}(2)$ 对 $\boldsymbol{d}(2)$ 的估计 $\hat{\boldsymbol{d}}(2)$、$\boldsymbol{u}(3)$ 对 $\boldsymbol{d}(3)$ 的估计 $\hat{\boldsymbol{d}}(3)$ 及相应的估计误差 $\boldsymbol{e}(2)$ 和 $\boldsymbol{e}(3)$。

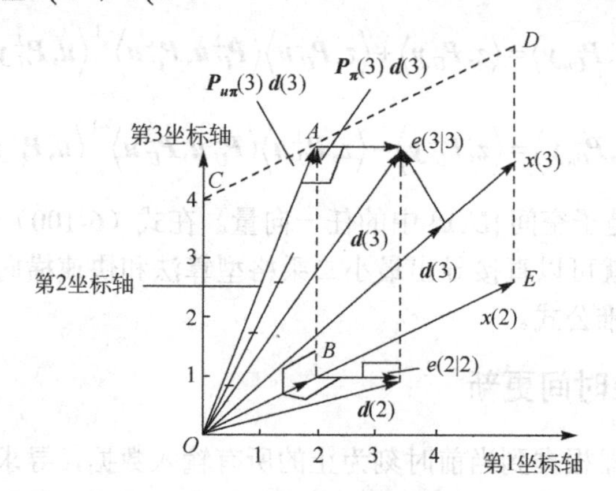

图 6-7　投影矩阵的时间更新

$n=3$ 时的单位现时向量 $\boldsymbol{\pi}(3)=[0,0,1]^{\mathrm{T}}$ 的设置将数据向量空间分解为现时和过去两个数据子空间。$\boldsymbol{\pi}(3)$ 和数据向量 $\boldsymbol{u}(3)$ 张成的子空间 $\{\boldsymbol{u}(3),\boldsymbol{\pi}(3)\}$（如图 6-7 中矩形 $COED$ 所在的平面）就为现时数据子空间。不难看出，现时估计 $\hat{\boldsymbol{d}}(3)$ 及前次估计 $\hat{\boldsymbol{d}}(2)$ 均在此子空间内。图 6-7 中还示出了 $\boldsymbol{d}(3)$ 在 $\{\boldsymbol{u}(3),\boldsymbol{\pi}(3)\}$ 上的投影 $\boldsymbol{P}_{u\pi}(3)\boldsymbol{d}(3)$ 及 $\boldsymbol{d}(3)$ 在 $\{\boldsymbol{\pi}(3)\}$ 上的投影 $\boldsymbol{P}_{\pi}(3)\boldsymbol{d}(3)$，$\{\boldsymbol{\pi}(3)\}$ 是 $\boldsymbol{\pi}(3)$ 张成的子空间，在图 6-7 中就是第 3 坐标轴。

由图 6-7 不难看出，$\hat{\boldsymbol{d}}(2)$、$\boldsymbol{P}_{\pi}(3)\boldsymbol{d}(3)$ 和 $\boldsymbol{P}_{u\pi}(3)\boldsymbol{d}(3)$ 构成直角三角形 ABO。因此，有

$$\boldsymbol{P}_{u\pi}(3)\boldsymbol{d}(3)=\begin{bmatrix}\hat{\boldsymbol{d}}(2)\\0\end{bmatrix}+\boldsymbol{P}_{\pi}(3)\boldsymbol{d}(3) \tag{6-113}$$

又由于

$$\begin{bmatrix}\hat{\boldsymbol{d}}(2)\\0\end{bmatrix}=\begin{bmatrix}\boldsymbol{P}_u(2)\boldsymbol{d}(2)\\0\end{bmatrix}=\begin{bmatrix}\boldsymbol{P}_u(2) & \boldsymbol{0}_2\\\boldsymbol{0}_2^{\mathrm{T}} & 0\end{bmatrix}\begin{bmatrix}\boldsymbol{d}(2)\\d(3)\end{bmatrix}=\begin{bmatrix}\boldsymbol{P}_u(2) & \boldsymbol{0}_2\\\boldsymbol{0}_2^{\mathrm{T}} & 0\end{bmatrix}\boldsymbol{d}(3) \tag{6-114}$$

$$\boldsymbol{P}_{\pi}(3)\boldsymbol{d}(3)=\begin{bmatrix}\boldsymbol{0}_2\\d(3)\end{bmatrix}=\begin{bmatrix}\boldsymbol{0}_{2\times2} & \boldsymbol{0}_2\\\boldsymbol{0}_2^{\mathrm{T}} & 1\end{bmatrix}\begin{bmatrix}\boldsymbol{d}(2)\\d(3)\end{bmatrix}=\begin{bmatrix}\boldsymbol{0}_{2\times2} & \boldsymbol{0}_2\\\boldsymbol{0}_2^{\mathrm{T}} & 1\end{bmatrix}\boldsymbol{d}(3) \tag{6-115}$$

式中，$\boldsymbol{0}_2=[0,0]^{\mathrm{T}}$，$\boldsymbol{0}_{2\times2}$ 是 2×2 零矩阵。将式（6-114）和式（6-115）代入式（6-113），经过整理可以得出

$$\boldsymbol{P}_{u\pi}(3)=\begin{bmatrix}\boldsymbol{P}_u(2) & \boldsymbol{0}_2\\\boldsymbol{0}_2^{\mathrm{T}} & 0\end{bmatrix}+\begin{bmatrix}\boldsymbol{0}_{2\times2} & \boldsymbol{0}_2\\\boldsymbol{0}_2^{\mathrm{T}} & 1\end{bmatrix}=\begin{bmatrix}\boldsymbol{P}_u(2) & \boldsymbol{0}_2\\\boldsymbol{0}_2^{\mathrm{T}} & 1\end{bmatrix} \tag{6-116}$$

将上式推广到任意时刻 n，则有

$$\boldsymbol{P}_{u\pi}(n)=\begin{bmatrix}\boldsymbol{P}_u(n-1) & \boldsymbol{0}_{n-1}\\\boldsymbol{0}_{n-1}^{\mathrm{T}} & 1\end{bmatrix} \tag{6-117}$$

再将一维数据向量空间 $\{\boldsymbol{u}(3)\}$ 推广到任意 m 个列向量张成的 m 维数据向量子空间 $\{\boldsymbol{U}(n)\}$，则有

$$\boldsymbol{P}_{U\pi}(n)=\begin{bmatrix}\boldsymbol{P}_U(n-1) & \boldsymbol{0}_{n-1}\\\boldsymbol{0}_{n-1}^{\mathrm{T}} & 1\end{bmatrix} \tag{6-118}$$

由式（6-118），可以得出

$$P_{U\pi}^{\perp}(n)=\begin{bmatrix} P_U^{\perp}(n-1) & \mathbf{0}_{n-1} \\ \mathbf{0}_{n-1}^{\mathrm{T}} & 0 \end{bmatrix} \tag{6-119}$$

最小二乘自适应滤波的数据子空间是随着时间变化的，这种变化可以用角参量来描述。为了导出角参量，在式（6-101）中令 $\boldsymbol{U}=\boldsymbol{U}(n)$，$\boldsymbol{u}=\boldsymbol{\pi}(n)$，即 $\boldsymbol{U}$ 是当前时刻的数据矩阵，$\boldsymbol{u}$ 是单位现时向量，于是得到

$$P_{U\pi}^{\perp}(n)=P_U^{\perp}(n)-P_U^{\perp}(n)\boldsymbol{\pi}(n)\left\langle P_U^{\perp}(n)\boldsymbol{\pi}(n),P_U^{\perp}(n)\boldsymbol{\pi}(n)\right\rangle^{-1}\boldsymbol{\pi}^{\mathrm{T}}(n)P_U^{\perp}(n) \tag{6-120}$$

定义角参量 $\gamma_U(n)$ 为

$$\gamma_U(n)=\left\langle P_U^{\perp}(n)\boldsymbol{\pi}(n),P_U^{\perp}(n)\boldsymbol{\pi}(n)\right\rangle=\left\langle \boldsymbol{\pi}(n),P_U^{\perp}(n)\boldsymbol{\pi}(n)\right\rangle \tag{6-121}$$

则式（6-120）可写为

$$P_{U\pi}^{\perp}(n)=P_U^{\perp}(n)-\frac{P_U^{\perp}(n)\boldsymbol{\pi}(n)\boldsymbol{\pi}^{\mathrm{T}}(n)P_U^{\perp}(n)}{\gamma_U(n)} \tag{6-122}$$

由于

$$\boldsymbol{\pi}(n)\boldsymbol{\pi}^{\mathrm{T}}(n)=\mathrm{diag}(0,0,\cdots,0,1)=P_{\pi}(n) \tag{6-123}$$

因此式（6-122）可简写为

$$P_{U\pi}^{\perp}(n)=P_U^{\perp}(n)-\frac{P_U^{\perp}(n)P_{\pi}(n)P_U^{\perp}(n)}{\gamma_U(n)} \tag{6-124}$$

再根据式（6-119），式（6-124）可表示为

$$\begin{bmatrix} P_U^{\perp}(n-1) & \mathbf{0}_{n-1} \\ \mathbf{0}_{n-1}^{\mathrm{T}} & 0 \end{bmatrix}=P_U^{\perp}(n)-\frac{P_U^{\perp}(n)P_{\pi}(n)P_U^{\perp}(n)}{\gamma_U(n)} \tag{6-125}$$

为了说明角参量 $\gamma_U(n)$ 的几何意义，我们再回到 $\boldsymbol{U}(n)=\boldsymbol{u}(3)$ 的简单情况。此时，式（6-121）为

$$\gamma_U(3)=\left\langle \boldsymbol{\pi}(3),P_{\boldsymbol{u}}^{\perp}(3)\boldsymbol{\pi}(3)\right\rangle \tag{6-126}$$

图 6-8 为数据子空间 $\{\boldsymbol{u}(3),\boldsymbol{\pi}(3)\}$，示出了 $\boldsymbol{u}(2)$、$\boldsymbol{u}(3)$、$\boldsymbol{\pi}(3)$、$P_{\boldsymbol{u}}^{\perp}(3)\boldsymbol{\pi}(3)$ 及 $\boldsymbol{u}(2)$ 与 $\boldsymbol{u}(3)$ 之间的夹角 θ。根据该图可以计算出 $P_{\boldsymbol{u}}^{\perp}(3)\boldsymbol{\pi}(3)$。令 $\boldsymbol{i}$ 和 $\boldsymbol{j}$ 为单位正交基底向量，于是根据图 6-8 有

$$P_{\boldsymbol{u}}^{\perp}(3)\boldsymbol{\pi}(3)=\cos\theta\begin{bmatrix} -\boldsymbol{i}\sin\theta \\ \boldsymbol{j}\cos\theta \end{bmatrix} \tag{6-127}$$

$$\boldsymbol{\pi}(3)=\begin{bmatrix} 0 \\ \boldsymbol{j} \end{bmatrix} \tag{6-128}$$

将式（6-127）和式（6-128）代入式（6-126），可以得到

$$\gamma_{\boldsymbol{u}}(3)=\cos^2\theta \tag{6-129}$$

式（6-129）表明角参量 $\gamma_{\boldsymbol{u}}(3)$ 是对现时刻 $n=3$ 的数据子空间 $\{\boldsymbol{u}(3)\}$ 与前一时刻 $n=2$ 的数据子空间 $\{\boldsymbol{u}(2)\}$ 之间夹角 θ 的一种度量。

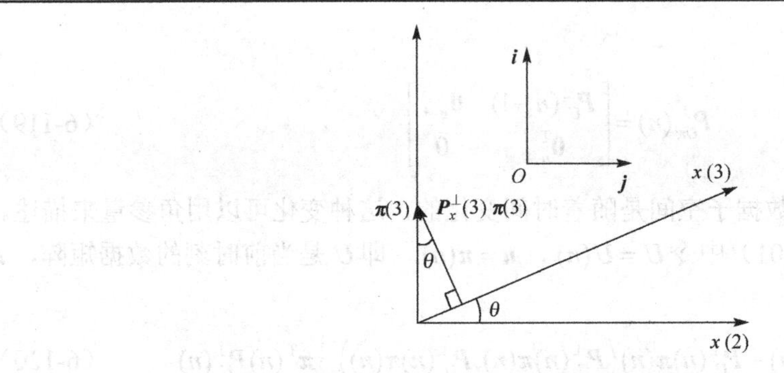

图 6-8 $\{\boldsymbol{u}(3),\boldsymbol{\pi}(3)\}$ 子空间中参量的角度关系

一般而言，当用数据子空间 $\{\boldsymbol{U}(n)\}$ 的 m 个基底向量来进行最小二乘估计时，由于最新数据 $\boldsymbol{u}(n)$ 到达，因此数据子空间将由 $\{\boldsymbol{U}(n-1)\}$ 变成 $\{\boldsymbol{U}(n)\}$，而 $\{\boldsymbol{U}(n)\}$ 相对于 $\{\boldsymbol{U}(n-1)\}$ 旋转了一个角度 θ，角参量 $\gamma_U(n)$ 正是这个角度余弦的平方。新的数据信息（新息）蕴含在数据子空间 $\{\boldsymbol{U}(n)\}$ 与 $\{\boldsymbol{U}(n-1)\}$ 之间的夹角中，因此 $\gamma_U(n)$ 是新息的度量。

第 7 章　最小二乘横向滤波自适应算法

第 6 章讨论了线性最小二乘滤波的基本问题，本章将基于最小二乘准则下的横向滤波器介绍两种典型的自适应算法。首先给出一种最小二乘自适应横向滤波器的递推算法，该算法用 $n-1$ 时刻滤波器抽头权向量的最小二乘估计来递推 n 时刻权向量的最新估计，这种算法称为递归最小二乘（RLS）算法。RLS 算法的一个显著特点是它的收敛速度比一般的 LMS 算法快一个数量级，但是其性能的改善是以其计算的复杂性为代价的。接着，给出一种快速横向滤波（FTF）算法。FTF 算法不同于 RLS 算法，它应用投影技术和向量空间法，通过引入横向滤波算子，利用算子的时间更新关系来实现 FTF 算法中的 4 个横向滤波器参数的更新，从而最终达到横向自适应滤波器参数更新的目的。

7.1　递归最小二乘算法

7.1.1　RLS 算法的导出

第 6 章讨论了线性最小二乘滤波的问题及其所满足的正则方程，这里将探讨最小二乘的一种递归实现方式。该方法从给定的初始条件出发，通过应用新的数据样值中所包含的新的信息对旧的估计进行更新，因此其数据长度是可变的，数据的可变长度与当前观测时刻 n 相对应。而横向滤波器的阶数固定不变，也就是说，这里探讨的是如何通过固定阶数的线性横向滤波器，利用可变长度的数据 $u(1),u(2),\cdots,u(n)$ 对期望响应 $d(1),d(2),\cdots,d(n)$ 进行递归最小二乘估计的问题。

利用第 6 章对最小二乘估计的认识，在这里相应的最小二乘准则的代价函数（前加窗法）可表示为

$$\xi(n)=\sum_{i=1}^{n}\lambda^{n-i}e^2(i) \tag{7-1}$$

式中，λ 为加权因子，其取值为 $0<\lambda\leqslant 1$；$e(i)$ 为 i 时刻滤波器的估计误差。通过对横向滤波器的认识，有

$$e(i)=d(i)-\hat{d}(i)=d(i)-\boldsymbol{w}^{\mathrm{T}}(n)\boldsymbol{u}(i) \tag{7-2}$$

式中，

$$\boldsymbol{u}(i)=[u(i),u(i-1),\cdots,u(i-M+1)]^{\mathrm{T}} \tag{7-3}$$

为 i 时刻滤波器的抽头输入向量；

$$\boldsymbol{w}(n)=[w_0(n),w_1(n),\cdots,w_{M-1}(n)]^{\mathrm{T}} \tag{7-4}$$

为滤波器的抽头权向量。由于观测数据随时刻 n 变化，因此要保持滤波器为最佳状态，即要使得代价函数 $\xi(n)$ 始终最小，则滤波器的权向量就应随时刻 n 而变化，所以这里的横向滤波

器具有时变的抽头权向量 $\boldsymbol{w}(n)$。而在观测区间 $1 \leqslant i \leqslant n$ 内，横向滤波器的抽头权向量保持不变。图 7-1 给出了具有时变抽头权值的横向滤波器结构图。

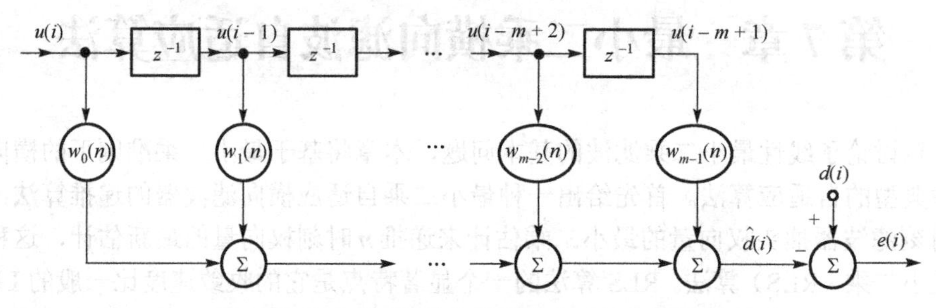

图 7-1 具有时变抽头权值的横向滤波器结构图

根据线性最小二乘滤波器满足的正则方程[式（6-18）]，上述最小二乘滤波器的最佳权向量满足

$$\hat{\boldsymbol{w}}(n) = \boldsymbol{\Phi}^{-1}(n)\boldsymbol{z}(n) \tag{7-5}$$

式中，

$$\boldsymbol{\Phi}(n) = \boldsymbol{A}^{\mathrm{T}}(n)\boldsymbol{\Lambda}(n)\boldsymbol{A}(n) = \sum_{i=1}^{n} \lambda^{n-i}\boldsymbol{u}(i)\boldsymbol{u}^{\mathrm{T}}(i) \tag{7-6}$$

为 i 时刻的抽头输入向量 $\boldsymbol{u}(i)$ 的时间平均自相关矩阵；

$$\boldsymbol{z}(n) = \boldsymbol{A}^{\mathrm{T}}(n)\boldsymbol{\Lambda}(n)\boldsymbol{d}(n) = \sum_{i=1}^{n} \lambda^{n-i}\boldsymbol{u}(i)d(i) \tag{7-7}$$

为 i 时刻的抽头输入向量 $\boldsymbol{u}(i)$ 与期望响应 $d(i)$ 的时间平均互相关向量。在式（7-6）和式（7-7）中，

$$\boldsymbol{\Lambda}(n) = \mathrm{diag}(\lambda^{n-1}, \lambda^{n-2}, \cdots, 1) \tag{7-8}$$

$$\boldsymbol{A}(n) = \begin{bmatrix} \boldsymbol{u}^{\mathrm{T}}(1) \\ \boldsymbol{u}^{\mathrm{T}}(2) \\ \vdots \\ \boldsymbol{u}^{\mathrm{T}}(n) \end{bmatrix} = \begin{bmatrix} u(1) & 0 & \cdots & 0 \\ u(2) & u(1) & \cdots & 0 \\ \vdots & \vdots & & \vdots \\ u(n) & u(n-1) & \cdots & u(n-M+1) \end{bmatrix} \tag{7-9}$$

为可变长度的输入数据矩阵。

从式（7-5）可看出，通过矩阵求逆利用最小二乘批处理算法可以直接求出权向量最佳值，但是这种方法的运算量为 $O(M^3)$，一般不适用于实时滤波。采用递推实现方式可以减小运算量。下面就来推导递归最小二乘算法。

首先来考虑时间平均自相关矩阵 $\boldsymbol{\Phi}(n)$ 的递归计算。由式（7-6）可以得出

$$\boldsymbol{\Phi}(n) = \lambda\boldsymbol{\Phi}(n-1) + \boldsymbol{u}(n)\boldsymbol{u}^{\mathrm{T}}(n) \tag{7-10}$$

式中，$\boldsymbol{\Phi}(n-1)$ 是相关矩阵的过去值，向量乘积 $\boldsymbol{u}(n)\boldsymbol{u}^{\mathrm{T}}(n)$ 是更新过程中的修正项。式（7-10）为抽头输入相关矩阵 $\boldsymbol{\Phi}(n)$ 的递归公式。下面利用矩阵求逆引理，由式（7-10）来导出相关矩阵的逆 $\boldsymbol{\Phi}^{-1}(n)$ 的递归公式。

矩阵求逆引理：若可逆矩阵 $\boldsymbol{A}$ 和 $\boldsymbol{B}$ 之间有如下关系

$$\boldsymbol{A} = \boldsymbol{B} + \boldsymbol{CDE} \tag{7-11}$$

式中，$\boldsymbol{D}$ 为可逆矩阵，则有

$$\boldsymbol{A}^{-1}=\boldsymbol{B}^{-1}-\boldsymbol{B}^{-1}\boldsymbol{C}(\boldsymbol{D}^{-1}+\boldsymbol{E}\boldsymbol{B}^{-1}\boldsymbol{C})^{-1}\boldsymbol{E}\boldsymbol{B}^{-1} \tag{7-12}$$

为了对式（7-10）应用矩阵求逆引理，令 $\boldsymbol{A}=\boldsymbol{\Phi}(n)$，$\boldsymbol{B}=\lambda\boldsymbol{\Phi}(n-1)$，$\boldsymbol{D}=\boldsymbol{1}$，$\boldsymbol{C}=\boldsymbol{E}^{\mathrm{T}}=\boldsymbol{u}(n)$，然后将上述定义代入矩阵求逆引理[式（7-12）]中，可得计算相关矩阵的逆 $\boldsymbol{\Phi}^{-1}(n)$ 的递归公式为

$$\boldsymbol{\Phi}^{-1}(n)=\lambda^{-1}\boldsymbol{\Phi}^{-1}(n-1)-\frac{\lambda^{-2}\boldsymbol{\Phi}^{-1}(n-1)\boldsymbol{u}(n)\boldsymbol{u}^{\mathrm{T}}(n)\boldsymbol{\Phi}^{-1}(n-1)}{1+\lambda^{-1}\boldsymbol{u}^{\mathrm{T}}(n)\boldsymbol{\Phi}^{-1}(n-1)\boldsymbol{u}(n)} \tag{7-13}$$

为方便起见，在式（7-13）中定义

$$\boldsymbol{C}(n)=\boldsymbol{\Phi}^{-1}(n) \tag{7-14}$$

$$\boldsymbol{g}(n)=\frac{\lambda^{-1}\boldsymbol{C}(n-1)\boldsymbol{u}(n)}{1+\lambda^{-1}\boldsymbol{u}^{\mathrm{T}}(n)\boldsymbol{C}(n-1)\boldsymbol{u}(n)} \tag{7-15}$$

利用定义式（7-14）和式（7-15），式（7-13）可表示为

$$\boldsymbol{C}(n)=\lambda^{-1}\boldsymbol{C}(n-1)-\lambda^{-1}\boldsymbol{g}(n)\boldsymbol{u}^{\mathrm{T}}(n)\boldsymbol{C}(n-1) \tag{7-16}$$

式中，$\boldsymbol{C}(n)$ 称为逆相关矩阵，$\boldsymbol{g}(n)$ 称为增益向量。式（7-16）是 RLS 算法的 Riccati 方程。

对式（7-15）进行整理，并利用式（7-16）可得

$$\begin{aligned}\boldsymbol{g}(n)&=\lambda^{-1}\boldsymbol{C}(n-1)\boldsymbol{u}(n)-\lambda^{-1}\boldsymbol{g}(n)\boldsymbol{u}^{\mathrm{T}}(n)\boldsymbol{C}(n-1)\boldsymbol{u}(n)\\&=[\lambda^{-1}\boldsymbol{C}(n-1)-\lambda^{-1}\boldsymbol{g}(n)\boldsymbol{u}^{\mathrm{T}}(n)\boldsymbol{C}(n-1)]\boldsymbol{u}(n)\\&=\boldsymbol{C}(n)\boldsymbol{u}(n)\\&=\boldsymbol{\Phi}^{-1}(n)\boldsymbol{u}(n)\end{aligned} \tag{7-17}$$

由此可见，增益向量 $\boldsymbol{g}(n)$ 为经相关矩阵 $\boldsymbol{\Phi}(n)$ 的逆矩阵变换的抽头输入向量 $\boldsymbol{u}(n)$。

接着，考虑互相关向量 $\boldsymbol{z}(n)$ 的递归计算。由式（7-7）可得

$$\boldsymbol{z}(n)=\lambda\boldsymbol{z}(n-1)+\boldsymbol{u}(n)\boldsymbol{d}(n) \tag{7-18}$$

最后来导出最小二乘估计抽头权向量时间更新的递归公式。为此，先将式（7-14）和式（7-18）代入式（7-5），有

$$\begin{aligned}\hat{\boldsymbol{w}}(n)&=\boldsymbol{\Phi}^{-1}(n)\boldsymbol{z}(n)\\&=\boldsymbol{C}(n)\boldsymbol{z}(n)\\&=\lambda\boldsymbol{C}(n)\boldsymbol{z}(n-1)+\boldsymbol{C}(n)\boldsymbol{u}(n)\boldsymbol{d}(n)\end{aligned} \tag{7-19}$$

再将式（7-17）和式（7-16）代入式（7-19），有

$$\begin{aligned}\hat{\boldsymbol{w}}(n)&=\lambda\boldsymbol{C}(n)\boldsymbol{z}(n-1)+\boldsymbol{g}(n)\boldsymbol{d}(n)\\&=\boldsymbol{C}(n-1)\boldsymbol{z}(n-1)-\boldsymbol{g}(n)\boldsymbol{u}^{\mathrm{T}}(n)\boldsymbol{C}(n-1)\boldsymbol{z}(n-1)+\boldsymbol{g}(n)\boldsymbol{d}(n)\end{aligned} \tag{7-20}$$

由式（7-5），有

$$\hat{\boldsymbol{w}}(n-1)=\boldsymbol{\Phi}^{-1}(n-1)\boldsymbol{z}(n-1)=\boldsymbol{C}(n-1)\boldsymbol{z}(n-1) \tag{7-21}$$

将式（7-21）的结果代入式（7-20），有

$$\begin{aligned}\hat{\boldsymbol{w}}(n)&=\hat{\boldsymbol{w}}(n-1)-\boldsymbol{g}(n)\boldsymbol{u}^{\mathrm{T}}(n)\hat{\boldsymbol{w}}(n-1)+\boldsymbol{g}(n)\boldsymbol{d}(n)\\&=\hat{\boldsymbol{w}}(n-1)+\boldsymbol{g}(n)[\boldsymbol{d}(n)-\boldsymbol{u}^{\mathrm{T}}(n)\hat{\boldsymbol{w}}(n-1)]\end{aligned} \tag{7-22}$$

式（7-22）就是递归最小二乘（RLS）算法抽头权向量时间更新的递归公式。

式（7-22）中的内积 $\boldsymbol{u}^{\mathrm{T}}(n)\hat{\boldsymbol{w}}(n-1)$ 是当前时刻 n 的数据向量 $\boldsymbol{u}(n)$ 利用 $n-1$ 时刻的抽头权向量 $\hat{\boldsymbol{w}}(n-1)$ 对期望响应 $\boldsymbol{d}(n)$ 的先验估值，因此，$\boldsymbol{d}(n)-\boldsymbol{u}^{\mathrm{T}}(n)\hat{\boldsymbol{w}}(n-1)$ 是一个先验估计误差，用 $e(n|n-1)$ 表示。由式（7-22）可以看出，RLS 算法抽头权向量由过去值递推当前值的修正量为先验估计误差 $e(n|n-1)$ 与增益向量 $\boldsymbol{g}(n)$ 的乘积。

7.1.2 RLS 算法小结

式（7-15）、式（7-22）和式（7-16）构成了基本的递归最小二乘（RLS）算法。RLS 算法的初始化通常设定 $\hat{\boldsymbol{w}}(0)=\boldsymbol{0}$，$\boldsymbol{C}(0)=\delta^{-1}\boldsymbol{I}$，其中 δ 是一个很小的正常数。RLS 算法的计算流程列于表 7-1。

表 7-1 递归最小二乘（RLS）算法的计算流程

初始化：
$\hat{\boldsymbol{w}}(0)=\boldsymbol{0}$，$\boldsymbol{C}(0)=\delta^{-1}\boldsymbol{I}$，$\delta$ 为小的正常数
递归计算：
对每一时刻 $n=1,2,\cdots$，计算
$\boldsymbol{g}(n)=\dfrac{\lambda^{-1}\boldsymbol{C}(n-1)\boldsymbol{u}(n)}{1+\lambda^{-1}\boldsymbol{u}^{\mathrm{T}}(n)\boldsymbol{C}(n-1)\boldsymbol{u}(n)}$
$\hat{\boldsymbol{w}}(n)=\hat{\boldsymbol{w}}(n-1)+\boldsymbol{g}(n)[\boldsymbol{d}(n)-\boldsymbol{u}^{\mathrm{T}}(n)\hat{\boldsymbol{w}}(n-1)]$
$\boldsymbol{C}(n)=\lambda^{-1}\boldsymbol{C}(n-1)-\lambda^{-1}\boldsymbol{g}(n)\boldsymbol{u}^{\mathrm{T}}(n)\boldsymbol{C}(n-1)$

7.2 RLS 算法的收敛性

本节将讨论平稳环境下 RLS 算法的收敛特性。为简化分析，在以下的讨论中令加权因子 $\lambda=1$，同时假设：

（1）期望响应 $\boldsymbol{d}(n)$ 与抽头输入向量 $\boldsymbol{u}(n)$ 之间的关系可用多重线性回归模型表示

$$\boldsymbol{d}(n)=\boldsymbol{w}_{\mathrm{o}}^{\mathrm{T}}\boldsymbol{u}(n)+e_{\mathrm{o}}(n) \tag{7-23}$$

式中，$\boldsymbol{w}_{\mathrm{o}}=[w_{\mathrm{o},0},w_{\mathrm{o},1},\cdots,w_{\mathrm{o},M-1}]^{\mathrm{T}}$ 为回归参数向量；$e_{\mathrm{o}}(n)$ 是均值为零、方差为 σ_{o}^2 的白噪声，与 $\boldsymbol{u}(n)$ 无关。

（2）抽头输入向量 $\boldsymbol{u}(n)$ 由随机过程生成，其自相关函数具有遍历性。因此可用时间平均代替统计平均，输入向量 $\boldsymbol{u}(n)$ 的统计平均自相关矩阵可表示为

$$\boldsymbol{R}\approx\frac{1}{n}\boldsymbol{\Phi}(n) \qquad n>M \tag{7-24}$$

7.2.1 RLS 算法的均值

RLS 算法在考虑初始化 $\boldsymbol{\Phi}(0)=\delta\boldsymbol{I}$ 的影响时，对 $\lambda=1$ 有

$$\boldsymbol{\Phi}(n)=\sum_{i=1}^{n}\boldsymbol{u}(i)\boldsymbol{u}^{\mathrm{T}}(i)+\boldsymbol{\Phi}(0) \tag{7-25}$$

$$\boldsymbol{z}(n)=\sum_{i=1}^{n}\boldsymbol{u}(i)d(i) \tag{7-26}$$

将式（7-23）代入式（7-26），并应用式（7-25），可得

$$
\begin{aligned}
z(n) &= \sum_{i=1}^{n} \boldsymbol{u}(i)\boldsymbol{u}^{\mathrm{T}}(i)\boldsymbol{w}_{\mathrm{o}} + \sum_{i=1}^{n} \boldsymbol{u}(i)e_{\mathrm{o}}(i) \\
&= \boldsymbol{\Phi}(n)\boldsymbol{w}_{\mathrm{o}} - \boldsymbol{\Phi}(0)\boldsymbol{w}_{\mathrm{o}} + \sum_{i=1}^{n} \boldsymbol{u}(i)e_{\mathrm{o}}(i)
\end{aligned} \tag{7-27}
$$

将式（7-27）代入最小二乘滤波器权向量的表示式（7-5），可得

$$
\begin{aligned}
\hat{\boldsymbol{w}}(n) &= \boldsymbol{\Phi}^{-1}(n)\boldsymbol{\Phi}(n)\boldsymbol{w}_{\mathrm{o}} - \boldsymbol{\Phi}^{-1}(n)\boldsymbol{\Phi}(0)\boldsymbol{w}_{\mathrm{o}} + \boldsymbol{\Phi}^{-1}(n)\sum_{i=1}^{n} \boldsymbol{u}(i)e_{\mathrm{o}}(i) \\
&= \boldsymbol{w}_{\mathrm{o}} - \boldsymbol{\Phi}^{-1}(n)\boldsymbol{\Phi}(0)\boldsymbol{w}_{\mathrm{o}} + \boldsymbol{\Phi}^{-1}(n)\sum_{i=1}^{n} \boldsymbol{u}(i)e_{\mathrm{o}}(i)
\end{aligned} \tag{7-28}
$$

对式（7-28）两边取数学期望，并利用假设 1 和假设 2，可以得出

$$
\begin{aligned}
E[\hat{\boldsymbol{w}}(n)] &= \boldsymbol{w}_{\mathrm{o}} - E[\boldsymbol{\Phi}^{-1}(n)]\boldsymbol{\Phi}(0)\boldsymbol{w}_{\mathrm{o}} \\
&\approx \boldsymbol{w}_{\mathrm{o}} - \frac{\delta}{n}\boldsymbol{R}^{-1}\boldsymbol{w}_{\mathrm{o}} \qquad n > M
\end{aligned} \tag{7-29}
$$

式（7-29）表明，RLS 算法的均值是收敛的。由于用 $\boldsymbol{\Phi}(0)=\delta\boldsymbol{I}$ 对算法进行初始化，因此使得 RLS 算法所得的 $\hat{\boldsymbol{w}}(n)$ 是有偏的。但当 n 趋于无限大时，偏差将趋于零。

7.2.2 RLS 算法的均方偏差

定义 RLS 算法权向量 $\hat{\boldsymbol{w}}(n)$ 的误差向量为

$$
\boldsymbol{v}(n) = \hat{\boldsymbol{w}}(n) - \boldsymbol{w}_{\mathrm{o}} \tag{7-30}
$$

将式（7-28）代入式（7-30），并忽略初始化的影响，可得

$$
\boldsymbol{v}(n) = \boldsymbol{\Phi}^{-1}(n)\sum_{i=1}^{n} \boldsymbol{u}(i)e_{\mathrm{o}}(i) = \boldsymbol{\Phi}^{-1}(n)\boldsymbol{A}^{\mathrm{T}}(n)\boldsymbol{e}_{\mathrm{o}}(n) \tag{7-31}
$$

式中，$\boldsymbol{e}_{\mathrm{o}}(n)=[e_{\mathrm{o}}(1),e_{\mathrm{o}}(2),\cdots,e_{\mathrm{o}}(n)]^{\mathrm{T}}$。由此可得权误差向量 $\boldsymbol{v}(n)$ 的相关矩阵为

$$
\boldsymbol{K}(n) = E[\boldsymbol{v}(n)\boldsymbol{v}^{\mathrm{T}}(n)] = E[\boldsymbol{\Phi}^{-1}(n)\boldsymbol{A}^{\mathrm{T}}(n)\boldsymbol{e}_{\mathrm{o}}(n)\boldsymbol{e}_{\mathrm{o}}^{\mathrm{T}}(n)\boldsymbol{A}(n)\boldsymbol{\Phi}^{-1}(n)] \tag{7-32}
$$

其中利用了 $\boldsymbol{\Phi}^{-1}(n)$ 的对称性。再根据假设 1，输入向量 $\boldsymbol{u}(n)$ 及由它所得的 $\boldsymbol{\Phi}^{-1}(n)$ 与噪声向量 $\boldsymbol{e}_{\mathrm{o}}(n)$ 无关。因此，式（7-32）可表示为

$$
\begin{aligned}
\boldsymbol{K}(n) &= E[\boldsymbol{\Phi}^{-1}(n)\boldsymbol{A}^{\mathrm{T}}(n)\boldsymbol{A}(n)\boldsymbol{\Phi}^{-1}(n)]E[\boldsymbol{e}_{\mathrm{o}}(n)\boldsymbol{e}_{\mathrm{o}}^{\mathrm{T}}(n)] \\
&= E[\boldsymbol{\Phi}^{-1}(n)\boldsymbol{\Phi}(n)\boldsymbol{\Phi}^{-1}(n)]\sigma_{\mathrm{o}}^{2}\boldsymbol{I} \\
&= \sigma_{\mathrm{o}}^{2}E[\boldsymbol{\Phi}^{-1}(n)]
\end{aligned} \tag{7-33}
$$

再根据假设 2，式（7-33）可近似表示为

$$
\boldsymbol{K}(n) \approx \frac{1}{n}\sigma_{\mathrm{o}}^{2}\boldsymbol{R}^{-1} \qquad n > M \tag{7-34}
$$

权向量 $\hat{\boldsymbol{w}}(n)$ 的均方偏差为

$$\begin{aligned}\xi_{\hat{w}}(n) &= E[\boldsymbol{v}^{\mathrm{T}}(n)\boldsymbol{v}(n)] = E\{\mathrm{tr}[\boldsymbol{v}^{\mathrm{T}}(n)\boldsymbol{v}(n)]\} = E\{\mathrm{tr}[\boldsymbol{v}(n)\boldsymbol{v}^{\mathrm{T}}(n)]\} \\ &= \mathrm{tr}\{E[\boldsymbol{v}(n)\boldsymbol{v}^{\mathrm{T}}(n)]\} = \mathrm{tr}[\boldsymbol{K}(n)]\end{aligned} \tag{7-35}$$

将式（7-34）代入式（7-35），可得 RLS 算法权向量的均方偏差为

$$\xi_{\hat{w}}(n) = \frac{1}{n}\sigma_{\mathrm{o}}^2\mathrm{tr}[\boldsymbol{R}^{-1}] = \frac{1}{n}\sigma_{\mathrm{o}}^2\sum_{i=0}^{M-1}\frac{1}{\lambda_i} \qquad n > M \tag{7-36}$$

式中，λ_i（$i = 0,1,\cdots,M-1$）为相关矩阵 $\boldsymbol{R}$ 的特征值。

由式（7-36）可以看出，RLS 权向量的均方偏差 $\xi_{\hat{w}}(n)$ 随递推时刻 n 的增大而线性减小。同时还可以看出 $\xi_{\hat{w}}(n)$ 取决于相关矩阵 $\boldsymbol{R}$ 的最小特征值 $\lambda_{\min}$，当 $\lambda_{\min}$ 很小时，$\xi_{\hat{w}}(n)$ 很大，从而使得收敛性变差。

7.2.3 RLS 算法的期望学习曲线

为了直观地比较 RLS 算法与 LMS 算法的性能，现在来讨论以先验估计误差为基础所得的 RLS 算法的期望学习曲线。RLS 算法的先验估计误差 $e(n|n-1)$ 为

$$e(n|n-1) = \boldsymbol{d}(n) - \hat{\boldsymbol{w}}^{\mathrm{T}}(n-1)\boldsymbol{u}(n) \tag{7-37}$$

RLS 算法的期望学习曲线为

$$J'(n) = E[e^2(n|n-1)] \tag{7-38}$$

根据式（7-30）和式（7-23），先验估计误差[式（7-37）]可表示为

$$\begin{aligned}e(n|n-1) &= \boldsymbol{d}(n) - \boldsymbol{w}_{\mathrm{o}}^{\mathrm{T}}\boldsymbol{u}(n) - \boldsymbol{v}^{\mathrm{T}}(n-1)\boldsymbol{u}(n) \\ &= e_{\mathrm{o}}(n) - \boldsymbol{v}^{\mathrm{T}}(n-1)\boldsymbol{u}(n)\end{aligned} \tag{7-39}$$

将式（7-39）代入式（7-38），可以得到

$$J'(n) = E[e_{\mathrm{o}}^2(n)] - 2E[\boldsymbol{v}^{\mathrm{T}}(n-1)\boldsymbol{u}(n)e_{\mathrm{o}}(n)] + E[\boldsymbol{v}^{\mathrm{T}}(n-1)\boldsymbol{u}(n)\boldsymbol{u}^{\mathrm{T}}(n)\boldsymbol{v}(n-1)] \tag{7-40}$$

式（7-40）中的第一项为

$$E[e_{\mathrm{o}}^2(n)] = \sigma_{\mathrm{o}}^2 \tag{7-41}$$

根据假设 1 第二项中的 $\boldsymbol{u}(n)$ 与 $e_{\mathrm{o}}(n)$ 无关，而 $\boldsymbol{v}(n-1)$ 仅取决于 $\boldsymbol{u}(n)$ 和 $e_{\mathrm{o}}(n)$ 的过去值，因此，$\boldsymbol{v}^{\mathrm{T}}(n-1)\boldsymbol{u}(n)$ 与 $e_{\mathrm{o}}(n)$ 无关。所以式（7-40）中的第二项为

$$-2E[\boldsymbol{v}^{\mathrm{T}}(n-1)\boldsymbol{u}(n)e_{\mathrm{o}}(n)] = -2E[\boldsymbol{v}^{\mathrm{T}}(n-1)\boldsymbol{u}(n)]E[e_{\mathrm{o}}(n)] = 0 \tag{7-42}$$

第三项中由于 $\boldsymbol{v}(n-1)$ 只与 $\boldsymbol{u}(n)$ 的过去值有关，在权误差向量 $\boldsymbol{v}(n)$ 的变化比输入向量 $\boldsymbol{u}(n)$ 的变化慢的情况下，可以近似地认为 $\boldsymbol{v}(n-1)$ 与 $\boldsymbol{u}(n)$ 无关，因此式（7-40）中的第三项为

$$\begin{aligned}E[\boldsymbol{v}^{\mathrm{T}}(n-1)\boldsymbol{u}(n)\boldsymbol{u}^{\mathrm{T}}(n)\boldsymbol{v}(n-1)] &= E\{\mathrm{tr}[\boldsymbol{v}^{\mathrm{T}}(n-1)\boldsymbol{u}(n)\boldsymbol{u}^{\mathrm{T}}(n)\boldsymbol{v}(n-1)]\} \\ &= E\{\mathrm{tr}[\boldsymbol{u}(n)\boldsymbol{u}^{\mathrm{T}}(n)\boldsymbol{v}(n-1)\boldsymbol{v}^{\mathrm{T}}(n-1)]\} \\ &= \mathrm{tr}\{E[\boldsymbol{u}(n)\boldsymbol{u}^{\mathrm{T}}(n)\boldsymbol{v}(n-1)\boldsymbol{v}^{\mathrm{T}}(n-1)]\} \\ &= \mathrm{tr}\{E[\boldsymbol{u}(n)\boldsymbol{u}^{\mathrm{T}}(n)]E[\boldsymbol{v}(n-1)\boldsymbol{v}^{\mathrm{T}}(n-1)]\} \\ &= \mathrm{tr}[\boldsymbol{R}\boldsymbol{K}(n-1)]\end{aligned} \tag{7-43}$$

将式（7-41）、式（7-42）和式（7-43）代入式（7-40），得

$$J'(n)=\sigma_o^2+\text{tr}[\boldsymbol{RK}(n-1)] \tag{7-44}$$

再根据式（7-34），式（7-44）可表示为

$$J'(n)\approx\sigma_o^2+\frac{1}{n}\sigma_o^2\text{tr}[\boldsymbol{RR}^{-1}]=\sigma_o^2+\frac{1}{n}\sigma_o^2\text{tr}[\boldsymbol{I}]=\sigma_o^2+\frac{M}{n}\sigma_o^2 \qquad n>M \tag{7-45}$$

由式（7-45）可得出如下结论。

（1）RLS 算法期望学习曲线大约在 $2M$ 次迭代后收敛。

（2）随着迭代次数 n 趋于无限，先验估计均方误差 $J'(n)$ 趋于测量误差 $e_o(n)$ 的方差 σ_o^2。换句话说，RLS 算法理论上没有额外均方误差，即为零失调。

（3）RLS 算法在均方意义上的收敛性与输入向量的相关矩阵 $\boldsymbol{R}$ 无关。

7.3　RLS 算法与 LMS 算法的比较

通过前面对 RLS 算法及其性能的介绍，下面将 RLS 算法与 LMS 算法进行比较，可得出以下结论。

（1）比较 RLS 算法与 LMS 算法权向量迭代公式，可以看出 RLS 算法中的增益向量与 LMS 算法中的 $\mu\boldsymbol{u}(n)$ 的作用相似。但是从 RLS 算法增益向量的表示式可以看出，在该增益向量中与 LMS 算法中标量 μ 相当的是随 n 而变的方阵。这说明 RLS 算法在不同时刻 n，权向量的每个元素的调整量均随新数据以不同的步长因子做调整，而不是统一地用同一因子 μ 来调整，这表征了 RLS 算法调整的精细性及利用新信息的充分性。

（2）在平稳环境下，当迭代次数趋于无限时，RLS 算法和 LMS 算法所得的权向量在统计平均的意义上一致；但是就收敛后的均方误差而言，LMS 算法比 RLS 算法差得多。

（3）RLS 算法期望学习曲线经过 $2M$ 次迭代后收敛，其收敛速度比 LMS 算法快一个数量级。

（4）根据 RLS 算法公式可知，RLS 算法每次迭代需要 $3M^2+3M+1$ 次乘法、1 次除法和 $2M^2+2M$ 次加减法，即每次迭代的运算量为 $O(M^2)$，而 LMS 算法每次迭代的运算量为 $O(M)$，因此可以看出相比 LMS 算法，RLS 算法的运算量显著增大。

7.4　最小二乘快速横向滤波算法

前面给出的递归最小二乘（RLS）算法的主要弊端是运算量大，本节将讨论最小二乘快速横向滤波（FTF）算法。该算法仍是基于最小二乘准则下的横向滤波器结构的，而且与 RLS 算法一样，滤波器的阶数固定，而 FTF 算法能够实现对横向滤波器的快速时间更新。其主要原因是 FTF 算法应用投影技术和向量空间法，通过引入横向滤波算子，利用算子的时间更新关系来实现 FTF 算法中的 4 个横向滤波器参数的更新，从而最终达到自适应横向滤波器参数更新的目的。FTF 算法利用这种向量间的迭代取代了 RLS 算法的相关阵的迭代，从而减小了运算量，实现了快速自适应滤波的目的。

7.4.1　FTF 算法中的 4 个横向滤波器

FTF 算法是由 4 个最小二乘横向滤波器组合起来的一种算法。这 4 个滤波器分别为：（1）

基本最小二乘横向滤波器 $\boldsymbol{w}(n)$；（2）最小二乘前向预测滤波器 $\boldsymbol{a}(n)$；（3）最小二乘后向预测滤波器 $\boldsymbol{b}(n)$；（4）增益滤波器 $\boldsymbol{g}(n)$。

1．基本最小二乘横向滤波器

为方便起见，将最小二乘横向滤波器重述如下：当前时刻 n 的数据向量为

$$\boldsymbol{u}(n)=[u(1),u(2),\cdots,u(n)]^{\mathrm{T}} \tag{7-46}$$

用一个权向量为

$$\boldsymbol{w}(n)=[w_0(n),w_1(n),\cdots,w_{M-1}(n)]^{\mathrm{T}} \tag{7-47}$$

的 M 阶横向滤波器，由已知的 $\boldsymbol{u}(n)$ 来最小二乘地估计期望数据向量

$$\boldsymbol{d}(n)=[d(1),d(2),\cdots,d(n)]^{\mathrm{T}} \tag{7-48}$$

则滤波器的输出 $\hat{\boldsymbol{d}}(n)$ 为

$$\hat{\boldsymbol{d}}(n)=\boldsymbol{A}_{0,M-1}(n)\boldsymbol{w}(n) \tag{7-49}$$

式中，

$$\boldsymbol{A}_{0,M-1}(n)=[\boldsymbol{u}(n),z^{-1}\boldsymbol{u}(n),\cdots,z^{-(M-1)}\boldsymbol{u}(n)]$$
$$=\begin{bmatrix} u(1) & 0 & \cdots & 0 \\ u(2) & u(1) & \cdots & 0 \\ \vdots & \vdots & & \vdots \\ u(n) & u(n-1) & \cdots & u(n-M+1) \end{bmatrix} \tag{7-50}$$

为前加窗法的输入数据矩阵。

根据最小二乘滤波的向量空间法分析，由式（6-92）知，最小二乘横向滤波器的权向量为

$$\hat{\boldsymbol{w}}(n)=\left\langle \boldsymbol{A}_{0,M-1}(n),\boldsymbol{A}_{0,M-1}(n)\right\rangle^{-1}\boldsymbol{A}_{0,M-1}^{\mathrm{T}}(n)\boldsymbol{d}(n) \tag{7-51}$$

相应的 $\boldsymbol{d}(n)$ 的最小二乘估计为

$$\hat{\boldsymbol{d}}(n)=\boldsymbol{P}_{0,M-1}(n)\boldsymbol{d}(n) \tag{7-52}$$

式中，

$$\boldsymbol{P}_{0,M-1}(n)=\boldsymbol{A}_{0,M-1}(n)\left\langle \boldsymbol{A}_{0,M-1}(n),\boldsymbol{A}_{0,M-1}(n)\right\rangle^{-1}\boldsymbol{A}_{0,M-1}^{\mathrm{T}}(n) \tag{7-53}$$

为当前数据向量空间 $\{\boldsymbol{A}_{0,M-1}(n)\}$ 的投影矩阵。估计误差向量为

$$\boldsymbol{e}(n)=\boldsymbol{d}(n)-\hat{\boldsymbol{d}}(n)=\boldsymbol{P}_{0,M-1}^{\perp}(n)\boldsymbol{d}(n) \tag{7-54}$$

式中，$\boldsymbol{P}_{0,M-1}^{\perp}(n)$ 为数据向量空间 $\{\boldsymbol{A}_{0,M-1}(n)\}$ 的正交投影矩阵。利用单位现时向量 $\boldsymbol{\pi}(n)$ 的作用式（6-112），当前最小二乘估计误差可表示为

$$e(n)=\left\langle \boldsymbol{\pi}(n),\boldsymbol{e}(n)\right\rangle=\left\langle \boldsymbol{\pi}(n),\boldsymbol{P}_{0,M-1}^{\perp}(n)\boldsymbol{d}(n)\right\rangle \tag{7-55}$$

FTF 算法中的 4 个横向滤波器都可以用横向滤波算子来描述。下面介绍一般的横向滤波算子。对于一个一般的 $n\times M$ 维的数据矩阵 $\boldsymbol{U}$，横向滤波算子定义为

$$K_U = \langle U, U \rangle^{-1} U^{\mathrm{T}} \tag{7-56}$$

利用横向滤波算子，最小二乘横向滤波器的权向量$w(n)$可表示为

$$w(n) = K_{0,M-1}(n) d(n) \tag{7-57}$$

式中，

$$K_{0,M-1}(n) = \langle A_{0,M-1}(n), A_{0,M-1}(n) \rangle^{-1} A_{0,M-1}^{\mathrm{T}}(n) \tag{7-58}$$

请注意，为了便于书写，横向滤波算子$K_{0,M-1}(n)$的下角标式由$A_{0,M-1}(n)$简化为“$_{0,M-1}$”。式（7-57）表明，将横向滤波算子$K_{0,M-1}(n)$作用于期望数据向量$d(n)$，便可计算出最小二乘横向滤波器的权向量$w(n)$。具体来说，$K_{0,M-1}(n)$的各行向量与$d(n)$的内积便是$w(n)$的各分量。同时还可以看出，如果能够得出横向滤波算子$K_{0,M-1}(n)$的时间更新递推公式，那么便可求出最小二乘横向滤波器的权向量$w(n)$的更新公式，从而实现对最小二乘横向滤波器权向量的时间更新。

2. 最小二乘前向预测滤波器

在图 7-2 所示的最小二乘前向预测滤波器中，设当前时刻n已获得的n个数据为$u(1), u(2), \cdots, u(n)$，现利用M阶横向滤波器根据i时刻以前的M个数据$u(i-1), u(i-2), \cdots, u(i-M)$对$u(i)$进行最小二乘前向预测，得到的前向预测值为

$$\hat{u}(i) = \sum_{k=1}^{M} a_k(n) u(i-k) \qquad 1 \leqslant i \leqslant n \tag{7-59}$$

式中，$a_k(n)$（$k = 1, 2, \cdots, M$）为前向预测权系数，它们是时间n的函数。由式（7-59）可以看出$\hat{u}(i)$为$u(i)$以前的M个数据的线性组合。前向预测误差为

$$e^f(i) = u(i) - \hat{u}(i) = u(i) - \sum_{k=1}^{M} a_k(n) u(i-k) \qquad 1 \leqslant i \leqslant n \tag{7-60}$$

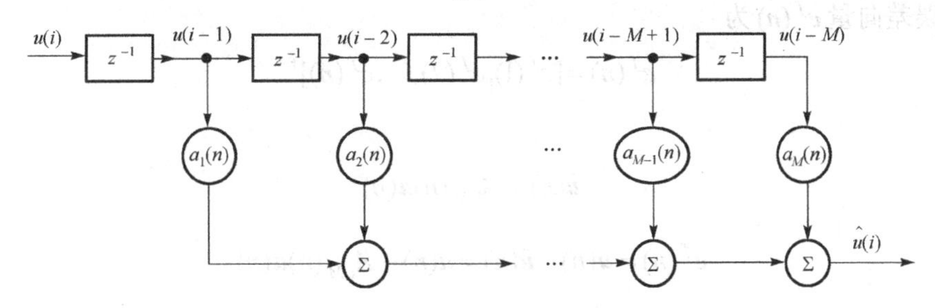

图 7-2　最小二乘前向预测滤波器

将式（7-60）展开表示，则有

$$\begin{cases} e^f(1) = u(1) \\ e^f(2) = u(2) - a_1(n) u(1) \\ \quad \vdots \\ e^f(M) = u(M) - [a_1(n) u(M-1) + \cdots + a_{M-1}(n) u(1)] \\ e^f(M+1) = u(M+1) - [a_1(n) u(M) + \cdots + a_M(n) u(1)] \\ \quad \vdots \\ e^f(n) = u(n) - [a_1(n) u(n-1) + \cdots + a_M(n) u(n-M)] \end{cases} \tag{7-61}$$

在前加窗情况下，前向预测误差平方和为

$$\varepsilon^f(n)=\sum_{i=1}^{n}[e^f(i)]^2 \tag{7-62}$$

按 $\varepsilon^f(n)$ 最小的准则求得的 $a_k(n)$（$k=1,2,\cdots,M$）为最小二乘前向预测权系数。$\varepsilon^f(n)$ 为前向预测误差功率，称之为前向预测误差剩余。

利用向量形式表示，则令当前数据向量 $\boldsymbol{u}(n)$ 为

$$\boldsymbol{u}(n)=[u(1),u(2),\cdots,u(n)]^{\mathrm{T}} \tag{7-63}$$

输入数据矩阵 $\boldsymbol{A}_{1,M}(n)$ 为

$$\boldsymbol{A}_{1,M}(n)=\begin{bmatrix} z^{-1}\boldsymbol{u}(n) & z^{-2}\boldsymbol{u}(n) & \cdots & z^{-(M-1)}\boldsymbol{u}(n) & z^{-M}\boldsymbol{u}(n)\end{bmatrix}$$
$$=\begin{bmatrix} 0 & 0 & \cdots & 0 & 0 \\ u(1) & 0 & \cdots & 0 & 0 \\ \vdots & \vdots & & \vdots & \vdots \\ u(M) & u(M-1) & \cdots & u(2) & u(1) \\ \vdots & \vdots & & \vdots & \vdots \\ u(n-1) & u(n-2) & \cdots & u(n-M+1) & u(n-M) \end{bmatrix} \tag{7-64}$$

前向预测权向量 $\boldsymbol{a}(n)$ 为

$$\boldsymbol{a}(n)=[a_1(n),a_2(n),\cdots,a_M(n)]^{\mathrm{T}} \tag{7-65}$$

前向预测向量 $\hat{\boldsymbol{u}}(n)$ 为

$$\hat{\boldsymbol{u}}(n)=[\hat{u}(1),\hat{u}(2),\cdots,\hat{u}(n)]^{\mathrm{T}} \tag{7-66}$$

前向预测误差向量 $\boldsymbol{e}^f(n)$ 为

$$\boldsymbol{e}^f(n)=[e^f(1),e^f(2),\cdots,e^f(n)]^{\mathrm{T}} \tag{7-67}$$

于是，有

$$\hat{\boldsymbol{u}}(n)=\boldsymbol{A}_{1,M}(n)\boldsymbol{a}(n) \tag{7-68}$$

$$\boldsymbol{e}^f(n)=\boldsymbol{u}(n)-\hat{\boldsymbol{u}}(n)=\boldsymbol{u}(n)-\boldsymbol{A}_{1,M}(n)\boldsymbol{a}(n) \tag{7-69}$$

$$\varepsilon^f(n)=\left\langle \boldsymbol{e}^f(n),\boldsymbol{e}^f(n)\right\rangle \tag{7-70}$$

根据最小二乘向量空间法分析，由输入数据矩阵 $\boldsymbol{A}_{1,M}(n)$ 可以看出，当前数据向量 $\boldsymbol{u}(n)$ 不在数据向量子空间 $\{\boldsymbol{A}_{1,M}(n)\}$ 中，即 $\{\boldsymbol{A}_{1,M}(n)\}$ 中不包含当前数据样值 $u(n)$ 的信息。由 $\{\boldsymbol{A}_{1,M}(n)\}$ 的列向量对 $\boldsymbol{u}(n)$ 所做的最小二乘前向预测 $\hat{\boldsymbol{u}}(n)$ 是 $\boldsymbol{u}(n)$ 在 $\{\boldsymbol{A}_{1,M}(n)\}$ 上的投影向量，即

$$\hat{\boldsymbol{u}}(n)=\boldsymbol{P}_{1,M}(n)\boldsymbol{u}(n) \tag{7-71}$$

式中，

$$\boldsymbol{P}_{1,M}(n)=\boldsymbol{A}_{1,M}(n)\left\langle \boldsymbol{A}_{1,M}(n),\boldsymbol{A}_{1,M}(n)\right\rangle^{-1}\boldsymbol{A}_{1,M}^{\mathrm{T}}(n) \tag{7-72}$$

为数据向量子空间 $\{\boldsymbol{A}_{1,M}(n)\}$ 的投影矩阵。而最小二乘前向预测误差向量 $\boldsymbol{e}^f(n)$ 是 $\boldsymbol{u}(n)$ 对

$\{\boldsymbol{A}_{1,M}(n)\}$的投影补，即

$$\boldsymbol{e}^f(n)=\boldsymbol{P}_{1,M}^{\perp}(n)\boldsymbol{u}(n) \tag{7-73}$$

式中，

$$\boldsymbol{P}_{1,M}^{\perp}(n)=\boldsymbol{I}-\boldsymbol{P}_{1,M}(n) \tag{7-74}$$

为数据向量子空间$\{\boldsymbol{A}_{1,M}(n)\}$的正交投影矩阵。最小二乘前向预测误差当前值$e^f(n)$利用单位现时向量$\boldsymbol{\pi}(n)$可表示为

$$e^f(n)=\boldsymbol{\pi}^{\mathrm{T}}(n)\boldsymbol{e}^f(n)=\left\langle\boldsymbol{\pi}(n),\boldsymbol{e}^f(n)\right\rangle=\left\langle\boldsymbol{\pi}(n),\boldsymbol{P}_{1,M}^{\perp}(n)\boldsymbol{u}(n)\right\rangle \tag{7-75}$$

最小二乘前向预测误差剩余为

$$\varepsilon^f(n)=\left\langle\boldsymbol{e}^f(n),\boldsymbol{e}^f(n)\right\rangle=\left\langle\boldsymbol{P}_{1,M}^{\perp}(n)\boldsymbol{u}(n),\boldsymbol{P}_{1,M}^{\perp}(n)\boldsymbol{u}(n)\right\rangle=\left\langle\boldsymbol{u}(n),\boldsymbol{P}_{1,M}^{\perp}(n)\boldsymbol{u}(n)\right\rangle \tag{7-76}$$

根据式（7-68）和式（7-71），可得最小二乘前向预测权向量$\boldsymbol{a}(n)$为

$$\begin{aligned}\boldsymbol{a}(n)&=\left\langle\boldsymbol{A}_{1,M}(n),\boldsymbol{A}_{1,M}(n)\right\rangle^{-1}\boldsymbol{A}_{1,M}^{\mathrm{T}}(n)\boldsymbol{u}(n)\\&=\boldsymbol{K}_{1,M}(n)\boldsymbol{u}(n)\end{aligned} \tag{7-77}$$

式中，$\boldsymbol{K}_{1,M}(n)$是对输入数据矩阵$\boldsymbol{A}_{1,M}(n)$的横向滤波算子，即

$$\boldsymbol{K}_{1,M}(n)=\left\langle\boldsymbol{A}_{1,M}(n),\boldsymbol{A}_{1,M}(n)\right\rangle^{-1}\boldsymbol{A}_{1,M}^{\mathrm{T}}(n) \tag{7-78}$$

式（7-77）表明，将横向滤波算子$\boldsymbol{K}_{1,M}(n)$作用于数据向量$\boldsymbol{u}(n)$可求出最小二乘前向预测权向量$\boldsymbol{a}(n)$；如果能够对$\boldsymbol{K}_{1,M}(n)$进行时间更新，那么也就能够对$\boldsymbol{a}(n)$进行时间更新。

3．最小二乘后向预测滤波器

在图 7-3 所示的最小二乘后向预测滤波器中，用与上面类似的方法可以讨论M阶最小二乘后向预测问题。当前时刻n已获得的数据为$u(1),u(2),\cdots,u(n)$，现利用M阶横向滤波器，根据$u(i-M)$以后的M个数据$u(i-M+1)$，$u(i-M+2),\cdots,u(i)$的线性组合对$u(i-M)$进行后向线性预测，则后向预测值$\hat{u}(i-M)$为

$$\hat{u}(i-M)=\sum_{k=0}^{M-1}b_k(n)u(i-k)\qquad 1\leqslant i\leqslant n \tag{7-79}$$

i时刻的后向预测误差$e^b(i)$为

$$e^b(i)=u(i-M)-\hat{u}(i-M)=u(i-M)-\sum_{k=0}^{M-1}b_k(n)u(i-k)\qquad 1\leqslant i\leqslant n \tag{7-80}$$

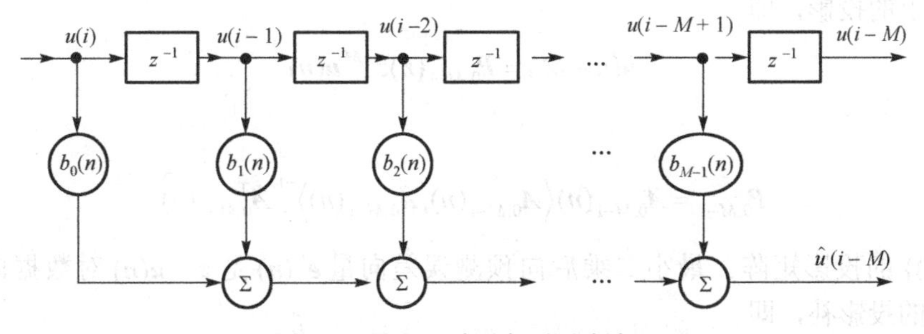

图 7-3　最小二乘后向预测滤波器

将式（7-80）展开表示，则有

$$\begin{cases} e^b(1) = -b_0(n)u(1) \\ e^b(2) = -[b_0(n)u(2) + b_1(n)u(1)] \\ \quad\vdots \\ e^b(M) = -[b_0(n)u(M) + \cdots + b_{M-1}(n)u(1)] \\ e^b(M+1) = u(1) - [b_0(n)u(M+1) + \cdots + b_{M-1}(n)u(2)] \\ \quad\vdots \\ e^b(n) = u(n-M) - [b_0(n)u(n) + \cdots + b_{M-1}(n)u(n-M+1)] \end{cases} \tag{7-81}$$

在前加窗情况下，后向预测误差平方和为

$$\varepsilon^b(n) = \sum_{i=1}^{n}[e^b(i)]^2 \tag{7-82}$$

按 $\varepsilon^b(n)$ 最小的准则求得的 $b_k(n)$（$k = 0,1,\cdots,M-1$）为最小二乘后向预测权系数，称 $\varepsilon^b(n)$ 为后向线性预测误差剩余。

利用向量形式表示，后向预测向量 $\hat{\boldsymbol{u}}(n-M)$ 为

$$\hat{\boldsymbol{u}}(n-M) = [\hat{u}(1-M), \hat{u}(2-M), \cdots, \hat{u}(n-M)]^{\mathrm{T}} \tag{7-83}$$

根据后向预测的定义，$\hat{\boldsymbol{u}}(n-M)$ 可表示为

$$\hat{\boldsymbol{u}}(n-M) = \boldsymbol{A}_{0,M-1}(n)\boldsymbol{b}(n) \tag{7-84}$$

式中，

$$\boldsymbol{b}(n) = \left[b_0(n), b_1(n), \cdots, b_{M-1}(n)\right]^{\mathrm{T}} \tag{7-85}$$

为后向预测权向量。$\boldsymbol{A}_{0,M-1}(n)$ 的定义参见式（7-50）。后向预测误差向量为

$$\begin{aligned} \boldsymbol{e}^b(n) &= [e^b(1), e^b(2), \cdots, e^b(n)]^{\mathrm{T}} \\ &= z^{-M}\boldsymbol{u}(n) - \hat{\boldsymbol{u}}(n-M) \\ &= z^{-M}\boldsymbol{u}(n) - \boldsymbol{A}_{0,M-1}(n)\boldsymbol{b}(n) \end{aligned} \tag{7-86}$$

后向预测误差剩余 $\varepsilon^b(n)$ 可表示为

$$\varepsilon^b(n) = \left\langle \boldsymbol{e}^b(n), \boldsymbol{e}^b(n) \right\rangle \tag{7-87}$$

用向量空间法分析，可知最小二乘后向预测向量 $\hat{\boldsymbol{u}}(n-M)$ 是 $z^{-M}\boldsymbol{u}(n)$ 在数据向量子空间 $\{\boldsymbol{A}_{0,M-1}(n)\}$ 上的投影，即

$$\hat{\boldsymbol{u}}(n-M) = \boldsymbol{P}_{0,M-1}(n)z^{-M}\boldsymbol{u}(n) \tag{7-88}$$

式中，

$$\boldsymbol{P}_{0,M-1} = \boldsymbol{A}_{0,M-1}(n)\left\langle \boldsymbol{A}_{0,M-1}(n), \boldsymbol{A}_{0,M-1}(n) \right\rangle^{-1} \boldsymbol{A}_{0,M-1}^{\mathrm{T}}(n) \tag{7-89}$$

为 $\{\boldsymbol{A}_{0,M-1}(n)\}$ 的投影矩阵。最小二乘后向预测误差向量 $\boldsymbol{e}^b(n)$ 是 $z^{-M}\boldsymbol{u}(n)$ 对数据向量子空间 $\{\boldsymbol{A}_{0,M-1}(n)\}$ 的投影补，即

$$e^b(n)=P_{0,M-1}^{\perp}(n)z^{-M}u(n)=[I-P_{0,M-1}(n)]z^{-M}u(n) \tag{7-90}$$

最小二乘后向预测误差向量 $e^b(n)$ 的当前分量用单位现时向量 $\pi(n)$ 可表示为

$$e^b(n)=\langle \pi(n),e^b(n)\rangle=\langle \pi(n),P_{0,M-1}^{\perp}(n)z^{-M}u(n)\rangle \tag{7-91}$$

最小二乘后向预测误差剩余 $\varepsilon^b(n)$ 为

$$\varepsilon^b(n)=\langle e^b(n),e^b(n)\rangle=\langle z^{-M}u(n),P_{0,M-1}^{\perp}(n)z^{-M}u(n)\rangle \tag{7-92}$$

根据式（7-84）和式（7-88），可得

$$\begin{aligned} b(n)&=\langle A_{0,M-1}(n),A_{0,M-1}(n)\rangle^{-1}A_{0,M-1}^{\mathrm{T}}(n)z^{-M}u(n) \\ &=K_{0,M-1}(n)z^{-M}u(n) \end{aligned} \tag{7-93}$$

式中，$K_{0,M-1}(n)$ 是对输入数据矩阵 $A_{0,M-1}(n)$ 的横向滤波算子。式（7-93）表明，将横向滤波算子 $K_{0,M-1}(n)$ 作用于延时数据向量 $z^{-M}u(n)$ 可求出最小二乘后向预测误差权向量 $b(n)$；对 $b(n)$ 的时间更新问题归结为对横向滤波算子 $K_{0,M-1}(n)$ 的时间更新问题。

4．增益滤波器

在 6.4.4 节中曾引入角参量 $\gamma_U(n)$ 来定量描述数据子空间 $U(n)$ 与 $U(n-1)$ 之间夹角的大小。现在要引入另一个量，即增益滤波器的权向量（简称增益向量）$g(n)$，它也是用来描述数据子空间 $A_{0,M-1}(n)$ 与 $A_{0,M-1}(n-1)$ 之间夹角的大小的。

为了直观起见，先来考虑一维数据向量空间的情况，如图 7-4 所示。随着新数据 $u(n)$ 的到来，一维数据子空间 $\{u(n-1)\}$ 到了 n 时刻变成一维数据子空间 $\{u(n)\}$，这两个一维数据子空间的夹角 θ 可以用角参量 $\gamma_1(n)$ 来描述

$$\gamma_1(n)=\cos^2\theta \tag{7-94}$$

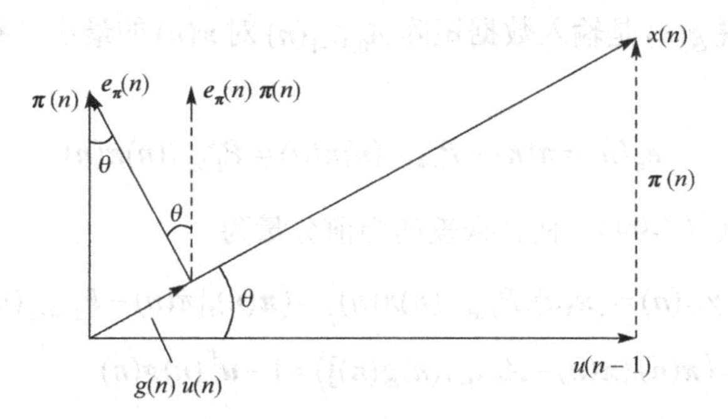

图 7-4　最小二乘增益滤波器的几何说明

现在来考察单位现时向量 $\pi(n)$ 在 $u(n)$ 上的投影 $P_u(n)\pi(n)$，这里 $P_u(n)$ 是一维数据子空间 $\{u(n)\}$ 的投影矩阵。由于 $P_u(n)\pi(n)$ 在 $u(n)$ 上，因此有

$$P_u(n)\pi(n)=g(n)u(n) \tag{7-95}$$

式（7-95）表明，向量 $g(n)u(n)$ 是利用数据向量 $u(n)$ 对单位现时向量 $\pi(n)$ 的最小二乘估计，而 $g(n)$ 则为最小二乘滤波器的权系数，这里称之为增益系数，该滤波器称为增益滤波器。估计误差向量为

$$\boldsymbol{e}_{\pi}(n)=\boldsymbol{\pi}(n)-\boldsymbol{P}_{u}(n)\boldsymbol{\pi}(n)=\boldsymbol{P}_{u}^{\perp}(n)\boldsymbol{\pi}(n) \tag{7-96}$$

式中，$\boldsymbol{P}_{u}^{\perp}(n)$ 是对 $\{\boldsymbol{u}(n)\}$ 的正交投影矩阵。当前估计误差 $e_{\pi}(n)$ 为

$$e_{\pi}(n)=\left\langle \boldsymbol{\pi}(n),\boldsymbol{P}_{u}^{\perp}(n)\boldsymbol{\pi}(n)\right\rangle \tag{7-97}$$

根据角参量的定义式（6-121），式（7-97）为

$$e_{\pi}(n)=\left\langle \boldsymbol{\pi}(n),\boldsymbol{P}_{u}^{\perp}(n)\boldsymbol{\pi}(n)\right\rangle=\gamma_{1}(n) \tag{7-98}$$

将式（7-96）代入式（7-98），并利用式（7-94）和式（7-95），可得

$$\begin{aligned}\gamma_{1}(n)&=\left\langle \boldsymbol{\pi}(n),\boldsymbol{\pi}(n)-\boldsymbol{P}_{u}(n)\boldsymbol{\pi}(n)\right\rangle\\&=\left\langle \boldsymbol{\pi}(n),\boldsymbol{\pi}(n)-g(n)\boldsymbol{u}(n)\right\rangle\\&=\left\langle \boldsymbol{\pi}(n),\boldsymbol{\pi}(n)\right\rangle-\left\langle \boldsymbol{\pi}(n),g(n)\boldsymbol{u}(n)\right\rangle\\&=1-\left\langle \boldsymbol{\pi}(n),g(n)\boldsymbol{u}(n)\right\rangle\\&=\cos^{2}\theta\end{aligned} \tag{7-99}$$

由式（7-99）可以得出

$$\sin^{2}\theta=\left\langle \boldsymbol{\pi}(n),g(n)\boldsymbol{u}(n)\right\rangle=g(n)u(n) \tag{7-100}$$

式（7-100）表明，输入数据 $u(n)$ 通过增益滤波器后的输出 $g(n)u(n)$ 也是一种角参量 $\sin^{2}\theta$，因此增益滤波器的增益 $g(n)$ 也是子空间 $\{\boldsymbol{u}(n)\}$ 与 $\{\boldsymbol{u}(n-1)\}$ 之间夹角的一种度量。

现在考虑 M 维数据子空间的情况。将子空间从 $\{\boldsymbol{u}(n)\}$ 推广到 $\{\boldsymbol{A}_{0,M-1}(n)\}$，单位现时向量 $\boldsymbol{\pi}(n)$ 在 $\{\boldsymbol{A}_{0,M-1}(n)\}$ 上的投影 $\boldsymbol{P}_{0,M-1}(n)\boldsymbol{\pi}(n)$ 在该子空间 $\{\boldsymbol{A}_{0,M-1}(n)\}$ 上，所以类似于式（7-95），有

$$\boldsymbol{P}_{0,M-1}(n)\boldsymbol{\pi}(n)=\boldsymbol{A}_{0,M-1}(n)\boldsymbol{g}(n) \tag{7-101}$$

式中，$\boldsymbol{g}(n)$ 为利用数据向量 $\boldsymbol{u}(n),z^{-1}\boldsymbol{u}(n),\cdots,z^{-M+1}\boldsymbol{u}(n)$ 对 $\boldsymbol{\pi}(n)$ 进行最小二乘估计的增益滤波器的增益向量，也可以说 $\boldsymbol{g}(n)$ 是输入数据矩阵 $\boldsymbol{A}_{0,M-1}(n)$ 对 $\boldsymbol{\pi}(n)$ 的最小二乘估计器。增益滤波器的估计误差向量为

$$\boldsymbol{e}_{\pi}(n)=\boldsymbol{\pi}(n)-\boldsymbol{P}_{0,M-1}(n)\boldsymbol{\pi}(n)=\boldsymbol{P}_{0,M-1}^{\perp}(n)\boldsymbol{\pi}(n) \tag{7-102}$$

类似于式（7-98）和式（7-99），估计误差的当前分量为

$$\begin{aligned}e_{\pi}(n)=\gamma_{M}(n)&=\left\langle \boldsymbol{\pi}(n),\boldsymbol{P}_{0,M-1}^{\perp}(n)\boldsymbol{\pi}(n)\right\rangle=\left\langle \boldsymbol{\pi}(n),[\boldsymbol{\pi}(n)-\boldsymbol{P}_{0,M-1}(n)\boldsymbol{\pi}(n)]\right\rangle\\&=\left\langle \boldsymbol{\pi}(n),[\boldsymbol{\pi}(n)-\boldsymbol{A}_{0,M-1}(n)\boldsymbol{g}(n)]\right\rangle=1-\boldsymbol{u}^{\mathrm{T}}(n)\boldsymbol{g}(n)\end{aligned} \tag{7-103}$$

式中，$\boldsymbol{u}(n)$ 为当前抽头输入向量，即

$$\boldsymbol{u}(n)=[u(n),u(n-1),\cdots,u(n-M+1)]^{\mathrm{T}} \tag{7-104}$$

式（7-103）表明，利用增益滤波器的当前输出 $\boldsymbol{u}^{\mathrm{T}}(n)\boldsymbol{g}(n)$ 可以计算得到角参量 $\gamma_{M}(n)$。

根据投影矩阵 $\boldsymbol{P}_{0,M-1}(n)$ 的定义式，由式（7-101）可以得出

$$\begin{aligned}\boldsymbol{g}(n)&=\left\langle \boldsymbol{A}_{0,M-1}(n),\boldsymbol{A}_{0,M-1}(n)\right\rangle^{-1}\boldsymbol{A}_{0,M-1}^{\mathrm{T}}(n)\boldsymbol{\pi}(n)\\&=\boldsymbol{K}_{0,M-1}(n)\boldsymbol{\pi}(n)\end{aligned} \tag{7-105}$$

式（7-105）表明，增益滤波器的权向量 $\boldsymbol{g}(n)$ 可以通过横向滤波算子 $\boldsymbol{K}_{0,M-1}(n)$ 作用于单位现时向量 $\boldsymbol{\pi}(n)$ 而得到；增益滤波器权向量 $\boldsymbol{g}(n)$ 的时间更新归结为横向滤波算子 $\boldsymbol{K}_{0,M-1}(n)$ 的时间更新。此外，这里定义的增益滤波器权向量 $\boldsymbol{g}(n)$ 与前面式（7-17）中的 $\boldsymbol{g}(n)$ 在本质上是相同的，读者可自行验证。

综上所述，我们定义了 4 个最小二乘横向滤波器，描述它们的权向量都可以通过将横向滤波算子作用于某个向量来得到，因而这些权向量的时间更新问题便归结为相应的横向滤波算子的时间更新问题。表 7-2 对此进行了归纳。

表 7-2　FTF 自适应算法涉及的 4 个最小二乘横向滤波器

最小二乘横向滤波器	权向量	横向滤波算子	被作用的向量	计算公式
基本最小二乘横向滤波器	$\boldsymbol{w}(n)$	$\boldsymbol{K}_{0,M-1}(n)$	$\boldsymbol{d}(n)$	$\boldsymbol{w}(n)=\boldsymbol{K}_{0,M-1}(n)\boldsymbol{d}(n)$
最小二乘前向预测滤波器	$\boldsymbol{a}(n)$	$\boldsymbol{K}_{1,M}(n)$	$\boldsymbol{u}(n)$	$\boldsymbol{a}(n)=\boldsymbol{K}_{1,M}(n)\boldsymbol{u}(n)$
最小二乘后向预测滤波器	$\boldsymbol{b}(n)$	$\boldsymbol{K}_{0,M-1}(n)$	$z^{-M}\boldsymbol{u}(n)$	$\boldsymbol{b}(n)=\boldsymbol{K}_{0,M-1}(n)z^{-M}\boldsymbol{u}(n)$
增益滤波器	$\boldsymbol{g}(n)$	$\boldsymbol{K}_{0,M-1}(n)$	$\boldsymbol{\pi}(n)$	$\boldsymbol{g}(n)=\boldsymbol{K}_{0,M-1}(n)\boldsymbol{\pi}(n)$

7.4.2　横向滤波算子的时间更新

上一节定义了组成 FTF 算法的 4 个分离的横向滤波器，由它们组合成 FTF 算法需分两步：（1）确定 4 个分离的横向滤波器的时间更新公式；（2）确定 4 个分离的横向滤波器相互作用的方式，以便构成所希望的最小二乘自适应算法。而由上一节的讨论我们知道，4 个横向滤波器的权向量的时间更新问题最终都归结为相应的横向滤波算子的时间更新问题。这里我们来推导横向滤波算子 $\boldsymbol{K}_{0,M-1}(n)$ 和 $\boldsymbol{K}_{1,M}(n)$ 的时间更新公式。

为此，先考虑一般横向滤波算子的分解式。假定 $\boldsymbol{U}$ 是一个 $n\times M$ 矩阵，$\boldsymbol{u}$ 是一个 $n\times 1$ 的列向量。$\boldsymbol{U}$ 的 M 个列向量张成的 M 维子空间为 $\{\boldsymbol{U}\}$，$\{\boldsymbol{U}\}$ 的投影矩阵为 $\boldsymbol{P}_{\boldsymbol{U}}$，$\boldsymbol{P}_{\boldsymbol{U}}^{\perp}$ 是 $\{\boldsymbol{U}\}$ 的正交投影矩阵。将 $\boldsymbol{u}$ 附加到 $\boldsymbol{U}$ 的最后一列构成一个 $n\times(M+1)$ 的新矩阵，表示为 $[\boldsymbol{U}\quad \boldsymbol{u}]$。由 $[\boldsymbol{U}\quad \boldsymbol{u}]$ 的 $M+1$ 个列向量作为基底向量张成的子空间为 $\{\boldsymbol{U},\boldsymbol{u}\}$，$\boldsymbol{P}_{\boldsymbol{Uu}}$ 是 $\{\boldsymbol{U},\boldsymbol{u}\}$ 的投影矩阵，$\boldsymbol{P}_{\boldsymbol{Uu}}^{\perp}$ 是对 $\{\boldsymbol{U},\boldsymbol{u}\}$ 的正交投影矩阵。$\{\boldsymbol{U},\boldsymbol{u}\}$ 的横向滤波算子为 $\boldsymbol{K}_{\boldsymbol{Uu}}$。下面来推导横向滤波算子 $\boldsymbol{K}_{\boldsymbol{Uu}}$ 的分解式。

根据投影矩阵的更新公式（6-100），可得

$$\boldsymbol{K}_{\boldsymbol{Uu}}\boldsymbol{P}_{\boldsymbol{Uu}}=\boldsymbol{K}_{\boldsymbol{Uu}}\boldsymbol{P}_{\boldsymbol{U}}+\boldsymbol{K}_{\boldsymbol{Uu}}\boldsymbol{P}_{\boldsymbol{U}}^{\perp}\boldsymbol{u}\left\langle \boldsymbol{P}_{\boldsymbol{U}}^{\perp}\boldsymbol{u},\boldsymbol{P}_{\boldsymbol{U}}^{\perp}\boldsymbol{u}\right\rangle^{-1}\boldsymbol{u}^{\mathrm{T}}\boldsymbol{P}_{\boldsymbol{U}}^{\perp}\tag{7-106}$$

由式（7-106）再利用 $\boldsymbol{K}_{\boldsymbol{Uu}}$ 的以下公式，经过整理可以得出 $\boldsymbol{K}_{\boldsymbol{Uu}}$ 的分解式。

公式 1：

$$\boldsymbol{K}_{\boldsymbol{Uu}}\boldsymbol{P}_{\boldsymbol{Uu}}=\boldsymbol{K}_{\boldsymbol{Uu}}\tag{7-107}$$

证明：

$$\begin{aligned}\boldsymbol{K}_{\boldsymbol{Uu}}\boldsymbol{P}_{\boldsymbol{Uu}}&=\langle[\boldsymbol{U}\quad \boldsymbol{u}],[\boldsymbol{U}\quad \boldsymbol{u}]\rangle^{-1}[\boldsymbol{U}\quad \boldsymbol{u}]^{\mathrm{T}}[\boldsymbol{U}\quad \boldsymbol{u}]\langle[\boldsymbol{U}\quad \boldsymbol{u}],[\boldsymbol{U}\quad \boldsymbol{u}]\rangle^{-1}[\boldsymbol{U}\quad \boldsymbol{u}]^{\mathrm{T}}\\&=\langle[\boldsymbol{U}\quad \boldsymbol{u}],[\boldsymbol{U}\quad \boldsymbol{u}]\rangle^{-1}[\boldsymbol{U}\quad \boldsymbol{u}]^{\mathrm{T}}=\boldsymbol{K}_{\boldsymbol{Uu}}\end{aligned}$$

公式 2：

$$\boldsymbol{K}_{\boldsymbol{Uu}}[\boldsymbol{U}\quad \boldsymbol{u}]=\boldsymbol{I}\tag{7-108}$$

证明：

$$\boldsymbol{K}_{\boldsymbol{Uu}}[\boldsymbol{U}\quad \boldsymbol{u}]=\langle[\boldsymbol{U}\quad \boldsymbol{u}],[\boldsymbol{U}\quad \boldsymbol{u}]\rangle^{-1}[\boldsymbol{U}\quad \boldsymbol{u}]^{\mathrm{T}}[\boldsymbol{U}\quad \boldsymbol{u}]=\boldsymbol{I}$$

公式 3：
$$\boldsymbol{K}_{Uu}\boldsymbol{U}=\begin{bmatrix}\boldsymbol{I}_{MM}\\ \boldsymbol{0}_M^{\mathrm{T}}\end{bmatrix} \tag{7-109}$$

公式 4：
$$\boldsymbol{K}_{Uu}\boldsymbol{u}=\begin{bmatrix}\boldsymbol{0}_M\\ 1\end{bmatrix} \tag{7-110}$$

证明：

将式（7-108）写成分块矩阵形式

$$\boldsymbol{K}_{Uu}[\boldsymbol{U}\quad \boldsymbol{u}]=[\boldsymbol{K}_{Uu}\boldsymbol{U}\quad \boldsymbol{K}_{Uu}\boldsymbol{u}]=\begin{bmatrix}\boldsymbol{I}_{MM} & \boldsymbol{0}_M\\ \boldsymbol{0}_M^{\mathrm{T}} & 1\end{bmatrix}$$

由此，可得出式（7-109）和式（7-110）。

公式 5：
$$\boldsymbol{K}_{Uu}\boldsymbol{P}_U=\begin{bmatrix}\boldsymbol{K}_U\\ \boldsymbol{0}_M^{\mathrm{T}}\end{bmatrix} \tag{7-111}$$

证明：

利用 $\boldsymbol{P}_U$ 的定义和式（7-109），可得

$$\boldsymbol{K}_{Uu}\boldsymbol{P}_U=\boldsymbol{K}_{Uu}\boldsymbol{U}\langle \boldsymbol{U},\boldsymbol{U}\rangle^{-1}\boldsymbol{U}^{\mathrm{T}}=\begin{bmatrix}\boldsymbol{I}_{MM}\\ \boldsymbol{0}_M^{\mathrm{T}}\end{bmatrix}\boldsymbol{K}_U=\begin{bmatrix}\boldsymbol{K}_U\\ \boldsymbol{0}_M^{\mathrm{T}}\end{bmatrix}$$

根据上述公式，式（7-106）为

$$\begin{aligned}\boldsymbol{K}_{Uu}&=\begin{bmatrix}\boldsymbol{K}_U\\ \boldsymbol{0}_M^{\mathrm{T}}\end{bmatrix}+\boldsymbol{K}_{Uu}\boldsymbol{P}_U^{\perp}\boldsymbol{u}\left\langle \boldsymbol{P}_U^{\perp}\boldsymbol{u},\boldsymbol{P}_U^{\perp}\boldsymbol{u}\right\rangle^{-1}\boldsymbol{u}^{\mathrm{T}}\boldsymbol{P}_U^{\perp}\\ &=\begin{bmatrix}\boldsymbol{K}_U\\ \boldsymbol{0}_M^{\mathrm{T}}\end{bmatrix}+\boldsymbol{K}_{Uu}[\boldsymbol{I}-\boldsymbol{P}_U]\boldsymbol{u}\left\langle \boldsymbol{P}_U^{\perp}\boldsymbol{u},\boldsymbol{P}_U^{\perp}\boldsymbol{u}\right\rangle^{-1}\boldsymbol{u}^{\mathrm{T}}\boldsymbol{P}_U^{\perp}\\ &=\begin{bmatrix}\boldsymbol{K}_U\\ \boldsymbol{0}_M^{\mathrm{T}}\end{bmatrix}+(\boldsymbol{K}_{Uu}\boldsymbol{u}-\boldsymbol{K}_{Uu}\boldsymbol{P}_U\boldsymbol{u})\left\langle \boldsymbol{P}_U^{\perp}\boldsymbol{u},\boldsymbol{P}_U^{\perp}\boldsymbol{u}\right\rangle^{-1}\boldsymbol{u}^{\mathrm{T}}\boldsymbol{P}_U^{\perp}\\ &=\begin{bmatrix}\boldsymbol{K}_U\\ \boldsymbol{0}_M^{\mathrm{T}}\end{bmatrix}+\left\{\begin{bmatrix}\boldsymbol{0}_M\\ 1\end{bmatrix}-\begin{bmatrix}\boldsymbol{K}_U\boldsymbol{u}\\ 0\end{bmatrix}\right\}\left\langle \boldsymbol{P}_U^{\perp}\boldsymbol{u},\boldsymbol{P}_U^{\perp}\boldsymbol{u}\right\rangle^{-1}\boldsymbol{u}^{\mathrm{T}}\boldsymbol{P}_U^{\perp}\end{aligned} \tag{7-112}$$

式（7-112）为横向滤波算子 $\boldsymbol{K}_{Uu}$ 的分解式。

现在将 $\boldsymbol{u}$ 附加到 $\boldsymbol{U}$ 的第1列之前，先构成一个新的 $n\times(M+1)$ 的矩阵，表示为 $[\boldsymbol{u}\quad \boldsymbol{U}]$。由 $[\boldsymbol{u}\quad \boldsymbol{U}]$ 的 $M+1$ 个列向量作为基底向量张成的子空间为 $\{\boldsymbol{u},\boldsymbol{U}\}$，$\boldsymbol{P}_{uU}$ 是 $\{\boldsymbol{u},\boldsymbol{U}\}$ 的投影矩阵，$\boldsymbol{P}_{uU}^{\perp}$ 是对 $\{\boldsymbol{u},\boldsymbol{U}\}$ 的正交投影矩阵。与 $\boldsymbol{K}_{Uu}$ 分解式的推导方法类同，可证得子空间 $\{\boldsymbol{u},\boldsymbol{U}\}$ 的横向滤波算子 $\boldsymbol{K}_{uU}$ 的分解式为

$$\boldsymbol{K}_{uU}=\begin{bmatrix}\boldsymbol{0}_M^{\mathrm{T}}\\ \boldsymbol{K}_U\end{bmatrix}+\left\{\begin{bmatrix}1\\ \boldsymbol{0}_M\end{bmatrix}-\begin{bmatrix}0\\ \boldsymbol{K}_U\boldsymbol{u}\end{bmatrix}\right\}\left\langle \boldsymbol{P}_U^{\perp}\boldsymbol{u},\boldsymbol{P}_U^{\perp}\boldsymbol{u}\right\rangle^{-1}\boldsymbol{u}^{\mathrm{T}}\boldsymbol{P}_U^{\perp} \tag{7-113}$$

下面利用上述一般横向滤波算子的基本公式，推导横向滤波算子 $\boldsymbol{K}_{0,M-1}(n)$ 和 $\boldsymbol{K}_{1,M}(n)$ 的时间更新公式。首先来考虑 $\boldsymbol{K}_{0,M-1}(n)$ 算子，令 $\boldsymbol{U}=\boldsymbol{A}_{0,M-1}(n)$，$\boldsymbol{u}=\boldsymbol{\pi}(n)$，于是有

$$[\boldsymbol{U}\quad \boldsymbol{u}]=[\boldsymbol{A}_{0,M-1}(n)\quad \boldsymbol{\pi}(n)] \tag{7-114}$$

$$\{\boldsymbol{U},\boldsymbol{u}\}=\{\boldsymbol{A}_{0,M-1}(n),\boldsymbol{\pi}(n)\} \tag{7-115}$$

相应的横向滤波算子为

$$\boldsymbol{K}_{\boldsymbol{U}\boldsymbol{u}}=\boldsymbol{K}_{(0,M-1)\boldsymbol{\pi}}(n) \tag{7-116}$$

投影矩阵为

$$\boldsymbol{P}_{\boldsymbol{U}\boldsymbol{u}}=\boldsymbol{P}_{(0,M-1)\boldsymbol{\pi}}(n) \tag{7-117}$$

根据式（6-118）有

$$\boldsymbol{P}_{(0,M-1)\boldsymbol{\pi}}(n)=\begin{bmatrix}\boldsymbol{P}_{0,M-1}(n-1) & \boldsymbol{0}_{n-1}\\ \boldsymbol{0}_{n-1}^{\mathrm{T}} & 1\end{bmatrix} \tag{7-118}$$

式（7-118）两边左乘 $\boldsymbol{K}_{(0,N-1)\boldsymbol{\pi}}(n)$，得到

$$\boldsymbol{K}_{(0,M-1)\boldsymbol{\pi}}(n)\boldsymbol{P}_{(0,M-1)\boldsymbol{\pi}}(n)=\boldsymbol{K}_{(0,M-1)\boldsymbol{\pi}}(n)\begin{bmatrix}\boldsymbol{P}_{0,M-1}(n-1) & \boldsymbol{0}_{n-1}\\ \boldsymbol{0}_{n-1}^{\mathrm{T}} & 1\end{bmatrix} \tag{7-119}$$

利用式（7-107），式（7-119）左边为

$$\boldsymbol{K}_{(0,M-1)\boldsymbol{\pi}}(n)\boldsymbol{P}_{(0,M-1)\boldsymbol{\pi}}(n)=\boldsymbol{K}_{(0,M-1)\boldsymbol{\pi}}(n) \tag{7-120}$$

式（7-119）右边分块矩阵的最后一列是列向量 $\boldsymbol{\pi}(n)$，则利用式（7-110）有

$$\boldsymbol{K}_{(0,M-1)\boldsymbol{\pi}}(n)\boldsymbol{\pi}(n)=\begin{bmatrix}\boldsymbol{0}_{M}\\ 1\end{bmatrix} \tag{7-121}$$

式（7-119）中 $\boldsymbol{K}_{(0,M-1)\boldsymbol{\pi}}(n)$ 与分块矩阵其余部分相乘后得到的矩阵的最后一行用行向量 $\boldsymbol{\alpha}^{\mathrm{T}}(n-1)$ 表示，$\boldsymbol{\alpha}^{\mathrm{T}}(n-1)$ 在 FTF 算法的推导不被使用。由式（7-120）和式（7-121），可将式（7-119）表示为

$$\boldsymbol{K}_{(0,M-1)\boldsymbol{\pi}}(n)=\begin{bmatrix}\boldsymbol{K}_{(0,M-1)\boldsymbol{\pi}}(n-1)\boldsymbol{P}_{0,M-1}(n-1) & \boldsymbol{0}_{M}\\ \boldsymbol{\alpha}^{\mathrm{T}}(n-1) & 1\end{bmatrix} \tag{7-122}$$

再利用式（7-107），于是式（7-122）为

$$\boldsymbol{K}_{(0,M-1)\boldsymbol{\pi}}(n)=\begin{bmatrix}\boldsymbol{K}_{0,M-1}(n-1) & \boldsymbol{0}_{M}\\ \boldsymbol{\alpha}^{\mathrm{T}}(n-1) & 1\end{bmatrix} \tag{7-123}$$

式（7-123）为横向滤波算子 $\boldsymbol{K}_{0,M-1}(n)$ 的时间更新公式。

利用与上述完全类似的方法，可以得到横向滤波算子 $\boldsymbol{K}_{1,M}(n)$ 的时间更新公式为

$$\boldsymbol{K}_{(1,M)\boldsymbol{\pi}}(n)=\begin{bmatrix}\boldsymbol{K}_{1,M}(n-1) & \boldsymbol{0}_{M}\\ \boldsymbol{\beta}^{\mathrm{T}}(n-1) & 1\end{bmatrix} \tag{7-124}$$

7.4.3　FTF 算法中的时间更新

当数据扩充时，为保证能够始终获得对期望响应的最佳估计，就需要及时更新最小二乘横向滤波器的权向量 $\boldsymbol{w}(n)$。因此 FTF 算法的核心问题，便是推导出 $\boldsymbol{w}(n)$ 的时间更新公式。但是在推导 $\boldsymbol{w}(n)$ 的时间更新公式的过程中，将涉及增益滤波器的权向量 $\boldsymbol{g}(n)$、角参量 $\gamma_M(n)$

和估计误差$e(n)$的时间更新问题，同时$\boldsymbol{g}(n)$和$\gamma_M(n)$的时间更新又与前向预测滤波器和后向预测滤波器的一些参数有关系，这就形成了FTF算法结构的嵌套关系。为了便于理解，下面对整个推导过程分层逐一进行分析和讨论。

1．最小二乘横向滤波器权向量$\boldsymbol{w}(n)$的时间更新

在式（7-112）中，令$\boldsymbol{U}=\boldsymbol{A}_{0,M-1}(n)$，$\boldsymbol{u}=\boldsymbol{\pi}(n)$，则有

$$\boldsymbol{K}_{(0,M-1)\boldsymbol{\pi}}(n)=\begin{bmatrix}\boldsymbol{K}_{0,M-1}(n)\\ \boldsymbol{0}_M^{\mathrm{T}}\end{bmatrix}+\left\{\begin{bmatrix}\boldsymbol{0}_M\\ 1\end{bmatrix}-\begin{bmatrix}\boldsymbol{K}_{0,M-1}(n)\boldsymbol{\pi}(n)\\ 0\end{bmatrix}\right\}\cdot\left\langle \boldsymbol{P}_{0,M-1}^{\perp}(n)\boldsymbol{\pi}(n),\boldsymbol{P}_{0,M-1}^{\perp}(n)\boldsymbol{\pi}(n)\right\rangle^{-1}\boldsymbol{\pi}^{\mathrm{T}}(n)\boldsymbol{P}_{0,M-1}^{\perp}(n) \tag{7-125}$$

将式（7-123）、式（7-105）和式（7-103）代入式（7-125），并在等式两边右乘$\boldsymbol{d}(n)$，则可以得到

$$\begin{bmatrix}\boldsymbol{K}_{0,M-1}(n-1) & \boldsymbol{0}_M\\ \boldsymbol{\alpha}^{\mathrm{T}}(n-1) & 1\end{bmatrix}\begin{bmatrix}\boldsymbol{d}(n-1)\\ \boldsymbol{d}(n)\end{bmatrix}=\begin{bmatrix}\boldsymbol{K}_{0,M-1}(n)\\ \boldsymbol{0}_M^{\mathrm{T}}\end{bmatrix}\boldsymbol{d}(n)-\begin{bmatrix}\boldsymbol{g}(n)\\ -1\end{bmatrix}\frac{\left\langle \boldsymbol{\pi}(n),\boldsymbol{P}_{0,M-1}^{\perp}(n)\boldsymbol{d}(n)\right\rangle}{\gamma_M(n)} \tag{7-126}$$

由式（7-126）可以得出

$$\boldsymbol{K}_{0,M-1}(n-1)\boldsymbol{d}(n-1)=\boldsymbol{K}_{0,M-1}(n)\boldsymbol{d}(n)-\boldsymbol{g}(n)\frac{\left\langle \boldsymbol{\pi}(n),\boldsymbol{P}_{0,M-1}^{\perp}(n)\boldsymbol{d}(n)\right\rangle}{\gamma_M(n)} \tag{7-127}$$

再根据式（7-57）和式（7-55），式（7-127）为

$$\boldsymbol{w}(n)=\boldsymbol{w}(n-1)+\frac{e(n)}{\gamma_M(n)}\boldsymbol{g}(n) \tag{7-128}$$

式（7-128）就是由$n-1$时刻的权向量$\boldsymbol{w}(n-1)$递推计算n时刻的权向量$\boldsymbol{w}(n)$的时间更新公式。

式（7-128）表明，在最小二乘横向滤波器权向量$\boldsymbol{w}(n)$的时间更新中，还必须给出$\boldsymbol{g}(n)$、$\gamma_M(n)$和$e(n)$的更新公式，以便能够由这些参量在$n-1$时刻的值计算出各参量在n时刻的值，从而计算$\boldsymbol{w}(n)$。

2．增益滤波器权向量$\boldsymbol{g}(n)$的时间更新

在式（7-113）中，令$\boldsymbol{U}=\boldsymbol{X}_{1,M}(n)$，$\boldsymbol{u}=\boldsymbol{u}(n)$，则$\{\boldsymbol{u},\boldsymbol{U}\}=\{\boldsymbol{A}_{0,M}(n)\}$，于是有

$$\boldsymbol{K}_{0,M}(n)=\begin{bmatrix}\boldsymbol{0}_M^{\mathrm{T}}\\ \boldsymbol{K}_{1,M}(n)\end{bmatrix}+\left\{\begin{bmatrix}1\\ \boldsymbol{0}_M\end{bmatrix}-\begin{bmatrix}0\\ \boldsymbol{K}_{1,M}(n)\boldsymbol{u}(n)\end{bmatrix}\right\}\cdot\left\langle \boldsymbol{P}_{1,M}^{\perp}(n)\boldsymbol{u}(n),\boldsymbol{P}_{1,M}^{\perp}(n)\boldsymbol{u}(n)\right\rangle^{-1}\boldsymbol{u}^{\mathrm{T}}(n)\boldsymbol{P}_{1,M}^{\perp}(n) \tag{7-129}$$

上式两边右乘$\boldsymbol{\pi}(n)$，并利用式（7-75）和式（7-76），得到

$$\boldsymbol{K}_{0,M}(n)\boldsymbol{\pi}(n)=\begin{bmatrix}\boldsymbol{0}_M^{\mathrm{T}}\\ \boldsymbol{K}_{1,M}(n)\end{bmatrix}\boldsymbol{\pi}(n)+\begin{bmatrix}1\\ -\boldsymbol{K}_{1,M}(n)\boldsymbol{u}(n)\end{bmatrix}\frac{e^f(n)}{\varepsilon^f(n)} \tag{7-130}$$

根据式（7-105），式（7-130）中的$\boldsymbol{K}_{0,M}(n)\boldsymbol{\pi}(n)$是$M+1$阶增益滤波器的权向量$\boldsymbol{g}_{M+1}(n)$，再将$\boldsymbol{g}_{M+1}(n)$分解，将其前$M$个元素组成的向量用$\boldsymbol{k}_M(n)$表示，最后一个元素用$k(n)$表示，即

$$\boldsymbol{K}_{0,M}(n)\boldsymbol{\pi}(n)=\boldsymbol{g}_{M+1}(n)=\begin{bmatrix}\boldsymbol{k}_M(n)\\ k(n)\end{bmatrix} \tag{7-131}$$

利用式（7-105），并根据单位现时向量的作用，可写出

$$\boldsymbol{g}_M(n-1)=\boldsymbol{K}_{0,M-1}(n-1)\boldsymbol{\pi}(n-1)=\boldsymbol{K}_{1,M}(n)\boldsymbol{\pi}(n) \tag{7-132}$$

式（7-132）中，利用了如下事实

$$\boldsymbol{A}_{1,M}(n)=\begin{bmatrix}\boldsymbol{0}_M^{\mathrm{T}}\\ \boldsymbol{A}_{0,M-1}(n-1)\end{bmatrix} \tag{7-133}$$

将式（7-131）、式（7-132）和式（7-77）代入式（7-130），可以得到

$$\boldsymbol{g}_{M+1}(n)=\begin{bmatrix}\boldsymbol{k}_M(n)\\ k(n)\end{bmatrix}=\begin{bmatrix}0\\ \boldsymbol{g}_M(n-1)\end{bmatrix}+\frac{e^f(n)}{\varepsilon^f(n)}\begin{bmatrix}1\\ -\boldsymbol{a}(n)\end{bmatrix} \tag{7-134}$$

式（7-134）给出的是由$n-1$时刻的M阶增益滤波器的权向量$\boldsymbol{g}_M(n-1)$迭代计算n时刻的$M+1$阶增益滤波器的权向量$\boldsymbol{g}_{M+1}(n)$，而不是我们需要的n时刻的M阶增益滤波器的权向量$\boldsymbol{g}_M(n)$。一般情况下，$\boldsymbol{g}_{M+1}(n)$的前M个元素组成的向量$\boldsymbol{k}_M(n)$并不等于$\boldsymbol{g}_M(n)$。但是，可以利用式（7-134）得到的$\boldsymbol{k}_M(n)$和$k(n)$进一步计算$\boldsymbol{g}_M(n)$。为此，在式（7-112）中，令$\boldsymbol{U}=\boldsymbol{A}_{0,M-1}(n)$，$\boldsymbol{u}=z^{-M}\boldsymbol{u}(n)$，并在得到的方程两边右乘$\boldsymbol{\pi}(n)$，得到

$$\begin{aligned}\boldsymbol{K}_{(0,M-1)z^{-M}\boldsymbol{u}}(n)\boldsymbol{\pi}(n)=&\begin{bmatrix}\boldsymbol{K}_{0,M-1}(n)\boldsymbol{\pi}(n)\\ \boldsymbol{0}_M^{\mathrm{T}}\end{bmatrix}+\left\{\begin{bmatrix}\boldsymbol{0}_M\\ 1\end{bmatrix}-\begin{bmatrix}\boldsymbol{K}_{0,M-1}(n)z^{-M}\boldsymbol{u}(n)\\ 0\end{bmatrix}\right\}\\ &\cdot\left\langle \boldsymbol{P}_{0,M-1}^{\perp}(n)z^{-M}\boldsymbol{u}(n),\boldsymbol{P}_{0,M-1}^{\perp}(n)z^{-M}\boldsymbol{u}(n)\right\rangle^{-1}[z^{-M}\boldsymbol{u}(n)]^{\mathrm{T}}\boldsymbol{P}_{0,M-1}^{\perp}(n)\boldsymbol{\pi}(n)\end{aligned} \tag{7-135}$$

由于$[\boldsymbol{A}_{0,M-1}(n)\quad z^{-M}\boldsymbol{u}(n)]=\boldsymbol{A}_{0,M}(n)$，再根据式（7-131），有

$$\boldsymbol{K}_{(0,M-1)z^{-M}\boldsymbol{u}}(n)\boldsymbol{\pi}(n)=\boldsymbol{K}_{0,M}(n)\boldsymbol{\pi}(n)=\boldsymbol{g}_{M+1}(n)=\begin{bmatrix}\boldsymbol{k}_M(n)\\ k(n)\end{bmatrix} \tag{7-136}$$

将式（7-136）、式（7-105）、式（7-93）、式（7-91）和式（7-92）代入式（7-135），得到

$$\begin{bmatrix}\boldsymbol{g}_M(n)\\ 0\end{bmatrix}=\begin{bmatrix}\boldsymbol{k}_M(n)\\ k(n)\end{bmatrix}+\begin{bmatrix}\boldsymbol{b}(n)\\ -1\end{bmatrix}\frac{e^b(n)}{\varepsilon^b(n)} \tag{7-137}$$

由式（7-137）可以得出

$$\boldsymbol{g}_M(n)=\boldsymbol{k}_M(n)+k(n)\boldsymbol{b}(n) \tag{7-138}$$

式（7-134）和式（7-138）便构成增益滤波器权向量$\boldsymbol{g}_M(n)$的时间更新公式。由此可以看出，增益滤波器权向量$\boldsymbol{g}_M(n)$的时间更新分两步实现：第一步是由$\boldsymbol{g}_M(n-1)$及前向预测滤波器相关参量$\boldsymbol{a}(n)$、$e^f(n)$、$\varepsilon^f(n)$，根据式（7-134）计算出$\boldsymbol{k}_M(n)$和$k(n)$；第二步是由$\boldsymbol{k}_M(n)$、$k(n)$及后向预测滤波器权向量$\boldsymbol{b}(n)$，根据式（7-138）计算出$\boldsymbol{g}_M(n)$。下面分别探讨前向预测滤波器和后向预测滤波器参量的时间更新。下面将$\boldsymbol{g}_M(n)$的下标M略去。

3．前向预测滤波器参量$\boldsymbol{a}(n)$的时间更新

在式(7-112)中，令$\boldsymbol{U}=\boldsymbol{A}_{1,M}(n)$，$\boldsymbol{u}=\boldsymbol{\pi}(n)$，然后在等式两边右乘$\boldsymbol{u}(n)$，并根据式(7-124)、

式（7-77）、式（7-132）和式（7-75），可以得到

$$\boldsymbol{a}(n)=\boldsymbol{a}(n-1)+\frac{\boldsymbol{g}(n-1)e^{f}(n)}{\left\langle\boldsymbol{\pi}(n),\boldsymbol{P}_{1,M}^{\perp}(n)\boldsymbol{\pi}(n)\right\rangle} \tag{7-139}$$

由式（7-103）可得出

$$\gamma_M(n-1)=\left\langle\boldsymbol{\pi}(n),\boldsymbol{P}_{1,M}^{\perp}(n)\boldsymbol{\pi}(n)\right\rangle \tag{7-140}$$

将式（7-140）代入式（7-139），得到

$$\boldsymbol{a}(n)=\boldsymbol{a}(n-1)+\frac{e^{f}(n)}{\gamma_M(n-1)}\boldsymbol{g}(n-1) \tag{7-141}$$

式（7-141）就是前向预测滤波器权向量的时间更新公式。

由式（7-141）看出，在迭代计算前向预测滤波器权向量$\boldsymbol{a}(n)$时，需要利用在$n-1$次迭代计算中获得的$\boldsymbol{a}(n-1)$、$\boldsymbol{g}(n-1)$和$\gamma(n-1)$，同时需要利用$e^{f}(n)$，而$e^{f}(n)$的计算按照定义又需要利用n时刻更新后的前向预测滤波器权向量$\boldsymbol{a}(n)$。利用下面将介绍的前向预测误差$e^{f}(n)$的更新公式可以解决这个问题。

按照定义，$e^{f}(n)$就是用$u(n)$以前的M个数据$u(n-1),u(n-2),\cdots,u(n-M)$的线性组合

$$\hat{u}(n)=\sum_{k=1}^{M}a_k(n)u(n-k) \tag{7-142}$$

根据最小二乘准则对$u(n)$进行前向预测所得的误差。用于预测$u(n)$的抽头输入向量为

$$\boldsymbol{u}(n-1)=[u(n-1),u(n-2),\cdots,u(n-M)]^{\mathrm{T}} \tag{7-143}$$

则前向预测误差为

$$e^{f}(n)=u(n)-\hat{u}(n)=u(n)-\sum_{k=1}^{M}a_k(n)u(n-k)=u(n)-\boldsymbol{u}^{\mathrm{T}}(n-1)\boldsymbol{a}(n) \tag{7-144}$$

将式（7-141）代入式（7-144），可以得到

$$e^{f}(n)=e^{f}(n|n-1)-\frac{e^{f}(n)}{\gamma_M(n-1)}\boldsymbol{u}^{\mathrm{T}}(n-1)\boldsymbol{g}(n-1) \tag{7-145}$$

式中，

$$e^{f}(n|n-1)=u(n)-\boldsymbol{u}^{\mathrm{T}}(n-1)\boldsymbol{a}(n-1) \tag{7-146}$$

利用$n-1$时刻的预测权向量$\boldsymbol{a}(n-1)$，由数据$u(n-1),u(n-2),\cdots,u(n-M)$来预测$u(n)$的前向预测误差。由式（7-145）解出$e^{f}(n)$，得到

$$e^{f}(n)=\frac{\gamma_M(n-1)e^{f}(n|n-1)}{\gamma_M(n-1)+\boldsymbol{u}^{\mathrm{T}}(n-1)\boldsymbol{g}(n-1)} \tag{7-147}$$

根据式（7-103），有

$$\gamma_M(n-1)+\boldsymbol{u}^{\mathrm{T}}(n-1)\boldsymbol{g}(n-1)=1 \tag{7-148}$$

将式（7-148）代入式（7-147），得

$$e^f(n)=\gamma_M(n-1)e^f(n|n-1) \tag{7-149}$$

式（7-146）和式（7-149）构成前向预测误差 $e^f(n)$ 的更新公式。在时刻 n，$\boldsymbol{a}(n-1)$、$\gamma_M(n-1)$、$\boldsymbol{u}^{\mathrm{T}}(n-1)$ 和 $u(n)$ 均已知，因此可以计算出 $e^f(n)$，这也解决了前向预测滤波器权向量 $\boldsymbol{a}(n)$ 的更新问题。

下面推导前向预测误差剩余的时间更新公式。令 $\boldsymbol{U}=\boldsymbol{A}_{1,M}(n)$，$\boldsymbol{u}=\boldsymbol{\pi}(n)$，$\boldsymbol{z}=\boldsymbol{y}=\boldsymbol{u}(n)$，则式（6-105）为

$$\begin{aligned}\left\langle \boldsymbol{u}(n),\boldsymbol{P}^{\perp}_{(1,M)\boldsymbol{\pi}}(n)\boldsymbol{u}(n)\right\rangle=&\left\langle \boldsymbol{u}(n),\boldsymbol{P}^{\perp}_{1,m}\boldsymbol{u}(n)\right\rangle-\left\langle \boldsymbol{u}(n),\boldsymbol{P}^{\perp}_{1,M}(n)\boldsymbol{\pi}(n)\right\rangle\\&\cdot\left\langle \boldsymbol{P}^{\perp}_{1,M}(n)\boldsymbol{\pi}(n),\boldsymbol{P}^{\perp}_{1,M}(n)\boldsymbol{\pi}(n)\right\rangle^{-1}\left\langle \boldsymbol{\pi}(n),\boldsymbol{P}^{\perp}_{1,M}(n)\boldsymbol{u}(n)\right\rangle\end{aligned} \tag{7-150}$$

式（6-119）为

$$\boldsymbol{P}^{\perp}_{(1,M)\boldsymbol{\pi}}(n)=\begin{bmatrix}\boldsymbol{P}^{\perp}_{1,M}(n-1) & \boldsymbol{0}_{n-1}\\ \boldsymbol{0}^{\mathrm{T}}_{n-1} & 0\end{bmatrix} \tag{7-151}$$

将式（7-151）、式（7-76）、式（7-75）和式（7-140）代入式（7-150），有

$$\left\langle \boldsymbol{u}(n),\begin{bmatrix}\boldsymbol{P}^{\perp}_{1,M}(n-1) & \boldsymbol{0}_{n-1}\\ \boldsymbol{0}^{\mathrm{T}}_{n-1} & 0\end{bmatrix}\boldsymbol{u}(n)\right\rangle=\varepsilon^f(n)-\frac{[e^f(n)]^2}{\gamma_M(n-1)} \tag{7-152}$$

将式（7-152）中的内积项进行整理，并利用式（7-76）有

$$\begin{aligned}\left\langle \boldsymbol{u}(n),\begin{bmatrix}\boldsymbol{P}^{\perp}_{1,M}(n-1) & \boldsymbol{0}_{n-1}\\ \boldsymbol{0}^{\mathrm{T}}_{n-1} & 0\end{bmatrix}\boldsymbol{u}(n)\right\rangle&=\left\langle \boldsymbol{u}(n),\begin{bmatrix}\boldsymbol{P}^{\perp}_{1,M}(n-1) & \boldsymbol{0}_{n-1}\\ \boldsymbol{0}^{\mathrm{T}}_{n-1} & 0\end{bmatrix}\begin{bmatrix}\boldsymbol{u}(n-1)\\ u(n)\end{bmatrix}\right\rangle\\&=\left\langle \boldsymbol{u}(n),\begin{bmatrix}\boldsymbol{P}^{\perp}_{1,M}(n-1)\boldsymbol{u}(n-1)\\ 0\end{bmatrix}\right\rangle\\&=\left\langle \boldsymbol{u}(n-1),\boldsymbol{P}^{\perp}_{1,M}(n-1)\boldsymbol{u}(n-1)\right\rangle\\&=\varepsilon^f(n-1)\end{aligned} \tag{7-153}$$

将式（7-153）代入式（7-152），可以得到

$$\varepsilon^f(n)=\varepsilon^f(n-1)+\frac{[e^f(n)]^2}{\gamma_M(n-1)} \tag{7-154}$$

将式（7-149）代入式（7-154），有

$$\varepsilon^f(n)=\varepsilon^f(n-1)+e^f(n)e^f(n|n-1) \tag{7-155}$$

式（7-155）就是前向预测误差剩余的时间更新公式。

4．后向预测滤波器参量 $\boldsymbol{b}(n)$ 的时间更新

与前向预测滤波器参量的时间更新公式的推导方法类似。在式（7-112）中，令 $\boldsymbol{U}=\boldsymbol{A}_{0,M-1}(n)$，$\boldsymbol{u}=\boldsymbol{\pi}(n)$，然后在等式两边右乘 $z^{-M}\boldsymbol{u}(n)$，利用式(7-123)、式(7-93)、式(7-105)、式（7-103）和式（7-91），可以得到

$$\boldsymbol{b}(n)=\boldsymbol{b}(n-1)+\frac{e^b(n)}{\gamma_M(n)}\boldsymbol{g}(n) \tag{7-156}$$

式（7-156）就是后向预测滤波器权向量$\boldsymbol{b}(n)$的时间更新公式。

按照定义，后向预测误差$e^b(n)$为

$$\begin{aligned} e^b(n) &= u(n-M) - \hat{u}(n-M) \\ &= u(n-M) - \sum_{k=0}^{M-1} b_k(n) u(n-k) \\ &= u(n-M) - \boldsymbol{u}^{\mathrm{T}}(n)\boldsymbol{b}(n) \end{aligned} \tag{7-157}$$

式中，

$$\boldsymbol{u}(n) = [u(n), u(n-1), \cdots, u(n-M+1)]^{\mathrm{T}} \tag{7-158}$$

为用于后向预测$u(n-M)$的抽头输入向量。将式（7-156）代入式（7-157），得到

$$e^b(n) = e^b(n|n-1) - \frac{e^b(n)}{\gamma_M(n)} \boldsymbol{u}^{\mathrm{T}}(n)\boldsymbol{g}(n) \tag{7-159}$$

式中，

$$e^b(n|n-1) = u(n-M) - \boldsymbol{u}^{\mathrm{T}}(n)\boldsymbol{b}(n-1) \tag{7-160}$$

是利用$n-1$时刻的后向预测滤波器权向量$\boldsymbol{b}(n-1)$对$u(n-M)$进行后向预测的误差。由式（7-159）可以得出

$$e^b(n) = \frac{\gamma_M(n) e^b(n|n-1)}{\gamma_M(n) + \boldsymbol{u}^{\mathrm{T}}(n)\boldsymbol{g}(n)} \tag{7-161}$$

将式（7-103）代入式（7-161），有

$$e^b(n) = \gamma_M(n) e^b(n|n-1) \tag{7-162}$$

式（7-160）和式（7-162）构成后向预测误差$e^b(n)$的时间更新公式。

后向预测误差剩余$\varepsilon^b(n)$的时间更新公式的推导方法和前后向预测误差剩余$\varepsilon^f(n)$的时间更新公式的推导方法完全类似。这时令$\boldsymbol{U} = \boldsymbol{A}_{0,M-1}(n)$，$\boldsymbol{u} = \boldsymbol{\pi}(n)$，$\boldsymbol{z} = \boldsymbol{y} = z^{-M}\boldsymbol{u}(n)$，利用式（6-105）、式（6-119）、式（7-92）、式（7-91）和式（7-103），最后可得到

$$\varepsilon^b(n) = \varepsilon^b(n-1) + \frac{[e^b(n)]^2}{\gamma_M(n)} \tag{7-163}$$

将式（7-162）代入式（7-163），有

$$\varepsilon^b(n) = \varepsilon^b(n-1) + e^b(n) e^b(n|n-1) \tag{7-164}$$

式（7-164）就是后向预测误差剩余的时间更新公式。

5. 角参量$\gamma(n)$的时间更新

角参量的时间更新公式的推导过程与增益滤波器权向量的时间更新公式的推导过程完全类似。由式（7-103），有

$$\gamma_{M+1}(n) = 1 - \boldsymbol{u}_{M+1}^{\mathrm{T}}(n)\boldsymbol{g}_{M+1}(n) \tag{7-165}$$

式中，

$$\boldsymbol{u}_{M+1}(n)=[u(n),u(n-1),\cdots,u(n-M)]^{\mathrm{T}}=[u(n),\boldsymbol{u}^{\mathrm{T}}(n-1)]^{\mathrm{T}} \tag{7-166}$$

为 $M+1$ 阶抽头输入向量。将式（7-166）和式（7-134）代入式（7-165），并利用式（7-103）和式（7-144），可以得到

$$\gamma_{M+1}(n)=\gamma_M(n-1)-\frac{[e^f(n)]^2}{\varepsilon^f(n)} \tag{7-167}$$

由式（7-154），可得

$$\frac{[e^f(n)]^2}{\varepsilon^f(n)}=\gamma_M(n-1)-\gamma_M(n-1)\frac{\varepsilon^f(n-1)}{\varepsilon^f(n)} \tag{7-168}$$

将式（7-168）代入式（7-167），得

$$\gamma_{M+1}(n)=\gamma_M(n-1)\frac{\varepsilon^f(n-1)}{\varepsilon^f(n)} \tag{7-169}$$

式(7-169)为由 $n-1$ 时刻的 M 阶角参量 $\gamma_M(n-1)$ 计算 n 时刻的 $M+1$ 阶角参量 $\gamma_{M+1}(n)$ 的公式。下面进一步推导由 $\gamma_{M+1}(n)$ 计算 $\gamma_M(n)$ 的公式。

此时，将 $\boldsymbol{u}_{M+1}(n)$ 表示为

$$\boldsymbol{u}_{M+1}(n)=[u(n),u(n-1),\cdots,u(n-M)]^{\mathrm{T}}=[\boldsymbol{u}^{\mathrm{T}}(n),u(n-M)]^{\mathrm{T}} \tag{7-170}$$

将式（7-170）和式（7-137）代入式（7-165），并利用式（7-103）和式（7-157），可以得到

$$\gamma_{M+1}(n)=\gamma_M(n)-\frac{[e^b(n)]^2}{\varepsilon^b(n)} \tag{7-171}$$

由式（7-163）得

$$\frac{[e^b(n)]^2}{\varepsilon^b(n)}=\gamma_M(n)-\gamma_M(n)\frac{\varepsilon^b(n-1)}{\varepsilon^b(n)} \tag{7-172}$$

将式（7-172）代入式（7-171），有

$$\gamma_M(n)=\gamma_{M+1}(n)\frac{\varepsilon^b(n)}{\varepsilon^b(n-1)} \tag{7-173}$$

式（7-173）就是由 $\gamma_{M+1}(n)$ 计算 $\gamma_M(n)$ 的公式。式（7-169）和式（7-173）构成了由 $\gamma_M(n-1)$ 到 $\gamma_M(n)$ 的时间更新。

还有另外一种由 $\gamma_{M+1}(n)$ 计算 $\gamma_M(n)$ 的方法。这种方法不需要利用 $\varepsilon^b(n)$，因而可以提前计算 $\gamma_M(n)$。将式（7-164）两边除以 $\varepsilon^b(n)$，得

$$1=\frac{\varepsilon^b(n-1)}{\varepsilon^b(n)}+\frac{e^b(n)}{\varepsilon^b(n)}e^b(n\,|\,n-1) \tag{7-174}$$

由式（7-137），可得

$$k(n)=\frac{e^b(n)}{\varepsilon^b(n)} \tag{7-175}$$

将式（7-175）代入式（7-174），可以得到

$$\frac{\varepsilon^b(n)}{\varepsilon^b(n-1)}=[1-k(n)e^b(n|n-1)]^{-1} \tag{7-176}$$

将式（7-176）代入式（7-173），得

$$\gamma_M(n)=[1-k(n)e^b(n|n-1)]^{-1}\gamma_{M+1}(n) \tag{7-177}$$

根据式（7-177），利用在计算 $\boldsymbol{g}_{M+1}(n)$ 时已求出的 $k(n)$，就可提前计算 $\gamma_M(n)$。

6．横向滤波器估计误差 $e(n)$ 的时间更新

根据横向滤波器估计误差 $e(n)$ 的定义，利用抽头输入向量的形式，可以将 $e(n)$ 表示为

$$e(n)=d(n)-\hat{d}(n)=d(n)-\boldsymbol{u}^{\mathrm{T}}(n)\boldsymbol{w}(n) \tag{7-178}$$

式中，$\boldsymbol{u}(n)=[u(n),u(n-1),\cdots,u(n-M+1)]^{\mathrm{T}}$ 为横向滤波器当前抽头输入向量，$\boldsymbol{w}(n)$ 为横向滤波器权向量。将最小二乘横向滤波器权向量 $\boldsymbol{w}(n)$ 的时间更新公式（7-128）代入式（7-178），得

$$e(n)=e(n|n-1)-\frac{e(n)}{\gamma_M(n)}\boldsymbol{u}^{\mathrm{T}}(n)\boldsymbol{g}(n) \tag{7-179}$$

式中，

$$e(n|n-1)=d(n)-\boldsymbol{u}^{\mathrm{T}}(n)\boldsymbol{w}(n-1) \tag{7-180}$$

是利用 $n-1$ 时刻的权向量 $\boldsymbol{w}(n-1)$，由当前抽头输入 $u(n),u(n-1),\cdots,u(n-M+1)$ 对 $d(n)$ 进行最小二乘估计的误差。由式（7-179）可以得到

$$e(n)=\frac{\gamma_M(n)e(n|n-1)}{\gamma_M(n)+\boldsymbol{u}^{\mathrm{T}}(n)\boldsymbol{g}(n)} \tag{7-181}$$

将式（7-103）代入式（7-181），得

$$e(n)=\gamma_M(n)e(n|n-1) \tag{7-182}$$

式（7-182）就是最小二乘横向滤波器估计误差 $e(n)$ 的时间更新公式。

7.4.4 FTF 算法描述

上面给出了 FTF 算法中时间更新的基本公式。从推导过程可以看出，FTF 算法各参量之间相互嵌套，为了对整个算法流程有清晰的认识，现对 FTF 算法进行整理归纳，并从实用的角度补充推导前面尚未涉及的公式。

FTF 算法的核心问题是最小二乘横向滤波器权向量 $\boldsymbol{w}(n)$ 的时间更新。式（7-128）给出了 $\boldsymbol{w}(n)$ 时间更新的基本公式，将最小二乘横向滤波器估计误差 $e(n)$ 的时间更新公式（7-182）代入式（7-128），可以得出

$$\boldsymbol{w}(n)=\boldsymbol{w}(n-1)+e(n|n-1)\boldsymbol{g}(n) \tag{7-183}$$

其中的 $e(n|n-1)$ 由式（7-180）计算得出，而 $\boldsymbol{g}(n)$ 需要由时间更新公式给出。

在前面详细讨论了 $\boldsymbol{g}(n)$ 的时间更新问题，在此基础上，现在进一步导出其实用公式。将式（7-156）代入式（7-138），有

$$\boldsymbol{g}(n)=\boldsymbol{k}_M(n)+k(n)\boldsymbol{b}(n-1)+\frac{e^b(n)}{\gamma_M(n)}k(n)\boldsymbol{g}(n) \tag{7-184}$$

由式（7-184）可以得出

$$g(n)=[k_M(n)+k(n)b(n-1)]\frac{\gamma_M(n)}{\gamma_M(n)-k(n)e^b(n)} \tag{7-185}$$

将式（7-162）代入式（7-185），并利用式（7-177），可以得到

$$g(n)=[k_M(n)+k(n)b(n-1)]\frac{\gamma_M(n)}{\gamma_{M+1}(n)} \tag{7-186}$$

其中，$k_M(n)$ 和 $k(n)$ 可利用式（7-134）由 $g(n-1)$ 及前向预测滤波器参量 $e^f(n)$、$\varepsilon^f(n)$、$a(n)$ 计算得出；$\gamma_{M+1}(n)$ 可利用式（7-169）由 $\gamma_M(n-1)$、$\varepsilon^f(n-1)$ 和 $\varepsilon^f(n)$ 计算得出；$\gamma_M(n)$ 可利用式（7-177）由 $k(n)$、$\gamma_{M+1}(n)$ 和 $e^b(n|n-1)$ 计算得出。

$k_M(n)$、$k(n)$ 和 $\gamma_{M+1}(n)$ 所需的前向预测滤波器参量 $e^f(n)$、$\varepsilon^f(n)$ 和 $a(n)$ 分别可用式（7-146）、式（7-149）、式（7-155）和式（7-141）计算得出。其中，式（7-141）还可进一步简化：将式（7-149）代入式（7-141），可以得到

$$a(n)=a(n-1)+e^f(n|n-1)g(n-1) \tag{7-187}$$

$\gamma_M(n)$ 所需的 $e^b(n|n-1)$ 可利用式（7-160）计算得出。与此同时，可以由 $\gamma_M(n)$ 和 $e^b(n|n-1)$ 利用式（7-162）计算出 $e^b(n)$，进而利用式（7-164）计算出 $\varepsilon^b(n)$。需要指出的是，$e^b(n)$ 和 $\varepsilon^b(n)$ 不是 FTF 算法中必需的参量。

$g(n)$ 计算出来后，可利用式（7-156）来计算 $b(n)$。将式（7-162）代入式（7-156），可将式（7-156）简化为

$$b(n)=b(n-1)+e^b(n|n-1)g(n) \tag{7-188}$$

根据以上分析，可以得出 FTF 算法的完整流程，如表 7-3 所示。

表 7-3 FTF 算法的完整流程

初始化： $w(0)=a(0)=b(0)=g(0)=0$， $\gamma_M(0)=1.0$，$\varepsilon^f(0)=\varepsilon^b(0)=\delta$，$\delta$ 为小的正数。 迭代计算： 对时间 $n=1,2,\cdots$ 计算 $e^f(n|n-1)=u(n)-u^{\mathrm{T}}(n-1)a(n-1)$ $e^f(n)=\gamma_M(n-1)e^f(n|n-1)$ $\varepsilon^f(n)=\varepsilon^f(n-1)+e^f(n)e^f(n|n-1)$ $a(n)=a(n-1)+e^f(n|n-1)g(n-1)$ $\gamma_{M+1}(n)=\gamma_M(n-1)\frac{\varepsilon^f(n-1)}{\varepsilon^f(n)}$ $\begin{bmatrix}k_M(n)\\k(n)\end{bmatrix}=\begin{bmatrix}0\\g(n-1)\end{bmatrix}+\frac{e^f(n)}{\varepsilon^f(n)}\begin{bmatrix}1\\-a(n)\end{bmatrix}$ $e^b(n|n-1)=u(n-M)-u^{\mathrm{T}}(n)b(n-1)$ $\gamma_M(n)=[1-k(n)e^b(n|n-1)]^{-1}\gamma_{M+1}(n)$ $g(n)=[k_M(n)+k(n)b(n-1)]\frac{\gamma_M(n)}{\gamma_{M+1}(n)}$ $b(n)=b(n-1)+e^b(n|n-1)g(n)$ $e(n|n-1)=d(n)-u^{\mathrm{T}}(n)w(n-1)$ $w(n)=w(n-1)+e(n|n-1)g(n)$

7.4.5 FTF 算法的性能

与 LMS 算法相比较，FTF 算法的突出优点是它的收敛速度对数据的相关性不敏感。现用一个具体例子来说明。图 7-5 所示为一个二阶自回归随机过程的样本序列$u(n)$，$u(n)$的信号模型为

$$u(n)=a_1u(n-1)+a_2u(n-2)+v(n)$$

其中$v(n)$是单位方差的高斯白噪声，$a_1=1.558$，$a_2=-0.81$。假设将$u(n)$加在一个未知系统的输入端，而将在系统输出端得到的信号作为期望信号$d(n)$，且已知

$$d(n)=0.2u(n)+0.7u(n-1)$$

现用一个二阶横向自适应滤波器来作为未知系统的模型，或者说用二阶横向自适应滤波器对未知系统进行辨识。具体做法是：将$u(n)$加在自适应滤波器的输入端，以$d(n)$作为期望信号，使自适应滤波器的输出成为$d(n)$的最小二乘估计，如图 7-6 所示，并假设图中的$N(n)=0$。显然自适应滤波器的两个权值$w_0(n)$和$w_1(n)$分别收敛于$a_0=0.2$和$a_1=0.7$。图 7-7 所示为采用 LMS 算法得到的权值收敛轨迹，可以看出其收敛速度较缓慢，且收敛性能对参数μ的选择很敏感。图 7-8 所示为采用 FTF 算法得到的权值收敛轨迹，可以看出其收敛速度较快，此外，实验证明其收敛性能对初始参数δ的选取不敏感。

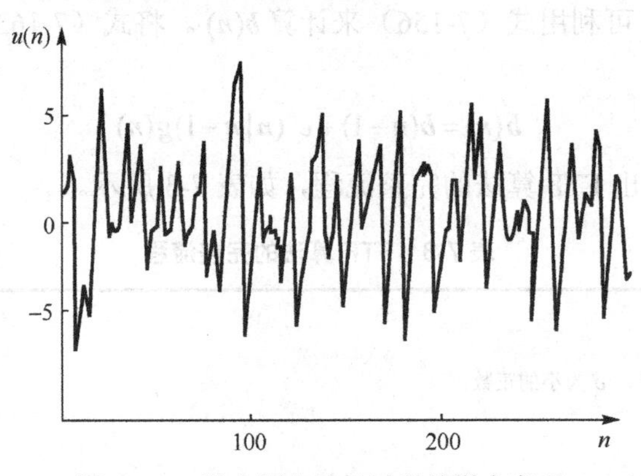

图 7-5 二阶自回归随机过程的样本序列

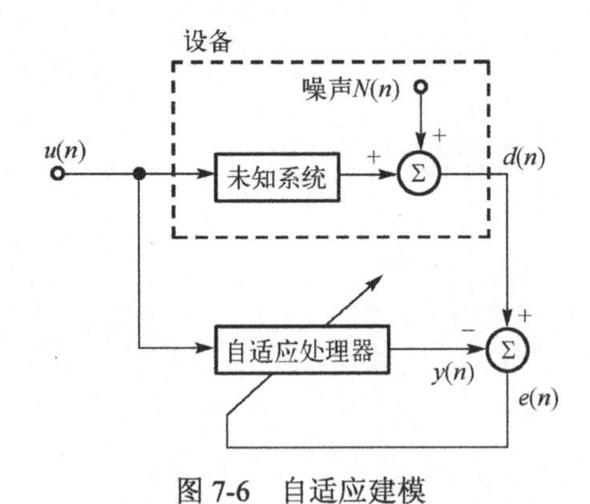

图 7-6 自适应建模

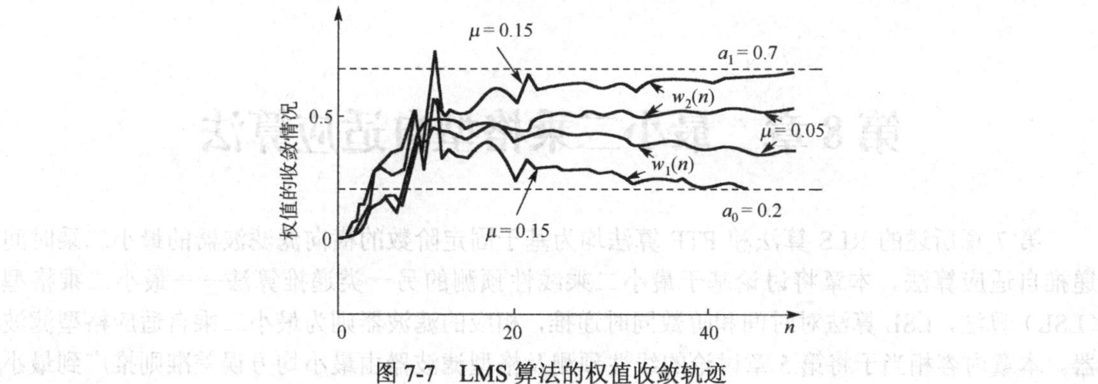

图 7-7　LMS 算法的权值收敛轨迹

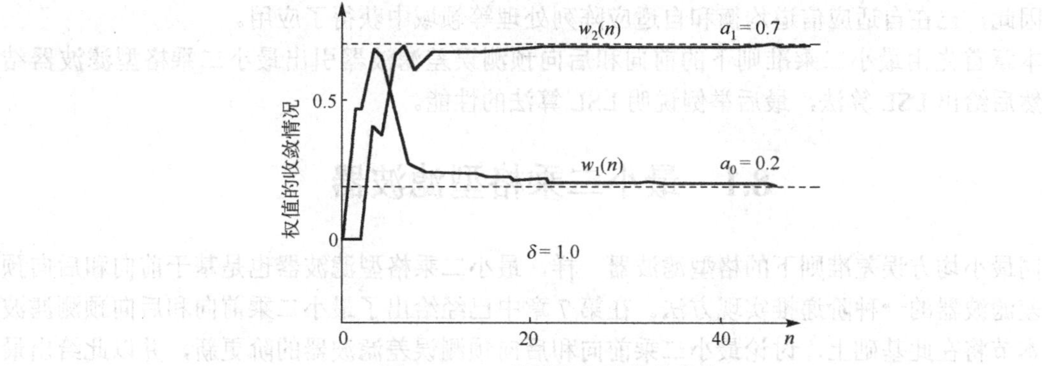

图 7-8　FTF 算法的权值收敛轨迹

第 8 章　最小二乘格型自适应算法

第 7 章所述的 RLS 算法和 FTF 算法均为基于固定阶数的横向滤滤波器的最小二乘时间递推自适应算法。本章将讨论基于最小二乘线性预测的另一类递推算法——最小二乘格型（LSL）算法，LSL 算法对时间和阶数同时递推，相应的滤波器则为最小二乘自适应格型滤波器。本章内容相当于将第 5 章讨论的线性预测及格型滤波器由最小均方误差准则推广到最小二乘准则。LSL 算法把 LMS 算法的高计算效率和 RLS 算法的快速收敛的优点很好地结合起来，因此，已在自适应信道均衡和自适应阵列处理等领域中获得了应用。

本章首先由最小二乘准则下的前向和后向预测误差滤波器引出最小二乘格型滤波器结构，然后给出 LSL 算法，最后举例说明 LSL 算法的性能。

8.1　最小二乘格型滤波器

同最小均方误差准则下的格型滤波器一样，最小二乘格型滤波器也是基于前向和后向预测误差滤波器的一种阶递推实现方法。在第 7 章中已经给出了最小二乘前向和后向预测滤波器，本节将在此基础上，讨论最小二乘前向和后向预测误差滤波器的阶更新，并以此给出最小二乘格型滤波器结构。

8.1.1　最小二乘前向预测误差的阶更新

由 m 阶前向和后向预测误差计算 $m+1$ 阶前向和后向预测误差的阶更新公式是预测误差滤波器的格型结构的基础。下面首先来考虑前向预测误差的阶更新公式。

由式（7-75）可得出 $m+1$ 阶前向预测误差在 n 时刻的分量

$$e_{m+1}^{f}(n)=\left\langle \boldsymbol{\pi}(n),\boldsymbol{P}_{1,m+1}^{\perp}(n)\boldsymbol{u}(n)\right\rangle \tag{8-1}$$

式中，$\boldsymbol{P}_{1,m+1}^{\perp}(n)$ 是对数据子空间 $\{\boldsymbol{A}_{1,m+1}(n)\}$ 的正交投影矩阵。而数据子空间 $\{\boldsymbol{A}_{1,m+1}(n)\}$ 可以表示为

$$\begin{aligned}\{\boldsymbol{A}_{1,m+1}(n)\}&=\{z^{-1}\boldsymbol{u}(n),z^{-2}\boldsymbol{u}(n),\cdots,z^{-m}\boldsymbol{u}(n),z^{-(m+1)}\boldsymbol{u}(n)\}\\&=\{\boldsymbol{A}_{1,m}(n),z^{-(m+1)}\boldsymbol{u}(n)\}\end{aligned} \tag{8-2}$$

即把 $\{\boldsymbol{A}_{1,m+1}(n)\}$ 视为将列向量 $z^{-(m+1)}\boldsymbol{u}(n)$ 附加到 $\boldsymbol{A}_{1,m}(n)$ 的最后一列的后面得到的，因此，式（8-1）可写为

$$e_{m+1}^{f}(n)=\left\langle \boldsymbol{\pi}(n),\boldsymbol{P}_{1,m+1}^{\perp}(n)\boldsymbol{u}(n)\right\rangle=\left\langle \boldsymbol{\pi}(n),\boldsymbol{P}_{(1,m)z^{-(m+1)}\boldsymbol{u}}^{\perp}(n)\boldsymbol{u}(n)\right\rangle \tag{8-3}$$

在式（6-105）中，令 $\boldsymbol{U}=\boldsymbol{A}_{1,m}(n)$， $\boldsymbol{u}=z^{-(m+1)}\boldsymbol{u}(n)$， $\boldsymbol{y}=\boldsymbol{u}(n)$， $\boldsymbol{z}=\boldsymbol{\pi}(n)$，则有

$$\begin{aligned}\left\langle \boldsymbol{\pi}(n),\boldsymbol{P}_{(1,m)z^{-(m+1)}\boldsymbol{u}}^{\perp}(n)\boldsymbol{u}(n)\right\rangle&=\left\langle \boldsymbol{\pi}(n),\boldsymbol{P}_{1,m}^{\perp}(n)\boldsymbol{u}(n)\right\rangle-\left\langle \boldsymbol{\pi}(n),\boldsymbol{P}_{1,m}^{\perp}(n)z^{-(m+1)}\boldsymbol{u}(n)\right\rangle\\&\quad\cdot\left\langle \boldsymbol{P}_{1,m}^{\perp}(n)z^{-(m+1)}\boldsymbol{u}(n),\boldsymbol{P}_{1,m}^{\perp}(n)z^{-(m+1)}\boldsymbol{u}(n)\right\rangle^{-1}\left\langle z^{-(m+1)}\boldsymbol{u}(n),\boldsymbol{P}_{1,m}^{\perp}(n)\boldsymbol{u}(n)\right\rangle\end{aligned} \tag{8-4}$$

根据式（7-75），有

$$\left\langle \boldsymbol{\pi}(n), \boldsymbol{P}_{1,m}^{\perp}(n)\boldsymbol{u}(n) \right\rangle = e_m^f(n) \tag{8-5}$$

由于

$$\boldsymbol{A}_{1,m}(n) = [z^{-1}\boldsymbol{u}(n), z^{-2}\boldsymbol{u}(n), \cdots, z^{-m}\boldsymbol{u}(n)] = z^{-1}\boldsymbol{A}_{0,m-1}(n) = \boldsymbol{A}_{0,m-1}(n-1) \tag{8-6}$$

因此根据正交投影矩阵的定义式，有

$$\boldsymbol{P}_{1,m}^{\perp}(n) = \boldsymbol{P}_{0,m-1}^{\perp}(n-1) \tag{8-7}$$

根据式（8-7）和式（7-90），可得

$$\boldsymbol{P}_{1,m}^{\perp}(n) z^{-(m+1)} \boldsymbol{u}(n) = \boldsymbol{P}_{0,m-1}^{\perp}(n-1) z^{-m} \boldsymbol{u}(n-1) = \boldsymbol{e}_m^b(n-1) \tag{8-8}$$

因此有

$$\left\langle \boldsymbol{\pi}(n), \boldsymbol{P}_{1,m}^{\perp}(n) z^{-(m+1)} \boldsymbol{u}(n) \right\rangle = \left\langle \boldsymbol{\pi}(n), \boldsymbol{e}_m^b(n-1) \right\rangle = e_m^b(n-1) \tag{8-9}$$

根据式（8-8）和式（7-92），有

$$\begin{aligned} \left\langle z^{-(m+1)}\boldsymbol{u}(n), \boldsymbol{P}_{1,m}^{\perp}(n) z^{-(m+1)} \boldsymbol{u}(n) \right\rangle &= \left\langle z^{-m}\boldsymbol{u}(n-1), \boldsymbol{P}_{0,m-1}^{\perp}(n-1) z^{-m} \boldsymbol{u}(n-1) \right\rangle \\ &= \varepsilon_m^b(n-1) \end{aligned} \tag{8-10}$$

而根据式（8-8）和式（7-73），可得

$$\begin{aligned} \left\langle z^{-(m+1)}\boldsymbol{u}(n), \boldsymbol{P}_{1,m}^{\perp}(n)\boldsymbol{u}(n) \right\rangle &= \left\langle \boldsymbol{P}_{1,m}^{\perp}(n) z^{-(m+1)}\boldsymbol{u}(n), \boldsymbol{P}_{1,m}^{\perp}(n)\boldsymbol{u}(n) \right\rangle \\ &= \left\langle z^{-1}\boldsymbol{e}_m^b(n), \boldsymbol{e}_m^f(n) \right\rangle \\ &= \Delta_{m+1}(n) \end{aligned} \tag{8-11}$$

式中，

$$\Delta_{m+1}(n) = \left\langle z^{-1}\boldsymbol{e}_m^b(n), \boldsymbol{e}_m^f(n) \right\rangle \tag{8-12}$$

称为前后向预测误差相关系数。

将式（8-3）、式（8-5）、式（8-9）、式（8-10）和式（8-11）代入式（8-4），有

$$e_{m+1}^f(n) = e_m^f(n) - e_m^b(n-1)\frac{\Delta_{m+1}(n)}{\varepsilon_m^b(n-1)} = e_m^f(n) + K_{m+1}^b(n) e_m^b(n-1) \tag{8-13}$$

式中，

$$K_{m+1}^b(n) = -\frac{\Delta_{m+1}(n)}{\varepsilon_m^b(n-1)} \tag{8-14}$$

称为后向预测反射系数。式（8-13）就是前向预测误差的阶更新公式。

8.1.2　最小二乘后向预测误差的阶更新

用与推导式（8-13）类似的方法，可以得到后向预测误差的阶更新公式。根据式（7-91），可得

$$e_{m+1}^b(n)=\left\langle \boldsymbol{\pi}(n), \boldsymbol{P}_{0,m}^{\perp}(n)z^{-(m+1)}\boldsymbol{u}(n)\right\rangle \tag{8-15}$$

由于

$$\{\boldsymbol{A}_{0,m}(n)\}=\{\boldsymbol{u}(n), z^{-1}\boldsymbol{u}(n),\cdots,z^{-m}\boldsymbol{u}(n)\}=\{\boldsymbol{u}(n),\boldsymbol{A}_{1,m}(n)\}=\{\boldsymbol{A}_{1,m}(n),\boldsymbol{u}(n)\} \tag{8-16}$$

因此，式（8-15）可表示为

$$e_{m+1}^b(n)=\left\langle \boldsymbol{\pi}(n), \boldsymbol{P}_{0,m}^{\perp}(n)z^{-(m+1)}\boldsymbol{u}(n)\right\rangle=\left\langle \boldsymbol{\pi}(n), \boldsymbol{P}_{(1,m)\boldsymbol{u}}^{\perp}(n)z^{-(m+1)}\boldsymbol{u}(n)\right\rangle \tag{8-17}$$

在式（6-105）中，令 $\boldsymbol{U}=\boldsymbol{A}_{1,m}(n)$，$\boldsymbol{u}=\boldsymbol{u}(n)$，$\boldsymbol{y}=z^{-(m+1)}\boldsymbol{u}(n)$，$\boldsymbol{z}=\boldsymbol{\pi}(n)$，按照前向预测误差阶更新公式类似的推导，可以得出

$$e_{m+1}^b(n)=e_m^b(n-1)+K_{m+1}^f(n)e_m^f(n) \tag{8-18}$$

式中，

$$K_{m+1}^f(n)=-\frac{\Delta_{m+1}(n)}{\varepsilon_m^f(n)} \tag{8-19}$$

称为前向预测反射系数。式（8-18）就是后向预测误差的阶更新公式。

8.1.3 最小二乘格型结构

式（8-13）和式（8-18）表示的最小二乘前向和后向预测误差的阶更新公式定义了最小二乘预测误差格型滤波器的结构。图 8-1 是根据式（8-13）和式（8-18）给出的单级最小二乘格型滤波器结构，其输入是 m 阶前向和后向预测误差，输出是 $m+1$ 阶前向和后向预测误差。图 8-2 给出了 M 级最小二乘格型滤波器，其初始条件为

$$e_0^f(n)=e_0^b(n)=u(n) \tag{8-20}$$

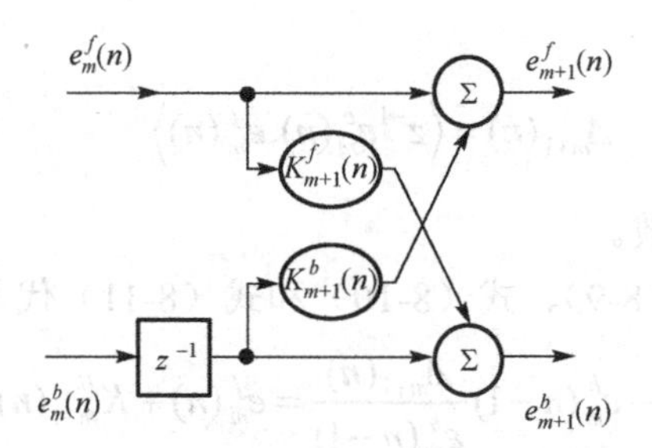

图 8-1 单级最小二乘格型滤波器

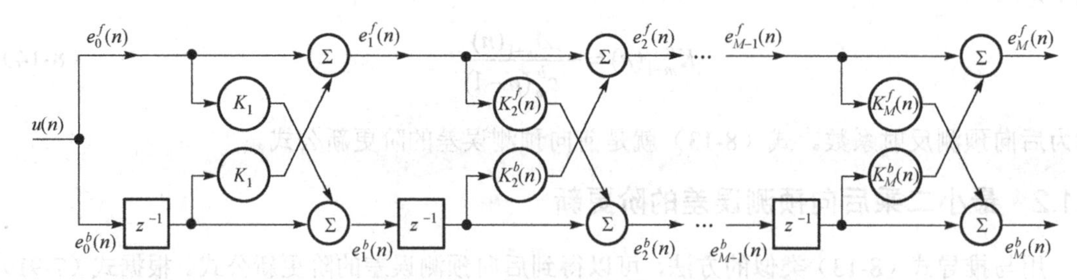

图 8-2 M 级最小二乘格型滤波器

由图 8-2 可以看出，最小二乘格型滤波器与最小均方误差格型滤波器结构相似，不同的

只是最小二乘格型滤波器的每一级都有两个参数，即前向预测反射系数 $K^f_{m+1}(n)$ 和后向预测反射系数 $K^b_{m+1}(n)$。一般情况下，滤波器的输入数据是非平稳信号，此时前向预测反射系数和后向预测反射系数不相等。若输入信号是平稳的，则前向预测反射系数和后向预测反射系数相等，此时最小二乘格型滤波器各级都将只有一个参数。

8.2 LSL 算 法

8.2.1 LSL 算法导出

如上所述，最小二乘格型滤波器有两个参数：$K^f_{m+1}(n)$ 和 $K^b_{m+1}(n)$。最小二乘格型自适应算法的各参数均递推求出。根据 $K^f_{m+1}(n)$ 和 $K^b_{m+1}(n)$ 的表示式可以知道，为给出 $K^f_{m+1}(n)$ 和 $K^b_{m+1}(n)$ 的递推更新公式，需要分别考虑 $\varepsilon^f_m(n)$、$\varepsilon^b_m(n-1)$ 和 $\varDelta_{m+1}(n)$ 的递推更新问题。

首先来推导前向和后向预测误差剩余的阶更新公式。由式（7-76），可写出 $m+1$ 阶前向预测误差剩余为

$$\varepsilon^f_{m+1}(n)=\left\langle \boldsymbol{u}(n),\boldsymbol{P}^{\perp}_{1,m+1}(n)\boldsymbol{u}(n)\right\rangle \tag{8-21}$$

与推导式（8-13）的方法类似，在式（6-105）中，令 $\boldsymbol{U}=\boldsymbol{A}_{1,m}(n)$，$\boldsymbol{u}=z^{-(m+1)}\boldsymbol{u}(n)$，$\boldsymbol{z}=\boldsymbol{y}=\boldsymbol{u}(n)$，则可以得到

$$\varepsilon^f_{m+1}(n)=\varepsilon^f_m(n)-\frac{\varDelta^2_{m+1}(n)}{\varepsilon^b_m(n-1)} \tag{8-22}$$

这就是前向预测误差剩余的阶更新公式。

由式（7-92），可写出 $m+1$ 阶后向预测误差剩余为

$$\varepsilon^b_{m+1}(n)=\left\langle z^{-(m+1)}\boldsymbol{u}(n),\boldsymbol{P}^{\perp}_{0,m}(n)z^{-(m+1)}\boldsymbol{u}(n)\right\rangle \tag{8-23}$$

在式（6-105）中，令 $\boldsymbol{U}=\boldsymbol{A}_{1,m}(n)$，$\boldsymbol{u}=\boldsymbol{u}(n)$，$\boldsymbol{z}=\boldsymbol{y}=z^{-(m+1)}\boldsymbol{u}(n)$，用完全类似的方法可以推导出后向预测误差剩余的阶更新公式为

$$\varepsilon^b_{m+1}(n)=\varepsilon^b_m(n-1)-\frac{\varDelta^2_{m+1}(n)}{\varepsilon^f_m(n)} \tag{8-24}$$

下面来考虑前后向预测误差相关系数 $\varDelta_{m+1}(n)$ 的递推更新问题。对于前后向预测误差相关系数 $\varDelta_{m+1}(n)$ 来说，如果仍采用阶更新的方式进行递推，则根据式（8-12）可得

$$\varDelta_{m+2}(n)=\left\langle z^{-1}\boldsymbol{e}^b_{m+1}(n),\boldsymbol{e}^f_{m+1}(n)\right\rangle \tag{8-25}$$

式（8-25）中的 $z^{-1}\boldsymbol{e}^b_{m+1}(n)$ 根据式（8-8）可表示为

$$z^{-1}\boldsymbol{e}^b_{m+1}(n)=\boldsymbol{P}^{\perp}_{1,m+1}(n)z^{-(m+2)}\boldsymbol{u}(n) \tag{8-26}$$

这里的 $\boldsymbol{P}^{\perp}_{1,m+1}(n)z^{-(m+2)}\boldsymbol{u}(n)$ 在前面从未定义过，因此前后向预测误差相关系数 $\varDelta_{m+1}(n)$ 不按阶更新而按时间来进行更新。具体来说，就是从初始的 $\varDelta_{m+1}(0)$ 开始按时间递推计算出 $\varDelta_{m+1}(n)$。下面来推导 $\varDelta_{m+1}(n)$ 的时间更新公式。为此，在式（6-105）中，令 $\boldsymbol{U}=\boldsymbol{A}_{1,m}(n)$，$\boldsymbol{u}=\boldsymbol{\pi}(n)$，$\boldsymbol{z}=\boldsymbol{u}(n)$，

$\boldsymbol{y}=z^{-(m+1)}\boldsymbol{u}(n)$，则有

$$\left\langle \boldsymbol{u}(n),\boldsymbol{P}_{(1,m)\pi}^{\perp}(n)z^{-(m+1)}\boldsymbol{u}(n)\right\rangle=\left\langle \boldsymbol{u}(n),\boldsymbol{P}_{1,m}^{\perp}(n)z^{-(m+1)}\boldsymbol{u}(n)\right\rangle-\left\langle \boldsymbol{u}(n),\boldsymbol{P}_{1,m}^{\perp}(n)\boldsymbol{\pi}(n)\right\rangle \cdot\left\langle \boldsymbol{P}_{1,m}^{\perp}(n)\boldsymbol{\pi}(n),\boldsymbol{P}_{1,m}^{\perp}(n)\boldsymbol{\pi}(n)\right\rangle^{-1}\left\langle \boldsymbol{\pi}(n),\boldsymbol{P}_{1,m}^{\perp}(n)z^{-(m+1)}\boldsymbol{u}(n)\right\rangle \tag{8-27}$$

根据式（6-119）和式（8-11），有

$$\begin{aligned}\left\langle \boldsymbol{u}(n),\boldsymbol{P}_{(1,m)\pi}^{\perp}(n)z^{-(m+1)}\boldsymbol{u}(n)\right\rangle&=\left\langle \boldsymbol{u}(n),\begin{bmatrix}\boldsymbol{P}_{1,m}^{\perp}(n-1) & \boldsymbol{0}_{n-1}\\ \boldsymbol{0}_{n-1}^{\mathrm{T}} & 0\end{bmatrix}z^{-(m+1)}\boldsymbol{u}(n)\right\rangle\\&=\left\langle \boldsymbol{u}(n),\begin{bmatrix}\boldsymbol{P}_{1,m}^{\perp}(n-1)z^{-(m+1)}\boldsymbol{u}(n-1)\\ 0\end{bmatrix}\right\rangle\\&=\left\langle \boldsymbol{u}(n-1),\boldsymbol{P}_{1,m}^{\perp}(n-1)z^{-(m+1)}\boldsymbol{u}(n-1)\right\rangle\\&=\Delta_{m+1}(n-1)\end{aligned} \tag{8-28}$$

根据式（8-7）和式（7-103），可得

$$\left\langle \boldsymbol{\pi}(n),\boldsymbol{P}_{1,m}^{\perp}(n)\boldsymbol{\pi}(n)\right\rangle=\left\langle \boldsymbol{\pi}(n),\boldsymbol{P}_{0,m-1}^{\perp}(n-1)\boldsymbol{\pi}(n)\right\rangle=\gamma_m(n-1) \tag{8-29}$$

将式（8-28）和式（8-29）代入式（8-27），并利用式（8-11）、式（7-75）和式（8-9），可以得到

$$\Delta_{m+1}(n)=\Delta_{m+1}(n-1)+\frac{e_m^f(n)e_m^b(n-1)}{\gamma_m(n-1)} \tag{8-30}$$

式（8-30）就是前后向预测误差相关系数$\Delta_{m+1}(n)$的时间更新公式。

由式（8-30）可以看出，当m阶的角参量$\gamma_m(n-1)$、前向和后向预测误差已知时，即可利用该式由$\Delta_{m+1}(n-1)$计算出$\Delta_{m+1}(n)$。但是，在对$m+2$阶的相关系数$\Delta_{m+2}(n)$进行时间更新时，需要知道$\gamma_{m+1}(n-1)$，为此，还必须推导出角参量的阶更新公式，即由$\gamma_m(n-1)$到$\gamma_{m+1}(n-1)$的递推公式。为此，再次采用上面多次使用过的方法，在式（6-105）中，这里令$\boldsymbol{U}=\boldsymbol{A}_{1,m}(n)$，$\boldsymbol{u}=z^{-(m+1)}\boldsymbol{u}(n)$，$\boldsymbol{z}=\boldsymbol{y}=\boldsymbol{\pi}(n)$，即可得到

$$\gamma_{m+1}(n-1)=\gamma_m(n-1)-\frac{[e_m^b(n-1)]^2}{\varepsilon_m^b(n-1)} \tag{8-31}$$

式（8-31）就是角参量的阶更新公式。至此，得到了LSL算法的全部递推公式。

8.2.2 LSL 算法小结

最后，给出LSL算法的计算流程，如表8-1所示。

表8-1 LSL算法的计算流程

初始化： $e_m^b(0)=0$，$\Delta_m(0)=0$，$\gamma_m(0)=1$，$\varepsilon_m^f(0)=\varepsilon_m^b(0)=\delta$ 如果前向和后向预测误差剩余的初始值δ没有给出，可以任意选择。 迭代计算：

按时间 $n=1,2,\cdots$

$$e_0^b(n)=e_0^f(n)=u(n)$$

$$\varepsilon_0^b(n)=\varepsilon_0^f(n)=\varepsilon_0^f(n-1)+u^2(n)$$

$$\gamma_0(n)=1$$

迭代计算：

按阶 $m=0,1,\cdots,M-1$

$$\varDelta_{m+1}(n)=\varDelta_{m+1}(n-1)+\frac{e_m^f(n)e_m^b(n-1)}{\gamma_m(n-1)}$$

$$e_{m+1}^f(n)=e_m^f(n)-\frac{\varDelta_{m+1}(n)e_m^b(n-1)}{\varepsilon_m^b(n-1)}$$

$$e_{m+1}^b(n)=e_m^b(n-1)-\frac{\varDelta_{m+1}(n)e_m^f(n)}{\varepsilon_m^f(n)}$$

$$\varepsilon_{m+1}^f(n)=\varepsilon_m^f(n)-\frac{\varDelta_{m+1}^2(n)}{\varepsilon_m^b(n-1)}$$

$$\varepsilon_{m+1}^b(n)=\varepsilon_m^b(n-1)-\frac{\varDelta_{m+1}^2(n)}{\varepsilon_m^f(n)}$$

$$\gamma_{m+1}(n-1)=\gamma_m(n-1)-\frac{[e_m^b(n-1)]^2}{\varepsilon_m^b(n-1)}$$

$$K_{m+1}^b(n)=-\frac{\varDelta_{m+1}(n)}{\varepsilon_m^b(n-1)}\qquad K_{m+1}^f(n)=-\frac{\varDelta_{m+1}(n)}{\varepsilon_m^f(n)}$$

由 LSL 算法的计算流程可以看出，LSL 算法中各参量均按阶递推计算，并且同阶的前后向预测误差相关系数 $\varDelta_{m+1}$ 嵌套着按时间进行迭代计算。

8.2.3 LSL 算法的性能

为了说明 LSL 算法的性能，仍采用图 7-5 给出的二阶自回归随机过程的样本序列。现在要用一个 LSL 自适应滤波器来预测 $u(n)$，从而得到对信号模型的两个参数的估计值 $\hat{a}_1(n)$ 和 $\hat{a}_2(n)$。采用 LSL 算法，利用图 7-5 的数据可计算出格型滤波器的1阶与2阶前向和后向预测反射系数 $K_1^f(n)$、$K_1^b(n)$ 和 $K_2^b(n)$，然后由这些反射系数计算出估计值 $\hat{a}_1(n)$ 和 $\hat{a}_2(n)$。为此，需要推导出反射系数与滤波器参数估计值之间的关系。由式（8-13）和式（8-18）可以写出1阶与2阶前向和后向预测误差的递推公式为

$$e_1^f(n)=e_0^f(n)+K_1^b(n)e_0^b(n-1)\tag{8-32}$$

$$e_1^b(n)=e_0^b(n-1)+K_1^f(n)e_0^f(n)\tag{8-33}$$

$$e_2^f(n)=e_1^f(n)+K_2^b(n)e_1^b(n-1)\tag{8-34}$$

由于 $e_0^f(n)=e_0^b(n)=u(n)$，因此式（8-32）和式（8-33）分别为

$$e_1^f(n)=u(n)+K_1^b(n)u(n-1)\tag{8-35}$$

$$e_1^b(n)=u(n-1)+K_1^f(n)u(n)\tag{8-36}$$

将式（8-35）和式（8-36）代入式（8-34），可以得到

$$e_2^f(n) = u(n) - \{[-K_1^f(n)K_2^b(n) - K_1^b(n)]u(n-1) - K_2^b(n)u(n-2)\} \tag{8-37}$$

另一方面，2阶前向线性预测误差为

$$e_2^f(n) = u(n) - \hat{u}(n) = u(n) - [\hat{a}_1(n)u(n-1) + \hat{a}_2(n)u(n-2)] \tag{8-38}$$

对照式（8-37）与式（8-38），可得

$$\hat{a}_1(n) = -K_1^f(n)K_2^b(n) - K_1^b(n) \tag{8-39}$$

$$\hat{a}_2(n) = -K_2^b(n) \tag{8-40}$$

式（8-39）和式（8-40）就是利用LSL算法对信号模型参数进行估计的计算公式。图8-3给出了模型参数估计值$\hat{a}_1(n)$和$\hat{a}_2(n)$在自适应过程中的收敛轨迹（选取$\delta=1$）。为了进行比较，图中还给出了LMS算法计算的结果（选取$\mu=0.005$）。由该图看出，利用LSL算法和LMS算法计算得到的$\hat{a}_1(n)$都收敛于$a_1=1.558$，$\hat{a}_2(n)$都收敛于$a_2=-0.81$，但是LSL算法很明显地比LMS算法收敛得更快。

采用LSL算法时，前向和后向预测误差剩余初始值δ的选取对于模型参数的收敛性能是有影响的。图8-4给出了三种不同δ取值的情况下，用LSL算法对参数a_1的估计值$\hat{a}_1(n)$的收敛轨迹。可以看出，在$\delta=0.1$和$\delta=1.0$两种情况下，$\hat{a}_1(n)$很快就收敛到a_1，不过，在轨迹的开始部分有一个下冲；而当$\delta=10$时，虽然收敛得稍慢了一点，但下冲大为削弱。图8-4所示的三种情况的收敛速度都比LMS算法快得多。

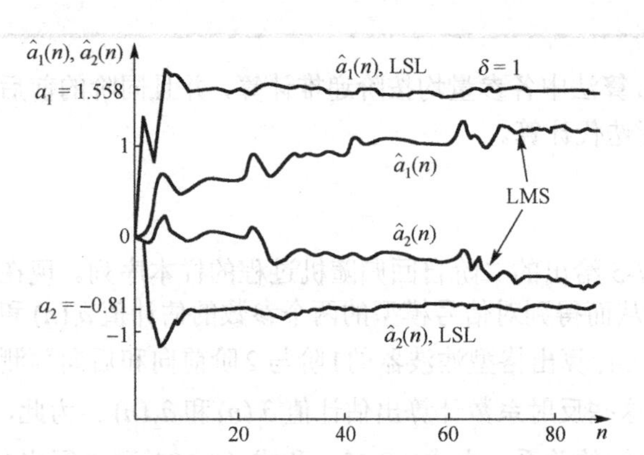

图8-3　LSL和LMS算法估计信号模型参数的性能比较

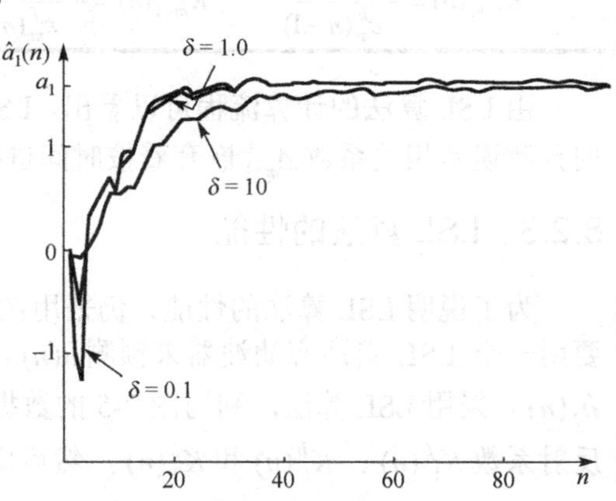

图8-4　预测误差剩余初始值δ对LSL算法收敛性能的影响

第 9 章　非线性滤波及其自适应算法

在噪声背景中估计信号波形的问题过去通常由线性滤波器来完成。因为线性滤波器发展的时间较长、理论成熟、数学分析简单、易于设计和实现，且对滤除与信号不相关的加性高斯白噪声有很好的效果，能获得某些准则下的最优滤波，所以，线性滤波器成为早期信号和图像处理的主要工具。本书前面各章讨论的都是基于不同准则下的最优线性滤波及其自适应算法的。本章将介绍在信号和图像处理领域中有广泛应用的几种主要的非线性滤波器——Volterra 滤波器、形态滤波器与层叠滤波器及其自适应算法。

9.1　非线性滤波概述

线性滤波技术由于发展较早、理论成熟，在信号和图像处理中获得了普遍应用。但是线性滤波技术在应用中也存在一些不足之处，主要如下。

（1）线性滤波常常要求有对信号和噪声的先验知识，这在某些实际应用中往往是一个不易满足的约束条件。

（2）线性滤波基于频域分隔的原理，它在平滑噪声的同时也会平滑和模糊信号中的一些主要特征，如陡峭的跳变边缘和信号中的窄脉冲成分等。对二维图像信号来说，噪声滤波器具有边缘信息保持能力尤为重要，因为人眼对图像质量的视觉感受在很大程度上受图像边缘信息的影响。

（3）实际信号在获取、传输和变换过程中常受到多种噪声源的影响而产生退化。这些噪声除有加性高斯白噪声外，还可能有信号关联噪声和脉冲噪声。线性滤波对后两种噪声的平滑作用很差。

与线性滤波相比，非线性滤波出现的时间很短，它基于对输入信号的一种非线性影射关系，常可把某一特定的噪声近似地影射为零而保留信号的主要特征，因而可以在一定程度上克服线性滤波的不足之处。近 20 年来，非线性滤波一直是人们研究的热点课题之一。特别是到了 20 世纪 80 年代中后期，非线性滤波在理论上和应用上都取得了长足的进展，出现了各种类型的非线性滤波器。

根据产生背景的不同，非线性滤波器大体上可归为四大类型：同态滤波器、多项式滤波器、排序统计滤波器和形态滤波器。

（1）同态滤波器是最早出现的一类非线性滤波器，它被用来滤除与信号关联（乘积或卷积）的非加性噪声。其原理是利用非线性系统将乘性或卷性等非线性信号组合变换成加性信号组合，然后对它们按要求进行线性滤波处理，最后利用非线性逆系统对处理后的信号进行逆变换，即得整个同态滤波系统的输出。目前，同态滤波器在图像处理、地震信号处理和语音信号处理等领域都获得了普遍应用。

（2）多项式滤波器是基于 Volterra 级数表示法的一类非线性滤波器。由于高阶 Volterra 级数计算具有复杂性，因此目前研究的主要是二阶 Volterra 级数滤波器理论，它主要应用于通信系统中多径回波的自适应对消，以及对非线性随机信号进行建模，另外，在图像增强、边缘检测和非线性图像序列预测等方面也有重要的应用价值。Volterra 级数滤波器存在的主要问题是运算量极大，难于实现实时处理。因此，研究它的快速算法和高效结构设计方法是当前的主要方向。

（3）排序统计滤波器建立在排序统计学的基础上，它包含了许多类型广泛的非线性滤波器，其中最著名的是中值滤波器。中值滤波器起源于稳健估计理论，它是一个滑动中位数算子，当初被用作时间序列分析，后来被应用到数字图像处理领域。虽然中值滤波器是在 20 世纪 70 年代中期提出来的，但对它作较深入的理论分析是从 20 世纪 80 年代才开始的。近年来，在发展中值滤波器的改进型方面已取得了很大进展，其中包括递归中值滤波器、可分离中值滤波器、混合型中值滤波器和加权中值滤波器等。另外在这些进展中，最引人注目的是层叠滤波器，它具有阈值分解特性和层叠组合特性，可以把多值信号分解为二值序列，便于并行实时处理。层叠滤波器概括了类型非常广泛的非线性滤波器，包括基于排序统计学的滤波器和特殊类型的形态滤波器。目前研究排序统计滤波器的快速算法和开发它的专用 VLSI（超大规模集成电路）芯片是该领域的十分活跃的课题。

（4）形态滤波器是从数学形态学中发展出来的一种新型的非线性滤波器，也是目前诸多非线性滤波器中进展最快、应用最广的一种。它已经成为非线性滤波领域中最具代表性和最有发展前景的一种滤波器，因而受到了国内外学者的普遍关注和广泛研究。

本章将集中讨论 Volterra 级数滤波器、形态滤波器与层叠滤波器及其自适应算法。

9.2 Volterra 级数滤波器

Volterra 级数是由意大利数学家 Vito Volterra 于 1880 年首先提出的，起初作为对 Taylor 级数的推广，用于积分方程和微分方程的求解。1887 年 Volterra 首先引用级数来研究非线性滤波问题，提出可以利用 Volterra 级数来分析非线性滤波器的输入-输出关系特性。但是在此后的很长一段时间内，由于人们致力于研究线性滤波的理论和方法，Volterra 级数滤波器没有受到应有的重视。近年来，随着人们对系统性能要求的不断提高，非线性滤波理论逐渐成为理论研究的热点，Volterra 级数滤波理论的重要性也被越来越多的人所承认。

Volterra 级数可以被视为具有存储（记忆）能力的 Taylor 级数。在许多场合，可以利用截断形式的 Volterra 级数来表示非线性系统，同时应用高阶统计学方面知识进行分析。Volterra 级数核具有鲜明的物理意义，对工程技术领域非常有用，它不仅提供了一套新的理论，而且为解决非线性实际问题提供了强有力的方法和工具。

9.2.1 连续的 Volterra 级数滤波器

连续的 Volterra 级数可以表示为

$$y(t)=\sum_{p=1}^{\infty}\int_{-\infty}^{+\infty}\cdots\int_{-\infty}^{+\infty}w_p(\tau_1,\tau_2,\cdots,\tau_p)\prod_{i=1}^{p}u(t-\tau_i)\mathrm{d}\tau_i=\sum_{p=1}^{\infty}y_p(t) \tag{9-1}$$

式中，

$$y_p(t)=\int_{-\infty}^{+\infty}\cdots\int_{-\infty}^{+\infty}w_p(\tau_1,\tau_2,\cdots,\tau_p)\prod_{i=1}^{p}u(t-\tau_i)\mathrm{d}\tau_i \tag{9-2}$$

在式（9-1）中，若 $u(t)$ 和 $y(t)$ 分别为滤波器的输入和输出信号，则式（9-1）给出的 Volterra 级数描述了非线性滤波器的输入–输出关系特性，该滤波器称为 Volterra 级数滤波器。其中，$u(t), y(t) \in \mathbf{R}$；函数 $w_p(\tau_1,\tau_2,\cdots,\tau_p)$ 被称为 p 阶 Volterra 核或广义脉冲响应函数；$y_p(t)$（$p \geqslant 1$）是由 p 阶 Volterra 核构成的 p 阶子系统的输出。

当 $w_p(\tau_1,\tau_2,\cdots,\tau_p) = w_p(\tau_1,\tau_2,\cdots,\tau_p,\tau)$ 时，称该系统为时不变系统。可以看出，如果当 $p>1$ 时 $w_p(\tau_1,\tau_2,\cdots,\tau_p)=0$，则式（9-2）代表线性系统模型，其中 $w_1(\tau_1)$ 是系统的脉冲响应函数。因此，Volterra 级数模型是线性系统的脉冲响应函数模型在非线性系统中的推广，故称之为非线性系统的广义脉冲响应函数模型。如果当 $p>N$ 时 $w_p(\tau_1,\tau_2,\cdots,\tau_p)=0$，则称系统为有限阶级数系统，或称为 N 阶 Volterra 级数系统，此时

$$y(t)=\sum_{p=1}^{N}\int_{-\infty}^{+\infty}\cdots\int_{-\infty}^{+\infty}w_p(\tau_1,\tau_2,\cdots,\tau_p)\prod_{i=1}^{p}u(t-\tau_i)\mathrm{d}\tau_i=\sum_{p=1}^{N}y_p(t) \tag{9-3}$$

9.2.2　离散的 Volterra 级数滤波器

对于离散的情况，设 $u(n)$ 和 $y(n)$ 分别表示非线性系统的输入和输出序列，则输出 $y(n)$ 用 Volterra 级数可以表示为

$$\begin{aligned}y(n)&=\sum_{m_1=0}^{\infty}w_1(m_1)u(n-m_1)+\sum_{m_1=0}^{\infty}\sum_{m_2=0}^{\infty}w_2(m_1,m_2)u(n-m_1)u(n-m_2)+\cdots\\&\quad+\sum_{m_1=0}^{\infty}\sum_{m_2=0}^{\infty}\cdots\sum_{m_p=0}^{\infty}w_p(m_1,m_2,\cdots,m_p)u(n-m_1)u(n-m_2)\cdots u(n-m_p)+\cdots\\&=\sum_{p=1}^{\infty}y_p(n)\end{aligned} \tag{9-4}$$

式中，

$$y_p(n)=\sum_{m_1=0}^{\infty}\sum_{m_2=0}^{\infty}\cdots\sum_{m_p=0}^{\infty}w_p(m_1,m_2,\cdots,m_p)u(n-m_1)u(n-m_2)\cdots u(n-m_p) \tag{9-5}$$

当 $p=1$ 时，式（9-4）中的 $w_1(m_1)$ 就是通常的线性脉冲响应函数。而 $w_p(m_1,m_2,\cdots,m_p)$ 可以被视为 p 阶子系统的广义脉冲响应函数，该函数能够描述系统的非线性特性。对于 N 阶 Volterra 模型来说，式（9-4）的上限用 N 取代，对于二阶 Volterra 级数滤波器，有

$$y(n)=\sum_{m_1=0}^{\infty}w_1(m_1)u(n-m_1)+\sum_{m_1=0}^{\infty}\sum_{m_2=0}^{\infty}w_2(m_1,m_2)u(n-m_1)u(n-m_2) \tag{9-6}$$

如果滤波器的记忆长度（存储长度）为 M，即滤波器的阶数为 M，则二阶 Volterra 级数 M 阶滤波器为

$$y(n)=\sum_{m_1=0}^{M-1}w_1(m_1)u(n-m_1)+\sum_{m_1=0}^{M-1}\sum_{m_2=0}^{M-1}w_2(m_1,m_2)u(n-m_1)u(n-m_2) \tag{9-7}$$

图 9-1 所示为一个二阶 Volterra 级数 4 阶滤波器的结构框图。

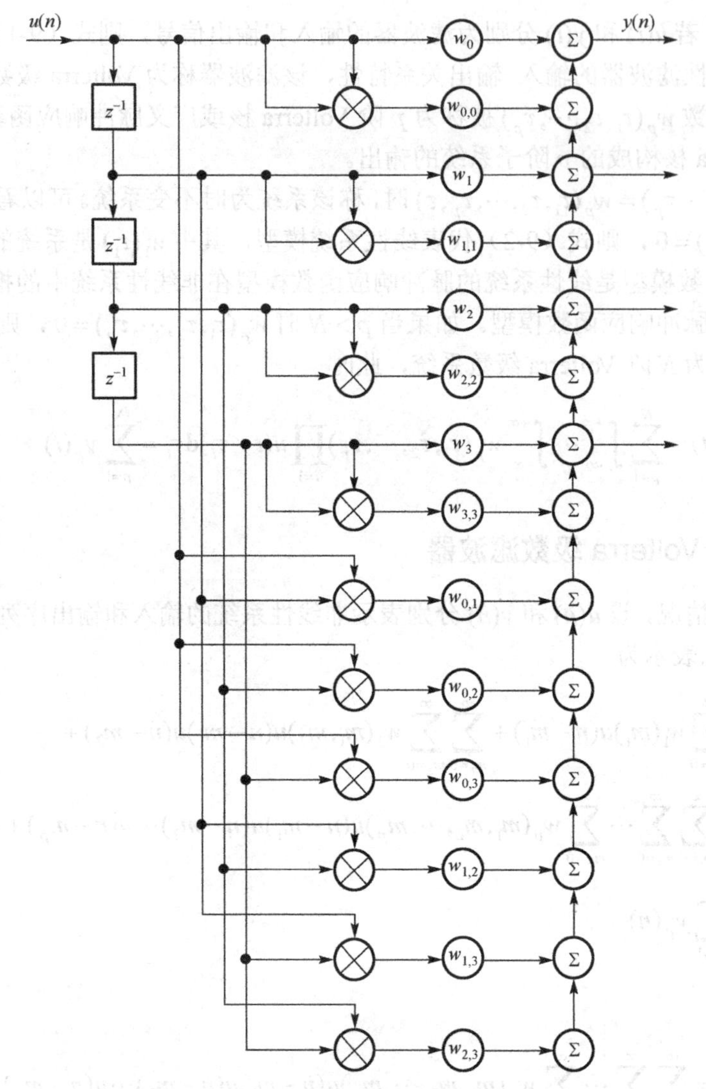

图 9-1 二阶 Volterra 级数 4 阶滤波器的结构框图

9.3 LMS Volterra 级数滤波器

这里针对二阶 Volterra 级数 M 阶滤波器，给出 Volterra LMS 算法。对于某些应用来说，这种选择将计算复杂度降低到了可以接受的程度，也简化了推导过程。可以直接将这种算法推广到高阶情形。对于二阶 Volterra 级数滤波器，将式（9-7）改写为

$$y(n)=\sum_{m_1=0}^{M-1}w_{m_1}(n)u(n-m_1)+\sum_{m_1=0}^{M-1}\sum_{m_2=0}^{M-1}w_{m_1,m_2}(n)u(n-m_1)u(n-m_2) \tag{9-8}$$

为了将线性 LMS 分析方法和算法等价地应用到非线性 LMS 滤波器中，令

$$\begin{aligned}\boldsymbol{u}(n)=[&u(n),u(n-1),\cdots,u(n-M+1),u^2(n),u(n)u(n-1),\cdots,\\&u(n)u(n-M+1),\cdots,u(n-M+1)u(n-M+2),u^2(n-M+1)]^{\mathrm{T}}\end{aligned} \tag{9-9}$$

$$\boldsymbol{w}(n)=[w_0(n),w_1(n),\cdots,w_{M-1}(n),w_{0,0}(n),w_{0,1}(n),\cdots,\\ w_{0,M-1}(n),\cdots,w_{M-1,M-2}(n),w_{M-1,M-1}(n)]^{\mathrm{T}} \tag{9-10}$$

则 Volterra 级数滤波器的输出可表示为

$$y(n)=\boldsymbol{w}^{\mathrm{T}}(n)\boldsymbol{u}(n) \tag{9-11}$$

设 Volterra 级数滤波器的期望信号（即待估计信号）为 $d(n)$，则 LMS 算法所利用的瞬时平方误差为

$$e^2(n)=[d(n)-y(n)]^2=d^2(n)-2d(n)y(n)+y^2(n) \tag{9-12}$$

将式（9-11）代入式（9-12），可得

$$e^2(n)=d^2(n)-2d(n)\boldsymbol{w}^{\mathrm{T}}(n)\boldsymbol{u}(n)+\boldsymbol{w}^{\mathrm{T}}(n)\boldsymbol{u}(n)\boldsymbol{u}^{\mathrm{T}}(n)\boldsymbol{w}(n) \tag{9-13}$$

与传统的 LMS 算法一致，Volterra LMS 算法权向量的迭代公式为

$$\boldsymbol{w}(n+1)=\boldsymbol{w}(n)-\mu\hat{\nabla}J(n)=\boldsymbol{w}(n)-\mu\frac{\partial e^2(n)}{\partial \boldsymbol{w}(n)}=\boldsymbol{w}(n)+2\mu e(n)\boldsymbol{u}(n) \tag{9-14}$$

由此可以看出，Volterra LMS 算法与传统的 LMS 算法具有相同的形式，只是其中的输入向量 $\boldsymbol{u}(n)$ 和权向量 $\boldsymbol{w}(n)$ 的定义不同而已。

通常习惯的做法是对 LMS Volterra 滤波器的一阶项和二阶项采用不同的收敛因子，在这种情况下，权向量的迭代公式为

$$\boldsymbol{w}(n+1)=\boldsymbol{w}(n)+2\begin{bmatrix}\mu_1 & \cdots & 0 & 0 & \cdots & 0\\ 0 & & 0 & 0 & & 0\\ 0 & \cdots & \mu_1 & 0 & \cdots & 0\\ 0 & \cdots & 0 & \mu_2 & \cdots & 0\\ 0 & & 0 & 0 & & 0\\ 0 & \cdots & 0 & 0 & \cdots & \mu_2\end{bmatrix}e(n)\boldsymbol{u}(n) \tag{9-15}$$

采用标量形式表示为

$$\begin{aligned}w_{m_1}(n+1)&=w_{m_1}(n)+2\mu_1 e(n)u(n-m_1)\\ w_{m_1,m_2}(n+1)&=w_{m_1,m_2}(n)+2\mu_2 e(n)u(n-m_1)u(n-m_2)\end{aligned} \tag{9-16}$$

式中，$m_1=0,1,\cdots,M-1$，$m_2=0,1,\cdots,M-1$。

Volterra LMS 算法的计算流程如表 9-1 所示。

表 9-1　Volterra LMS 算法的计算流程

初始化：
$\boldsymbol{w}(0)=\boldsymbol{0}$
迭代计算：
对 $n=0,1,\cdots$ 计算
$y(n)=\boldsymbol{w}^{\mathrm{T}}(n)\boldsymbol{u}(n)$
$e(n)=d(n)-y(n)$

$$w(n+1)=w(n)+2\begin{bmatrix}\mu_1 & \cdots & 0 & 0 & \cdots & 0\\ 0 & & 0 & 0 & & 0\\ 0 & \cdots & \mu_1 & 0 & \cdots & 0\\ 0 & \cdots & 0 & \mu_2 & \cdots & 0\\ 0 & & 0 & 0 & & 0\\ 0 & \cdots & 0 & 0 & \cdots & \mu_2\end{bmatrix}e(n)u(n)$$

为了保证算法在统计意义上收敛，Volterra LMS 算法的收敛因子必须选择在如下范围内：

$$\begin{aligned}&0<\mu_1<1/\mathrm{tr}[\boldsymbol{R}]<1/\lambda_{\max}\\&0<\mu_2<1/\mathrm{tr}[\boldsymbol{R}]<1/\lambda_{\max}\end{aligned} \tag{9-17}$$

式中，$\lambda_{\max}$ 为输入向量自相关矩阵 $\boldsymbol{R}=E[\boldsymbol{u}(n)\boldsymbol{u}^{\mathrm{T}}(n)]$ 的最大特征值。从形式上看，Volterra LMS 算法的收敛条件与传统的 LMS 算法的收敛条件相同，但是输入向量 $\boldsymbol{u}(n)$ 定义的不同使得 Volterra LMS 算法的输入向量自相关矩阵 $\boldsymbol{R}$ 包含输入信号的高阶统计量，因此即使是在输入信号为白噪声的情况下，也会导致矩阵 $\boldsymbol{R}$ 的特征值扩展得很大，因此 Volterra LMS 算法一般收敛得很慢。作为另一种选择，可以考虑使用 RLS 算法来实现 Volterra 级数滤波器。

9.4 RLS Volterra 级数滤波器

在第 7 章我们知道，RLS 算法是在最小二乘意义上利用输出信号 $y(n)$ 来估计期望信号 $d(n)$ 的。即使输入向量自相关矩阵的特征值扩展得很大，利用 RLS 算法也能得到更快的收敛速度。和 LMS Volterra 情形一样，利用重新定义的输入信号向量和权向量，很容易将 RLS 算法用于 Volterra 级数滤波器中。下面给出 Volterra RLS 算法的主要结果。

RLS 算法的性能函数为

$$\xi(n)=\sum_{i=1}^{n}\lambda^{n-i}e^2(i)=\sum_{i=1}^{n}\lambda^{n-i}[d(i)-\boldsymbol{u}^{\mathrm{T}}(i)\boldsymbol{w}(n)]^2 \tag{9-18}$$

将 RLS 算法用于 Volterra 级数滤波器，则式（9-18）中的

$$\begin{aligned}\boldsymbol{u}(i)=[&u(i),u(i-1),\cdots,u(i-M+1),u^2(i),u(i)u(i-1),\cdots,\\&u(i)u(i-M+1),\cdots,u(i-M+1)u(i-M+2),u^2(i-M+1)]^{\mathrm{T}}\end{aligned} \tag{9-19}$$

$$\begin{aligned}\boldsymbol{w}(n)=[&w_0(n),w_1(n),\cdots,w_{M-1}(n),w_{0,0}(n),w_{0,1}(n),\cdots,\\&w_{0,M-1}(n),\cdots,w_{M-1,M-2}(n),w_{M-1,M-1}(n)]^{\mathrm{T}}\end{aligned} \tag{9-20}$$

分别为 Volterra 级数滤波器的输入信号向量和权向量，参数 λ 为指数加权因子。在最小二乘准则下的最优权向量为

$$\boldsymbol{w}(n)=\boldsymbol{\Phi}^{-1}(n)\boldsymbol{z}(n) \tag{9-21}$$

式中，

$$\boldsymbol{\Phi}(n)=\sum_{i=1}^{n}\lambda^{n-i}\boldsymbol{u}(i)\boldsymbol{u}^{\mathrm{T}}(i) \tag{9-22}$$

为 i 时刻的输入向量 $\boldsymbol{u}(i)$ 的时间平均自相关矩阵；

$$z(n)=\sum_{i=1}^{n}\lambda^{n-i}\boldsymbol{u}(i)d(i) \tag{9-23}$$

为 i 时刻的输入向量 $\boldsymbol{u}(i)$ 与期望响应 $d(i)$ 的时间平均互相关向量。

Volterra RLS 算法的计算流程如表 9-2 所示。

表 9-2 Volterra RLS 算法的计算流程

初始化：
$\boldsymbol{w}(0)=\boldsymbol{0}$， $\boldsymbol{C}(0)=\delta^{-1}\boldsymbol{I}$， δ 为小的正常数
递归计算：
对每一时刻 $n=1,2,\cdots$ 计算
$\boldsymbol{g}(n)=\dfrac{\lambda^{-1}\boldsymbol{C}(n-1)\boldsymbol{u}(n)}{1+\lambda^{-1}\boldsymbol{u}^{\mathrm{T}}(n)\boldsymbol{C}(n-1)\boldsymbol{u}(n)}$
$\boldsymbol{w}(n)=\boldsymbol{w}(n-1)+\boldsymbol{g}(n)[d(n)-\boldsymbol{u}^{\mathrm{T}}(n)\boldsymbol{w}(n-1)]$
$\boldsymbol{C}(n)=\lambda^{-1}\boldsymbol{C}(n-1)-\lambda^{-1}\boldsymbol{g}(n)\boldsymbol{u}^{\mathrm{T}}(n)\boldsymbol{C}(n-1)$

Volterra RLS 算法的一个明显缺点是其计算复杂度高，每个输出值都需要进行乘积运算的数量级为 M^4。然而，通过对输入数据向量形式的仔细考察，可以发现非线性滤波问题能够重新描述为一个线性多信道自适应滤波问题，而后者存在快速 RLS 算法。人们采用这种方法，提出了几种 Volterra 级数滤波器的快速 RLS 算法，即快速横向算法、格型算法、基于 QR 的格型算法和基于 QR 分解的算法等。另外，还有能够降低计算复杂度但又能保留其快速收敛特性的方法，其中包括针对高斯输入信号的正交格型结构。

9.5 形态滤波器结构元优化设计的自适应算法

在计算机视觉和图像处理领域，图像恢复一直是最重要、最经典的研究课题之一，具有重要的理论价值和实际意义。传统的线性滤波器在滤除脉冲噪声的同时，往往会严重模糊图像的细节（如边缘等），非线性滤波器在一定程度上克服了这一缺点。形态滤波器是近年来出现的一类重要的非线性滤波器，它们通过选择较小的图像特征集合（通常称为结构元，Structuring Element）与数字图像相互作用来实现。根据不同的目的可选择不同类型、大小和形状的结构元进行相应的形态变换，4 种基本的形态变换是腐蚀（Erosion）、膨胀（Dilation）、开（Opening）、闭（Closing）。

现有的许多形态滤波算法中，结构元往往事先人为确定，这类滤波器仅在所对应的某类图像模型中具有较好的性能。然而，通常情况下图像信号极为复杂且处于不断变化之中，这就要求选用的结构元应具有自适应的能力以实现最优化处理。在形态滤波器的设计过程中，一旦选定了相应的形态变换，结构元的选择就成为设计中的关键，因此，也可以说结构元决定了形态滤波器的性能。现阶段如何自适应地优化确定结构元已成为形态滤波器领域的一个研究热点与难点。

近几年，国内外不少学者进行了这方面的研究与探索，其中 E.J.COYLE 提出了在最小平均绝对误差（MMAE）准则下层叠滤波器的设计方法，P.Kraft 采用并行遗传算法进行了形态滤波器结构元的优化设计。本节在介绍形态滤波器理论的基础上，仿照经典的最小均方算法给出一种形态滤波器结构元的自适应优化算法，分别优化灰度结构元和平面结构元。几乎所有的形态滤波器都是由膨胀与腐蚀两种基本运算的组合构成的，所以首先推导出膨胀与腐蚀的自适应算法，并由此推出任意组合形态滤波器结构元的自适应优化算法，如开启滤波器、闭合滤波器、开闭滤波器等。

9.5.1 形态滤波器的基本理论

腐蚀与膨胀运算的组合可以构成大多数形态滤波器。离散形式的膨胀与腐蚀运算实际是在结构元内取最大值与最小值，于是定义腐蚀与膨胀运算为

$$\mathrm{Erosion}(x_i)=\min\{x_{i+j}-m_j, j\in M\} \tag{9-24}$$

$$\mathrm{Dilation}(x_i)=\max\{x_{i-j}+m_j, j\in M\} \tag{9-25}$$

式中，x_i 是属于多维空间 Z 的离散信号，M 为包含 N 点的多维离散结构元。当 M 为灰度结构元时，m_j 为离散值；当 M 为平面结构元时，m_j 为 $\{0,-\infty\}$（当 m_j 为 $-\infty$ 时，此点不属于结构元，当 m_j 为 0 时，此点属于结构元）。

由于优化过程需要用到滤波器输出的导数，而根据以上定义不能求出对 m_j 的偏导，因此下面给出一种表示灰度膨胀与腐蚀运算的解析方法。在腐蚀运算中，y_i 为集合 $\{x_{i+j}-m_j\}$ 中的最小值，所以 $(x_{i+j}-m_j-y_i)\geqslant 0$。在灰度结构元的情况下，腐蚀运算的隐函数表示为

$$f_{\mathrm{E}}(x_{i+j},y_i,m_j)=\sum_{j\in M}\mathrm{sgn}(x_{i+j}-m_j-y_i)[\mathrm{sgn}(x_{i+j}-m_j-y_i)-1]=0 \tag{9-26}$$

假设在运算中，仅存在一点使 $y_i=x_{i+j}-m_j$，这意味着输出值仅取自单一位置，这一假设在随机噪声存在的情况下一般是正确的。简化式（9-26）为

$$f_{\mathrm{E}}(x_{i+j},y_i,m_j)=\sum_{j\in M}[\mathrm{sgn}(x_{i+j}-m_j-y_i)-1]+1=0 \tag{9-27}$$

同理，膨胀运算的隐函数表示为

$$f_{\mathrm{D}}(x_{i-j},y_i,m_j)=\sum_{j\in M}[\mathrm{sgn}(x_{i-j}+m_j-y_i)+1]-1=0 \tag{9-28}$$

以上两个隐函数表示用符号函数代替最大最小运算，使推导优化算法成为可能。在平面结构元的情况下，m_j 为非离散值，它不适合应用于模拟 LMS 的递推算法中，故在这里引入新的参数集合 $\{n_j\}_{j\in M}$ 来代替 m_j。规定如下

$$\text{若 } m_j=-\infty\text{，则 } n_j<0;$$

$$\text{若 } m_j=0\text{，则 } n_j\geqslant 0 \qquad \forall j\in M$$

同时可知

$$\text{若 } m_j=-\infty\text{，则 } \mathrm{sgn}(x_{i+j}-m_j-y_i)=1\text{，}\ \mathrm{sgn}(x_{i-j}+m_j-y_i)=-1$$

$$\text{若 } m_j=0\text{，则 } \mathrm{sgn}(x_{i+j}-m_j-y_i)=\mathrm{sgn}(x_{i+j}-y_i)$$

$$\mathrm{sgn}(x_{i-j}+m_j-y_i)=\mathrm{sgn}(x_{i-j}-y_i) \quad \forall j\in M$$

根据以上所述，由式（9-27）和式（9-28）可得平面结构元的情况下隐函数的表示

$$f_{\mathrm{FE}}(x_{i+j},y_i,m_j)=\sum_{j\in M}\left[\frac{\mathrm{sgn}(n_j)+1}{2}\right][\mathrm{sgn}(x_{i+j}-y_i)-1]+1=0 \tag{9-29}$$

$$f_{\mathrm{FD}}(x_{i-j},y_i,m_j)=\sum_{j\in M}\left[\frac{\mathrm{sgn}(n_j)+1}{2}\right][\mathrm{sgn}(x_{i-j}-y_i)+1]-1=0 \tag{9-30}$$

9.5.2　误差准则

这里采用最小均方误差（MMSE）准则和最小平均绝对误差（MMAE）准则来进行滤波器的参数优化。

设 x_i 为输入信号，d_i 为期望信号，F 为滤波器，$\{m_j\}$为滤波器参数的集合，则滤波器的输出信号为

$$y_i=F(x_i,m_j) \tag{9-31}$$

优化算法的目标是求使代价函数 C 最小的参数集合$\{m_j\}$，均方误差和平均绝对误差分别为

$$C_{\mathrm{MSE}}=E[(d_i-y_i)^2] \tag{9-32}$$

$$C_{\mathrm{MAE}}=E[|d_i-y_i|]=E[\mathrm{sgn}(d_i-y_i)(d_i-y_i)] \tag{9-33}$$

式中，C_{MSE} 表示均方误差，C_{MAE} 表示平均绝对误差，sgn 表示符号函数。对 C_{MSE} 和 C_{MAE} 求导得（不考虑数学期望）

$$\frac{\partial C_{\mathrm{MSE}}}{\partial m_k}=-2(d_i-y_i)\frac{\partial y_i}{\partial m_k} \tag{9-34}$$

$$\frac{\partial C_{\mathrm{MAE}}}{\partial m_k}=(d_i-y_i)\frac{\partial\,\mathrm{sgn}(d_i-y_i)}{\partial m_k}-\mathrm{sgn}(d_i-y_i)\frac{\partial y_i}{\partial m_k} \tag{9-35}$$

由于一般 y_i 含有噪声，总与 d_i 不同，因此式（9-35）可简化为

$$\frac{\partial C_{\mathrm{MAE}}}{\partial m_k}=-\mathrm{sgn}(d_i-y_i)\frac{\partial y_i}{\partial m_k} \tag{9-36}$$

9.5.3　腐蚀与膨胀的自适应算法

1. 灰度结构元下腐蚀与膨胀的自适应算法

仿照 LMS 算法，参数的递推公式在 MMSE 准则和 MMAE 准则下分别为

$$m_k'=m_k+2\mu(d_i-y_i)\frac{\partial y_i}{\partial m_k} \tag{9-37}$$

$$m_k'=m_k+2\mu\,\mathrm{sgn}(d_i-y_i)\frac{\partial y_i}{\partial m_k} \tag{9-38}$$

式中，m_k 为当前值，m_k' 为下一个估计值，μ 为收敛参数。

为求得灰度结构元下腐蚀的参数的递推公式，对式（9-27）求导得

$$\frac{df_{\mathrm{E}}(x_{i+j},y_i,m_j)}{dm_k}=\frac{\partial f_{\mathrm{E}}}{\partial m_k}+\frac{\partial f_{\mathrm{E}}}{\partial y_i}\frac{\partial y_i}{\partial m_k}=0 \tag{9-39}$$

则

$$\frac{\partial y_i}{\partial m_k}=-\frac{\partial f_{\mathrm{E}}}{\partial m_k}\bigg/\frac{\partial f_{\mathrm{E}}}{\partial y_i} \tag{9-40}$$

由式（9-27）得

$$\frac{\partial f_{\mathrm{E}}}{\partial m_k}=\frac{\partial\,\mathrm{sgn}(x_{i+k}-m_k-y_i)}{\partial m_k}=-2\delta(x_{i+k}-m_k-y_i) \tag{9-41}$$

$$\frac{\partial f_{\mathrm{E}}}{\partial y_i}=\sum_{j\in M}\frac{\partial\,\mathrm{sgn}(x_{i+j}-m_j-y_i)}{\partial y_i}=-2\sum_{j\in M}\delta(x_{i+j}-m_j-y_i) \tag{9-42}$$

根据假设在运算中仅存在一点使 $y_i=x_{i+j}-m_j$，式（9-42）简化为

$$\partial f_{\mathrm{E}}/\partial y_i=-2 \tag{9-43}$$

组合式（9-40）、式（9-41）和式（9-43）得

$$\frac{\partial y_i}{\partial m_k}=-\delta(x_{i+k}-m_k-y_i) \tag{9-44}$$

式（9-44）的更直观的表示方法为

$$若\ y_i\neq x_{i+k}-m_k，则\ \partial y_i/\partial m_k=0$$

$$若\ y_i=x_{i+k}-m_k，则\ \partial y_i/\partial m_k=-1$$

同理，膨胀时为

$$若\ y_i\neq x_{i-k}+m_k，则\ \partial y_i/\partial m_k=0$$

$$若\ y_i=x_{i-k}+m_k，则\ \partial y_i/\partial m_k=1$$

若用符号函数代替 δ 函数，可得到公式的另一种表示方法为

$$腐蚀：\partial y_i/\partial m_k=\mathrm{sgn}(x_{i+k}-m_k-y_i)-1 \tag{9-45}$$

$$膨胀：\partial y_i/\partial m_k=\mathrm{sgn}(x_{i-k}+m_k-y_i)+1 \tag{9-46}$$

2. 平面结构元下腐蚀与膨胀的自适应算法

在平面结构元的情况下，类似于上面的推导过程，由式（9-29）得

$$\begin{aligned}\partial f_{\mathrm{FE}}/\partial n_k&=1/2\,\partial\,\mathrm{sgn}(n_k)/\partial n_k[\mathrm{sgn}(x_{i+k}-y_i)-1]\\&=\delta(n_k)[\mathrm{sgn}(x_{i+k}-y_i)-1]\end{aligned} \tag{9-47}$$

$$\partial f_{\mathrm{FE}}/\partial y_i=\sum_{j\in M}[(\mathrm{sgn}(n_j)+1)/2]\partial\,\mathrm{sgn}(x_{i+j}-y_i)/\partial y_i$$

$$=-2\sum_{j\in M}[(\text{sgn}(n_j)+1)/2]\delta(x_{i+j}-y_i) \tag{9-48}$$

根据假设在运算中仅存在一点使 $y_i=x_{i+j}-m_j$，式（9-48）简化为

$$\partial f_{\text{FE}}/\partial y_i=-2 \tag{9-49}$$

组合式（9-40）、式（9-47）和式（9-49）得

$$\partial y_i/\partial n_k=1/2\delta(n_k)[\text{sgn}(x_{i+k}-y_i)-1] \tag{9-50}$$

由于 $\delta(n_k)$ 在 n_k 等于 0 时为 1，n_k 不等于 0 时为 0。在实际情况中做如下近似：当 $n_k\in[-\beta,\beta]$ 时，$\delta(n_k)=1$，否则 $\delta(n_k)=0$。β 值的大小与收敛参数 μ 有关。根据以上说明给出平面结构元的情况下的求导公式：若 $n_k\in[-\beta,\beta]$，则

$$\text{腐蚀：}\ \partial y_i/\partial n_k=1/2[\text{sgn}(x_{i+k}-y_i)-1] \tag{9-51}$$

$$\text{膨胀：}\ \partial y_i/\partial n_k=1/2[\text{sgn}(x_{i-k}-y_i)+1] \tag{9-52}$$

3. 任意组合形态滤波器的自适应算法

由上面推导的膨胀与腐蚀的自适应算法，可以得出由它们任意组合而成的形态滤波器的自适应算法。假设任一滤波器 F 由 S 个基本运算（膨胀与腐蚀）组合而成，第 p 次运算用 F_{p,ε_p} 来表示，p 表示运算的位置，ε_p 表示运算的种类，$\varepsilon_p=1$ 时为腐蚀运算，$\varepsilon_p=-1$ 时为膨胀运算，因此滤波器 F 为

$$y_i=F(x_i)=F_{S,\varepsilon_S}(F_{S-1,\varepsilon_{S-1}}(\cdots F_{p,\varepsilon_p}(\cdots F_{1,\varepsilon_1}(x_i)))) \tag{9-53}$$

用 x_i^p 表示第 p 次运算的输出：

$$x_i^p=F_{p,\varepsilon_p}(\cdots F_{1,\varepsilon_1}(x_i)) \tag{9-54}$$

我们知道在膨胀与腐蚀运算中，输出值 y_i 是由在结构元中的一个输入值决定的，即 y_i 来自 $S-1$ 层的点 $i+\varDelta_{S-1}$，以此类推，y_i 来自 $S-2$ 层的点 $i+\varDelta_{S-2}$，来自 p 层的点 $i+\varDelta_p$ 用公式表示为

$$\text{对于 3D SE：}\ x_{i+\varDelta_p}^p-\varepsilon_p m_{\alpha(\varDelta p)}=y_i \tag{9-55}$$

$$\text{对于 flat SE：}\ x_{i+\varDelta_p}^p=y_i \tag{9-56}$$

式中，$m_{\alpha(\varDelta_p)}$ 为 p 层时在灰度结构元 $\varDelta_p$ 点的值，$\varDelta_S=0$。

根据以上的表述，可推得任意组合构成的形态滤波器的输出 y_i 的梯度，在灰度结构元情况下为

$$\partial y_i/\partial m_k=\sum_{p=1}^{S}[\text{sgn}(x_{i+\varDelta_p+\varepsilon_p k}^{p-1}-\varepsilon_p m_k-x_{i+\varDelta_p}^p)-\varepsilon_p] \tag{9-57}$$

在平面结构元情况下为

$$\partial y_i\Big/\partial n_k=1/2\sum_{p=1}^{S}[\text{sgn}(x_{i+\varDelta_p+\varepsilon_p k}^{p-1}-x_{i+\varDelta_p}^p)-\varepsilon_p] \qquad n_k\in[-\beta,\beta] \tag{9-58}$$

以上两个公式可用数学归纳法证明。将式（9-57）或式（9-58）代入式（9-37）或式（9-38）即可进行自适应优化。

【例 9-1】为验证算法的有效性，这里进行有关的仿真实验。图 9-2 为原始图像（256位×256位×8位），图 9-3 为加 10%的正负脉冲噪声后的图像，图 9-4 为具有3×3 结构元的标准开闭滤波器的滤波图像，图 9-5 为具有3×3 结构元的标准闭开滤波器的滤波图像，图 9-6 为在 MMSE 准则下经优化后的具有灰度结构元的闭开滤波器的滤波图像，图 9-7 为在 MMAE 准则下经优化后的具有灰度结构元的闭开滤波器的滤波图像，图 9-8 为在 MMSE 准则下经优化后的具有平面结构元的闭开滤波器的滤波图像，图 9-9 为在 MMAE 准则下经优化后的具有平面结构元的闭开滤波器的滤波图像，收敛参数为10^{-6}。表 9-3 给出了有关的实验数据。

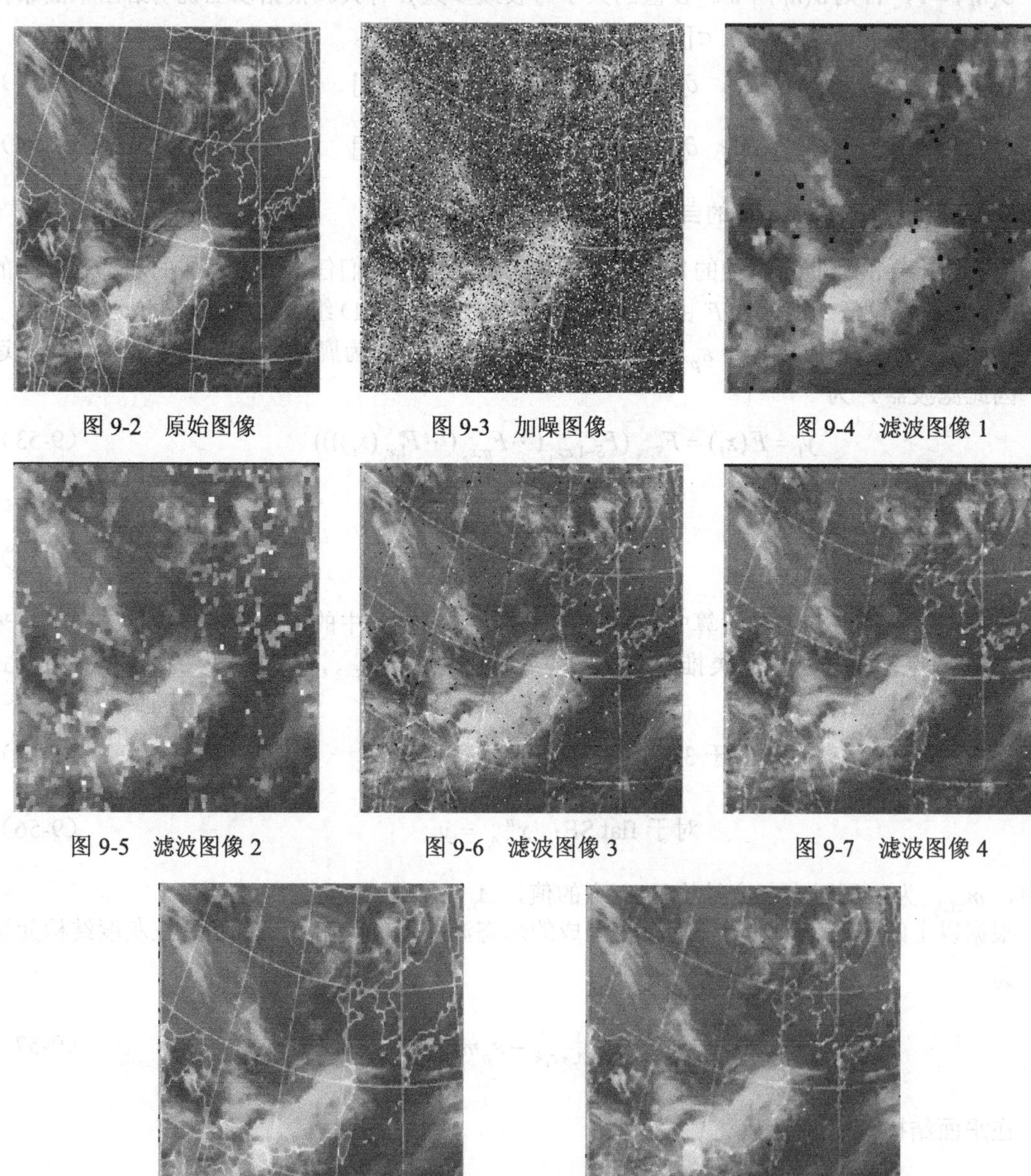

图 9-2 原始图像　图 9-3 加噪图像　图 9-4 滤波图像 1

图 9-5 滤波图像 2　图 9-6 滤波图像 3　图 9-7 滤波图像 4

图 9-8 滤波图像 5　图 9-9 滤波图像 6

表 9-3　各滤波器输出的 MSE 和 MAE

滤波方法	MSE	MAE
开闭滤波器	578.25	11.73
闭开滤波器	356.30	7.34
优化后闭开滤波器（灰度结构元）	167.55	3.53
优化后闭开滤波器（平面结构元）	144.78	3.34

9.6　自适应加权组合广义形态滤波器

9.6.1　广义形态滤波器的基本理论

为了更好地抑制图像信号中的正、负脉冲噪声，这里基于形态开、闭运算的定义，选用不同尺寸的结构元素，构造一类广义开闭滤波器和闭开滤波器，其定义如下。

设 $f(x)$（$x \in Z^n$）为一输入离散信号，两个结构元素分别为 B_1（$|B_1| = n$）和 B_2（$|B_2| = 2n-1$），且 $B_1 \subseteq B_2$；则广义开闭（GOC）和闭开（GCO）滤波器分别定义为

$$\mathrm{GOC}(f(x)) = (f \circ B_1 \cdot B_2)(x) \tag{9-59}$$

$$\mathrm{GCO}(f(x)) = (f \cdot B_1 \circ B_2)(x) \tag{9-60}$$

式中，

$$(f \circ B)(x) = [(f \Theta B^s) \oplus B](x) = \max_{a \in B_x^s}\{\min_{b \in B_a} f(b)\} \tag{9-61}$$

$$(f \cdot B)(x) = [(f \oplus B^s) \Theta B](x) = \min_{a \in B_x^s}\{\max_{b \in B_a} f(b)\} \tag{9-62}$$

分别为 $f(x)$ 关于 B 的开运算和闭运算。

显然，当 $B_1 = B_2$ 时，广义开闭滤波器和闭开滤波器就演变为传统的开闭滤波器和闭开滤波器。因此，传统的开闭滤波器和闭开滤波器可以看成广义开闭滤波器和闭开滤波器的特例，而广义形态滤波器同样具有一些重要性质（可参阅相关文献）。

9.6.2　广义形态滤波器加权组合自适应算法

在这里利用广义开闭和闭开运算，结合自适应处理方法，提出了一种自适应加权组合广义形态滤波器。为了简便，以一维情况进行研究，新滤波算法结构框图如图 9-10 所示。

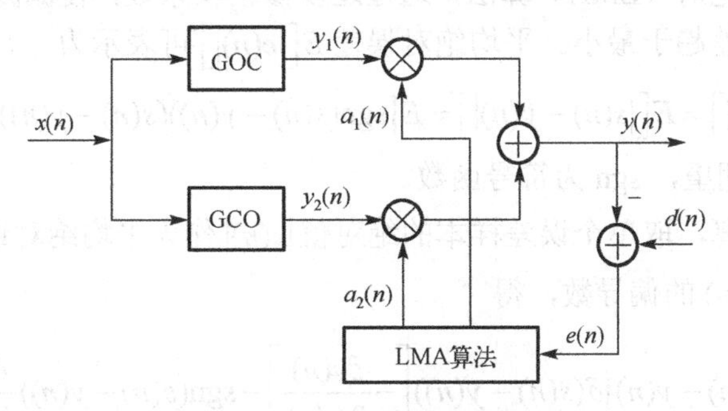

图 9-10　新滤波算法结构框图

设输入信号为 $x(n)=s(n)+i(n)$（$n\in\mathbf{Z}$），这里 $s(n)$ 为无噪声的理想信号，$i(n)$ 为噪声信号，$y(n)$ 为滤波输出信号，$e(n)$ 为理想信号与输出信号的误差信号，即 $e(n)=s(n)-y(n)$。若广义开闭滤波器和闭开滤波器的结构元素分别选取为 $B_1=\{-v,\cdots,0,\cdots,v\}=B_1^s$ 和 $B_2=\{-2v,\cdots,0,\cdots,2v\}=B_2^s$（$v\in\mathbf{Z}_+$），则广义开闭滤波器的输出为

$$\begin{aligned}y_1(n)&=\mathrm{GOC}(x(n))=(x\circ B_1\cdot B_2)(n)\\&=\min\{x^{(3)}(n-2v),\cdots,x^{(3)}(n),\cdots,x^{(3)}(n+2v)\}\end{aligned}\tag{9-63}$$

式中，

$$x^{(3)}(n)=\max\{x^{(2)}(n-2v),\cdots,x^{(2)}(n),\cdots,x^{(2)}(n+2v)\}$$

$$x^{(2)}(n)=\max\{x^{(1)}(n-v),\cdots,x^{(1)}(n),\cdots,x^{(1)}(n+v)\}$$

$$x^{(1)}(n)=\min\{x(n-v),\cdots,x(n),\cdots,x(n+v)\}$$

广义闭开滤波器的输出为

$$\begin{aligned}y_2(n)&=\mathrm{GCO}(x(n))=(x\cdot B_1\circ B_2)(n)\\&=\max\{x^{(3)}(n-2v),\cdots,x^{(3)}(n),\cdots,x^{(3)}(n+2v)\}\end{aligned}\tag{9-64}$$

式中，

$$x^{(3)}(n)=\min\{x^{(2)}(n-2v),\cdots,x^{(2)}(n),\cdots,x^{(2)}(n+2v)\}$$

$$x^{(2)}(n)=\min\{x^{(1)}(n-v),\cdots,x^{(1)}(n),\cdots,x^{(1)}(n+v)\}$$

$$x^{(1)}(n)=\max\{x(n-v),\cdots,x(n),\cdots,x(n+v)\}$$

于是，自适应加权组合广义形态滤波器的输出为

$$y(n)=a_1(n)y_1(n)+a_2(n)y_2(n)=\sum_{i=1}^{2}a_i(n)y_i(n)\tag{9-65}$$

这里 $a_i(n)$（$i=1,2$）为权系数。计算输出信号 $y(n)$ 对权系数的偏导数，得

$$\frac{\partial y(n)}{\partial a_i(n)}=\frac{\partial}{\partial a_i(n)}\left[\sum_{i=1}^{2}a_i(n)y_i(n)\right]=y_i(n)\quad (i=1,2)\tag{9-66}$$

本节在最小平均绝对误差（MMAE）准则下，采用类似于最小均方（LMS）算法的自适应算法——最小平均绝对（LMA）算法，通过逐步修正权系数，使滤波器的输出信号与参考信号间的平均绝对误差趋于最小。平均绝对误差 $E\left[|e(n)|\right]$ 可表示为

$$E\left[|e(n)|\right]=E\left[|s(n)-y(n)|\right]=E\left[\mathrm{sgn}(s(n)-y(n))(s(n)-y(n))\right]\tag{9-67}$$

式中，$E[\cdot]$ 表示数学期望，sgn 为符号函数。

为了便于实时计算，取单个误差样本的绝对值 $|e(n)|$ 作为平均绝对误差 $E\left[|e(n)|\right]$ 的估计，并计算其对权系数 $a_i(n)$ 的偏导数，得

$$\frac{\partial|e(n)|}{\partial a_i(n)}=[s(n)-y(n)]\delta(s(n)-y(n))\left[-\frac{\partial y(n)}{\partial a_i(n)}\right]-\mathrm{sgn}(s(n)-y(n))\frac{\partial y(n)}{\partial a_i(n)}\tag{9-68}$$

实际中，如果输入信号含有噪声，那么滤波器的输出信号与理想信号间总是有偏差的，这意味着式（9-68）中的第一项可以忽略，近似为

$$\frac{\partial|e(n)|}{\partial a_i(n)} \approx -\text{sgn}(s(n)-y(n))\frac{\partial y(n)}{\partial a_i(n)} = -\text{sgn}(e(n))y_i(n) \qquad (i=1,2) \tag{9-69}$$

利用最速下降法优化权系数，则得

$$a_i(n+1) = a_i(n) + \mu\,\text{sgn}(e(n))y_i(n) \tag{9-70}$$

式中，μ 为控制收敛速度的参数。将式（9-70）写成向量形式为

$$\boldsymbol{A}(n+1) = \boldsymbol{A}(n) + \mu\,\text{sgn}(e(n))\boldsymbol{Y}(n) \tag{9-71}$$

式中，$\boldsymbol{A}(n+1)=[a_1(n+1),a_2(n+1)]^{\text{T}}$，$\boldsymbol{A}(n)=[a_1(n),a_2(n)]^{\text{T}}$，$\boldsymbol{Y}(n)=[y_1(n),y_2(n)]^{\text{T}}$，$[\cdot]^{\text{T}}$ 表示向量的转置。计算时，参考信号一般选为 $x(n+1)$。利用式（9-71）即可实现权系数迭代的自适应处理。

9.7　层叠滤波器的自适应优化算法

层叠滤波是基于信号阈值分解而发展起来的一种非线性滤波技术，最早起源于人们对中值滤波器的研究，首先由 J. P. Fitch 等人于 1984 年最早提出并证明了中值滤波器具有阈值分解特性和层叠特性。后来，人们对一维和多维阈值分解信号与滤波函数进行了研究，1986 年 G. R. Arce 等人对以上研究成果进行总结概括，初步形成了层叠滤波器理论。该理论的核心是阈值分解特性和层叠特性，它描述了一大类基于排序统计理论的非线性滤波器，称之为层叠滤波器。

9.7.1　层叠滤波器的基本理论

为了给层叠滤波器一个完整的定义，首先介绍阈值分解性、层叠性和正布尔函数的概念。

（1）阈值分解。设长度为 L 的一维离散序列为 $\boldsymbol{X}(n)$，即 $\boldsymbol{X}(n)=[X(1),X(2),\cdots,X(L)]$，其中 $0\leqslant X(n)\leqslant M-1$，则信号 $\boldsymbol{X}(n)$ 的阈值分解定义如下

$$x^t(n) = T^t[X(n)] = \begin{cases} 1 & X(n)\geqslant t \\ 0 & X(n)<t \end{cases} \qquad 1\leqslant n\leqslant L, 1\leqslant t\leqslant M-1 \tag{9-72}$$

式中，$T^t[\cdot]$ 代表阈值分解操作，$\boldsymbol{x}^t(n)=[x^t(1),x^t(2),\cdots,x^t(L)]$ 为二值向量，$x^t(n)\in\{0,1\}$。显然，有下式成立

$$\sum_{t=1}^{M-1}\boldsymbol{x}^t(n) = \boldsymbol{X}(n) \tag{9-73}$$

类似地，可以定义二维信号的阈值分解。设 $\boldsymbol{I}(m,n)$ 为一大小为 $M\times N$、灰度级在 L 范围内的数字图像，$I(m,n)$ 代表图像内一像素点的灰度值（$1\leqslant m\leqslant M$，$1\leqslant n\leqslant N$，$0\leqslant I(m,n)\leqslant L-1$），图像序列的阈值分解为

$$i^t(m,n) = T^t[I(m,n)] = \begin{cases} 1 & I(m,n)\geqslant t \\ 0 & I(m,n)<t \end{cases} \tag{9-74}$$

式中，$1 \leqslant t \leqslant L-1$，$i^t(m,n)$ 为 $\boldsymbol{i}^t(m,n)$ 中的元素，则有

$$\sum_{t=1}^{L-1} \boldsymbol{i}^t(m,n) = \boldsymbol{I}(m,n) \tag{9-75}$$

例如，一维序列 $\boldsymbol{X}(n) = [4, 4, 1, 3, 0, 2, 2, 2, 3, 2, 3, 0, 3, 3, 3]$，根据式（9-72）可阈值分解为下列 4 个序列

$$\begin{bmatrix} \boldsymbol{x}^4(n) \\ \boldsymbol{x}^3(n) \\ \boldsymbol{x}^2(n) \\ \boldsymbol{x}^1(n) \end{bmatrix} = \begin{bmatrix} 1 & 1 & 0 & 0 & 0 & 0 & 0 & 0 & 0 & 0 & 0 & 0 & 0 & 0 & 0 \\ 1 & 1 & 0 & 1 & 0 & 0 & 0 & 0 & 1 & 0 & 1 & 0 & 1 & 1 & 1 \\ 1 & 1 & 0 & 1 & 0 & 1 & 1 & 1 & 1 & 1 & 1 & 0 & 1 & 1 & 1 \\ 1 & 1 & 1 & 1 & 0 & 1 & 1 & 1 & 1 & 1 & 1 & 0 & 1 & 1 & 1 \end{bmatrix}$$

一个大小为 4×4 的 4 级灰度图像阈值分解过程如图 9-11 所示。

（2）层叠性。长度为 L 的向量 $\boldsymbol{X}$、$\boldsymbol{Y}$，如果对任意 $i \in \{1,2,\cdots,L\}$ 都有 $X(i) \geqslant Y(i)$，称 $\boldsymbol{X} \geqslant \boldsymbol{Y}$；对于向量序列 $\boldsymbol{X}_1, \boldsymbol{X}_2, \cdots, \boldsymbol{X}_M$，若 $\boldsymbol{X}_1 \geqslant \boldsymbol{X}_2 \geqslant \cdots \geqslant \boldsymbol{X}_M$，则称向量序列具有层叠性。

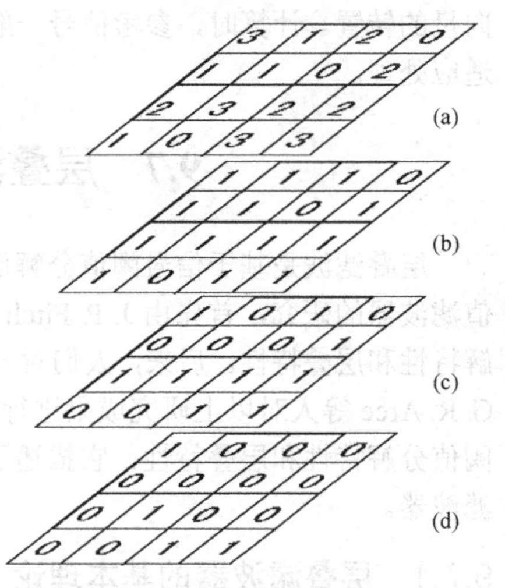

图 9-11　4 级灰度图像阈值分解过程

根据式(9-72)可得，阈值分解后的信号序列具有层叠性。层叠性是层叠滤波器定义的核心，无论对于层叠滤波器的理论分析还是硬件实现，都具有重要作用。层叠性不仅简化了理论推导，而且简化了滤波器的硬件实现，使得层叠滤波器更适于通过并行处理和 VLSI（Very Large Scale Integration，超大规模集成电路）实现。例如，对于图像处理，根据式（9-75），一个 256×256 的 256 级灰度图像欲将阈值分解后的信号相加合成，则需要 256×256×254 次加法运算。然而，应用层叠性，运算将被简化，因为层叠信号相加的结果正是信号从 1 变为 0 发生跃变时的层叠等级数，即

$$\boldsymbol{X}(n) = \sum_{t=1}^{M-1} \boldsymbol{x}^t(n) = \begin{cases} \max\{t : x^t(n) = 1\}, & \exists x^t(n) = 1 \\ 0, & \text{其他} \end{cases} \tag{9-76}$$

（3）正布尔函数。一个有 N 个输入的布尔函数 f：$\{0,1\}^N \to \{0,1\}$，任取两个包含 N 个分量的二值向量 $\boldsymbol{x}$、$\boldsymbol{y}$，若

$$\boldsymbol{x} \geqslant \boldsymbol{y} \Rightarrow f(\boldsymbol{x}) \geqslant f(\boldsymbol{y}) \tag{9-77}$$

则称布尔函数具有层叠性，或称为正布尔函数。由于层叠滤波器要求二值滤波过程使用的布尔函数必须是正布尔函数，因此正布尔函数在层叠滤波器的分析和处理中起着重要的作用。

已经证明，正布尔函数的充要条件是当布尔函数简化为最小与或表达式时，表达式中不含有输入变量的非变量。例如，含有三个输入变量的布尔函数 $f(x_1,x_2,x_3) = x_1x_2 + x_2x_3 + x_1x_3$ 是正布尔函数，因此具有层叠性；而 $f(x_1,x_2,x_3) = x_1\bar{x}_2x_3$ 不是正布尔函数，因为表达式中含有输入变量的非变量 $\bar{x}_2$，不满足层叠性。

众所周知，一个布尔函数可以用三种方式表示：真值表、代数表达式和逻辑图。在表

示层叠滤波器时，常用的代数表达式有两种：一种是最小与或表达式；另一种是阈值表达式，即

$$f(x_1,x_2,\cdots,x_N)=\begin{cases}1, & \sum_{i=1}^{N} w_i x_i \geqslant c \\ 0, & \text{其他}\end{cases} \tag{9-78}$$

式中，w_i 为加权系数，c 为门限值。如果一个正布尔函数可以写成阈值表达式的形式，则称其是线性可分离正布尔函数。如果一个布尔函数的阈值表达式中，所有加权系数 w_i 和门限值 c 都是非负值，则该布尔函数必为正布尔函数。

确定正布尔函数是构造各种层叠滤波器的关键。一般来说，可以通过以下三条途径获得正布尔函数：

（1）由已知正布尔函数生成，如增减输入变量；

（2）按输入变量的不同次序排序；

（3）运用对偶规则，因为正布尔函数的对偶函数仍为正布尔函数。

利用正布尔函数，可以定义层叠滤波器。通过正布尔函数 f，可以定义一大类非线性滤波器 S_{f}，即

$$S_{\mathrm{f}}(\boldsymbol{X})=\sum_{t=1}^{M-1} f(\boldsymbol{x}^t) \tag{9-79}$$

式中，$\boldsymbol{x}^t=T^t(\boldsymbol{X})$ 为输入信号的阈值分解信号。因为正布尔函数 f 满足层叠性，所以称这一类滤波器为层叠滤波器。

9.7.2　层叠滤波器最优估计算法

信号处理的最优化是指在某种质量控制的指标下，使信号处理的效果达到最佳的程度，从而使信息传输和处理能满足有效与可靠的要求。但是，由于非线性系统具有复杂性和多样性，非线性滤波器的最优化问题是至今尚未得到很好解决的一个课题。层叠滤波器理论的出现为非线性滤波器的研究开辟了一条新的途径，并且层叠滤波器涵盖了包括排序统计滤波器和形态滤波器在内的所有非线性滤波器，因此，最优层叠滤波器的研究对最优非线性滤波器理论具有重要意义。

最优层叠滤波器的研究可分为两种方法：估计方法和结构化方法。前者主要利用信号估计理论来实现；后者主要通过定义结构元约束集合来实现。本节从层叠滤波器最优准则和建立最优模型入手，应用信号估计理论分别研究了两种层叠滤波器的最优估计算法：线性规划最优算法和最小平均绝对值最优算法。

1．线性规划最优算法

1）最优模型和最优准则

层叠滤波器的最优化设计，就是在某种最优准则下使滤波器的输出信号与期望信号间的误差最小而进行的设计。最优准则不同，得到的最优层叠滤波器也往往不同。实际应用中，常采用的最优准则是最小平均绝对误差（MMAE）准则和最小均方误差（MMSE）准则。下面通过建立最优层叠滤波过程的数学模型来说明这两种最优准则。

最优层叠滤波问题的数学模型如图 9-12 所示，$\boldsymbol{D}(n)$、$\boldsymbol{N}(n)$ 和 $\boldsymbol{X}(n)$ 分别为原始信号、

噪声信号和观测信号，$S_f(\cdot)$ 代表层叠滤波，$\boldsymbol{Y}(n)$ 为层叠滤波器的输出信号。设滤波窗 W 的大小为 N，根据误差最小准则，最优层叠滤波器的代价函数表示如下

$$\text{Minimize} \quad C(S_f)=E\{|\boldsymbol{D}(n)-S_f(\boldsymbol{X}(n))|^r\} \tag{9-80}$$

且满足约束条件

$$f(\boldsymbol{x}_1)\geqslant f(\boldsymbol{x}_2) \quad 若 \quad \boldsymbol{x}_1\geqslant \boldsymbol{x}_2 \tag{9-81}$$

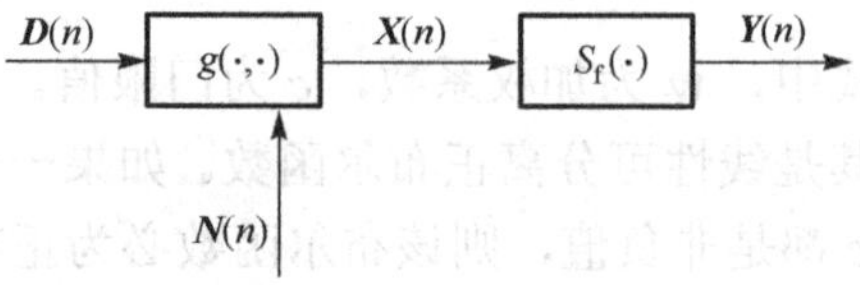

式中，$\boldsymbol{x}$ 为 $\boldsymbol{X}$ 的阈值分解信号。式（9-80）中，当 r 取 1 时，对应为平均绝对误差准则；当 r 取 2 时，对应为均方误差准则。

图 9-12　最优层叠滤波问题的数学模型

由阈值分解理论 $d^t(n)=T^t(D(n))$，以 MAE（平均绝对误差）为代价的代价函数可表示为

$$\begin{aligned}C(S_f)&=E\{|\boldsymbol{D}(n)-S_f(\boldsymbol{X}(n))|\}\\&=E\left\{\left|\sum_{t=1}^{M-1}d^t(n)-\sum_{t=1}^{M-1}f(T^t(\boldsymbol{X}(n)))\right|\right\}\\&=E\left\{\sum_{t=1}^{M-1}\left|d^t(n)-f(T^t(\boldsymbol{X}(n)))\right|\right\}\\&=\sum_{t=1}^{M-1}E\{|d^t(n)-f(\boldsymbol{x}^t(n))|\}\end{aligned} \tag{9-82}$$

由式（9-82）可见，层叠滤波器的输出信号和期望信号间的平均绝对误差，等价于阈值分解后每一级层叠信号通过正布尔函数后引起的各级平均绝对误差之和。这样，就将多值域的误差最小化问题转化为二值域的误差最小化问题。因此，如没有特殊声明，本节将使用平均绝对误差准则作为层叠滤波器的最优准则。

2）线性规划算法原理及改进

层叠滤波器最优设计的目的，是找到一个滤波窗大小为 N 的层叠滤波器，使得在任意时刻，滤波器的输出信号和期望信号间的误差最小。由式（9-82），多值域的误差最小化问题被转化为二值域的误差最小化问题，即

$$C(S_f)=\sum_{t=1}^{M-1}E\{|d^t(n)-f(\boldsymbol{x}^t(n))|\} \tag{9-83}$$

因此，我们来考虑阈值分解后正布尔函数 f 引起的误差代价函数。用 $\boldsymbol{a}_j$ 代表大小为 N 的滤波窗内的观测信号，用 $P_f(1/\boldsymbol{a}_j)$ 代表层叠滤波器 $f(\cdot)$ 输出 1 的概率，用 $P_f(0/\boldsymbol{a}_j)$ 代表层叠滤波器 $f(\cdot)$ 输出 0 的概率，则以 MAE 为代价的代价函数可以表示为

$$C(f)=\sum_{j=1}^{2^N}[C(0,\boldsymbol{a}_j)P_f(1/\boldsymbol{a}_j)+C(1,\boldsymbol{a}_j)P_f(0/\boldsymbol{a}_j)] \tag{9-84}$$

式中，$C(0,\boldsymbol{a}_j)$ 代表实际信号为 1 却判断其为 0 的误判代价；$C(1,\boldsymbol{a}_j)$ 代表实际信号为 0 却判断其为 1 的误判代价。实际应用中，$C(0,\boldsymbol{a}_j)$ 和 $C(1,\boldsymbol{a}_j)$ 可以估算如下：

（1）$\hat{C}(0,\boldsymbol{a}_j)$ 等于理想输出为 0 时二值向量 $\boldsymbol{a}_j$ 在观测信号中出现的次数；

（2）$\hat{C}(1,\boldsymbol{a}_j)$ 等于理想输出为 1 时二值向量 $\boldsymbol{a}_j$ 在观测信号中出现的次数。

考虑到层叠性限制，下式成立

$$P_{\mathrm{f}}(1/\boldsymbol{a}_i) \leqslant P_{\mathrm{f}}(1/\boldsymbol{a}_j) \qquad 若\ \boldsymbol{a}_i \geqslant \boldsymbol{a}_j \tag{9-85}$$

因此，层叠滤波器最优化问题就变成了以下的线性规划问题

$$\text{Minimize } C(f) = \sum_{j=1}^{2^N} [C(0,\boldsymbol{a}_j)P_{\mathrm{f}}(1/\boldsymbol{a}_j) + C(1,\boldsymbol{a}_j)P_{\mathrm{f}}(0/\boldsymbol{a}_j)] \tag{9-86}$$

且满足

$$P_{\mathrm{f}}(1/\boldsymbol{a}_i) \leqslant P_{\mathrm{f}}(1/\boldsymbol{a}_j) \qquad 若\ \boldsymbol{a}_i \leqslant \boldsymbol{a}_j \tag{9-87}$$

$$0 \leqslant P_{\mathrm{f}}(1/\boldsymbol{a}_j),\ P_{\mathrm{f}}(0/\boldsymbol{a}_j) \leqslant 1 \qquad \forall j \tag{9-88}$$

显然，这是一个在不等式约束条件下求极值的典型线性规划问题，可以通过线性规划算法来解决。

然而，从式（9-86）不难发现，随着滤波窗 N 的增大，变量的数目按 2^N 增大，线性规划算法中线性方程组和约束条件的数目迅速增大。当滤波窗的 $N>10$ 时，线性规划算法的复杂性和计算量就难以承受了。而在诸如图像处理等领域常用方形滤波窗，这成为制约层叠滤波器应用的重要因素。为解决这一难题，一种方法是改进 LP 算法，降低其复杂度；另一种方法是寻求更有效的其他优化算法。

实际上，线性规划算法中存在着大量的冗余约束项。显然，去除冗余约束项，就会提高线性规划算法的效率。层叠性约束体现为大量的不等式关系。下面利用 Hasse 图根据不等式的传递性来简化层叠性约束。

N 变量滤波窗内的所有可能二值向量的数目为 2^N，可用 N 变量 Hasse 图表示。例如，图 9-13 是一个 $N=5$ 的 Hasse 图，以图中节点 $\boldsymbol{a}=[1,1,1,1,1]$、$\boldsymbol{b}=[0,1,1,1,1]$、$\boldsymbol{c}=[0,0,1,1,1]$ 为例，由于 $\boldsymbol{a}>\boldsymbol{b}$ 且 $\boldsymbol{b}>\boldsymbol{c}$，因此 $\boldsymbol{a}>\boldsymbol{c}$ 为冗余项，即约束不等式 $P_{\mathrm{f}}(1/\boldsymbol{a})>P_{\mathrm{f}}(1/\boldsymbol{c})$ 可省去。

可见，Hasse 图中非相邻各层节点间的层叠性约束不等式关系，根据传递性都可归结为相邻各层节点间的不等式关系，可以用 Hasse 图中连接相邻节点的边来表示这种关系。这样，简化后的层叠性约束不等式的数目对应为 N 变量 Hasse 图中边的数目。由图论理论，N 变量 Hasse 图中含有 $N2^{N-1}$ 条边，即化简后层叠性约束不等式的数目为 $N2^{N-1}$。表 9-4 列出了变量数 N 从 7 到 25 简化后层叠性约束不等式的数目。

表 9-4　简化后层叠性约束不等式的数目

滤波窗 N	约束不等式数 $N2^{N-1}$
7	448
9	2304
13	53248
15	245760
18	2359296
25	419430400

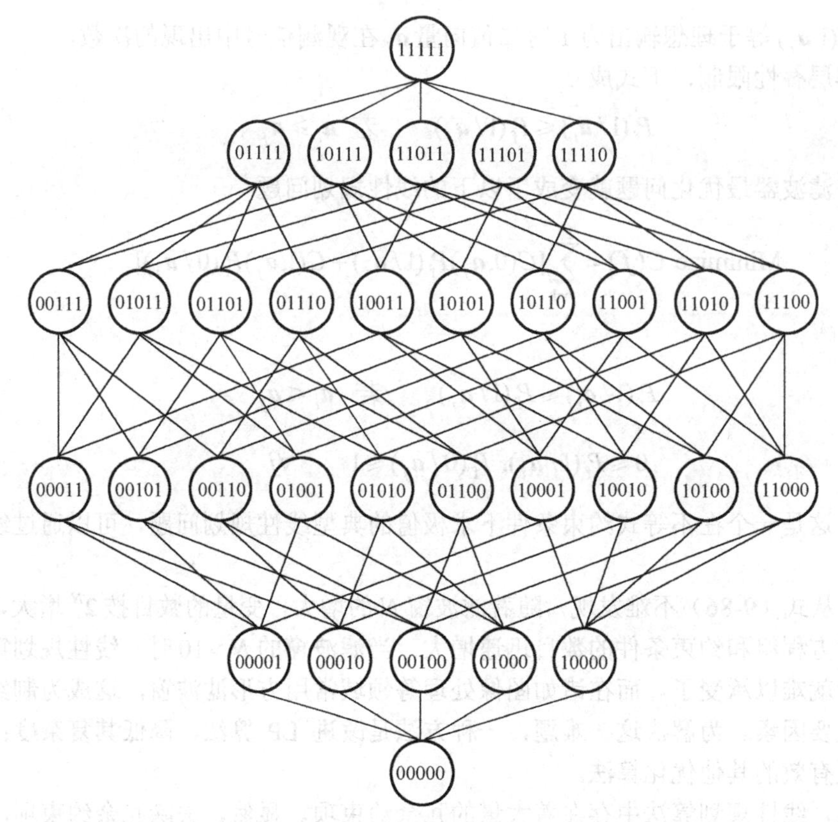

图 9-13　一个 5 变量的 Hasse 图

2．最小平均绝对值最优算法

1）可分离多项式正布尔函数

层叠加权秩排序滤波器都可用阈值表达式来表示，即其正布尔函数都是线性可分离的，为方便起见，利用阶跃函数将式（9-78）改写成如下形式

$$f(\boldsymbol{x})=U(S(\boldsymbol{x})) \tag{9-89}$$

式中，$U(\cdot)$代表阶跃函数，即

$$U(X)=\begin{cases}1, & X\geqslant 0\\ 0, & 其他\end{cases} \tag{9-90}$$

$S(\boldsymbol{x})$称为正布尔函数$f(\boldsymbol{x})$的可分离函数，可表示为

$$S(\boldsymbol{x})=\boldsymbol{w}^{\mathrm{T}}\boldsymbol{x}^{*} \tag{9-91}$$

$\boldsymbol{w}$和$\boldsymbol{x}^{*}$分别为$N+1$维向量

$$\boldsymbol{w}=\left[w_1,w_2,\cdots,w_N,w_{N+1}\right]^{\mathrm{T}} \tag{9-92}$$

$$\boldsymbol{x}^{*}=[\boldsymbol{x}^{\mathrm{T}},-1]^{\mathrm{T}} \tag{9-93}$$

其中，$\boldsymbol{x}=[x_1,x_2,\cdots,x_N]^{\mathrm{T}}$ 。w_{N+1}表示加权秩排序滤波器的秩值，相当于式（9-78）中的门限

值 c，$w_1,\cdots,w_N$ 表示加权系数。由于排序统计滤波器可以通过秩排序滤波器的线性组合得到，因此，对所有加权排序统计滤波器，其正布尔函数都是线性可分离的。

大多数正布尔函数不是线性可分离的，然而，任何 N 变量的正布尔函数都可以通过一个 N 阶 N 变量的多项式函数写成可分离的形式。多项式可分离函数定义为

$$S(\boldsymbol{x})=\sum_{i_1=1}^{N}A_{i_1}x_{i_1}+\sum_{i_1=1}^{N}\sum_{i_2=i_1+1}^{N}A_{i_1i_2}x_{i_1}x_{i_2}+\cdots+A_{12\cdots n}x_1x_2\cdots x_n-A_{2n} \tag{9-94}$$

总之，可以通过一个非线性函数集 $\varphi_1(\boldsymbol{x}),\varphi_2(\boldsymbol{x}),\cdots,\varphi_N(\boldsymbol{x})$ 确定一个可分离函数 $G(\boldsymbol{x})$

$$G(\boldsymbol{x})=\sum_{i=1}^{N}w_i\varphi_i(\boldsymbol{x})-w_{N+1}=\boldsymbol{w}^{\mathrm{T}}\boldsymbol{\varphi}(\boldsymbol{x}) \tag{9-95}$$

使得

$$f(\boldsymbol{x})=U(G(\boldsymbol{x})) \tag{9-96}$$

式中，

$$\boldsymbol{\varphi}(\boldsymbol{x})=[\varphi_1(\boldsymbol{x}),\varphi_2(\boldsymbol{x}),\cdots,\varphi_N(\boldsymbol{x}),-1]^{\mathrm{T}} \tag{9-97}$$

式（9-95）的可分离函数给出的布尔函数在满足如下条件时，为正布尔函数：

（1）$\varphi_i(\boldsymbol{x})$ 是 $\boldsymbol{x}$ 的正布尔函数；

（2）$w_1,w_2,\cdots,w_N,w_{N+1}$ 均大于或等于 0。

这样，通过可分离函数 $G(\boldsymbol{x})$，所有层叠滤波器的正布尔函数都可写成可分离的形式

$$f(\boldsymbol{x})=\begin{cases}1, & G(\boldsymbol{x})\geqslant 0\\ 0, & 其他\end{cases} \tag{9-98}$$

例如，正布尔函数 $f(\boldsymbol{x})=x_1x_2+x_2x_3+x_3x_4$ 不是线性可分离正布尔函数，但它可以通过可分离函数 $x_1x_2+x_2x_3+x_3x_4-1$ 表示成式（9-98）的形式。式（9-98）表明所有层叠滤波器的正布尔函数都可以视为具有非线性输入的可分离正布尔函数。

2）贝叶斯决策估计方案

由式（9-84），代价函数可写成

$$C(f)=\sum_{j=1}^{2^N}[C(0,\boldsymbol{a}_j)P_f(1/\boldsymbol{a}_j)+C(1,\boldsymbol{a}_j)P_f(0/\boldsymbol{a}_j)] \tag{9-99}$$

众所周知，贝叶斯判定法则为

$$f(\boldsymbol{a}_j)=U(G(\boldsymbol{a}_j))=\begin{cases}1, & G(\boldsymbol{a}_j)\geqslant 0\\ 0, & 其他\end{cases} \tag{9-100}$$

$$G(\boldsymbol{a}_j)=C(1,\boldsymbol{a}_j)-C(0,\boldsymbol{a}_j) \tag{9-101}$$

若满足约束条件

$$C(1,\boldsymbol{a}_i)\geqslant C(1,\boldsymbol{a}_j),\qquad \boldsymbol{a}_i\geqslant\boldsymbol{a}_j \tag{9-102}$$

则利用式（9-100）和式（9-101）求得的层叠滤波器就可以使 MAE 最小。

既然所有层叠滤波器都可以用非线性可分离函数$G(\boldsymbol{x})$表示成阈值表达式的形式，那么在平均绝对误差准则下，层叠滤波器最优化问题可表示为对可分离函数$G(\boldsymbol{x})$的估计问题，即

$$\min_{G}\sum_{t=1}^{M-1}E\left[\left|d^{t}(n)-U(G(\boldsymbol{x}^{t}(n)))\right|\right] \tag{9-103}$$

约束条件可写成

$$U(G(\boldsymbol{x}_i))\leqslant U(G(\boldsymbol{x}_j)), \quad \boldsymbol{x}_i\leqslant \boldsymbol{x}_j \tag{9-104}$$

进一步，根据$G(\boldsymbol{x})$的定义[式（9-95）]，层叠滤波器最优估计问题就转化为对可分离函数正权值的估计问题，即

$$\min_{\boldsymbol{w}\in\xi}J(\boldsymbol{w})=\sum_{t=1}^{M-1}E\left[\left|d^{t}(n)-U(\boldsymbol{w}^{\mathrm{T}}\boldsymbol{\varphi}(\boldsymbol{x}^{t}(n)))\right|\right] \tag{9-105}$$

式中，$\xi=\{w: w_i\geqslant 0,\ i=1,2,\cdots,N,N+1\}$。在二值域中，平均绝对误差和均方误差是等价的，因此上式等价于

$$\min_{\boldsymbol{w}\in\xi}J(\boldsymbol{w})=\sum_{t=1}^{M-1}E[(d^{t}(n)-U(\boldsymbol{w}^{\mathrm{T}}\boldsymbol{\varphi}(\boldsymbol{x}^{t}(n))))^{2}] \tag{9-106}$$

将上式对$\boldsymbol{w}$求导数，可得J对$\boldsymbol{w}$的变化率为

$$\nabla\boldsymbol{w}J(\boldsymbol{w})=-\sum_{t=1}^{M-1}E[(d^{t}(n)-U(\boldsymbol{w}^{\mathrm{T}}\boldsymbol{\varphi}(\boldsymbol{x}^{t}(n))))\boldsymbol{\varphi}(\boldsymbol{x}^{t}(n))\delta(\boldsymbol{w}^{\mathrm{T}}\boldsymbol{\varphi}(\boldsymbol{x}^{t}(n)))] \tag{9-107}$$

式中，$\delta(\cdot)$是狄拉克函数。对于加权排序统计滤波器，由于正布尔函数是线性可分离的，因此可由式（9-91）将上式简化为

$$\nabla\boldsymbol{w}J(\boldsymbol{w})=-\sum_{t=1}^{M-1}E[(d^{t}(n)-U(\boldsymbol{w}^{\mathrm{T}}\boldsymbol{x}^{t*}(n)))\boldsymbol{x}^{t*}(n)\delta(\boldsymbol{w}^{\mathrm{T}}\boldsymbol{x}^{t*}(n))] \tag{9-108}$$

3）最小平均绝对值算法

由于出现了$\delta(\cdot)$函数，因此式（9-107）不能直接用来求解，为了克服这一缺点，典型的做法是将单位阶跃函数用连续函数来替换，且当n趋于无穷时，让连续函数趋于单位阶跃函数。这里采用线性函数来替换单位阶跃函数，则最优问题转化为

$$\min_{\boldsymbol{w}\in\xi}J(\boldsymbol{w})=\sum_{t=1}^{M-1}E[(d^{t}(n)-\boldsymbol{w}^{\mathrm{T}}\boldsymbol{\varphi}(\boldsymbol{x}^{t}(n)))^{2}] \tag{9-109}$$

平方展开后得

$$\min_{\boldsymbol{w}\in\xi}2\left\{\frac{1}{2}\boldsymbol{w}^{\mathrm{T}}\boldsymbol{R}\boldsymbol{w}-\boldsymbol{w}^{\mathrm{T}}\boldsymbol{R}^{s}+\frac{1}{2}E[d^{2}(n)]\right\} \tag{9-110}$$

式中，

$$\boldsymbol{R}=\sum_{t=1}^{M-1}E[\boldsymbol{\varphi}(\boldsymbol{x}^{t}(n))\boldsymbol{\varphi}(\boldsymbol{x}^{t}(n))^{\mathrm{T}}] \tag{9-111}$$

$$\boldsymbol{R}^{s}=\sum_{t=1}^{M-1}E[d^{t}(n)\boldsymbol{\varphi}(\boldsymbol{x}^{t}(n))] \tag{9-112}$$

因为式（9-110）的最后一项与 w 无关，所以最优问题简化为

$$\min_{w\in\xi}\left\{\frac{1}{2}\boldsymbol{w}^{\mathrm{T}}\boldsymbol{R}\boldsymbol{w}-\boldsymbol{w}^{\mathrm{T}}\boldsymbol{R}^{s}\right\} \tag{9-113}$$

可见，利用线性函数替换单位阶跃函数后，式（9-106）的最优问题就转化为求解非负权值的线性最优 FIR 滤波器问题。唯一的不同是，这种最优 FIR 滤波器使平方误差在阈值分解各级上总和为最小，即式（9-113）中参数 $\boldsymbol{R}$ 和 $\boldsymbol{R}^s$ 比线性最优 FIR 滤波器中对应的参数多了累计求和运算。

众所周知，线性最优 FIR 滤波器问题是一类非常经典的问题，存在许多解法，这里采用梯度投影法来求最优解。为此，定义投影操作 P 和映射族 T_u。

投影操作 P：如果向量 $\boldsymbol{V}=[V_1,V_2,\cdots,V_{N+1}]^{\mathrm{T}}$，那么

$$P(\boldsymbol{V})=[g(V_1),\cdots,g(V_{N+1})]^{\mathrm{T}} \tag{9-114}$$

$$g(V_i)=\begin{cases}V_i, & V_i\geqslant 0\\ 0, & \text{其他}\end{cases} \tag{9-115}$$

映射族 T_u：利用投影算子 P，定义映射族 T_u 为

$$T_u[\boldsymbol{V}]=P[(\boldsymbol{I}-u\boldsymbol{R})\boldsymbol{V}+u\boldsymbol{R}^s] \tag{9-116}$$

可推得如下递推关系式

$$\boldsymbol{w}(k+1)=P[(\boldsymbol{I}-u\boldsymbol{R})\boldsymbol{w}(k)+u\boldsymbol{R}^s] \tag{9-117}$$

式中，$\boldsymbol{I}$ 为单位矩阵，u 为正常数。因此，得到递归最小平均绝对值（LMA）算法如下。

（1）初始化：取所有初始加权值 $\boldsymbol{w}(0)$ 为任意正数，取 a_t 为一个很小的正数作为迭代公差。

（2）执行循环：

$$\boldsymbol{w}(k+1)=P[(\boldsymbol{I}-u\boldsymbol{R})\boldsymbol{w}(k)+u\boldsymbol{R}^s] \tag{9-118}$$

$$0<u<2/(\lambda_1+\lambda_{K+1}) \tag{9-119}$$

其中 λ_1 和 λ_{K+1} 分别为矩阵 $\boldsymbol{R}$ 的最小特征值和最大特征值。

（3）收敛结束：如果 $\sum_{i=1}^{N+1}(w_i(k+1)-w_i(k))^2\leqslant a_t$，则 $\boldsymbol{w}(k+1)$ 为最优解；否则，执行步骤（2）。

4）算法中二阶统计量的估计

由 LMA 算法不难看出，算法要求具备关于观测信号和期望信号的联合统计先验知识，即二阶统计量 $\boldsymbol{R}$ 和 $\boldsymbol{R}^s$，而这些先验统计知识一般很难事先得到。实际应用中，算法中的 $\boldsymbol{R}$ 和 $\boldsymbol{R}^s$ 可以利用训练信号得到。

假设训练信号中，观测信号和期望信号是联合平稳的，那么，利用集合平均代替式（9-111）和式（9-112）中的统计平均，即可得到 $\boldsymbol{R}$ 和 $\boldsymbol{R}^s$ 的估计

$$\hat{\boldsymbol{R}}=\frac{1}{N_s}\sum_{n=0}^{N_s-1}\sum_{t=1}^{M-1}\boldsymbol{\varphi}(\boldsymbol{x}^t(n))\boldsymbol{\varphi}(\boldsymbol{x}^t(n))^{\mathrm{T}} \tag{9-120}$$

$$\hat{\boldsymbol{R}}^s=\frac{1}{N_s}\sum_{n=0}^{N_s-1}\sum_{t=1}^{M-1}d^t(n)\boldsymbol{\varphi}(\boldsymbol{x}^t(n)) \tag{9-121}$$

式中，N_s为训练样本的数目。不难看出，矩阵$\hat{\boldsymbol{R}}$与线性自相关矩阵类似。

9.7.3 自适应层叠滤波器

最优层叠滤波器理论为最优非线性滤波器的设计提供了一套系统方法，但往往要求已知信号和噪声的先验统计知识，而在实际应用中，尤其是在图像处理应用领域，这些先验知识很难得到。另外，随着滤波窗口尺寸的增大，最优算法的计算量迅速增大，内存需求也迅速增大，这已成为制约最优层叠滤波器应用的最大障碍。尤其是在图像处理中使用二维滤波窗，极大地限制了最优层叠滤波器在图像处理中的应用。下面将在 LMA 最优算法的基础上，给出自适应 LMA 算法。

当观测信号和期望信号的统计先验知识不可知时，可以通过两种方法来设计最优层叠滤波器。一种方法是上面讨论的非自适应递归 LMA 算法，另一种方法是下面将要讨论的自适应 LMA 算法。当观测信号和期望信号联合平稳时，第一种方法为我们提供了很好的解决方案，但是，自适应算法不仅具有节省内存空间、容易实现等优点，而且可以动态地跟踪观测信号和期望信号的统计量变化，随时适应输入信号的变化，在实际应用中提供了更好的灵活性。

这里给出层叠滤波器的自适应 LMA 算法，算法的实现过程可概括为：首先任意给出一组层叠滤波器加权值，然后根据观测信号和期望信号样本调整加权值，最后让加权值收敛于层叠滤波器的最优加权值。算法中值得注意的是由于存在层叠性约束，加权值的每一步调整过程中都必须保证为正值。实际上，可以通过将负的加权值置零来保证层叠滤波器的层叠性。

利用非自适应递归 LMA 算法的有关结论，我们来推导自适应 LMA 算法的实现公式。

由于自适应算法要求动态地跟踪输入信号的变化，即最优层叠滤波器的加权值是在边处理输入边调整的过程中收敛得到的，因此，和非自适应递归 LMA 算法不同，它无须事先估计出二阶统计量$\boldsymbol{R}$和$\boldsymbol{R}^s$，或者说，$\boldsymbol{R}$和$\boldsymbol{R}^s$只与当前输入有关。于是，令式(9-120)和式(9-121)中的$N_s=1$，得到

$$\boldsymbol{R}=\sum_{t=1}^{M-1}\boldsymbol{\varphi}(\boldsymbol{x}^t(n))\boldsymbol{\varphi}(\boldsymbol{x}^t(n))^{\mathrm{T}} \tag{9-122}$$

$$\boldsymbol{R}^s=\sum_{t=1}^{M-1}d^t(n)\boldsymbol{\varphi}(\boldsymbol{x}^t(n)) \tag{9-123}$$

将式（9-122）和式（9-123）代入 LMA 算法的递归式（9-118），即可得到自适应 LMA 算法的实现公式

$$\begin{aligned}\hat{\boldsymbol{w}}(k+1)&=P[(\boldsymbol{I}-u(k)\boldsymbol{R})\hat{\boldsymbol{w}}(k)+u\boldsymbol{R}^s]\\&=P\left[\hat{\boldsymbol{w}}(k)-u(k)\sum_{t=1}^{M-1}\boldsymbol{\varphi}(\boldsymbol{x}^t(k))\boldsymbol{\varphi}(\boldsymbol{x}^t(k))^{\mathrm{T}}\hat{\boldsymbol{w}}(k)+u(k)\sum_{t=1}^{M-1}d^t(k)\boldsymbol{\varphi}(\boldsymbol{x}^t(k))\right]\\&=P\left[\hat{\boldsymbol{w}}(k)+u(k)\sum_{t=1}^{M-1}(d^t(k)-\hat{\boldsymbol{w}}(k)^{\mathrm{T}}\boldsymbol{\varphi}(\boldsymbol{x}^t(k)))\boldsymbol{\varphi}(\boldsymbol{x}^t(k))\right]\end{aligned} \tag{9-124}$$

式中，$u(k)$ 是时变自适应步长。对于加权排序统计滤波器，由于其正布尔函数是线性可分离的，因此根据式（9-91）可得

$$\hat{\boldsymbol{w}}(k+1)=P\left[\hat{\boldsymbol{w}}(k)+u(k)\sum_{t=1}^{M-1}(d^t(k)-\hat{\boldsymbol{w}}(k)^{\mathrm{T}}\boldsymbol{x}^t(k))\boldsymbol{x}^t(k)\right] \tag{9-125}$$

实际上，上述算法是一种满足层叠性限制的自适应 LMA 算法，层叠性限制是通过将负的加权值置零来保证的，即通过投影算子 $P[\cdot]$ 实现。有关自适应 LMA 算法的收敛条件可参考相关文献。

第 10 章　自适应信号处理的应用

在绪论中概述了自适应系统的 4 种组态及其应用，这一章将对此做详细的阐述，分别介绍自适应模拟、自适应逆模拟、自适应干扰对消和自适应预测的基本概念及其应用实例。

10.1　自适应模拟与系统辨识

10.1.1　系统辨识基本理论

1．系统辨识

根据系统的输入和输出求解系统模型称为系统辨识。关于系统辨识，早在 1962 年 Zadeh 就做了如下的定义：根据对已知输入量的输出响应的观测在指定一类系统的范围内确定一个与辨识系统等价的系统。对于一个系统而言，辨识就是研究如何建立系统的数学模型并求解出表征系统的参数。

建立数学模型的目的归纳起来有以下几个方面。

1）用于控制系统的设计研究

控制系统设计、调节系统参数的最佳设定都是以被控对象的动态特性（数学模型）为依据的。在实现最优控制时，更需充分了解对象动态特性，以便在预定的性能指标约束下选择最优的控制作用。

2）用于指导工艺设备的设计

通过对数学模型的分析和仿真研究，可以确定影响设备（被控对象）的动态特性的各个因素，根据控制系统的要求对工艺设备的设计制造提出具体的要求和建议，使之具有良好的控制性能。

3）用于仿真研究

仿真是研究设计系统的重要方法，而仿真只有在已知数学模型的前提下才能实现。

4）用于过程的预报和诊断

过程参数变化趋势预报的基础是数学模型。有了数学模型之后，可以利用已有的历史数据计算出参数变化的趋势，用于指导运行操作和控制。

对于一个过程而言，建立其数学模型的方法有理论建模方法和实验建模方法两大类。

理论建模就是根据所研究过程的内部机理，经过分析研究，建立其数学表达式（数学模型）。由于这种建立模型的方法是根据设备的参数和结构进行的，因此在系统的设计阶段就可以建立数学模型，这对新系统的研究和设计具有重要意义，这也是理论建模方法的优点之一。

理论建模一般可以按以下步骤进行。

(1) 建立数学模型时，首先要确定欲建立模型的类型，然后建立有关参数的数学关系式。对于简单的系统或对象，通过对其工作机理进行分析，应用一些基本定律可建立起原始的基本方程式，如应用质量守恒定律、能量守恒定律、牛顿定律、克希霍夫定律等，可以找到系统输出量、输入量和其他变量（参数）间的关系。但是，对于许多复杂的过程，由于对其中一些内部机理了解得还不太清楚，不可能严格、准确地利用基本定律建立起各变量间的关系。在这种情况下，通常要做一些必要的假设和简化。例如，把复杂的系统分成若干简单的区段，先求各区段的模型，然后叠加起来。对于某些非线性系统，假设变量只在小范围内变化，即可近似地按线性系统处理，但是，这样做会降低数学模型的精度。

（2）确定所建模型的类型，确定模型的输出量和输入量。

（3）根据所研究系统的内部机理和建模目的（用途），在不影响模型精度的前提下，进行必要的假设和简化。

（4）根据有关基本定律列写原始的基本方程式。

（5）消去中间变量，得到只包括输入量和输出量的方程式。

（6）对模型进行检验。

实验建模是在待研究的系统上通过实验手段获得数学模型的方法，这种建模方法也称为系统辨识。根据事先对待辨识系统了解的程度（称为先验知识或验前知识），系统辨识可分为两类：完全辨识和部分辨识。对系统一无所知的辨识问题称为黑箱问题，此时必须对系统做出某些假定，才能获得数学模型；对系统的某些特性已有所了解，即具有一定的先验知识，这类系统辨识问题称为灰箱问题。在工程实践中遇到的辨识问题往往属于灰箱问题，这时人们对于系统结构和特性已有许多了解，往往可以确定模型的形式或结构。只要得到辨识模型中的参数就能获得数学模型，这样就把问题简化为参数辨识问题了。这里所讨论的系统辨识属于参数辨识问题。

2．系统辨识的步骤

在Zadeh关于系统辨识所做的定义中提出了三个必须确定的问题：第一是“指定的一类系统”，这就是说，必须先确定所辨识的系统属于什么样的类型，是线性的还是非线性的，是时变的还是非时变的，等等；第二是“输入和输出信号”，输入信号通常是正弦、阶跃、脉冲、伪随机信号等，在这些典型输入信号条件下，系统的特性只需根据输出信号就可确定了；第三是“等价”，严格地讲对于所有可能的输入信号，当两个系统的输入和输出关系完全相同时，这两个系统才是等价的。实际上这个等价要求往往是达不到的，在工程实践中希望简化模型结构，通常只能做到近似等价。

系统辨识的步骤如图10-1所示。

1）辨识目的和先验知识

当辨识目的不同时，对模型的精度和类型要求也有所区别，即对同一系统可能建立不同的数学模型。例如，当模型用于定位控制时，对模型精度的要求可以低一些；若用于趋势预报，则对模型精度的要求高一些。先验知识是指事先对被辨识系统的了解程度有多少。例如，过程非线性程度、参数是否时变、时间常数大致的范围、截止频率大约是多少、是否存在延迟、静态放大倍数的大小等。这些对实验设计、模型结构、辨识方法选取都有指导作用。

2）辨识实验设计

辨识实验设计的内容主要包括：输入和输出信号的选择；采用何种输入信号；输入信号幅值的大小；采样速度；数据长度（辨识时间）；开环辨识还是闭环辨识，离线辨识还是在线辨识。

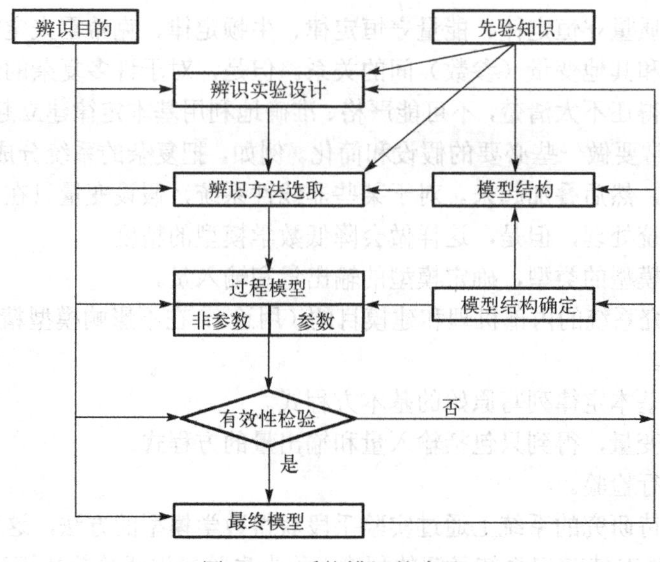

图 10-1 系统辨识的步骤

3）模型结构的确定

根据辨识目的及先验知识，先假定一个模型的类型，包括模型的结构和参数的多少。这个事先假定的模型不一定是最终的模型，它完全可能在模型检验过程中被修改。

4）参数估计

在假设模型结构的基础上，根据实验数据，利用各类辨识算法确定模型的各个参数。这项工作是系统辨识的主要工作内容。

5）模型检验

将所得到的模型与真实系统进行对比实验，观察其特性是否符合要求。若相差过大，则需对辨识实验设计、模型结构等进行修改，然后辨识出新的模型。

3. 自适应系统辨识

用自适应滤波器模拟未知系统，并通过调整其参数，使它在与未知系统具有相同激励时能够得到误差均方值最小的输出。自适应滤波器收敛之后，其结构和参数不一定会与未知系统的结构和参数相同，但二者的输入-输出响应关系是拟合的或匹配的。在此意义上，可以把自适应滤波器作为未知系统的模型。

图 10-2 所示为单输入单输出的未知系统（或称被控系统）的自适应模拟原理性方框图。未知系统与自适应滤波器有相同的输入激励。在线性系统辨识中，如果未知系统本身无噪，且输入信号是宽带的（或统计相关性足够小），而自适应系统具有足够的可调权（或称自由度），那么自适应滤波器收敛之后能够与未知系统很好地匹配；如果未知系统是带噪的，系统噪声 $n(n)$ 是加性的且与输入信号 $u(n)$ 不相关，那么自适应滤波器将很好地匹配未知系统的输出，而不包含对 $n(n)$ 的估计。这就是说，当自适应滤波器的权系数调到使均方误差达到最小时，其最小均方解主要由未知系统的冲激响应所决定，而不受系统噪声存在的影响，但自适应收敛过程还是会受系统噪声的影响。相对于线性系统辨识，非线性系统建模问题是一类比较常见的问题。不同于线性系统的是，非线性系统很难用一个统一的形式表示出来。基于 Volterra 展开式的非线性自适应滤波器由于综合利用了线性和非线性项，因此相比

其他非线性滤波模型具有更好的性能。自适应 Volterra 滤波器在非线性系统辨识中有广泛的应用。

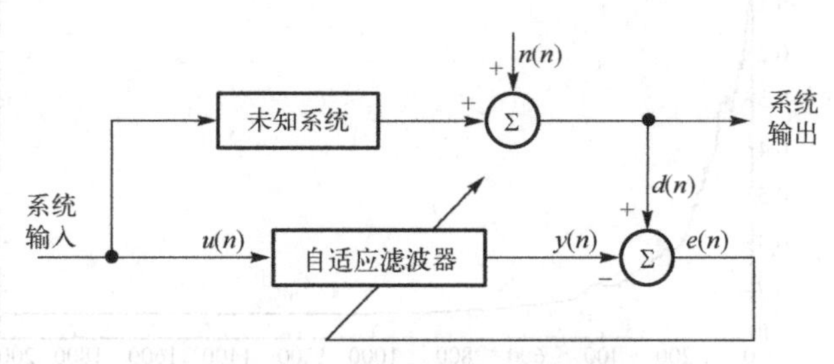

图 10-2　单输入单输出系统的模拟

下面分别介绍非线性系统的 Volterra 级数辨识和 FIR 滤波器综合，从而讨论自适应模拟在系统辨识中的应用。

10.1.2　Volterra 模型系统辨识

基于 Volterra 模型的非线性系统自适应辨识问题就是利用对未知系统的输入和输出信号的观测值，在某种辨识准则下，使用在线递推方法辨识出系统的 Volterra 核。基于 Volterra 模型的非线性系统自适应辨识的原理如图 10-3 所示。

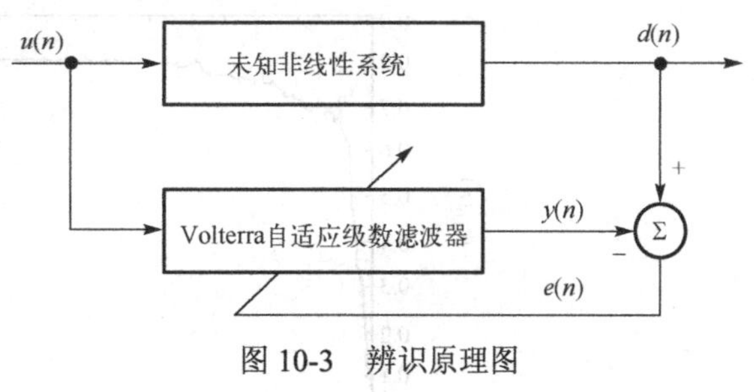

图 10-3　辨识原理图

在这里采用 Volterra 自适应级数滤波器对一个未知的非线性系统进行辨识。非线性系统由以下方程表示

$$y(n)=0.5u(n)-0.75u(n-1)+u(n-2)+0.8u^2(n)+u^2(n-1)-0.3u(n-1)u(n-2)$$

采用 Volterra LMS 算法对上述非线性系统进行自适应系统辨识，步长因子选取为 $\mu=0.005$，初始核值为 0，进行 2000 次自适应迭代。输入信号为均值为 0、方差为 1 的高斯白噪声。在图 10-4 中，分别给出了一阶 Volterra 核和二阶 Volterra 核迭代更新曲线。

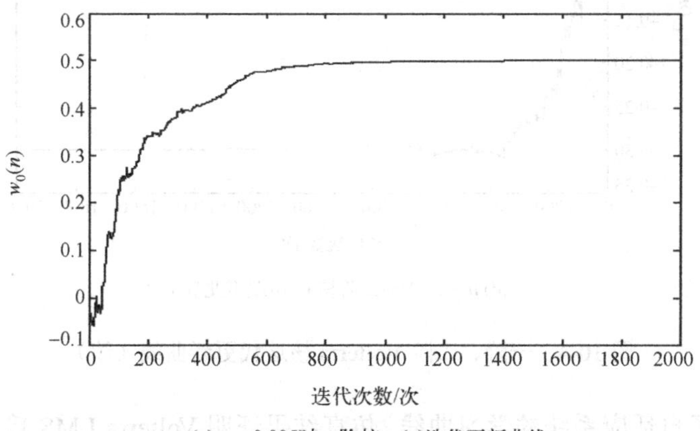

(a) $\mu=0.005$时一阶核$w_0(n)$迭代更新曲线

图 10-4　一阶、二阶 Volterra 核迭代更新曲线

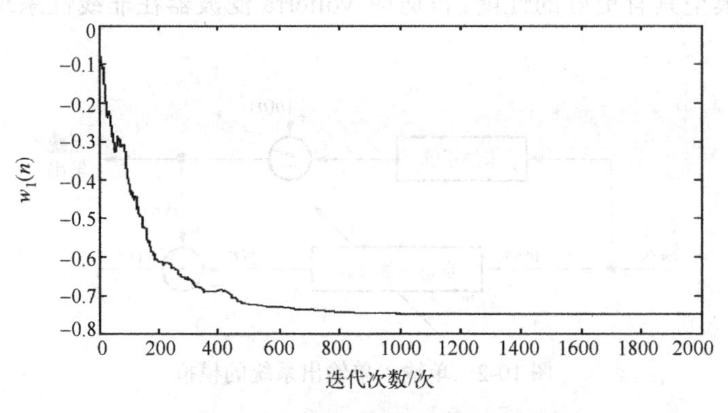

(b) $\mu=0.005$时一阶核$w_1(n)$迭代更新曲线

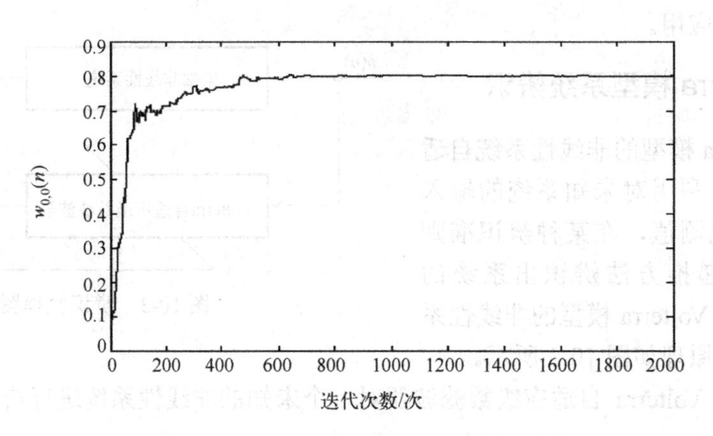

(c) $\mu=0.005$时二阶核$w_{0,0}(n)$迭代更新曲线

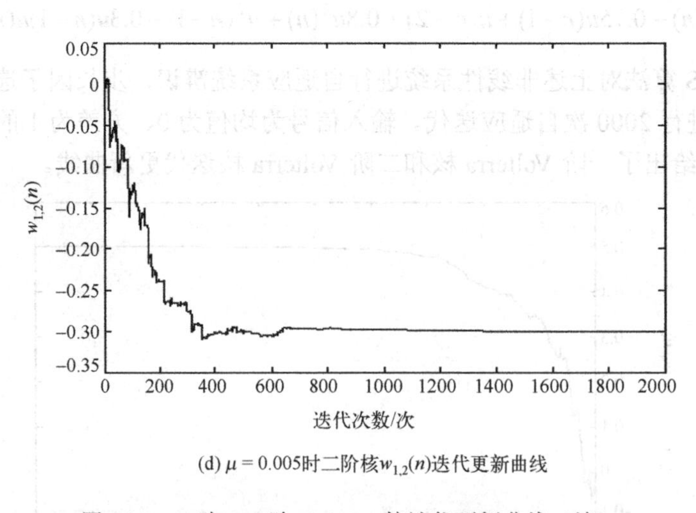

(d) $\mu=0.005$时二阶核$w_{1,2}(n)$迭代更新曲线

图 10-4 一阶、二阶 Volterra 核迭代更新曲线（续）

图 10-5 给出了自适应系统的学习曲线。仿真结果证明 Volterra LMS 算法有良好的收敛特性，核值很快收敛到理想权值。

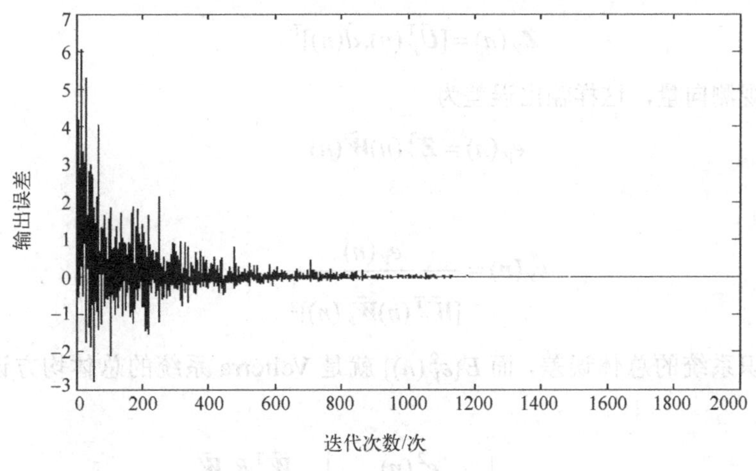

图 10-5　$\mu = 0.005$ 时的学习曲线

10.1.3　改进的 Volterra 模型系统辨识

前面通过实例看到Volterra级数模型及Volterra自适应滤波器在系统建模和辨识方面的实用性与有效性。但是在获取被辨识系统的输入和输出数据的过程中，各种扰动的存在通常使采样得到的输入和输出观测数据中不可避免地含有测量噪声，因此建立一种抗扰动能力强、辨识精度高的自适应辨识算法，对于实际非线性系统的辨识是十分必要的。本节针对观测噪声对系统辨识的影响给出改进的 Volterra 滤波器，推导相应的自适应滤波算法并给出仿真算例，以验证方法的有效性。

1．总体最小均方算法

采用最小均方技术的非线性 Volterra 自适应滤波器对输入和输出数据含有噪声的辨识问题并不十分有效，而总体最小均方技术能有效地降低双端噪声污染对辨识精度的影响。因此，将总体最小均方自适应辨识算法引入 Volterra 自适应滤波器中会提高系统的抗干扰能力。

如图 10-6 所示，在系统辨识的过程中，输入端和输出端都会引入噪声干扰。设n时刻用于未知非线性系统辨识的自适应滤波器的输入为 $\tilde{u}(n) = u(n) + n_i(n)$ ，系统的期望输出为 $\tilde{d}(n) = d(n) + n_0(n)$ ，设系统的 Volterra 核向量为 $\boldsymbol{W}_V = [\boldsymbol{w}_1^{\mathrm{T}}, \boldsymbol{w}_2^{\mathrm{T}}, \cdots, \boldsymbol{w}_N^{\mathrm{T}}]^{\mathrm{T}}$ ，其中 $\boldsymbol{w}_i$ （$i = 1,2,\cdots,N$ ）是系统的第i阶 Volterra 核向量。n时刻的输入观测向量为 $\tilde{\boldsymbol{U}}_V(n) = [\tilde{\boldsymbol{u}}_1^{\mathrm{T}}(n), \tilde{\boldsymbol{u}}_2^{\mathrm{T}}(n), \cdots, \tilde{\boldsymbol{u}}_N^{\mathrm{T}}(n)]^{\mathrm{T}}$ ，定义

$$\tilde{\boldsymbol{W}}_V(n) = [\boldsymbol{W}_V^{\mathrm{T}}(n), -1]^{\mathrm{T}} \tag{10-1}$$

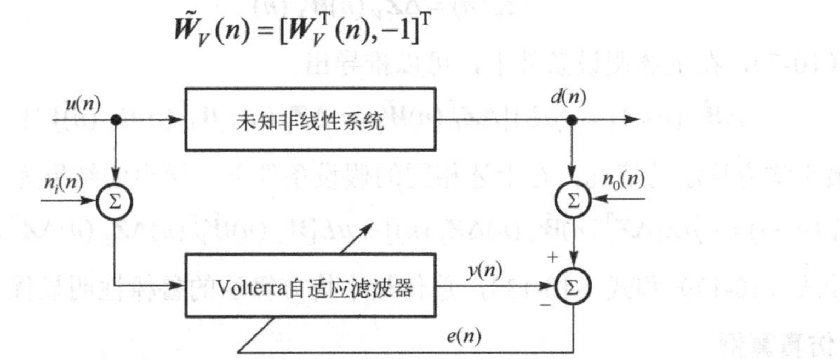

图 10-6　输入和输出端有噪声的系统辨识原理图

为系统的增广 Volterra 核向量，以及

$$Z_V(n)=[\tilde{U}_V^{\mathrm{T}}(n),\tilde{d}(n)]^{\mathrm{T}} \tag{10-2}$$

为系统的增广观测向量，这样输出误差为

$$e_V(n)=Z_V^{\mathrm{T}}(n)\tilde{W}(n) \tag{10-3}$$

定义

$$\varepsilon_V(n)=\frac{e_V(n)}{[\tilde{W}_V^{\mathrm{T}}(n)\tilde{W}_V(n)]^{\frac{1}{2}}} \tag{10-4}$$

为 Volterra 辨识系统的总体误差，而 $E\{\varepsilon_V^2(n)\}$ 就是 Volterra 系统的总体均方误差（TMSE），则

$$E\{\varepsilon_V^2(n)\}=E\left\{\frac{e_V^2(n)}{\tilde{W}_V^{\mathrm{T}}(n)\tilde{W}_V(n)}\right\}=\frac{\tilde{W}_V^{\mathrm{T}}R_V\tilde{W}_V}{\tilde{W}_V^{\mathrm{T}}\tilde{W}_V} \tag{10-5}$$

式中，$R_V=E[Z_V(n)Z_V^{\mathrm{T}}(n)]$。

这样以最小化 TMSE 为准则的辨识就是非线性 Volterra 系统的总体最小均方（VTLMS）辨识问题。采用最速下降法求解 VTLMS 问题，就如在 LMS 算法的求解过程中一样，为了得到可实际计算的递推公式，使用 $\varepsilon_V^2(n)$ 作为 $E\{\varepsilon_V^2(n)\}$ 的瞬时估计来求梯度，得到瞬时估计梯度为

$$\hat{\nabla}(n)=2e_V(n)[Z_V(n)\tilde{W}_V^{\mathrm{T}}(n)W_V(n)-\varepsilon_V(n)\tilde{W}_V(n)][\tilde{W}_V^{\mathrm{T}}(n)\tilde{W}_V(n)]^{-2} \tag{10-6}$$

则基于总体最小均方的自适应辨识算法的修正公式为

$$\tilde{W}_V(n+1)=\tilde{W}_V(n)-2\mu e_V(n)[Z_V(n)\tilde{W}_V^{\mathrm{T}}(n)\tilde{W}_V(n)-e_V(n-1)\tilde{W}_V(n)][\tilde{W}_V^{\mathrm{T}}(n)\tilde{W}_V(n)]^{-2} \tag{10-7}$$

下面将总体最小均方算法（TLMS）与最小均方算法（LMS）的性能进行分析和对比。设叠加在输入端和输出端上的噪声 $n_i(n)$ 和 $n_0(n)$ 均是独立平稳的加性白噪声扰动，记

$$\bar{Z}_V(n)=[U_V^{\mathrm{T}}(n),d(n)]^{\mathrm{T}} \tag{10-8}$$

$$\Delta Z_V(n)=[n_i(n),n_0(n)]^{\mathrm{T}} \tag{10-9}$$

假设在 n 时刻 Volterra 自适应滤波器的核向量已经收敛到待辨识系统的真实值 $\tilde{W}_{\mathrm{opt}}$，这样

$$\bar{Z}_V(n)U_V^{\mathrm{T}}(n)=0 \tag{10-10}$$

$$e_V(n)=\Delta Z_V^{\mathrm{T}}(n)\tilde{W}_V(n) \tag{10-11}$$

对于式（10-7），在上述假设条件下，可以推导出

$$\Delta\tilde{W}_V(n+1)=-\mu E\{[\Delta Z_V^{\mathrm{T}}(n)\tilde{W}_V(n)\Delta Z_V(n)][\tilde{W}_V^{\mathrm{T}}(n)\tilde{W}_V(n)]^{-1}\} \tag{10-12}$$

而对于最小均方算法的情况，在上述相同的假设条件下，导出的结果为

$$\Delta\tilde{W}_V(n+1)=-\mu E[\Delta Z_V^{\mathrm{T}}(n)\tilde{W}_V(n)\Delta Z_V(n)]+\mu E[\tilde{W}_V(n)\tilde{W}_V^{\mathrm{T}}(n)\Delta Z_V(n)\Delta Z_V^{\mathrm{T}}(n)\tilde{W}_V(n)] \tag{10-13}$$

比较式（10-12）和式（10-13），总体最小均方算法的鲁棒性明显优于最小均方算法。

2．仿真算例

对非线性系统 $y(n)=-0.7u(n)+u(n-2)+0.9u^2(n)+u^2(n-1)$ 进行自适应辨识。仿真实验分别使用 Volterra 最小均方算法（VLMS）和 Volterra 总体最小均方算法（VTLMS）进行自适

应辨识，比较两种方法在噪声环境下的收敛性能。为了计算简单，设输入信噪比与输出信噪比相同，并且叠加在输入端和输出端的噪声是独立平稳的白噪声。

在步长因子 $\mu = 0.05$ 、信噪比为 20dB 的条件下进行仿真。图 10-7 和图 10-8 分别给出了 TLMS 算法的 $w_0(n)$ 和 $w_{1,1}(n)$ 的收敛曲线，可以看出权系数很快收敛到理想权值。

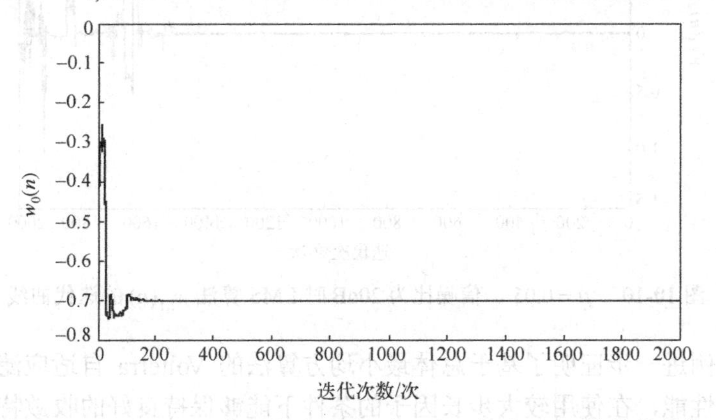

图 10-7　$\mu = 0.05$ 、信噪比为 20dB 时 TLMS 算法 $w_0(n)$ 的收敛曲线

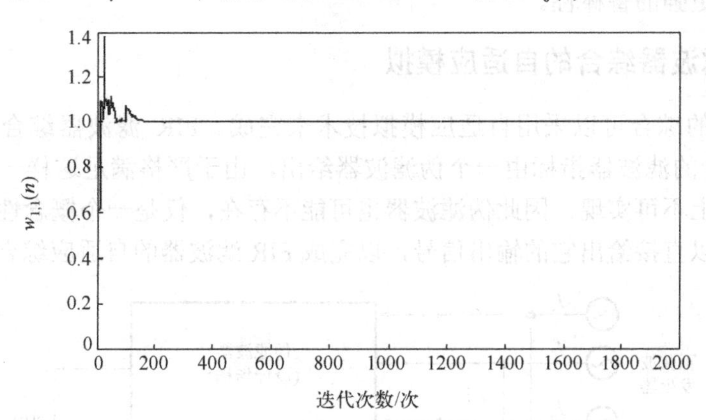

图 10-8　$\mu = 0.05$ 、信噪比为 20dB 时 TLMS 算法 $w_{1,1}(n)$ 的收敛曲线

而在相同的条件下 LMS 算法则不收敛，如图 10-9 和图 10-10 所示，随着迭代过程的进行，权值发散得越来越严重。

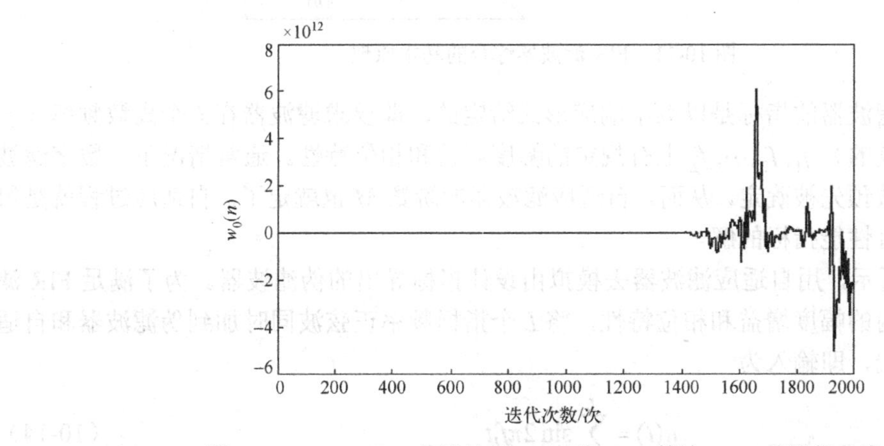

图 10-9　$\mu = 0.05$ 、信噪比为 20dB 时 LMS 算法 $w_0(n)$ 的迭代曲线

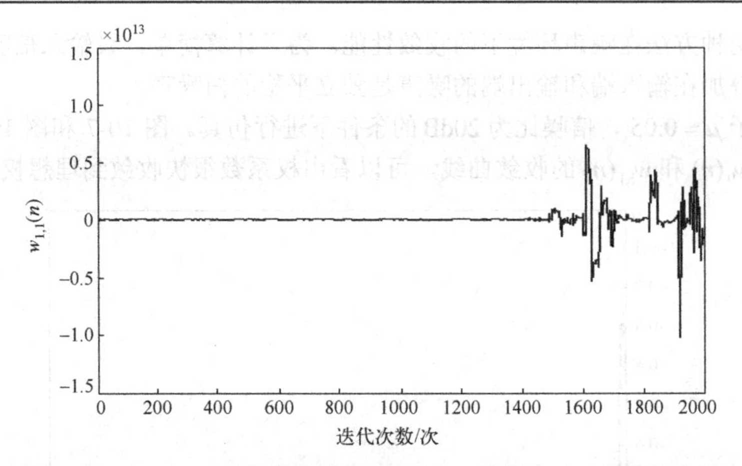

图 10-10 $\mu = 0.05$、信噪比为 20dB 时 LMS 算法 $w_{1,1}(n)$ 的迭代曲线

这个仿真算例进一步证明了基于总体最小均方算法的 Volterra 自适应滤波器在抗干扰方面有比较理想的性能，在使用较大步长因子的条件下能够保持良好的收敛特性，该算法比最小均方算法具有更强的鲁棒性。

10.1.4 FIR 滤波器综合的自适应模拟

数字滤波器的综合可以采用自适应模拟技术来完成。FIR 滤波器综合的基本原理示于图 10-11，待设计的滤波器指标由一个伪滤波器给出，由于严格满足这样一组指标要求的滤波器可能在物理上不可实现，因此伪滤波器也可能不存在，仅是一个概念性的滤波器。但在数字实现时，可以直接给出它的输出信号，以完成 FIR 滤波器的自适应综合。

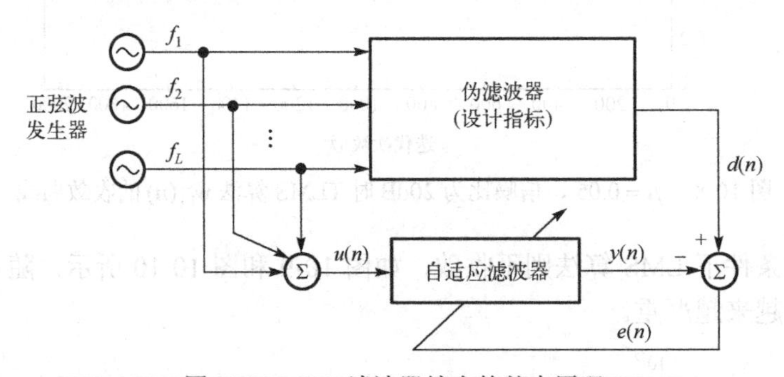

图 10-11 FIR 滤波器综合的基本原理

假定待设计滤波器的指标是以频率响应形式给定的，即要求滤波器在 L 个离散频率（一般可设为均匀间隔的）$f_1, f_2, \cdots, f_L$ 上有规定的幅度增益和相位特性。通常情况下，数字滤波器的权系数的个数预先被确定，从而，自适应滤波器的阶数 M 也就定了。自适应过程就是得到一个最好地拟合性能指标的解。

如图 10-11 所示，用自适应滤波器去模拟由设计指标导出的伪滤波器。为了满足 FIR 滤波器在规定频带内的幅度增益和相位特性，将 L 个指标频率正弦波同时加到伪滤波器和自适应滤波器的输入端，即输入为

$$u(t) = \sum_{l=1}^{L} \sin 2\pi f_l t \tag{10-14}$$

伪滤波器的输出，即期待响应为

$$d(t)=\sum_{l=1}^{L}a_l\sin(2\pi f_l t+\theta_l) \tag{10-15}$$

当设计指标不能同时在所有的频率上精确满足时，有时希望在某些确定的频率上比其他频率满足得好一些，这时，可以对输入正弦波设置不同的振幅。由于自适应达到稳定时输出均方误差将达到最小，因此对于输入振幅越大的正弦波，在相应的频率上指标拟合得越紧密。若将第 l 个输入正弦波的振幅设置为 c_l，则输入改写为

$$u(t)=\sum_{l=1}^{L}c_l\sin 2\pi f_l t \tag{10-16}$$

c_l 也被称为对所有 l 的代价函数。而期望响应则改为

$$d(t)=\sum_{l=1}^{L}a_l c_l\sin(2\pi f_l t+\theta_l) \tag{10-17}$$

自适应收敛于最小均方解，其形式为

$$\boldsymbol{w}_{\text{opt}}=\boldsymbol{R}^{-1}\boldsymbol{p}=\begin{bmatrix} r(0) & r(1) & \cdots & r(M-1) \\ r(1) & r(0) & \cdots & r(M-2) \\ \vdots & \vdots & & \vdots \\ r(M-1) & r(M-2) & \cdots & r(0) \end{bmatrix}^{-1}\begin{bmatrix} p(0) \\ p(-1) \\ \vdots \\ p(1-M) \end{bmatrix} \tag{10-18}$$

式中，M 为自适应线性滤波器的阶数。由于信号 u 与 d 已确知，因此容易计算出式（10-18）中的各个相关函数值，即

$$\begin{aligned} r(n)&=E[u(t-nT)u(t)] \\ &=E\left[\sum_{l=1}^{L}c_l\sin 2\pi f_l(t-nT)\sum_{m=1}^{L}c_m\sin 2\pi f_m(t)\right] \end{aligned} \tag{10-19}$$

式中，T 表示采样时间间隔。由于两个不同频率的正弦波积的期望值为零，并考虑到正弦波在周期内的时间平均亦为零，因此上式可简化为

$$r(n)=E\left[\sum_{l=1}^{L}c_l^2\sin 2\pi f_l(t-nT)\sin 2\pi f_l t\right]=\frac{1}{2}\sum_{l=1}^{L}c_l^2\cos 2\pi f_l nT \tag{10-20}$$

类似可得

$$\begin{aligned} p(-n)&=E\left[x(t-nT)d(t)\right] \\ &=E\left[\sum_{l=1}^{L}c_l\sin 2\pi f_l(t-nT)\sum_{m=1}^{L}a_m c_m\sin 2\pi f_m(t+\theta_m)\right] \\ &=E\left[\sum_{l=1}^{L}a_l c_l^2\sin 2\pi f_l(t-nT)\sin(2\pi f_l t+\theta_l)\right] \\ &=\frac{1}{2}\sum_{l=1}^{L}a_l c_l^2\cos(2\pi f_l nT+\theta_l) \end{aligned} \tag{10-21}$$

将式（10-20）和式（10-21）代入式（10-18），可以得到自适应滤波器权向量的维纳解为

$$
\boldsymbol{w}_{\text{opt}}=\begin{bmatrix}
\sum_{l=1}^{L}c_l^2 & \sum_{l=1}^{L}c_l^2\cos 2\pi f_l T & \cdots & \sum_{l=1}^{L}c_l^2\cos 2\pi f_l (M-1)T \\
\sum_{l=1}^{L}c_l^2\cos 2\pi f_l T & \sum_{l=1}^{L}c_l^2 & \cdots & \sum_{l=1}^{L}c_l^2\cos 2\pi f_l (M-2)T \\
\vdots & \vdots & & \vdots \\
\sum_{l=1}^{L}c_l^2\cos 2\pi f_l (M-1)T & \sum_{l=1}^{L}c_l^2\cos 2\pi f_l (M-2)T & \cdots & \sum_{l=1}^{L}c_l^2
\end{bmatrix}^{-1}
\times\begin{bmatrix}
\sum_{l=1}^{L}a_l c_l^2\cos\theta_l \\
\sum_{l=1}^{L}a_l c_l^2\cos(2\pi f_l T+\theta_l) \\
\vdots \\
\sum_{l=1}^{L}a_l c_l^2\cos(2\pi f_l (M-1)T+\theta_l)
\end{bmatrix} \tag{10-22}
$$

由此可见，权向量的最小均方解可直接通过设计指标计算出来。因而在利用计算机仿真实现自适应过程时，式（10-22）可用于验证其结果的正确性。当自适应达到稳态时，图 10-11 所示系统的均方误差输出为

$$
J_{\min}=\frac{1}{2}\sum_{l=1}^{L}c_l^2\left|S_l-H_{l\text{opt}}\right|^2 \tag{10-23}
$$

式中，S_l 为频率 f_l 上所确定的伪滤波器的复传输函数，即

$$
S_l=a_l\mathrm{e}^{\mathrm{j}\theta_l} \tag{10-24}
$$

而 $H_{l\text{opt}}$ 则是频率 f_l 上具有最佳权向量 $\boldsymbol{w}_{\text{opt}}$ 的自适应线性组合器的复传输函数。若为自适应横向滤波器，则它的传输函数可表示为

$$
H_{\text{opt}}(\mathrm{e}^{\mathrm{j}\Omega T})=\sum_{n=0}^{M-1}w_{n\text{opt}}\mathrm{e}^{-\mathrm{j}\Omega T_n} \tag{10-25}
$$

式中，$\Omega=2\pi f$ 为角频率。于是，在式（10-23）中的 $H_{l\text{opt}}$ 应为

$$
H_{l\text{opt}}=\sum_{n=0}^{M-1}w_{n\text{opt}}\exp(-\mathrm{j}2\pi f_l nT) \tag{10-26}
$$

代价函数 c_l 可用实验的方法确定，至今尚无理论解析的方法。在设计滤波器时，开始不妨可令所有 c_l 值都相等，考察设计所得滤波器的频率响应特性，然后增加那些更希望接近指标的频率点上的代价函数值，并再继续这个过程。一般会较快地得到好的设计结果。

当待设计的滤波器有大量的权时，若要利用式（10-22）得到最小均方阶，则需要解大量的线性联立方程。通常可采用自适应方法（如 LMS 算法）调整权，以近似获得这个最小均方解。后者往往方便得多。

采用自适应模拟方法对滤波器综合具有较好的灵活性，它除可对典型的低通、高通和带通实现设计外，也可实现对其他非常规滤波器的设计。下面介绍一个对非常规滤波器的综合实例。

【例 10-1】 用自适应模拟方法设计一个 FIR 滤波器。在 0 到1/2的取样频率的整个奈奎斯特间隔范围内，其频率响应由100个均匀相间的频率点所确定。若设取样频率为 ω_r，确定设计指标如下。

（1）振幅特性：

0～0.25（归一化频率）：–50～0dB，以 dB 为刻度线性变化；

0.25～0.5：–60dB 恒定增益。

（2）相位特性：

0～0.25：线性相位，最大相移为 -13π。

其他位置不做要求。

首先确定滤波器的阶数为 50，且考虑选择不均匀的代价函数 c_l，如图 10-12 所示，在 0～0.125 的频率点处用较大的代价值，而在 0.125～0.25 的范围内，由于振幅响应大，因此其代价值取得低，且在阻带内也不要求有大的代价值。其中在某一孤立频率点上有一个最大的代价值，用以消除频响特性上个别不希望的波瓣。自适应模拟综合所得的结果如图 10-12 中实线所绘出的曲线。因为由一个实数权组成的数字滤波器，其频响特性是共轭对称的，因而无须再考虑负频率处的频率特性。图中相位特性的表示以 2π 为模，即可表示在 –180°～+180° 范围内。可以看出，在频率 0～0.25 的范围内，自适应综合的滤波器较好地满足了设计指标，只是在频率 0.25～0.5 的阻带内，振幅增益还未达到指标要求，且有约 20dB 的起伏。如果再增大自适应滤波器的自由度，如将阶数增大到100，则可以使指标满足得更好。

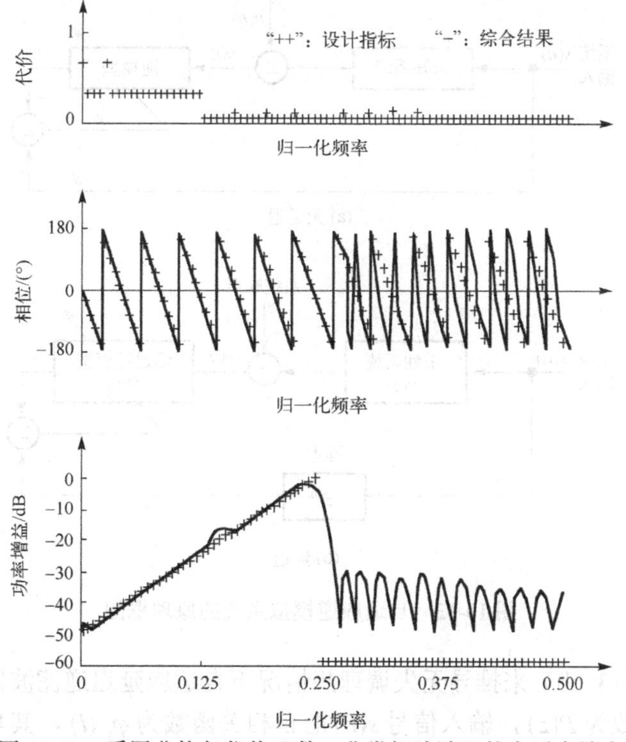

图 10-12　采用非均匀代价函数、非常规滤波器的自适应综合

10.2 自适应逆模拟

10.2.1 概述

对一个未知系统的逆系统进行模拟叫作系统的逆模拟。系统的逆模拟也可视为这样一个问题：求一自适应系统，其传输函数是未知系统传输函数倒数的最佳拟合，或者说求一未知系统的逆滤波系统。图 10-13 所示的是利用自适应方法对一个未知系统进行逆模拟的原理框图。系统的输入信号为 $s(n)$，加在系统输出的噪声 $n(n)$ 表示系统的内部噪声，带噪的系统输出 $u(n)$ 被用作自适应滤波器的输入。自适应滤波器一旦收敛，其输出就是未知系统输入的最小均方匹配。

图 10-13（a）为自适应无延迟逆模拟系统的原理框图。当噪声 $n(n)$ 为零，自适应滤波器有足够的权且 LMS 算法中的 μ 值很小以致失调量可以忽略时，收敛后自适应滤波器基本是静态的，其传输函数是未知系统传输函数的倒数，未知系统级联自适应滤波器的组合传输函数为1，这种组合系统的冲激响应则为无延迟的单位冲激。

由于未知系统一般是因果系统，因此信号 $s(n)$ 通过该系统时一般会产生一定的延迟。这就要求无延迟逆滤波器是一个预测器。在很多应用中，延迟逆滤波器是可以接受的，在这种情况下就降低了自适应滤波器预测的要求，图 10-13（b）即为自适应延迟逆滤波器的原理框图。延迟 $\varDelta$ 的引入，一般可得到更小的均方误差值，同时使收敛后的自适应滤波器与未知系统级联的组合系统的冲激响应为一个延迟 $\varDelta$ 的单位冲激。

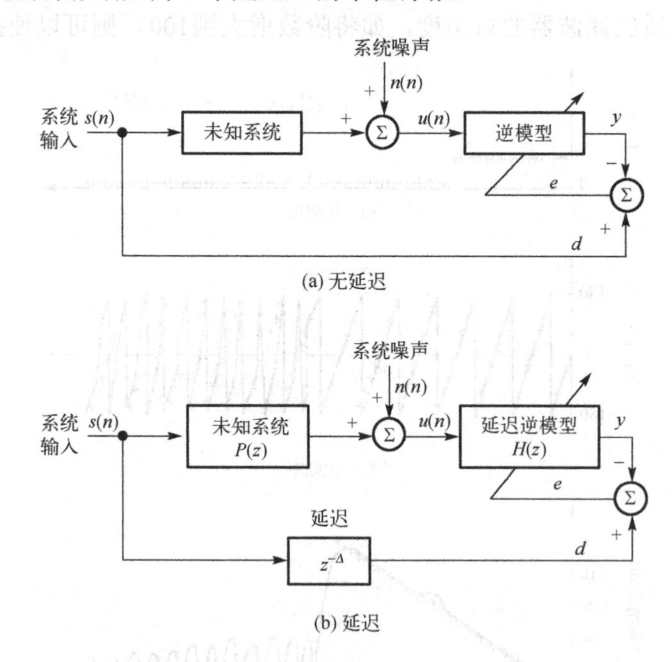

图 10-13　自适应逆模拟系统的原理框图

下面结合图 10-13（b）来推导无失调理想情况下自适应延迟逆滤波器的最小均方解。设未知系统的传输函数为 $P(z)$，输入信号 $s(n)$ 的自相关函数为 $\varphi_{ss}(l)$，其功率谱为 $\varPhi_{ss}(z)$，延迟逆滤波器的传输函数为 $H(z)$。假设 $H(z)$ 为一个具有无限长双边冲激响应的自适应滤波器，则其最小均方误差的权向量 $\boldsymbol{w}_{\text{opt}}$ 满足

$$\sum_{l=-\infty}^{\infty} w_{l\text{opt}} \varphi_{uu}(k-l) = \varphi_{ud}(k), \qquad -\infty < k < \infty \tag{10-27}$$

上式左边是卷积形式，经 Z 变换后成为两部分的乘积，于是可得最佳权向量的 Z 变换为

$$H_{\text{opt}}(z) = \frac{\Phi_{ud}(z)}{\Phi_{uu}(z)} \tag{10-28}$$

即最佳权的 Z 变换是信号 u 和 d 之间的互功率谱与自适应模拟器输入 u 的功率谱之比。根据图 10-13（b），可知

$$\Phi_{uu}(z) = \Phi_{ss}(z)\left|P(z)\right|^2 + \Phi_{nn}(z) \tag{10-29}$$

这里假设了系统噪声 $n(n)$ 与输入信号 $s(n)$ 是相互独立的。式（10-28）中的 $\Phi_{ud}(z)$ 可如下求得：设 $G(z)$ 是 d 到 u 的传输函数，则

$$\Phi_{du}(z) = G(z)\Phi_{dd}(z) \tag{10-30}$$

由图 10-13（b）可知

$$G(z) = z^{\Delta}P(z) \tag{10-31}$$

而延迟不改变信号功率，因而有

$$\Phi_{dd}(z) = \Phi_{ss}(z) \tag{10-32}$$

利用式（10-30）、式（10-31）和式（10-32），可得

$$\Phi_{ud}(z) = \Phi_{du}(z^{-1}) = z^{-\Delta}P(z^{-1})\Phi_{ss}(z^{-1}) \tag{10-33}$$

由 $\varphi_{ss}(l) = \varphi_{ss}(-l)$，可得

$$\Phi_{ss}(z) = \Phi_{ss}(z^{-1}) \tag{10-34}$$

将式（10-34）代入式（10-33），得到

$$\Phi_{ud}(z) = z^{-\Delta}P(z^{-1})\Phi_{ss}(z) \tag{10-35}$$

再将式（10-29）、式（10-35）代入式（10-28），最佳双边权向量的 Z 变换为

$$H_{\text{opt}}(z) = \frac{z^{-\Delta}P(z^{-1})\Phi_{ss}(z)}{\Phi_{ss}(z)\left|P(z)\right|^2 + \Phi_{nn}(z)} \tag{10-36}$$

当系统噪声为零时，根据 $\left|P(z)\right|^2 = P(z)P(z^{-1})$，有

$$H_{\text{opt}}(z) = \frac{z^{-\Delta}}{P(z)} \tag{10-37}$$

由此可见，若不存在系统噪声、自适应滤波器有足够的权，且适当选择延迟 Δ，则可实现极好的逆模拟。

自适应模拟和自适应逆模拟不同，系统噪声的存在影响系统逆模拟的最小均方解，同时

也影响自适应收敛的情况。在存在噪声时，收敛后自适应滤波器的冲激响应的 Z 变换一般不是系统传输函数的倒数，并增大了均方误差。

当用自适应横向滤波器来实现自适应逆滤波器时，具有一个有限长度的冲激响应。当实现最优逆滤波需要一个具有无限长冲激响应的滤波器时，用有限长冲激响应的自适应滤波器只能是一种近似。

自适应逆模拟在通信和雷达等领域有很好的应用。当考虑补偿信道的频率色散效应时，自适应逆模拟可用到系统的接收端，以均衡信道。到达接收端的信号波形是发射波形与信道冲激响应的卷积，而在接收机输入端的均衡滤波器解卷积信道特性，以恢复出原始的发射信号波形。下面对信道均衡做详细介绍。

10.2.2 自适应信道均衡

1. 信道均衡的基本概念

数字通信与模拟通信相比具有许多突出优点，各国都在积极发展数字通信，通信网发展的必然趋势就是模拟网向数字网的转换。在数字传输中，受时延扩展和信道带宽的限制，接收信号中的一个码元的波形会扩展到其他码元周期中，引起码间干扰（ISI，Inter Symbol Interference），另外，信号在传输过程中也会受到各种噪声的干扰。因此，为了得到高速可靠的通信信号，在接收端有必要对数字信号的畸变进行处理，以消除码间干扰。

码间干扰和噪声干扰造成的信号失真是在通信信道中传输高速数据时的主要障碍。均衡器的作用就是在不加大噪声的情况下消除码间干扰。而在频域，均衡器的作用是使接收信号的频谱变得平坦，这就是均衡器名字的由来。从广义上讲，均衡可以指任何用于消除码间干扰的信号处理技术。

计算机通信的快速发展要求提高数据传输系统的数据传输速率。线性时不变信道的假设在实际通信系统中由于时延扩展和多普勒频移是难以实现的。在有线传输系统中，当数据传输速率高于 4800b/s 时，就需要采用均衡器。由于有线信道的传输特性不是理想的，其幅频响应和相频响应分别是非恒定和非线性的，而且随着气候、气温等因素而变化，因此需要用均衡器来补偿信道参数变化所引起的畸变，以减少误码。

在数字微波接力通信系统中，由多径传输所引起的码间干扰也必须采用均衡技术来克服。通常在短波传输系统中，当数据传输速率高于 100b/s 时，就需要采用均衡器了。在全球通（GSM）移动电话中，在传输数据的固定时隙插入已知的训练序列对信道均衡消除码间干扰，这一均衡技术称为有指导信号的均衡。利用均衡技术可以消除码间干扰，提高信息传输速率和可靠性，同时避免突发误码的传播、载波恢复的中断等。在多址通信的 CDMA 系统中，输入信号的耦合代表多址干扰（或多用户干扰），这也有必要采用均衡技术来克服。

2. 均衡技术

均衡技术总体来说可分为两大类：线性均衡和非线性均衡。这两类的差别主要在于均衡器的输出结果被用于反馈控制的方法。通常，如果接收机判决器的输出结果未被应用于均衡器的反馈逻辑中，那么均衡器是线性的；反之，如果判决器的输出结果被应用于反馈逻辑中并帮助改变了均衡器的后续输出，那么均衡器就是非线性的。另外，按照实现均衡的滤波器结构的不同，又有横向滤波、格型滤波和横向信道预测均衡等之分。

线性均衡是一种比较简单的均衡技术，线性均衡可用横向滤波器实现。这种滤波器在可用的类型中是最简单的，它把所收到信号的当前值、过去值和将来值按滤波器系数做线性叠加，并把生成的和作为输出。除此之外，线性均衡也可以用格型滤波器实现。和横向滤波器相比，格型均衡器数值稳定性好、收敛速度快，并且更适用于动态变化的信道，但结构也更加复杂。

虽然线性均衡器的实现比较简单，可以用于信道条件比较好、信道比较稳定或对系统性能要求比较低的场合，但对于失真很严重的信道，线性均衡器不易处理；而且当信道中有深度频谱衰落时，线性均衡器为了补偿频谱失真，会对出现深衰落的那段频谱及近旁的频谱产生很大的增益，从而增加了那段频谱的噪声，使均衡得不到满意效果。所以在当今各种数字移动通信系统不断涌现、人们对通信性能的要求不断提高的情况下，非线性均衡技术的发展也越来越快，使用也越来越普及，几乎成为各种通信系统抗多径影响的最主要手段之一。

现在，人们已经开发出了三种非常有效的非线性均衡器：判决反馈均衡器（DFE）、最大似然符号检测、最大似然序列估计（MLSE），它们可使均衡的效果大大改善。

3. 自适应均衡器

一般来说，信道均衡器的设计有各种方法。但从信道特性是否已知来划分，则可分为两种。通常当信道特性已知时，可以通过在接收端构造一个与已知信道匹配的滤波器来实现信道均衡器的设计，这样设计出来的滤波器即是通常所说的基于最大似然准则的均衡器。但是，当不知道信道特性时，这种设计方法便失去了效用。为此，人们利用自适应技术提出了自适应均衡的概念。

自适应均衡器是现代数字通信系统中的一个关键设备，它可以最大限度地提高数字通信系统的性能。自适应均衡器的设计在现代数字通信系统中的重要性主要体现在以下三个方面：

（1）它的性能对于信道提高数据传输速率至关重要；

（2）它在解调器所有组件中结构最为复杂；

（3）它占用了实现解调器所需要的绝大部分时间。

自适应均衡器是在自适应滤波理论基础上建立起来的，包括非线性动力学神经网络滤波理论。考虑到信道的时变特性和非线性，应用基于某种准则的自适应算法对均衡器参数随着信号和信道的变化做相应的调整。从自适应均衡器与接收信号的关系来看，大体上可分为线性均衡器与非线性均衡器。而非线性均衡器按照功能和结构可分为非递归均衡器与递归均衡器，以及神经智能均衡器。如果根据算法来分，有自适应最小均方均衡器、自适应递归最小二乘均衡器、自适应格型最小二乘均衡器、自适应平方根 RLS 均衡器、自适应最大似然时序估计均衡器、混合滑动指数窗自适应判决反馈均衡器，以及盲自适应均衡器等。

4. 多通道自适应格型均衡器

这里我们将多通道自适应格型算法用于非线性信道的均衡问题，即利用多通道自适应格型滤波器形成一个非线性信道均衡器。由于很多非线性系统都可以用 Volterra 级数模型来描述，因此在这里用二阶 Volterra 模型来代替非线性信道。在非线性信道和格型结构之间加上一个单输入多输出（SIMO）系统，将非线性信道的输出扩展为一个向量，以便于处理。

如图 10-14 所示，输入信号序列为 $s(n)$，经非线性信道传输后输出为序列 $x(n)$，将 $x(n)$ 作为单输入多输出系统的输入信号，其输出信号为

$$\boldsymbol{x}^*(n) = [x_1(n), x_2(n), \cdots, x_M(n), x_{M+1}(n), x_{M+2}(n)]^{\mathrm{T}} \tag{10-38}$$

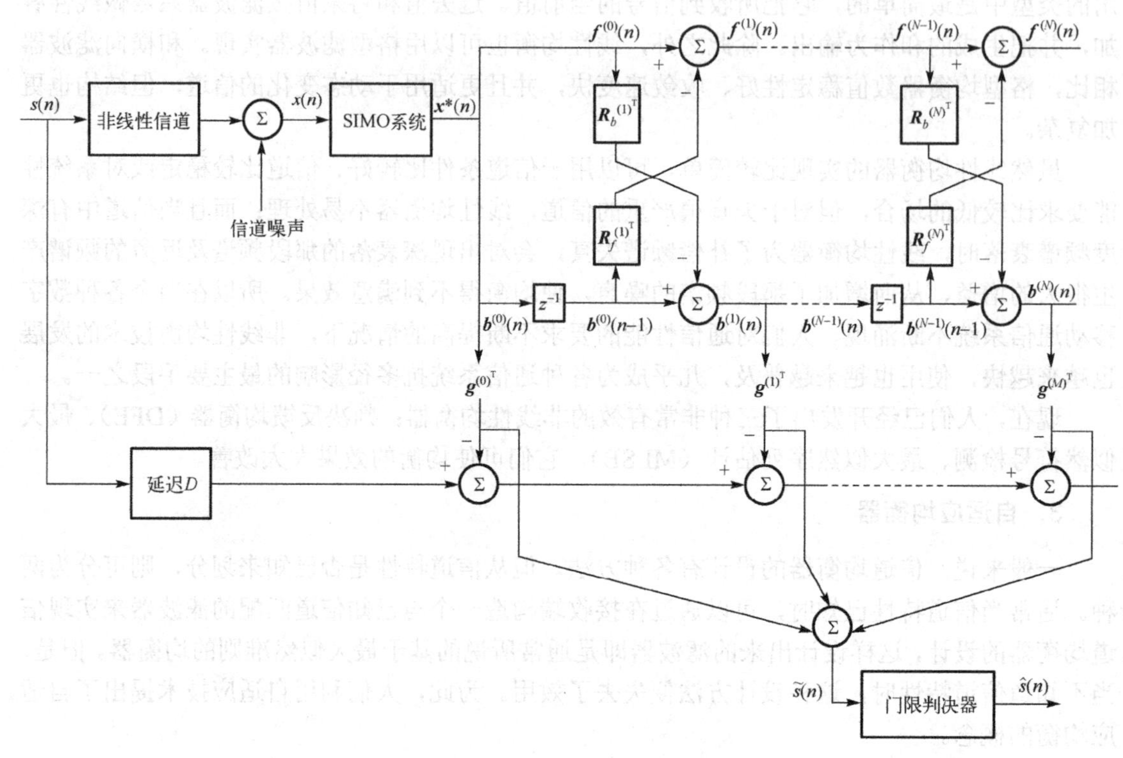

图 10-14　多通道自适应格型均衡器模型

式中，$\boldsymbol{x}^*(n)$ 是一个 $(M+2)\times 1$ 的向量，M 是非线性信道的长度，其中

$$x_1(n) = x(n)$$

$$x_2(n) = x(n)x(n)$$

$$x_3(n) = x(n)x(n-1)$$

$$\vdots$$

$$x_M(n) = x(n)x(n-M+2)$$

$$x_{M+1}(n) = x(n)x(n-M+1)$$

$$x_{M+2}(n) = x(n)x(n-M)$$

SIMO 系统的输出 $\boldsymbol{x}^*(n)$ 作为多通道格型结构的输入信号，$x_1(n)$ 作为格型结构线性部分的输入，$x_2(n), x_3(n), \cdots, x_{M+2}(n)$ 是非线性部分的输入。$\boldsymbol{f}(n)$ 和 $\boldsymbol{b}(n)$ 分别是前向误差向量和后向误差向量。多通道自适应格型算法的迭代公式为

$$\begin{aligned} \boldsymbol{f}^{(0)}(n) &= \boldsymbol{b}^{(0)}(n) = \boldsymbol{x}^*(n) \\ \boldsymbol{f}^{(\alpha+1)}(n) &= \boldsymbol{f}^{(\alpha)}(n) - \boldsymbol{R}_f^{(\alpha+1)\mathrm{T}}(n)\boldsymbol{b}^{(\alpha)}(n-1) \\ \boldsymbol{b}^{(\alpha+1)}(n) &= \boldsymbol{b}^{(\alpha)}(n-1) - \boldsymbol{R}_b^{(\alpha+1)\mathrm{T}}(n)\boldsymbol{f}^{(\alpha)}(n) \end{aligned} \tag{10-39}$$

式中，$\alpha=0,1,2,\cdots,N-1$，N是格型结构的长度。前向反射矩阵$\boldsymbol{R}_f$和后向反射矩阵$\boldsymbol{R}_b$的迭代公式分别为

$$\begin{aligned}\boldsymbol{R}_f^{(\alpha+1)}(n+1)&=\boldsymbol{R}_f^{(\alpha+1)}(n)+2\gamma_f^{(\alpha+1)}(n)\boldsymbol{b}^{(\alpha)}(n-1)\boldsymbol{f}^{(\alpha+1)\mathrm{T}}(n)\\ \boldsymbol{R}_b^{(\alpha+1)}(n+1)&=\boldsymbol{R}_b^{(\alpha+1)}(n)+2\gamma_b^{(\alpha+1)}(n)\boldsymbol{f}^{(\alpha)}(n)\boldsymbol{b}^{(\alpha+1)\mathrm{T}}(n)\end{aligned} \tag{10-40}$$

式中

$$\begin{aligned}\gamma_f^{(\alpha+1)}(n)&=\mu/\sigma_f^{(\alpha+1)2}(n)\\ \gamma_b^{(\alpha+1)}(n)&=\mu/\sigma_b^{(\alpha+1)2}(n)\end{aligned} \tag{10-41}$$

$$\begin{aligned}\sigma_f^{(\alpha+1)2}(n+1)&=(1-\mu)\sigma_f^{(\alpha+1)2}(n)+\mu\boldsymbol{b}^{(\alpha)\mathrm{T}}(n-1)\boldsymbol{b}^{(\alpha)}(n-1)\\ \sigma_b^{(\alpha+1)2}(n+1)&=(1-\mu)\sigma_b^{(\alpha+1)2}(n)+\mu\boldsymbol{f}^{(\alpha)\mathrm{T}}(n)\boldsymbol{f}^{(\alpha)}(n)\end{aligned} \tag{10-42}$$

其中，$0<\mu<1$，是自适应步长因子。

后向误差$\boldsymbol{b}(n)$作为增益控制的输入，均衡器各抽头的增益控制记为$\boldsymbol{g}(n)$，其迭代更新方程为

$$\boldsymbol{g}^{(\alpha+1)}(n+1)=\boldsymbol{g}^{(\alpha+1)}(n)+2\gamma_g^{(\alpha+1)}(n)\boldsymbol{b}^{(\alpha+1)}(n)e_{\mathrm{o}}^{(\alpha+1)}(n) \tag{10-43}$$

式中

$$\gamma_g^{(\alpha+1)}(n)=\mu/\sigma_g^{(\alpha+1)2}(n) \tag{10-44}$$

$$\sigma_g^{(\alpha+1)2}(n+1)=(1-\mu)\sigma_g^{(\alpha+1)2}(n)+\mu e_{\mathrm{o}}^{(\alpha+1)2}(n) \tag{10-45}$$

$e_{\mathrm{o}}(n)$是输出误差，并且

$$e_{\mathrm{o}}^{(\alpha+1)}(n)=e_{\mathrm{o}}^{(\alpha)}(n)-\boldsymbol{g}^{(\alpha+1)\mathrm{T}}(n)\boldsymbol{b}^{(\alpha+1)}(n) \tag{10-46}$$

其中，$\alpha=0,1,2,\cdots,N-1$。

5．仿真算例

在这里非线性信道采用二阶 Volterra 滤波器的形式，其输入–输出关系为

$$x(n)=\sum_{i=0}^{M-1}w_i s(n-i)+\sum_{i=0}^{M-1}\sum_{i=0}^{M-1}w_{i,j}s(n-i)s(n-j) \tag{10-47}$$

非线性信道的一阶 Volterra 核用升余弦函数表示为

$$h_i=\begin{cases}\dfrac{1}{2}(1+\cos(2\pi(i-2)/W)), & 1\leqslant i\leqslant 3\\ 0, & \text{其他}\end{cases} \tag{10-48}$$

二阶 Volterra 核$h_{i,j}=h(i)h(j)$。输入信号是二值信号序列，$s(n)=\pm1$。信道长度$M=2$，所以多通道自适应格型结构的输入向量为

$$\boldsymbol{x}^*(n)=[x_1(n),x_2(n),x_3(n),x_4(n)]^{\mathrm{T}} \tag{10-49}$$

式中

$$x_1(n)=x(n)$$

$$x_2(n)=x(n)x(n)$$
$$x_3(n)=x(n)x(n-1) \tag{10-50}$$
$$x_4(n)=x(n)x(n-2)$$

算法的初始条件为

$$e_o^{(0)}(n)=s(n-D)-\boldsymbol{g}^{(0)\mathrm{T}}(n)\boldsymbol{x}^*(n) \tag{10-51}$$

迭代的初始条件为

$$\begin{gathered}\boldsymbol{R}_f^{(\alpha+1)}(0)=\boldsymbol{0},\boldsymbol{R}_b^{(\alpha+1)}(0)=\boldsymbol{0},\boldsymbol{g}^{(\alpha)}(0)=\boldsymbol{0}\\ \sigma_f^{(\alpha+1)2}(0)=1,\sigma_b^{(\alpha+1)2}(0)=1,\sigma_g^{(\alpha+1)2}(0)=1\end{gathered} \tag{10-52}$$

其中，$\alpha=0,1,2,\cdots,N-1$。信道均衡器的输出信号$\tilde{s}(n)$是对信道输入信号$s(n)$的估计

$$\tilde{s}(n)=\sum_{\alpha=0}^{M}\boldsymbol{g}^{(\alpha)\mathrm{T}}(n)\boldsymbol{b}^{(\alpha)}(n) \tag{10-53}$$

均衡器的输出被送到门限判决器，在这里门限值取0，这样判决器的输出就是估计信号$\hat{s}(n)$。

在仿真实验中，取$W=3.1$，$\mu=0.002$，非线性信道的噪声是零均值、方差为0.1的高斯白噪声。仿真结果如图10-15（a）和图10-15（c）对比可以看出，经过较少次数的迭代，判决器的输出与非线性信道的输入信号一致，这证明了多通道自适应格型均衡器对非线性信道有很好的均衡作用。

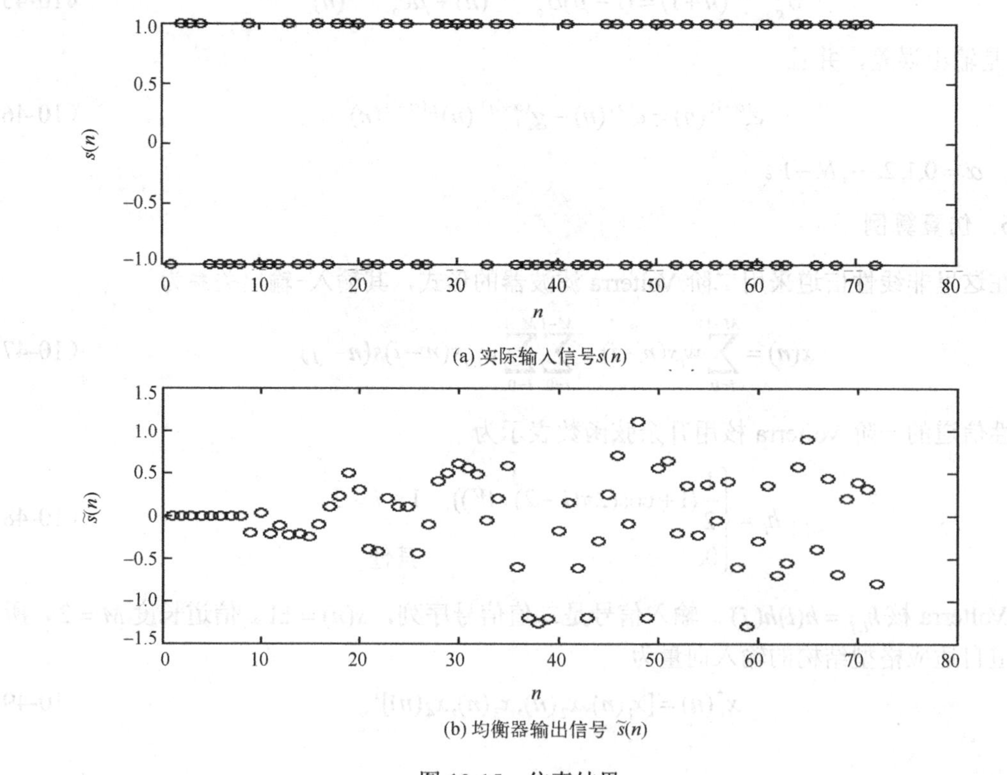

图10-15　仿真结果

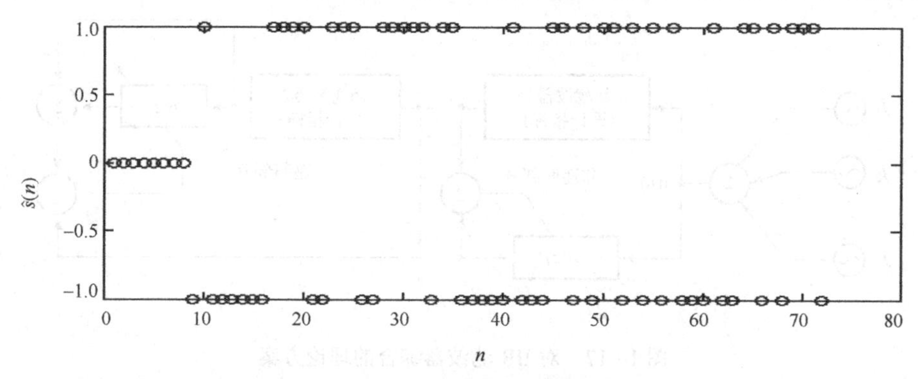

(c) 判决器输出信号$\hat{s}(n)$

图 10-15 仿真结果(续)

10.2.3 IIR 滤波器的自适应综合

在前面已经讨论了自适应模拟用于综合 FIR 数字滤波器，这里将讨论有关 IIR 滤波器类似的综合问题。通常可用直接模拟去综合 IIR 滤波器的前馈或非递归部分，而用逆模拟去综合其反馈或递归部分。因为这样做能得到全零点结构的自适应滤波器，模拟和逆模拟部分的系统保证是稳定的。

设要综合的 IIR 滤波器的传输函数为

$$H(z)=\frac{A(z)}{1-B(z)} \tag{10-54}$$

其系统结构示于图 10-16。若设滤波器有 L 个零点和 M 个极点，则上式可表示为

$$H(z)=\frac{a_0+a_1z^{-1}+\cdots+a_Lz^{-L}}{1-b_1z^{-1}-\cdots-b_Mz^{-M}} \tag{10-55}$$

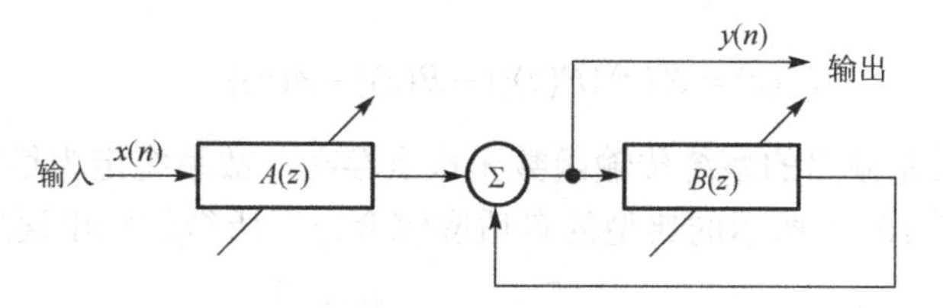

图 10-16 IIR 滤波器的系统结构

类似于对 FIR 滤波器设计那样，用一个伪滤波器来体现所给定的设计指标，模拟和逆模拟的目的是自动地调整自适应滤波器的权值，使它们的传输函数成为设计指标的最佳拟合。

但对于 IIR 滤波器设计来说，若只用图 10-11 的自适应模拟方案是有困难的。由于 IIR 滤波器输出均方误差的性能表面不总是单峰，且当滤波器的递归部分传输函数的极点处于单位圆外时，自适应滤波器会变得不稳定，因此需要避免对递归滤波器部分的直接模拟。

在图 10-17 所给出的理论方案中，对 IIR 滤波器的 $A(z)$ 与 $B(z)$，均可像自适应横向滤波器那样分别加以调整。但在设计滤波器时，给出的设计指标通常不可能同时有两部分，而只有 IIR 滤波器整体的设计指标。于是，分别用于自适应综合非递归和递归两部分的伪滤波器1 和伪滤波器 2 实际上是得不到的，因而无法实现图 10-17 的自适应综合方案。

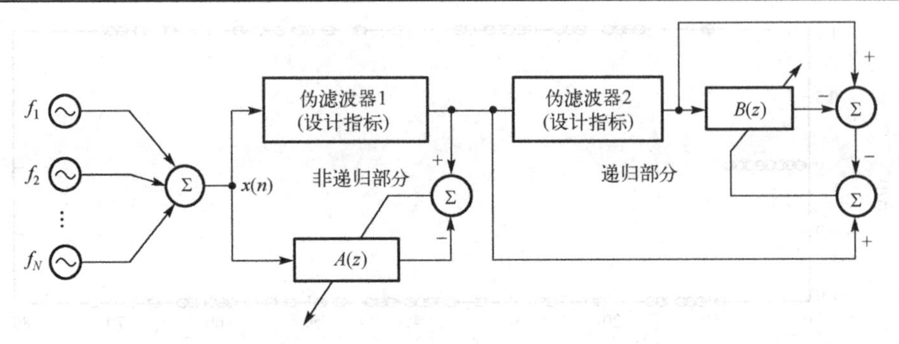

图 10-17　对 IIR 滤波器综合的理论方案

图 10-18 给出了上述理论方案的一种变形，采用这种方案可以避免理论方法的缺陷。图中的 $A(z)$ 与 $B(z)$ 同时由输出方程误差 e' 加以调整，这个误差有点类似于图 10-17 中递归部分的输出误差，只是所用的期望响应不同，它不是采用伪滤波器1的输出，而是采用非递归部分自适应滤波器的输出作为期望响应的。

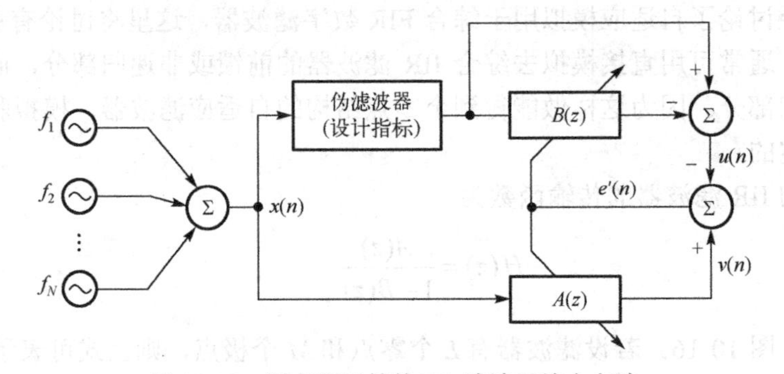

图 10-18　用方程误差的 IIR 滤波器综合方法

在图 10-18 中，若设正弦发生器的输出信号 $x(n)$ 的 Z 变换为 $X(z)$，则可得方程误差 $e'(n)$ 的 Z 变换为

$$E'(z)=X(z)\{P(z)[1-B(z)]-A(z)\} \tag{10-56}$$

由上式可知，方程误差输出的系统传输函数无极点存在，故系统定为稳定的。容易得到一般输出误差，即采用图 10-11 所示的典型的自适应综合方案所得的输出误差 $e(n)$ 的 Z 变换

$$E(z)=X(z)\left[P(z)-\frac{A(z)}{1-B(z)}\right] \tag{10-57}$$

可见，该系统的传输函数有极点，需要考虑它的稳定性。由式（10-56）和式（10-57）可以得到其相互关系为

$$E'(z)=E(z)[1-B(z)] \tag{10-58}$$

很清楚，两者是成比例的。但其中的比例因子 $1-B(z)$ 在自适应调整时并非常数，因而调整 $A(z)$ 与 $B(z)$ 使 e' 的均方值达到最小，将不一定能使 e 的均方值达到最小。然而，只要 $A(z)$ 与 $B(z)$ 的选择有足够的自由度，按图 10-18，用使方程误差 e' 的均方值达到最小的方法来自适应调整 $A(z)$ 与 $B(z)$，即可完成满足设计指标要求的 IIR 滤波器综合。这种方法的 IIR 滤波器综合已经由计算机实现得到验证。

一般说来，用 IIR 滤波器设计可以达到精细的相位控制（如获得线性相位），且滤波器的稳定性得到保证。然而，当具有相等的权数和同样多的延迟单元，用 IIR 滤波器设计对频率响应特性的控制常会比用 FIR 滤波器设计好得多。

【例 10-2】用 LMS 算法自适应综合一个低通 IIR 滤波器，其设计指标如下。

（1）振幅特性。频率 0～0.25（归一化频率）：功率增益为 0dB，通带内响应平坦，下降沿陡峭；0.25～0.5：功率增益为 −50dB。

（2）相位特性。在整个频率范围内均为零相位。

考虑采用图 10-18 的方程误差 IIR 滤波器综合方案，并确定待设计或综合的滤波器具有 10 个前馈权和 9 个反馈权，且非递归部分的 $A(z)$ 是非因果系统。设计结果如图 10-19 所示，试验中用了 25 个等间隔的指标频率（用取样频率归一化）、非均匀的代价函数。

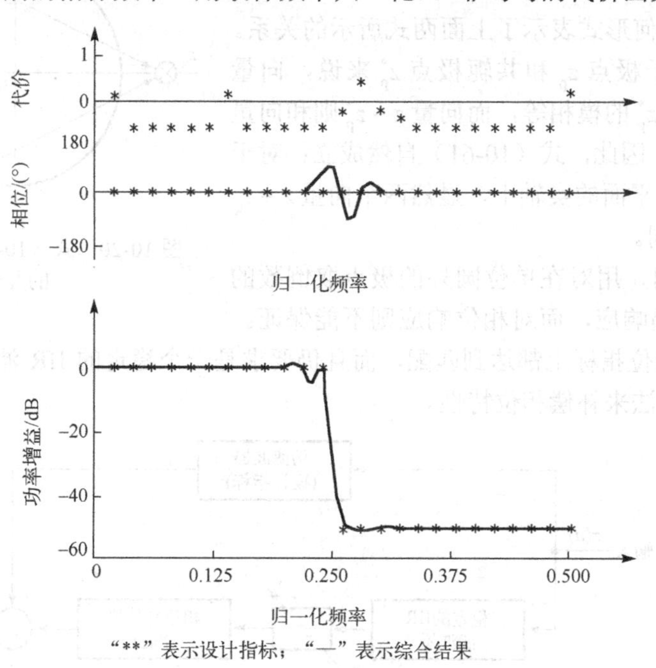

“**”表示设计指标；“—”表示综合结果

图 10-19 用 LMS 算法综合低通 IIR 滤波器

现在需要讨论一下用上述方法设计 IIR 滤波器经常出现的稳定性问题。如图 10-18 所示，虽然横向滤波器 $A(z)$ 与 $B(z)$ 容易从自适应收敛权得到，其收敛过程可用 LMS 算法或其他算法实现，但当 $B(z)$ 用来综合图 10-16 的反馈滤波部分时，反馈环路有时可能不稳定。仅当方程式

$$1-B(z)=0 \tag{10-59}$$

的所有根 z_i（$i=1,2,\cdots,M$）均处于 z 平面的单位圆内时，整个 IIR 滤波器系统才是稳定的。可以将上式左边的多项式分解为

$$1-B(z)=z^{-M}(z-z_1)(z-z_2)\cdots(z-z_M) \tag{10-60}$$

当方程（10-59）有的根在单位圆之外时，可以用它们的倒数（一定在单位圆内）来代替，从而可把不稳定的 IIR 滤波器设计成稳定的系统。而这个稳定的滤波器具有和前者相同的振幅响应，而其相位特性可能是有很大差别的。这种做法很容易实现，即只要将式（10-60）中

有关处于单位圆外的根的因子 $z-z_{\rm p}$（$|z_{\rm p}|>1$）用 $z^{-1}-z_{\rm p}$（$|1/z_{\rm p}|<1$）来代换，而剩下的相对应于单位圆内的根的因子不变。于是可以得到一个新的 $B(z)$ 系统，将它引入图 10-16 中以组成一个稳定的 IIR 滤波器。

上述代换不影响振幅响应是显然的。对于一个实 IIR 滤波器来说，如果 $z_{\rm p}$ 是它的一个复极点，则其共轭 $z_{\rm p}^*$ 也必为它的极点。而当 $z={\rm e}^{{\rm j}\omega}$（即考虑频率响应）时，可有

$$\left|(z-z_{\rm p})(z-z_{\rm p}^*)\right|=\left|(z^{-1}-z_{\rm p})(z^{-1}-z_{\rm p}^*)\right|，对所有 z={\rm e}^{{\rm j}\omega} \tag{10-61}$$

若 $z_{\rm q}$ 为一实极点，则有

$$\left|z-z_{\rm q}\right|=\left|z^{-1}-z_{\rm q}\right|，对所有 z={\rm e}^{{\rm j}\omega} \tag{10-62}$$

图 10-20 用几何形式表示了上面两式所示的关系。从图中看出，对于极点 $z_{\rm p}$ 和共轭极点 $z_{\rm p}^*$ 来说，向量 $z-z_{\rm p}$ 和向量 $z^{-1}-z_{\rm p}^*$ 的模相等，而向量 $z-z_{\rm p}^*$ 则和向量 $z^{-1}-z_{\rm p}$ 的模相同，因此，式（10-61）自然成立；对于极点 $z_{\rm q}$，它位于 z 平面的实轴上，显然两个向量 $z-z_{\rm q}$ 和 $z^{-1}-z_{\rm q}$ 的模相同。

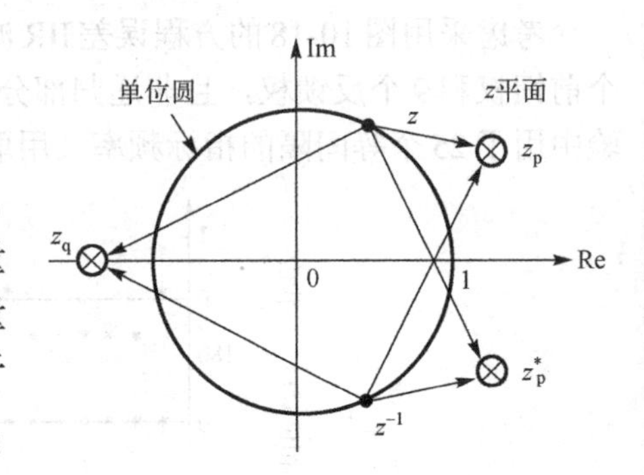

图 10-20　式（10-61）和式（10-62）的几何说明

上述讨论表明，用对在单位圆外的极点取倒数的方法可以保证振幅响应，而对相位响应则不能保证。如果要在振幅和相位指标上都达到匹配，而且仍要求是一个稳定的 IIR 滤波器，可以采用如图 10-21 所示的方法来补偿相位特性。

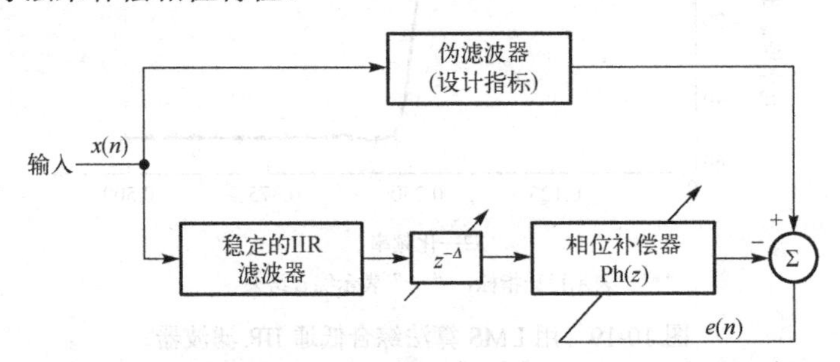

图 10-21　采用相位补偿校正相位误差

假定经自适应综合，且用极点倒置的方法设计出了一个稳定的 IIR 滤波器，然后将此滤波器加以“冻结”，并级联一个可变延迟线和一个相位补偿器，如图 10-21 所示。自适应调整它们以使输出均方误差达到最小，调整过程中被冻结的滤波器保持不变。相位补偿器应是一个具有单位增益仅相位可变的滤波器，它是由以下形式的一个或多个级联节构成的，其传输函数为

$$\mathrm{Ph}(z)=\frac{b_2+b_1z^{-1}+z^{-2}}{1+b_1z^{-1}+b_2z^{-2}} \tag{10-63}$$

调整权 b_1 和 b_2 以使 $\mathrm{Ph}(z)$ 的极点保持在单位圆内。由此，最终能达到设计指标的 IIR 滤波器由图 10-21 中的三部分组成，即一个稳定的 IIR 滤波器级联一个可变延迟线和一个相位补偿器。

可以达到振幅和相位特性都匹配的第二种方法示于图 10-22。在这里，它直接将反馈多项式 $1-B(z)$ 用级联的二阶节组成，以保证使由它所确定的 IIR 滤波器的极点保持在单位圆内。

因而，综合得到的 IIR 滤波器将是稳定的。同前，若滤波器包含较大的群延迟，则延迟节 $z^{-\Delta}$ 仍然需要。戴维（David）已经研究了这种级联结构的自适应工作方式。

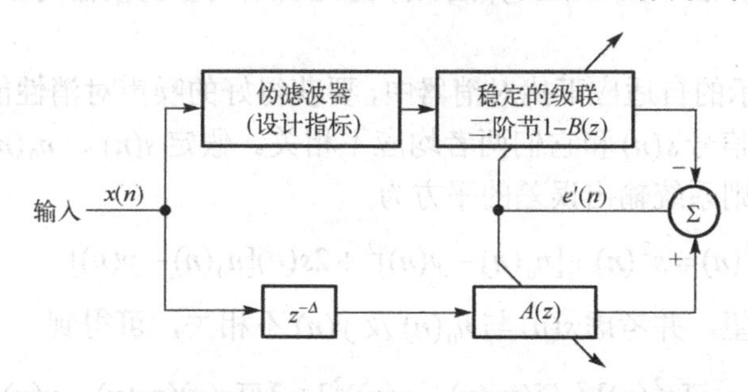

图 10-22　用级联双极点节实现 $1-B(z)$ 的方式综合 IIR 滤波器

在以上的两种方法中，第二种方法是较简单的。实验证明，两种方法均能达到设计指标，即能较好地同时匹配伪滤波器的振幅和相位特性，且综合所得的 IIR 滤波器是因果稳定的。

10.3　自适应干扰对消

信号和噪声干扰的混合波形通过一个滤波器以抑制噪声而让信号相对不变的过程属于波形估计的范畴，这种最佳滤波器的设计必须依据信号和噪声的先验知识。如果将自适应滤波器用于干扰对消，则可以利用自适应滤波器自动调节自身参数的能力，而无须或需要很少的信号和噪声的先验知识。自适应干扰对消应用广泛，例如，用于抵消胎儿心电图的母亲的心音、语音中干扰的对消、长途电话线中回声的抵消、陷波器等。

这一节将首先介绍自适应干扰对消的基本原理，然后基于单信道干扰对消器进行理论分析，最后阐述用作陷波滤波器的一种自适应干扰对消的应用实例。

10.3.1　自适应干扰对消的原理

自适应干扰对消的原理如图 10-23 所示，有两个输入传感器：一个传感器除接收到信号 $s(n)$ 外，还收到一个和信号不相关的噪声 $n_0(n)$，即信号和噪声的混合波形 $s(n)+n_0(n)$ 为对消器的原始输入；另一个传感器接收到与信号 $s(n)$ 不相关而与噪声 $n_0(n)$ 相关的噪声 $n_1(n)$，噪声 $n_1(n)$ 即为对消器的参考输入。对噪声 $n_1(n)$ 进行自适应滤波，使其输出 $y(n)$ 与噪声 $n_0(n)$ 相匹配，系统输出误差 $e(n)$ 即为对有用信号 $s(n)$ 的最佳估计。

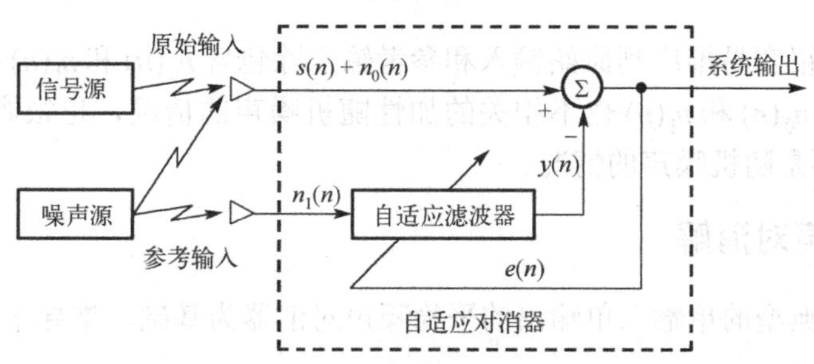

图 10-23　自适应干扰对消的原理

通常，传感器的通道特性是未知的或是近似可知的，且没有固定的性质，因而不能用一个固定参数的滤波器来得到与 $n_0(n)$ 相匹配的输出 $y(n)$。采用自适应滤波器可以通过由输出误差所控制的自适应算法（如 LMS 算法）来随时自动调整滤波器的参数，以获得最佳的噪声对消效果。

在如图 10-23 所示的自适应干扰对消器中，要获得好的噪声对消性能，需要 $n_1(n)$ 和 $n_0(n)$ 有良好的相关性，而信号 $s(n)$ 和它们两者均应不相关。假定 $s(n)$、$n_0(n)$ 和 $n_1(n)$ 都是统计平稳的且具有零均值，则系统输出误差的平方为

$$e^2(n) = s^2(n) + [n_0(n) - y(n)]^2 + 2s(n)[n_0(n) - y(n)] \tag{10-64}$$

对上式两边取数学期望，并考虑 $s(n)$ 与 $n_0(n)$ 及 $y(n)$ 不相关，可得到

$$\begin{aligned} E[e^2(n)] &= E[s^2(n)] + E[(n_0(n) - y(n))^2] + 2E[s(n)(n_0(n) - y(n))] \\ &= E[s^2(n)] + E[(n_0(n) - y(n))^2] \end{aligned} \tag{10-65}$$

当调整自适应滤波器使均方误差 $E[e^2(n)]$ 达到最小时，由于信号功率 $E[s^2(n)]$ 不受影响，相应的最小输出功率为

$$E_{\min}[e^2(n)] = E[s^2(n)] + E_{\min}[(n_0(n) - y(n))^2] \tag{10-66}$$

因此当调节滤波器使 $E[e^2(n)]$ 最小时，$E[(n_0(n) - y(n))^2]$ 也达到最小。所以，滤波器的输出 $y(n)$ 即为原始噪声 $n_0(n)$ 的最佳均方估计。又因为

$$e(n) - s(n) = n_0(n) - y(n) \tag{10-67}$$

因此调节滤波器使输出总功率达到最小时，系统输出即为信号 $s(n)$ 的最佳最小均方估计。

一般情况下，系统输出 $e(n)$ 中包含信号和一些剩余噪声 $n_0(n) - y(n)$。使输出总功率 $E[e^2(n)]$ 最小，同时也就使得输出剩余噪声功率 $E[(n_0(n) - y(n))^2]$ 达到最小，而输出中的信号维持不变，因此使输出总功率最小将使输出信噪比达到最大。

另外，当参考输入与原始输入完全不相关时，滤波器并不增大输出噪声，将“自行关闭”。这是因为在这种情况下，滤波器的输出 $y(n)$ 将与原始输入 $s(n) + n_0(n)$ 不相关，此时的输出功率为

$$\begin{aligned} E[e^2(n)] &= E[(s(n) + n_0(n))^2] + E[-y(n)(s(n) + n_0(n))] + E[y^2(n)] \\ &= E[(s(n) + n_0(n))^2] + E[y^2(n)] \end{aligned} \tag{10-68}$$

要使输出功率最小，则要求 $E[y^2(n)]$ 达到最小，这就需要滤波器的所有权系数值都为零，以使 $E[y^2(n)] = 0$。

上述结论可以很容易推广到原始输入和参考输入除包含 $n_0(n)$ 和 $n_1(n)$ 外，还包含其他互不相关且与 $s(n)$、$n_0(n)$ 和 $n_1(n)$ 也不相关的加性随机噪声的情况，也很容易推广到 $n_0(n)$ 和 $n_1(n)$ 是确知的而不是随机噪声的情况。

10.3.2 平稳噪声对消解

在这一节将以典型的单输入单输出的平稳噪声对消器为基础，推导平稳噪声对消问题的最佳无约束维纳解。

如前所述，固定滤波器在噪声对消中的大多数情况下都难以应用。这是因为原始输入和参考输入的相关函数与互相关函数一般都是未知的，且常常随时间变化。而自适应滤波器需

要在开始时“学习”输入信号的统计特性，并且如果输入信号的统计特性缓慢变化，则要求自适应滤波器能够跟踪这种统计特性。而对于平稳随机输入而言，自适应滤波器的稳态性能将非常近似于固定的维纳滤波器的性能。因而，在这里我们采用维纳滤波理论对自适应噪声对消问题进行数学分析。

图 10-24 为一个典型的单输入单输出的维纳滤波器。假定输入信号 $x(n)$ 和期望输出 $d(n)$ 均为统计平稳，误差信号 $e(n)=d(n)-y(n)$ 。同时为了便于分析，假定该滤波器为无限长、双边自适应横向滤波器，并在最小均方误差准则下设计最佳滤波器。

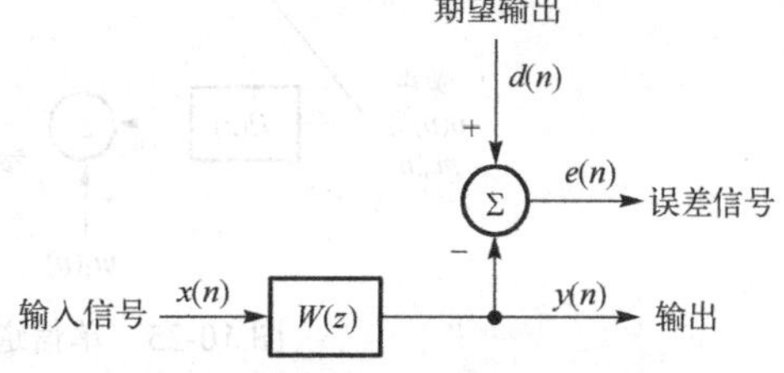

图 10-24　单输入单输出的维纳滤波器

显然这样一个滤波器的误差平面是二次型的，即

$$J=\varphi_{dd}(0)+\sum_{l=-\infty}^{+\infty}\sum_{m=-\infty}^{+\infty}w_l w_m\varphi_{xx}(l-m)-2\sum_{l=-\infty}^{+\infty}w_l\varphi_{xd}(l) \tag{10-69}$$

误差性能表面的极小点对应最佳权向量 $\boldsymbol{w}_{\text{opt}}$ ，其 Z 变换即为最佳维纳滤波器的传递函数 $W_{\text{opt}}(z)$，即式（10-28）给出的结果

$$W_{\text{opt}}(z)=\frac{\Phi_{xd}(z)}{\Phi_{xx}(z)} \tag{10-70}$$

式（10-70）就代表了维纳滤波问题的无约束非因果解。而仙农-波德（Shannon-Bode）给出了满足因果滤波器约束条件的解。一般情况下，因果性约束条件都将导致滤波器的性能损失。而在自适应噪声对消问题中，通常可以避免这种因果性约束条件。

图 10-25 给出了一个具体的单信道自适应噪声对消器的方框图，图中包含信号和噪声的产生模型。对消器的原始输入为一个信号 $s(n)$ 加上两个噪声 $n(n)$ 及 $m_0(n)$ 之和，参考输入由另外两个噪声组成：一个为噪声 $n(n)$ 与传输信道冲激相应 $h(n)$ 的卷积和；另一个为参考支路的加性噪声 $m_1(n)$ 。假定所有噪声 $n(n)$ 、 $m_0(n)$ 及 $m_1(n)$ 互不相关，且与信号 $s(n)$ 均不相关。同时为了便于分析，假定所有噪声传输通道均为线性时不变系统。噪声对消器的原始输入 $s(n)+m_0(n)+n(n)$ 为自适应滤波器的期望输出 $d(n)$ ，参考输入即为自适应滤波器的输入信号 $x(n)$ 。假定自适应滤波器最终收敛于最小均方误差解，则自适应滤波器等价于式（10-70）表示的维纳滤波器。由于自适应滤波器的误差信号 $e(n)$ 与滤波器的输入信号 $x(n)$ 互不相关，因此与参考噪声成分相关的原始噪声成分都将被完全对消，而余下的不相关的噪声成分不能被对消，仍将出现在对消器的输出端。

自适应滤波器最佳无约束传输函数的基本形式为式（10-70）给出的维纳解。而在图 10-25 的具体形式下，滤波器的输入谱 $\Phi_{xx}(z)$ 为两个互不相关的加性分量的谱，即

$$\Phi_{xx}(z)=\Phi_{m_1m_1}(z)+\Phi_{nn}(z)\left|H(z)\right|^2 \tag{10-71}$$

其中， $\Phi_{m_1m_1}(z)$ 为噪声 $m_1(n)$ 的谱， $\Phi_{nn}(z)\left|H(z)\right|^2$ 为噪声 $n(n)$ 经由 $H(z)$ 到达滤波器的噪声谱。滤波器输入与期望输出之间的互谱只取决于相互相关的原始分量与参考分量，可表示为

$$\Phi_{xd}(z)=\Phi_{nn}(z)H(z^{-1}) \tag{10-72}$$

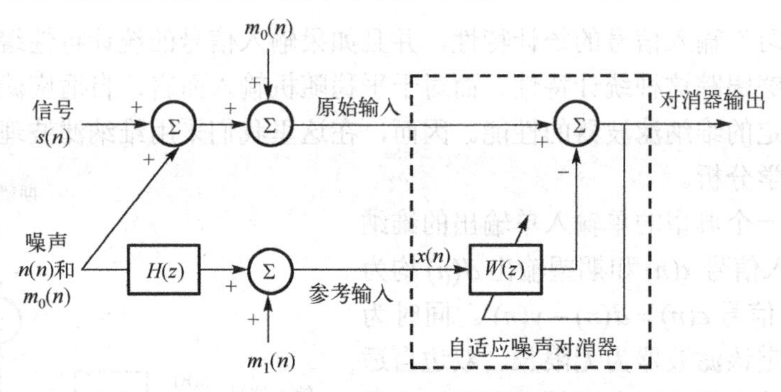

图 10-25　单信道自适应噪声对消器的方框图

于是，自适应滤波器的维纳传输函数为

$$W_{\text{opt}}(z)=\frac{\Phi_{nn}(z)H(z^{-1})}{\Phi_{m_1m_1}(z)+\Phi_{nn}(z)\left|H(z)\right|^2} \tag{10-73}$$

可见，$W_{\text{opt}}(z)$跟原始信号谱$\Phi_{ss}(z)$及原始支路中不相关的噪声谱$\Phi_{m_0m_0}(z)$无关。当参考支路的加性噪声$m_1(n)$为零时，则最佳的传输函数便简化为

$$W_{\text{opt}}(z)=\frac{1}{H(z)} \tag{10-74}$$

这个结果表明，自适应滤波器将使噪声$n(n)$完全被对消，而原始支路中不相关的噪声成分$m_0(n)$则不会被对消，与信号一起出现在系统的输出端。

10.3.3　用作陷波滤波器的自适应噪声对消器

这一小节将介绍用自适应噪声对消器实现的陷波滤波器。陷波滤波器通常是在原始输入包含一个信号分量和不希望的加性正弦干扰的情况下消除干扰的经典方法。陷波滤波器具有易于控制带宽、零深大及能够自适应跟踪噪声的精确频率和相位等优点。

图 10-26 表示一个具有两个自适应权系数的单一频率的自适应噪声对消器。假定原始输入信号的形式任意，可以是随机的、确知的、周期的或瞬态的，也可以是各种信号的任意组合，参考输入为单一频率的正弦波$C\cos(\Omega_0 t+\phi)$。将原始输入和参考输入以时间间隔T进行周期采样，直接采样参考输入可得到自适应滤波器第一个权的输入$x_1(n)$，90°相移后采样得到自适应滤波器第二个权的输入$x_2(n)$，则采样后的参考输入可表示为

$$\begin{cases}x_1(n)=C\cos(n\omega_0+\phi)\\x_2(n)=C\sin(n\omega_0+\phi)\end{cases} \tag{10-75}$$

其中，$\omega_0=\Omega_0 T$。

采用 LMS 算法进行自适应滤波，自适应噪声对消器从原始输入到系统输出的整个信号流程图如图 10-27 所示，其中整个滤波器权的修正过程为

$$\begin{cases}w_1(n+1)=w_1(n)+2\mu e(n)x_1(n)\\w_2(n+1)=w_2(n)+2\mu e(n)x_2(n)\end{cases} \tag{10-76}$$

下面参照图 10-27 来分析此陷波滤波器的线性传输函数。首先，将G点到B点的反馈环

路断开，分析从 C 点到滤波器输出端 G 点的开环传输函数。设 C 点在时刻 $n=m$ 输入单位冲激函数，即

$$e(n)=\delta(n-m) \tag{10-77}$$

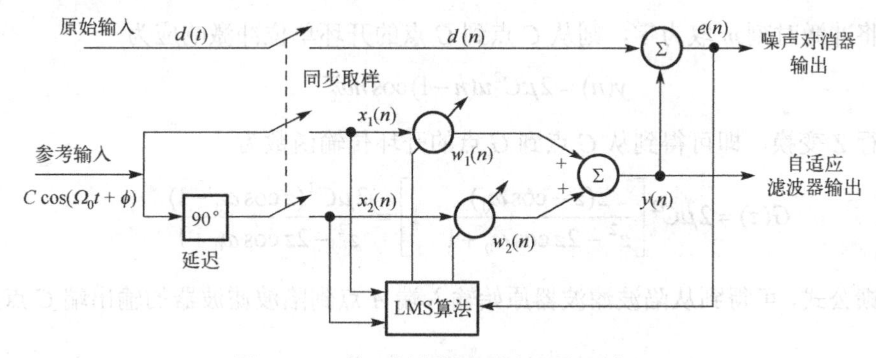

图 10-26　单一频率的自适应噪声对消器

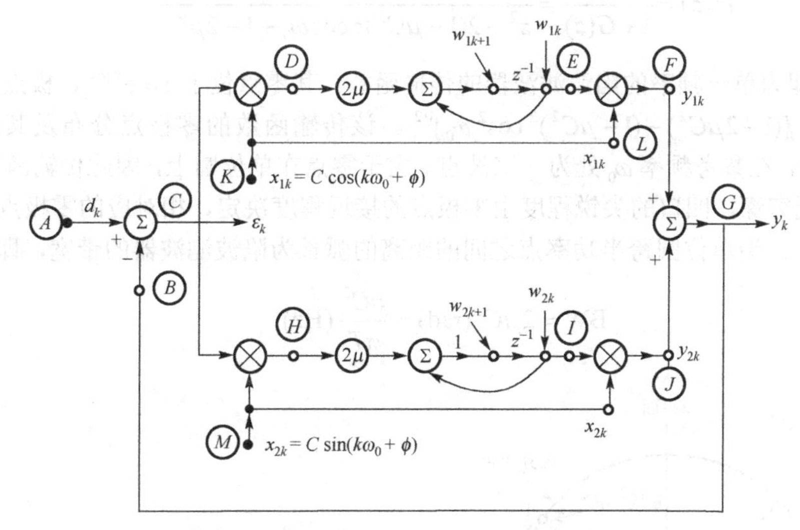

图 10-27　单一频率的自适应陷波滤波器信号流程图

则 D 点的响应为

$$e(n)x_1(n)=\begin{cases}C\cos(m\omega_0+\phi), & n=m\\ 0, & n\neq m\end{cases} \tag{10-78}$$

从 D 点到 E 点是一个传输函数为 $2\mu/z-1$ 的数字积分器，其冲激响应为 $2\mu u(n-1)$，其中 $u(n)$ 为单位阶跃函数。将 $e(n)x_1(n)$ 与 $2\mu u(n-1)$ 卷积，得到从 C 点到 E 点的响应为

$$w_1(n)=2\mu C\cos(m\omega_0+\phi),\quad n\geqslant m+1 \tag{10-79}$$

再与 $x_1(n)$ 相乘，得到 F 点的响应为

$$y_1(n)=2\mu C^2\cos(n\omega_0+\phi)\cos(m\omega_0+\phi),\quad n\geqslant m+1 \tag{10-80}$$

方法同上，可求得 J 点的响应为

$$y_2(n)=2\mu C^2\sin(n\omega_0+\phi)\sin(m\omega_0+\phi),\quad n\geqslant m+1 \tag{10-81}$$

结合式（10-80）、式（10-81），可得到滤波器输出端 G 点的响应为

$$\begin{aligned} y(n) &= 2\mu C^2 \cos[(n-m)\omega_0], \quad n \geqslant m+1 \\ &= 2\mu C^2 u(n-m-1)\cos[(n-m)\omega_0] \end{aligned} \tag{10-82}$$

显然，若将冲激时刻 m 取为零，则从 C 点到 G 点的开环单位冲激响应为

$$y(n) = 2\mu C^2 u(n-1)\cos n\omega_0 \tag{10-83}$$

将上式进行 Z 变换，即可得到从 C 点到 G 点的开环传输函数为

$$G(z) = 2\mu C^2 \left[\frac{z(z-\cos\omega_0)}{z^2 - 2z\cos\omega_0 + 1} - 1 \right] = \frac{2\mu C^2 (z\cos\omega_0 - 1)}{z^2 - 2z\cos\omega_0 + 1} \tag{10-84}$$

再根据反馈公式，可得到从陷波滤波器原始输入端 A 点到陷波滤波器的输出端 C 点的闭环传输函数为

$$H(z) = \frac{1}{1+G(z)} = \frac{z^2 - 2z\cos\omega_0 + 1}{z^2 - 2(1-\mu C^2)z\cos\omega_0 + 1 - 2\mu C^2} \tag{10-85}$$

式（10-85）即为单一频率的陷波滤波器的传输函数。其零点位于 $z = \mathrm{e}^{\pm \mathrm{j}\omega_0}$，极点位于 $z = (1-\mu C^2)\cos\omega_0 \pm \mathrm{j}[(1-2\mu C^2)-(1-\mu C^2)^2\cos^2\omega_0]^{1/2}$。该传输函数的零极点分布及其频率特性如图 10-28 所示，在参考频率 ω_0 处为一陷波点。由于零点在单位圆上，因此传输函数在 ω_0 处的凹口深度为无穷深，凹口的尖锐程度由零极点的接近程度决定，相对应的零极点分开的距离近似等于 μC^2。沿单位圆跨半功率点之间的距离的弧长为陷波滤波器的带宽，即

$$\mathrm{BW} = 2\mu C^2(\mathrm{rad}) = \frac{\mu C^2}{\pi T}(\mathrm{Hz}) \tag{10-86}$$

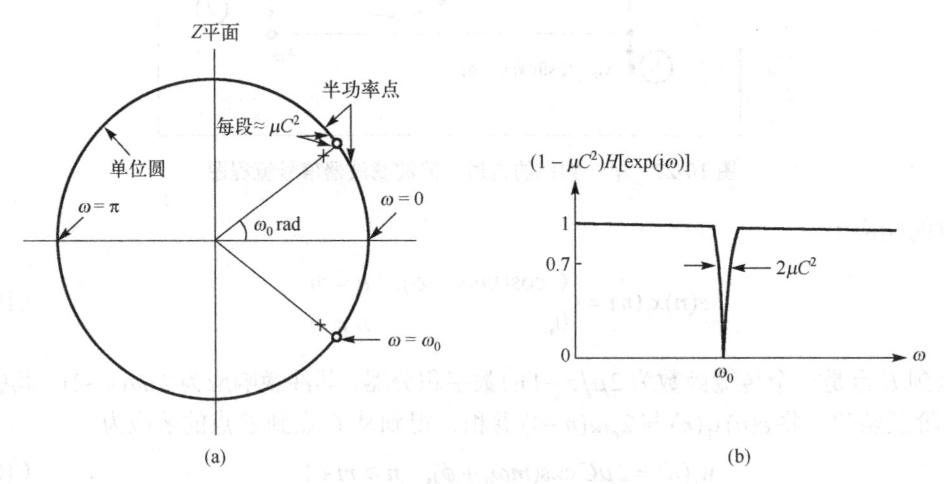

图 10-28 单一频率的陷波滤波器的传输特性

表征陷波滤波器凹口尖锐程度的品质因数 Q 为

$$Q = \frac{\text{中心频率}}{\text{带宽}} = \frac{\omega_0}{2\mu C^2} \tag{10-87}$$

由此可以看出，当参考输入为单一频率的正弦波时，自适应噪声对消器为一个稳定的陷

波滤波器。即使参考频率缓慢变化，自适应过程也能保持对消的正确相位关系，所以零点的深度一般优于固定滤波器的零点深度。

10.4　自适应预测

10.4.1　自适应预测概述

若将自适应干扰对消器中的原始输入信号用有用信号的延迟来取代，则构成自适应预测器，其原理框图如图 10-29 所示。当完成自适应调整时，将自适应滤波器的参数复制并移植到自适应预测器上去，那么后者的输出便是对有用信号的预测，预测时间与延迟时间相等。

自适应预测的应用之一是分离窄带信号和一个宽带信号。在图 10-29 所示的自适应预测器中，若 A 点加入的是一个窄带信号 $s_{\mathrm{N}}(n)$ 和一个宽带信号 $s_{\mathrm{B}}(n)$ 的混合，由于窄带信号的自相关函数 $R_{\mathrm{N}}(k)$ 比宽带信号的自相关函数 $R_{\mathrm{B}}(k)$ 的有效宽度要短，如图 10-30 所示，则当延迟选为 $k_{\mathrm{B}} < \Delta < k_{\mathrm{N}}$ 时，信号 $s_{\mathrm{B}}(n)$ 与 $s_{\mathrm{B}}(n-\Delta)$ 将不再相关，而 $s_{\mathrm{N}}(n)$ 与 $s_{\mathrm{N}}(n-\Delta)$ 仍然相关，因此自适应滤波器输出的将只是 $s_{\mathrm{N}}(n)$ 的最佳估计 $\hat{s}_{\mathrm{N}}(n)$，$s_{\mathrm{B}}(n)+s_{\mathrm{N}}(n)$ 与 $s_{\mathrm{N}}(n)$ 相减后将得到 $s_{\mathrm{B}}(n)$ 的最佳估计 $\hat{s}_{\mathrm{B}}(n)$，这样就把 $s_{\mathrm{N}}(n)$ 和 $s_{\mathrm{B}}(n)$ 分开了。

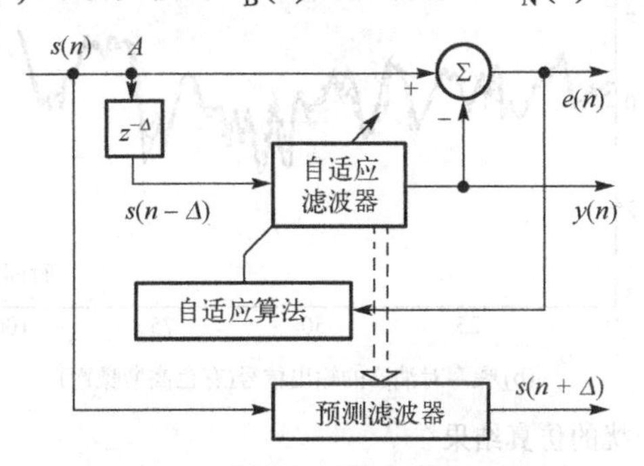

图 10-29　自适应预测器的原理框图

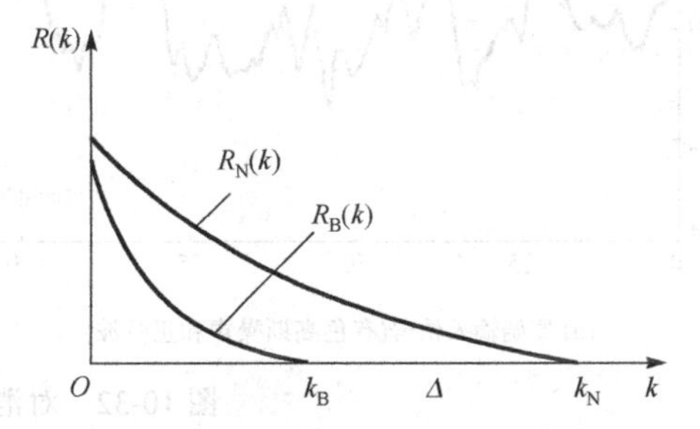

图 10-30　窄带信号和宽带信号的自相关函数

如果宽带信号是白噪声，窄带信号是周期信号，则分离后，自适应滤波器的输出 $y(n)=\hat{s}_{\mathrm{N}}(n)$，即谱线被突出了。这就是所谓的谱线增强。

下面将分别介绍自适应预测器在上述两个方面的应用实例。

10.4.2　自适应预测器用于对消周期干扰

当有磁带哼声或转盘吱吱声的语言或音乐播放，或存在机车马达或电源噪声，或接收地震信号时，都是宽带信号受到周期噪声的干扰，而又没有无噪声干扰信号的外部参考输入可用，这时利用前面介绍的自适应噪声对消原理无法完成这类噪声的对消。但是，如果直接从原始输入引出参考输入，并接入一固定的延迟线，如图 10-31 所示，则可以将周期干扰对消掉。这种对消器实际上是一个自适应前向预测器。

图中的延迟 Δ 必须足够长，以使参考输入中的宽带信号分量和原始输入中的宽带信号分量去相关，而干扰分量是周期性的，其自相关时间足够长，仍将彼此相关。这样就可以将原始输入中的可预测分量抵消掉而在输出端保留不可预测的分量。图 10-32 给出了在没有外部参考输入时，对消周期干扰的仿真结果。图 10-32（a）为对消器的原始输入信号，由代表信号的有色高斯噪声和一个代表周期干扰的正弦波组成。图 10-32（b）为噪声对消器的输出信号。由于是仿真实验，宽带输入的性质已知，将其与输出同时给出，可以看到波形符合得很好，而又没有完全符合是由于受到滤波器长度和自适应速率的限制。

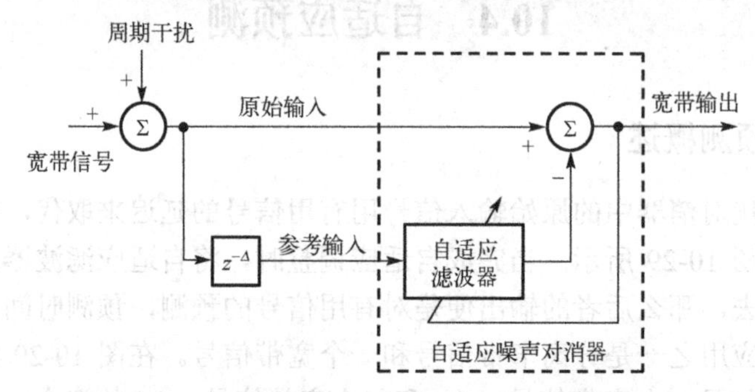

图 10-31　自适应前向预测器完成的周期干扰对消

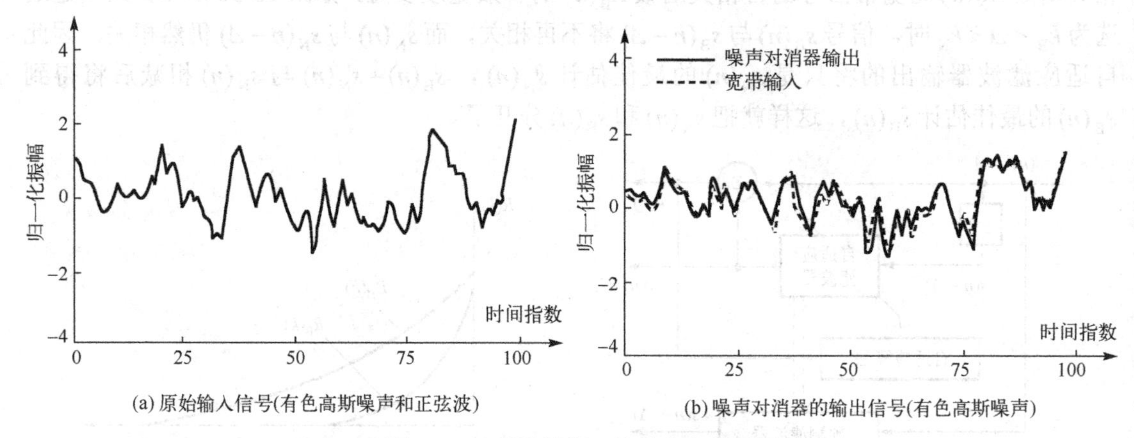

图 10-32　对消周期干扰的仿真结果

如果在周期信号和宽带分量混合的输入信号中我们感兴趣的是周期信号，则只需要将图 10-31 的自适应噪声对消器的输出从自适应滤波器的输出端取出，就可得到一个能从宽带噪声中提取周期信号的自适应自调谐滤波器，如图 10-33 所示。

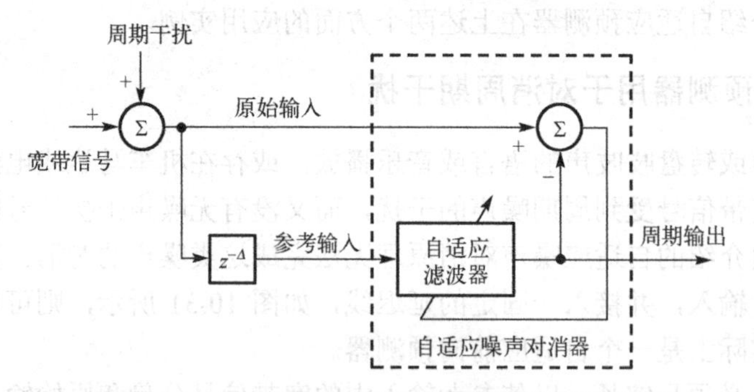

图 10-33　自适应预测器用作自适应自调谐滤波器

10.4.3　自适应谱线增强器

发现噪声中低电平的正弦波是一个经典的检测问题。上面提到的具有分离一个信号中的周期信号分量和随机分量的能力的自适应自调谐滤波器可以用作自适应谱线增强器，用于检测噪声中极低电平的正弦波。自适应谱线增强器作为一个灵敏检测器，可以与快速傅里叶变换（FFT）相媲美，并且当未知正弦波具有一定带宽或者受到调制时，其性能优于经典谱分析仪。

图 10-34 给出自适应谱线增强器的原理框图。输入由正弦波加噪声组成，输出是将滤波器的权值（即滤波器的冲激响应）经快速傅里叶变换后得到的滤波器传输函数。如图 10-34 所示为自适应谱线增强器，可以同时检测多个正弦波。这里只讨论噪声中单一频率低电平正弦波的检测问题。

设输入噪声是功率为 σ^2 的白噪声，输入信号是频率为 ω_0、功率为 $C^2/2$ 的正弦波，则根据信号检测理论，理想的滤波器为一个匹配滤波器，其冲激响应为一频率为 ω_0 的采样正弦波。若假定滤波器传输函数的峰值为 a，滤波器权的个数为 L，则自适应收敛后，自适应谱线增强器的均方误差可以表示为

$$\mathrm{MSE}=\sigma^2+\sigma^2\frac{2a^2}{L}+\frac{C^2}{2}(1-a)^2 \tag{10-88}$$

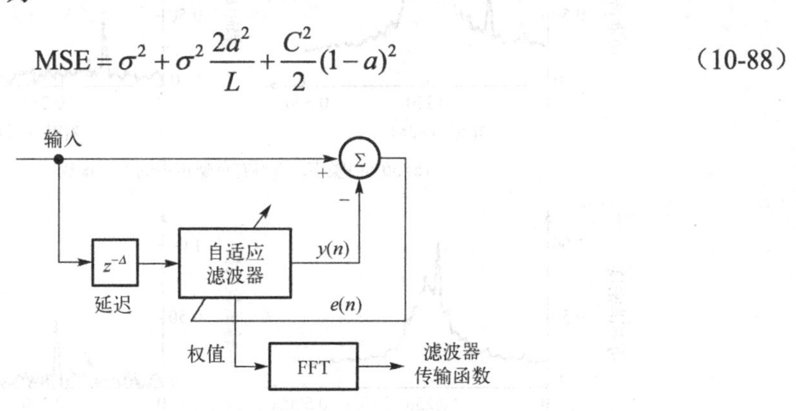

图 10-34　自适应谱线增强器的原理框图

其中，第一项 σ^2 为输入噪声功率，第二项为输入噪声经滤波器后的噪声功率，第三项为输入正弦波与滤波后的正弦波相干相减后的功率。对式（10-88）求导置零，可得到使误差功率最小的最佳 a_{opt} 值为

$$a_{\mathrm{opt}}=\frac{\dfrac{C^2/2}{\sigma^2}\dfrac{L}{2}}{1+\dfrac{C^2/2}{\sigma^2}\dfrac{L}{2}}=\frac{(\mathrm{SNR})L/2}{1+(\mathrm{SNR})L/2} \tag{10-89}$$

其中，$\mathrm{SNR}=\dfrac{C^2/2}{\sigma^2}$ 为输入信噪比。由此可见，高信噪比时，a_{opt} 接近于1；低信噪比时，a_{opt} 小于1。为保持在低信噪比情况下 a_{opt} 也能接近于1，可以采用增大滤波器权个数的方法。

图 10-35 给出了用两种不同的方法分析输入信号功率谱密度的计算机仿真结果。图 10-35（a）是采用经典的离散傅里叶变换的结果，图 10-35（b）是采用自适应谱线增强器获得的结果。输入信号分为三种不同情况：（1）单一频率正弦波加白噪声；（2）单一频率正弦波加 50% 白噪声和 50% 有色噪声；（3）类似于前一种的情况，只是正弦波的频率靠近噪声谱峰。在三种不同输入信号的情况下，用自适应谱线增强器得到的正弦波谱线均处于比零线稍高一点的背景波动基线上，而用 DFT 得到的结果有较强的背景噪声谱；并且在

靠近有色噪声谱峰处，自适应谱线增强器较 DFT 能更有效地压低有色噪声的谱峰，达到了增强信号谱线的目的。

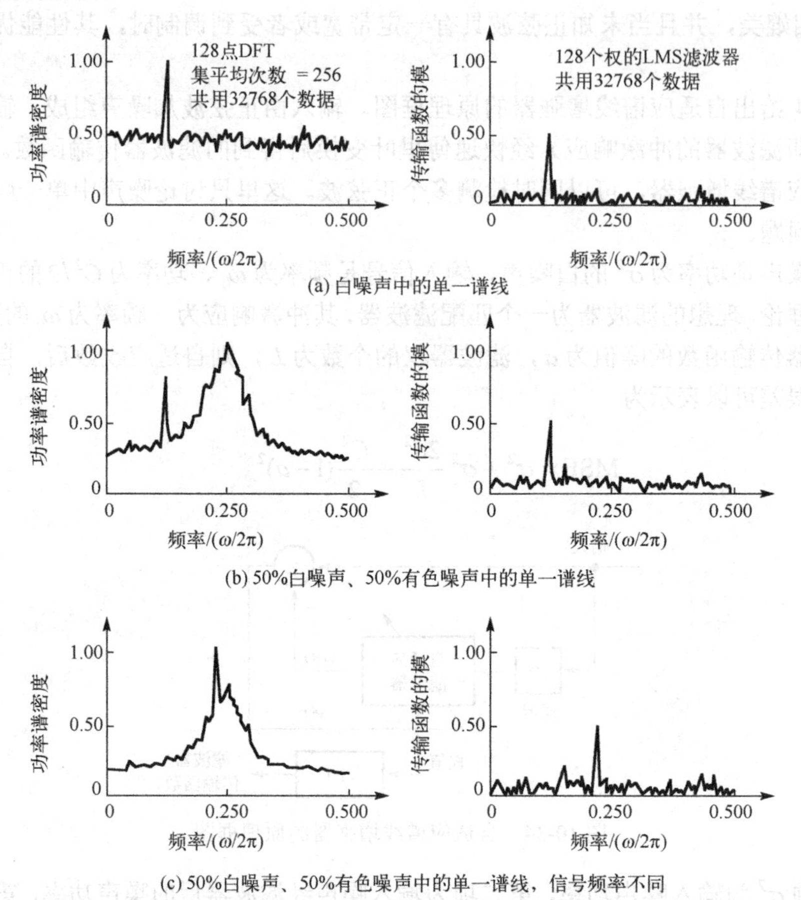

(a) 白噪声中的单一谱线

(b) 50%白噪声、50%有色噪声中的单一谱线

(c) 50%白噪声、50%有色噪声中的单一谱线，信号频率不同

图 10-35　经典的 DFT 谱分析与自适应谱线增强器的性能比较

由此可以看到，自适应谱线增强器可以用作 DFT 的一种替代方法，检测和估计噪声中的微弱信号，并且能提供有用的输出信号。同时也可以用作自调谐滤波器，自动将另一个信号调谐和调偏。这概括为一种谱分析方法，与最大熵法有关。自适应谱线增强器在结构上完全不同于 DFT，并在有些情况下更易于实现。

第 11 章　盲自适应信号处理理论及应用

在许多实际应用中，系统的输入是未知的，这种情形导致了上述的自适应方法无法实施。盲自适应信号处理技术正是在这种条件下产生和发展起来的。目前，盲自适应信号处理技术按应用可以分为盲系统辨识、盲自适应均衡、盲干扰对消、盲波束形成和盲源分离等。本章将对盲自适应均衡、盲源分离和盲系统辨识的基本理论与相关应用进行分析及介绍。

11.1　盲自适应均衡

在通信系统中，均衡是消除由于通信信道多径传输在接收端引起的码间干扰的有效技术手段。在传统自适应均衡中，为了能够捕获信道特性并初始化接收机，通常需要发送一段收发双方已知的训练序列。盲自适应均衡（简称盲均衡）则是一种仅依赖于接收信号以盲的方式实现对信道特性的捕获和跟踪，消除码间干扰从而恢复源信号的方法。盲均衡技术在工程上具有实际应用价值，比如无从获得训练序列的通信场合，如军事信息侦察或拦截，或者是不适用于发送训练序列的通信应用，如一对多点的广播通信。虽然盲均衡不需要训练序列，即不需要借助于自适应滤波的期望响应，但是算法本身是需要在自适应过程中通过非线性变换来产生期望响应的估计的。自适应过程中的非线性变换理论来源于系统辨识中输入与输出高阶统计特性的关系。而根据非线性变换的位置，可以将盲均衡算法进行分类。

11.1.1　盲均衡的理论基础

1．BBR 公式

如果将通信信道等效为待辨识的系统，系统响应与输出信号的统计量相关，利用这种关系可以实现对信道特性的识别和捕获。如果系统是最小相位的，即系统传递函数的所有零极点均位于 Z 平面的单位圆内，那么系统是稳定的，逆系统也是稳定的，而且逆系统可以等效为一白化滤波器，所以对于最小相位系统的辨识或者反卷积问题，可以利用系统输出的二阶统计量实现。如果系统不是最小相位的，但是满足系统的指数稳定性，即系统传递函数的极点全部位于 Z 平面的单位圆内，但是有零点位于 Z 平面的单位圆外，此时系统为非最小相位系统，对于非最小相位系统，逆系统是不稳定的。为了实现对最小相位信道的估计，需要借助高阶统计量实现。在这一问题上，Bartlett 提出了阶数为 4 以内时系统输出信号的高阶统计特性与系统响应之间的关系，Brillinger 和 Rosenblatt 将这一关系推广到了任意阶，建立了一组公式来描述输出信号高阶统计量与系统响应之间的关系，称为 BBR 公式

$$c_{ky}(\tau_1,\tau_2,\cdots,\tau_{k-1})=\gamma\sum_{i=-\infty}^{\infty}h(i)h(i+\tau_1)\cdots h(i+\tau_{k-1})\times c_{kx}(\tau_1+i_1-i_2,\cdots,\tau_{k-1}+i_1-i_k) \tag{11-1}$$

$$S_{ky}(f_1,f_2,\cdots,f_{k-1})=c_{kx}(f_1,\cdots,f_{k-1})H(f_1)H(f_2)\cdots H(f_{k-1})H\left(-\sum_{i=1}^{k-1}f_i\right) \tag{11-2}$$

$$S_{ky}(z_1,z_2,\cdots,z_{k-1})=S_{kx}(z_1,\cdots,z_{k-1})H(z_1)H(z_2)\cdots H(z_{k-1})H\left(\prod_{i=1}^{k-1}z_i^{-1}\right) \tag{11-3}$$

其中$c_{ky}(\tau_1,\tau_2,\cdots,\tau_{k-1})$和$c_{kx}(\tau_1+i_1-i_2,\cdots,\tau_{k-1}+i_1-i_k)$分别表示输出信号和输入信号的$k-1$阶累积量，$h(\cdot)$为系统的传递函数，对应的$S_{ky}(f_1,f_2,\cdots,f_{k-1})$和$S_{ky}(z_1,z_2,\cdots,z_{k-1})$为系统输出的频域和$Z$域变换的高阶累积量。利用 BBR 公式可以构建出系统与输出之间高阶统计特性的关系，也成为盲均衡理论分析的基础。

如果将系统视为通信信道响应，利用接收观测信号的高阶累积量即可实现对信道响应参数的辨识，等价于在不依赖发送信号和信道信息条件下的盲均衡。考虑信道的时变特性，需要利用自适应算法对信道特性变化进行跟踪，实现对发送信号序列的无失真恢复。因此可递推接收观测信号的高阶累积量，倒三谱和归一化二四阶累积量常常被用来设计盲均衡的代价函数。

2．盲均衡理论准则

盲均衡基本原理框图如图 11-1 所示，输入信号$\boldsymbol{u}(n)$和信道响应$\boldsymbol{h}(n)$均未知，$\boldsymbol{n}(n)$为加性噪声，通常假设其为高斯白噪声，$\boldsymbol{w}(n)$为均衡器权重，$\boldsymbol{y}(n)$表示均衡器接收到的观测信号序列，$\tilde{\boldsymbol{x}}(n)$为均衡器的输出信号，经过判决器$D(\cdot)$的输出信号序列为$\hat{\boldsymbol{x}}(n)$。盲均衡的目标就是寻找一种算法，仅仅根据观测信号$\boldsymbol{y}(n)$利用均衡器权重$\boldsymbol{w}(n)$实现对发送信号$\boldsymbol{x}(n)$的恢复，实质上也等效于对信道$\boldsymbol{h}(n)$的辨识。在实际应用中，盲均衡经常需要一些发送信号的先验信息，如发送信号的统计特性、信号的调制方式等，根据盲反卷积的约束条件，发送信号必须满足非高斯特性并且独立同分布。由于用到了发送信号的先验信息，因此这种“盲”处理方法实质上是“半盲”方法，但是在研究中对两种概念不加区分，统称为盲均衡。

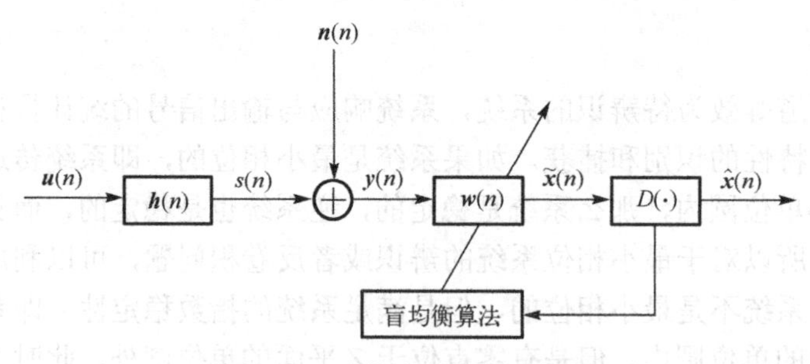

图 11-1　盲均衡基本原理框图

在自适应均衡和盲反卷积理论的基础上，盲均衡技术形成了三条理论准则：置零准则、峰度准则和累积量归一化准则。置零准则不仅是针对盲均衡技术的，它本身属于通信系统均衡器设计的通用准则。当均衡器设计满足置零准则时，系统可以实现无失真的信号传输。信道输出信号$\boldsymbol{s}(n)$可以表示为

$$\boldsymbol{s}(n)=\boldsymbol{h}(n)\otimes\boldsymbol{u}(n) \tag{11-4}$$

其中符号“$\otimes$”表示卷积运算。考虑信道加性噪声的干扰，均衡器接收到的观测信号$\boldsymbol{y}(n)$可以表示为

$$y(n)=s(n)+n(n)=h(n)\otimes u(n)+n(n) \tag{11-5}$$

均衡器的输出信号 $\tilde{x}(n)$ 可以表示为

$$\tilde{x}(n)=w(n)\otimes y(n)=w(n)\otimes h(n)\otimes u(n)+w(n)\otimes n(n) \tag{11-6}$$

忽略卷积噪声项，可以得到

$$\tilde{x}(n)=w(n)\otimes h(n)\otimes u(n) \tag{11-7}$$

为了实现对发送信号的无失真恢复，要求均衡器的输出信号满足

$$\tilde{x}(n)=u(n-T)\mathrm{e}^{\mathrm{j}\phi} \tag{11-8}$$

其中 T 为一个整数延迟，ϕ 为一个常数相移。整数延迟 T 不影响发送信号的恢复质量，常数相移 ϕ 可以通过判决装置去除。为了实现对发送信号的恢复，要求

$$h(n)\otimes w(n)=\delta(n-T)\mathrm{e}^{\mathrm{j}\phi} \tag{11-9}$$

其中 $\delta(n)$ 表示单位冲激响应函数，对式（11-9）做傅里叶变换可得

$$H(f)W(f)=\mathrm{e}^{\mathrm{j}(\phi-Tf)} \tag{11-10}$$

令信道和均衡器的联合冲激响应为 $c(n)$，则 $c(n)$ 可以表示为

$$c(n)=w(n)\otimes h(n) \tag{11-11}$$

对应的频域表示为

$$C(f)=W(f)H(f)=\mathrm{e}^{\mathrm{j}(\phi-Tf)} \tag{11-12}$$

结合式（11-7）和式（11-11）可以得到

$$\tilde{x}(n)=c(n)\otimes u(n)=\sum_{i=0}^{N}c(i)u(n-i) \tag{11-13}$$

为了使式（11-8）成立，要求联合冲激响应 $c(n)$ 有且仅有一个非零向量，即 $c(n)$ 可以表示为

$$c(n)=[0,0,\cdots,\mathrm{e}^{\mathrm{j}\phi},0,\cdots,0,0] \tag{11-14}$$

式（11-14）就是均衡设计的置零准则，根据置零准则设计的均衡器也常称为置零均衡器。为了实现信号的无失真传输，要求均衡器的阶数达到双向无限长，在实际系统中需要用有限长度的均衡器进行近似，这种近似会引入卷积误差。在置零准则的指导下，如果通信系统可发送训练序列，根据训练序列即可实现对信道系统的辨识，并根据信道系统的特性参数设计置零均衡器，但是盲均衡技术是在没有训练序列的前提下进行的，因此置零准则只能作为一条指导性准则，在盲均衡技术中无法形成一种实用的盲均衡算法。

O.Shalvi 和 E.Weistein 根据信号传输过程中接收信号累积量与信道响应之间的关系，发展了 A.Benveniste 等人提出的盲均衡的充分条件，将其发展为盲均衡实现的充要条件，称为 SW 定理。A.Benveniste 等人提出了通信系统的输入信号和均衡器的输出信号在概率分布上具有一致性是盲均衡实现的一个充分条件，该条件表明如果发送信号的各阶统计量在概率上与输出信号一致，则传输系统为无失真传输系统，发送信号可以得到恢复。由于在实际应用中，不可能实现对信号的各阶统计量进行全部计算，因此，A.Benveniste 等人提出的这一盲均衡实现的充分条件只具有理论意义。O.Shalvi 和 E.Weistein 利用信号的二、四阶累

积量证明了实现盲均衡的一个充要条件，SW 定理可以描述为：如果 $E[|\tilde{\boldsymbol{x}}(n)|^2]=E[|\boldsymbol{u}(n)|^2]$ 成立，那么有

（1）$K[\tilde{\boldsymbol{x}}(n)]\leqslant K[\boldsymbol{u}(n)]$；

（2）$K[\tilde{\boldsymbol{x}}(n)]=K[\boldsymbol{u}(n)]$ 成立当且仅当联合冲激响应 $\boldsymbol{c}(n)$ 有且仅有一个非零元素且其模值为 1，其中 $K(\cdot)$ 表示峰度。

（1）和（2）即为 SW 定理，SW 定理给出了在约束条件输入信号和输出信号能量一致时使得峰度最大化的盲均衡理论准则，是盲均衡技术实现的基于信号高阶统计量的一条实用准则。

J.A. Gadzow 等人在 SW 定理的基础上提出的一条新的盲均衡准则，称为累积量归一化准则，也称为 Gadzow 定理。Gadzow 定理从信号归一化累积量出发建立了累积量和盲均衡的直接联系，同样假设发送信号满足非高斯，并且是独立同分布的平稳过程，并设其 N 阶累积量为 c_{Nu}，经均衡后输出信号的 N 阶累积量表示为 $c_{N\tilde{x}}$。定义发送信号序列 $\boldsymbol{u}(n)$ 和均衡器输出信号序列 $\tilde{\boldsymbol{x}}(n)$ 的 (M,N) 阶归一化累积量 $K_u(M,N)$ 和 $K_{\tilde{x}}(M,N)$ 分别为

$$\begin{cases}K_u(M,N)=c_{Mu}\big/[c_{Nu}]^{M/N}\\K_{\tilde{x}}(M,N)=c_{M\tilde{x}}\big/[c_{N\tilde{x}}]^{M/N}\end{cases}\tag{11-15}$$

根据置零准则可得

$$K_{\tilde{x}}(M,N)=\sum_i c_i^M(n)\Big/\left[\sum_i c_i^N(n)\right]\times K_u(M,N)\tag{11-16}$$

根据式（11-16），Gadzow 定理可以被描述如下：假定信道的 $\boldsymbol{u}(n)$ 为非高斯、独立同分布的平稳随机过程，则输入、输出的归一化累积量有如下关系成立

（1）如果 N 为偶数，并且 $M>N$，则有 $K_{\tilde{x}}(M,N)\leqslant K_u(M,N)$；

（2）如果 N 为奇数，并且 $M<N$，则有 $K_{\tilde{x}}(M,N)\geqslant K_u(M,N)$。

Gadzow 定理从归一化累积量的角度证明了盲均衡实现的条件，可在上述结论的基础上，利用极值化方法构建盲均衡算法，由于累积量的阶数在 Gadzow 定理中是可以选择的，因此在 Gadzow 定理的基础上形成了一簇盲均衡算法，使得 Gadzow 定理具有很好的推广价值。

11.1.2 盲均衡算法分类

虽然盲均衡算法不需要发送训练序列和信道的先验信息，但是为了利用接收观测信号的信息，构建可恢复出发送源信号的自适应算法，需要对观测信号进行非线性变换。根据非线性变换在盲均衡算法中变换的时机，可以将盲均衡算法分为三类：Bussgang 类盲均衡算法、高阶累积量盲均衡算法和非线性均衡器盲均衡算法。其中 Bussgang 类盲均衡算法的非线性变换在均衡器的输出端，高阶累积量盲均衡算法的非线性变换在均衡器的输入端，而非线性均衡器盲均衡算法的非线性变换一般在均衡器的内部，如图 11-2 所示。

Bussgang 类盲均衡算法通过对均衡器输出信号的非线性变换设计目标函数，在目标函数的指导下利用自适应算法对均衡器权系数进行调节，最终使得目标函数最小化，从而实现均衡。如果随机过程 $\boldsymbol{y}(n)$ 满足式（11-17），则称这一过程为 Bussgang 过程

$$E[\boldsymbol{y}(n)\boldsymbol{y}(n+k)]=E[\boldsymbol{y}(n)g(\boldsymbol{y}(n+k))]\tag{11-17}$$

可知 Bussgang 过程不改变变换前、后的信号的统计特征，其中 $g(\cdot)$ 是一个无记忆非线性函数，从 Bussgang 过程中可以得到如下性质：其自相关函数等于该过程与用它作变元的无记忆非线

性函数的输出之间的互相关。如果对盲均衡器输出信号的非线性变换函数满足 Bussgang 过程，则该类算法称为 Bussgang 类盲均衡。典型的 Bussgang 类盲均衡算法包括：决策指向性算法（Direction-Directed，DD 算法）、Sato 算法和 Godard 算法。

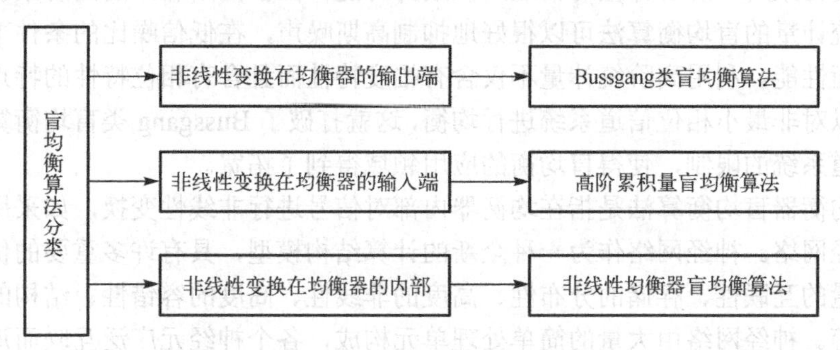

图 11-2 盲均衡算法的分类

决策指向性算法是 Bussgang 类盲均衡中最简单的一种算法，其取无记忆非线性变换函数为符号函数 $g(\cdot)=\mathrm{sgn}(\cdot)$，其中符号函数 $\mathrm{sgn}(\cdot)$ 可以表示为

$$\mathrm{sgn}(x)=\begin{cases}+1 & x>0\\ -1 & x<0\end{cases} \tag{11-18}$$

对于决策指向性算法，满足算法稳健收敛的要求是接收信号眼图张开，否则算法无法保证收敛或误收敛，这就限制信道非严重畸变。

Sato 算法取无记忆非线性变换函数 $g(\cdot)=\gamma\,\mathrm{sgn}(\cdot)$，其中常数 γ 定义为均衡器的增益

$$\gamma=\frac{E\{x^2(n)\}}{E\{|x(n)|\}} \tag{11-19}$$

Sato 算法可适用于 M 进制 PAM（Pulse Amplitude Modulation，脉冲幅度调制）系统。Sato 算法是 Y.Sato 提出的一种经验方法，在最小相位信道条件下一般能够保证收敛。

Godard 最早提出了恒模盲均衡算法，恒模盲均衡算法适用于所有具有恒定包络（简称恒模）的发射信号的盲均衡。在 Bussgang 类盲均衡算法中，Godard 算法的适用范围最广，稳健性最好。Godard 算法选取的无记忆非线性变换函数具有如下的形式

$$g(\tilde{x}(n))=\frac{\tilde{x}(n)}{|\tilde{x}(n)|}[|\tilde{x}(n)|+R_p|\tilde{x}(n)|^{p-1}-|\tilde{x}(n)|^{2p-1}] \tag{11-20}$$

其中 $\tilde{x}(n)$ 为在 n 时刻均衡器的输出观测信号，式（11-20）中的 R_p 表示常模，可用下式计算

$$R_p=E[|\tilde{\boldsymbol{x}}(n)|^{2p}]\big/E[|\tilde{\boldsymbol{x}}(n)|^{p}] \tag{11-21}$$

其中 p 为一正整数，通常取 $p=1$ 或 $p=2$，当 $p=2$ 时，Godard 算法就构成了最常用的恒模盲均衡算法（Constant Modulus Algorithm，CMA）。

高阶统计量作为盲反卷积的有力工具，在对信号做以非高斯假设约束的前提下，利用高阶统计量（累积量）可以实现对非线性动力学系统的辨识，而且不需要学习样本（训练序列）。由于高阶统计量不仅含有信号的幅度特性，还包含信号的相位信息，因此高阶统计量是盲均衡理论分析的基石。对于仅利用二阶统计量的盲均衡算法，通常的手段是对信号进行过采样，使输出信号满足循环周期平稳性，这样利用二阶统计量也可实现对系统（信道）的辨识。过

采样使信道的输出信号具有循环周期平稳性，这种盲均衡算法称为循环统计量盲均衡算法。信道输出信号的周期平稳特性使信号的自相关函数不仅包含信道响应的幅度信息，也包含相位信息，这使得采用二阶统计量对信道辨识成为可能。由于高斯噪声的高阶累积量为零，因此基于高阶统计量的盲均衡算法可以很好地抑制高斯噪声，在低信噪比的条件下同样能够获得良好的均衡性能。利用高阶统计量不仅含有幅度特性而且含有相位特性的特点，高阶统计量盲均衡可以对非最小相位信道系统进行均衡，这就打破了 Bussgang 类盲均衡算法只能均衡最小相位信道系统的限制，使得盲均衡的应用领域得到了拓宽。

非线性均衡器盲均衡算法是指在均衡器内部对信号进行非线性变换，如采用 Volterra 滤波器或者神经网络。神经网络作为一种全新的计算结构模型，具有许多重要的优点：大量的并行性、巨量的互联性、存储的分布性、高度的非线性、高度的容错性、结构的可变性、计算的精确性等。神经网络由大量的简单处理单元构成，各个神经元广泛互联而形成的一个具有自学习、自适应和自组织性的智能信息处理系统能模仿人脑处理不完整的、不准确的信息，甚至具有处理非常模糊的信息的能力。S.Mo 和 B.shafai 提出了采用前馈网络和高阶累积量的盲均衡方案，首先基于信道输出信号的四阶累积量对信道进行辨识，而后利用神经网络的非线性构造出该信道的逆信道，即所谓的均衡器。神经网络权值的调节需通过训练来完成，盲均衡的特征是在输入端无须训练序列。该算法利用估计出的信道作为模型在接收端仿真实际信道得到训练序列并对神经网络进行训练。该方法可用于线性或非线性信道，同时克服了信道阶次不确定性带来的影响，对加性噪声也具有一定的容错性。但并未对代价函数的凸性进行讨论，同时，该方案的收敛速度很慢，且只能用于处理 PAM 信号。G.Kechriotis 等人首先将递归神经网络（Recurrent Neural Network，RNN）用于盲均衡，RNN 盲均衡的收敛速度特别快，明显优于其他算法，而且能处理 PAM 或 QAM 等信号，但其代价函数参数的选取很难把握。何振亚于 2001 年提出了两种自适应神经盲均衡算法，第一种是独立分量分析神经网络盲均衡算法，第二种是回归子波神经网络盲均衡算法，将神经元的激活函数中引入子波（小波），提高了神经网络的函数逼近、信号检测等信号处理能力。非线性均衡器盲均衡算法在实际应用中具有重要意义，因为实际中的通信信道多少都带有非线性特性，随着智能信息处理技术的发展，深度网络也在信号处理中得到了应用，但是，通信信道均衡在考虑最大程度消除码间干扰的同时，也具有实时性，即过高计算复杂度的盲自适应均衡算法大多只能停留在理论研究上。

11.1.3 CMA 盲均衡

1. CMA 盲均衡算法的基本原理

CMA 盲均衡作为 Godard 算法的一个特例，是目前最为稳健的一种盲均衡算法。CMA 盲均衡的等效基带模型可以用图 11-3 表示。其中 $\boldsymbol{u}(n)$ 表示发送信号，$\boldsymbol{h}(n)$ 为未知的通信信道传递函数，$\boldsymbol{n}(n)$ 表示信道噪声，这样发送信号 $\boldsymbol{u}(n)$ 经过信道 $\boldsymbol{h}(n)$ 就得到了观测信号 $\boldsymbol{y}(n)$，盲均衡的目的就是仅根据观测信号 $\boldsymbol{y}(n)$ 实现对发送信号 $\boldsymbol{u}(n)$ 的估计。利用盲均衡器 $\boldsymbol{w}(n)$ 通过 CMA 盲均衡算法的调整，使盲均衡器逐渐逼近 $\boldsymbol{h}(n)$ 的逆系统，那么盲均衡器的输出 $\tilde{\boldsymbol{x}}(n)$ 经过判决器后就得到了恢复信号序列 $\hat{\boldsymbol{x}}(n)$。

作为 Bussgang 类盲均衡算法，非线性变换作用在均衡器的输出端，不妨设 CMA 盲均衡算法的代价函数为

$$J(n) = E[g(\tilde{x}(n)) - \tilde{x}(n)]^2 \tag{11-22}$$

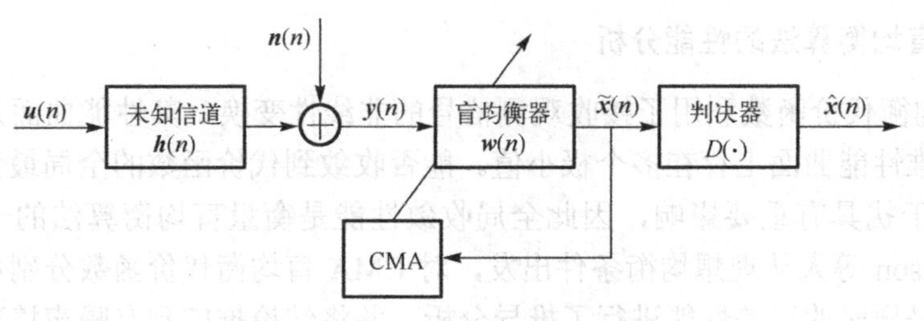

图 11-3　CMA 盲均衡的等效基带模型

利用非线性变换构建的目标函数仅包含盲均衡器的输出信号，并不需要发送信号 $\boldsymbol{u}(n)$，因此，CMA 算法对发送信号和通信信道是盲的。根据 Godard 算法，非线性变换函数的参数 $p=2$，即为 CMA 算法，此时的非线性变换函数可以表示为

$$g(\tilde{x}(n)) = \frac{\tilde{x}(n)}{|\tilde{x}(n)|}[|\tilde{x}(n)| + R_2|\tilde{x}(n)| - |\tilde{x}(n)|^3] \tag{11-23}$$

其中 R_2 为恒模，可以用式（11-24）计算

$$R_2 = E[|\tilde{x}(n)|^4] / E[|\tilde{x}(n)|^2] \tag{11-24}$$

简化非线性变换函数[式（11-23）]可得

$$g(\tilde{x}(n)) = \tilde{x}(n) + R_2 - |\tilde{x}(n)|^2 \tag{11-25}$$

因此，CMA 盲均衡算法的代价函数可以写为

$$J(n) = E[R_2 - |\tilde{x}(n)|^2]^2 \tag{11-26}$$

根据随机梯度下降算法，盲均衡器的更新公式为

$$\boldsymbol{w}(n+1) = \boldsymbol{w}(n) - \mu \Delta J(n) \tag{11-27}$$

代价函数的梯度 $\Delta J(k)$ 为

$$\Delta J(n) = 2[|\tilde{x}(n)|^2 - R_2]\frac{\partial |\tilde{x}(n)|^2}{\partial \boldsymbol{w}(n)} \tag{11-28}$$

因为盲均衡器的输出 $\tilde{x}(n)$

$$\tilde{x}(n) = \boldsymbol{w}(n) \otimes \boldsymbol{y}(n) \tag{11-29}$$

所以可以得到

$$\frac{\partial |\tilde{x}(n)|^2}{\partial \boldsymbol{w}(n)} = 2\boldsymbol{y}^*(n)\tilde{x}(n) \tag{11-30}$$

令迭代误差 $e(n)$ 为

$$e(n) = |\tilde{x}(n)|^2 - R_2 \tag{11-31}$$

CMA 盲均衡算法的更新公式可以写为

$$w(n+1)=w(n)-\mu e(n)y^{*}(n)\tilde{x}(n) \tag{11-32}$$

2. CMA 盲均衡算法的性能分析

CMA 盲均衡代价函数利用了接收观测信号的非线性变换，其性能曲面是非凸的，即在代价函数的高维性能曲面上存在多个极小值。能否收敛到代价函数的全局最优解，对于均衡后的剩余码间干扰具有重要影响，因此全局收敛性能是衡量盲均衡算法的一个重要方面。C.Richard Johnson 等人从理想均衡条件出发，对 CMA 盲均衡代价函数分别利用波特间隔采样和分数间隔采样时的误差性能进行了推导分析，并将结论推广到有噪声情况下的误差性能分析中，论证了 CMA 盲均衡代价函数具有高维非凸特性。利用仿真信道来对 CMA 代价函数的非凸性进行说明，其中仿真信道的传递函数为

$$H(z)=1+0.5z^{-1}+0.3z^{-2} \tag{11-33}$$

图 11-4（a）和图 11-4（b）分别给出了仿真信道传递函数的零极点分布和 CMA 盲均衡算法的误差性能曲面，可知两个零点均位于单位圆内，因此信道是稳定可逆的。CMA 盲均衡算法代价函数的误差性能曲面中存在 4 个局部极小点，其中全局最优点对应的是[0.98, –0.74]。由于 CMA 盲均衡算法采用随机梯度下降策略，因此算法具有收敛速度慢、容易陷入局部极小值的缺陷，影响 CMA 盲均衡算法全局收敛性能的主要参数包括学习步长、均衡器的初始化、均衡器长度和信道噪声。

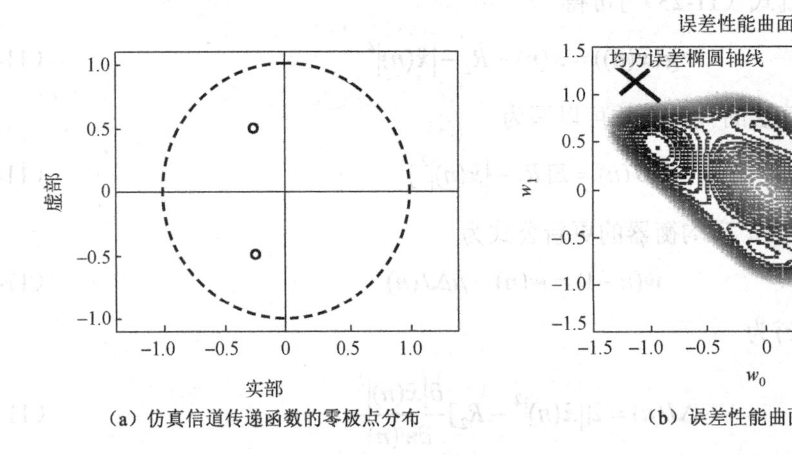

（a）仿真信道传递函数的零极点分布　（b）误差性能曲面

图 11-4　仿真信道传递函数的零极点分布和误差性能曲面

CMA 盲均衡算法的提出虽然是针对具有恒模包络的通信信号的，但是对于不具有恒模包络的通信信号同样适用。以混合相位信道为例进行仿真，发送信号采用具有恒模包络的 QPSK 调制信号和不具有恒模包络的 16-QAM 信号，信道的等效冲激响应为

$$\boldsymbol{h}=[0.3132,-0.1040,0.8908,0.3134]$$

仿真中设盲均衡器的长度为 16，中心抽头系数初始化为 1，其余权系数初始化为 0。对于 QPSK 调制信号，学习步长设为 $\mu=0.002$，对于 16-QAM 信号，学习步长设为 $\mu=0.00002$。信道噪声为加性高斯白噪声，信噪比 SNR = 25dB。500 次蒙特卡罗仿真结果如图 11-5 和图 11-6 所示。

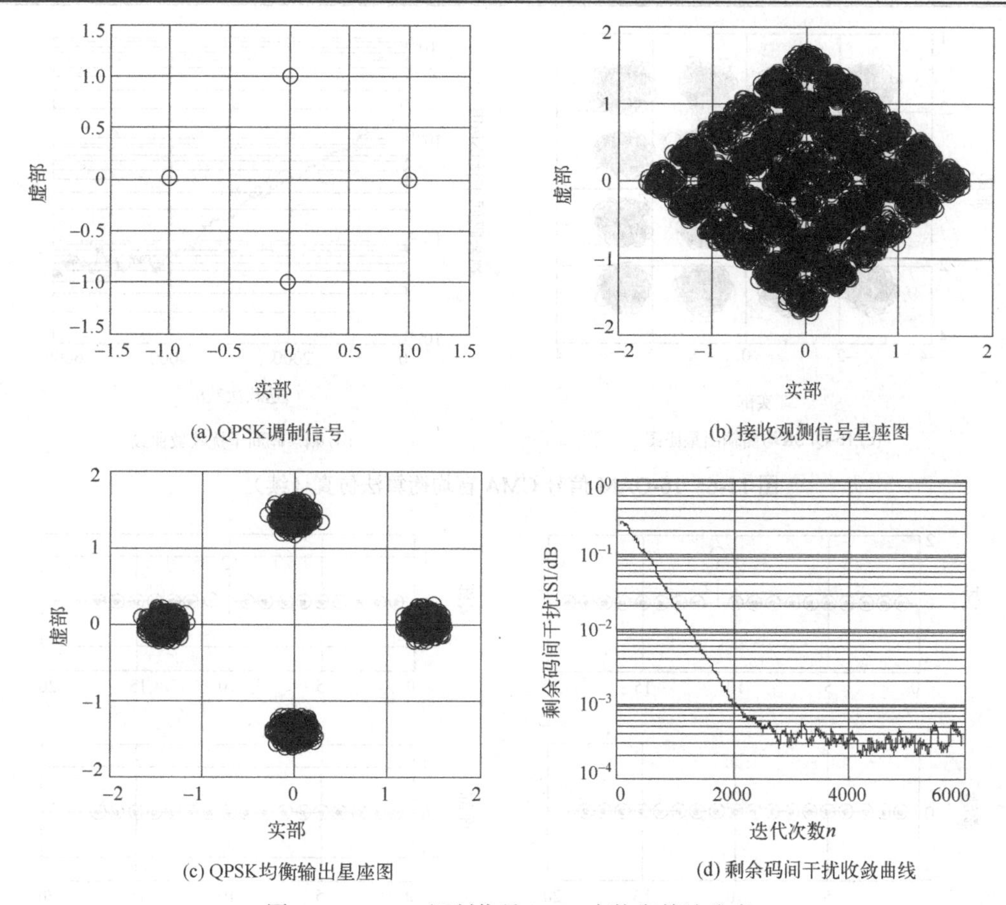

(a) QPSK调制信号　(b) 接收观测信号星座图

(c) QPSK均衡输出星座图　(d) 剩余码间干扰收敛曲线

图 11-5　QPSK 调制信号 CMA 盲均衡算法仿真

对于恒模的计算，对于 QPSK 调制信号，恒模 $R_2 = 2$，对于 16-QAM 信号，恒模 $R_2 = 10$。由仿真结果可知，恒模盲均衡算法对于 QPSK 调制信号和 16-QAM 信号都有均衡能力，但是完成收敛在仿真条件下需要迭代计算到 2000 次左右，说明 CMA 盲均衡算法的收敛速度较慢。最终从均衡后的联合冲激响应（图 11-7 和图 11-8）也可以看出，CMA 盲均衡算法均衡后的联合冲激响应接近单位冲激响应，均衡效果较好。

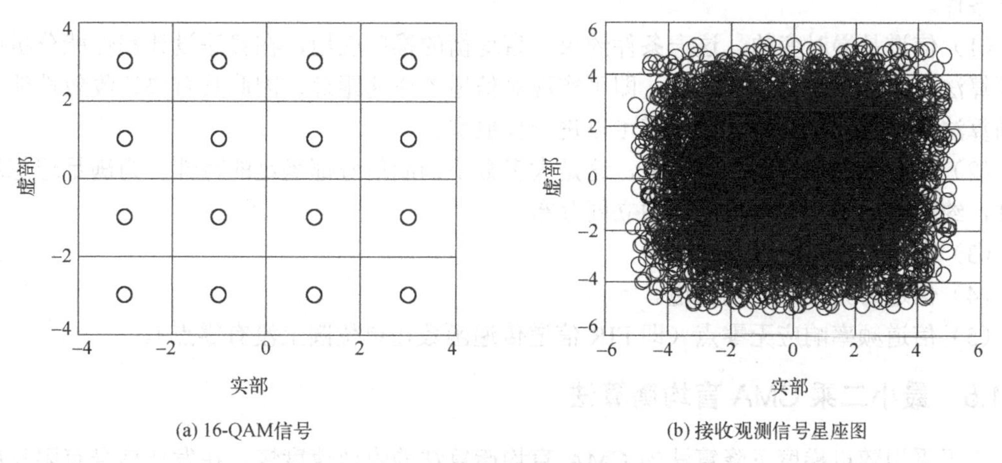

(a) 16-QAM信号　(b) 接收观测信号星座图

图 11-6　16-QAM 信号 CMA 盲均衡算法仿真

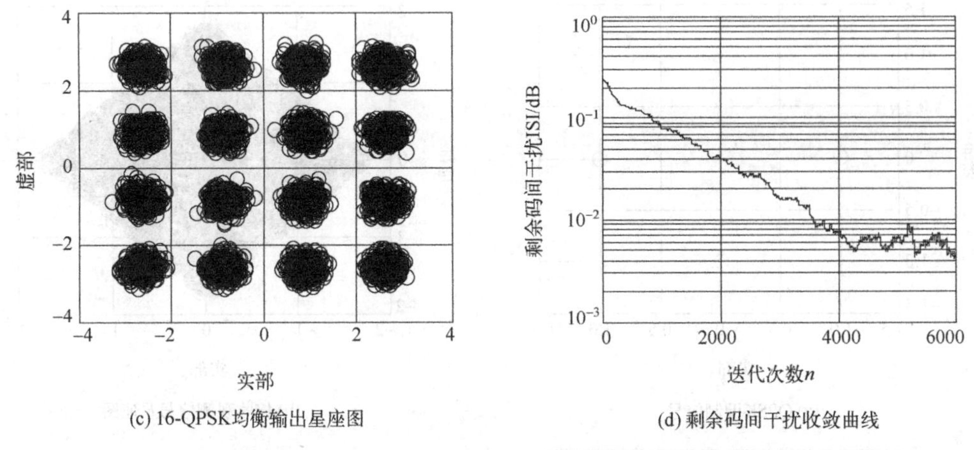

(c) 16-QPSK均衡输出星座图

(d) 剩余码间干扰收敛曲线

图 11-6 16-QAM 信号 CMA 盲均衡算法仿真（续）

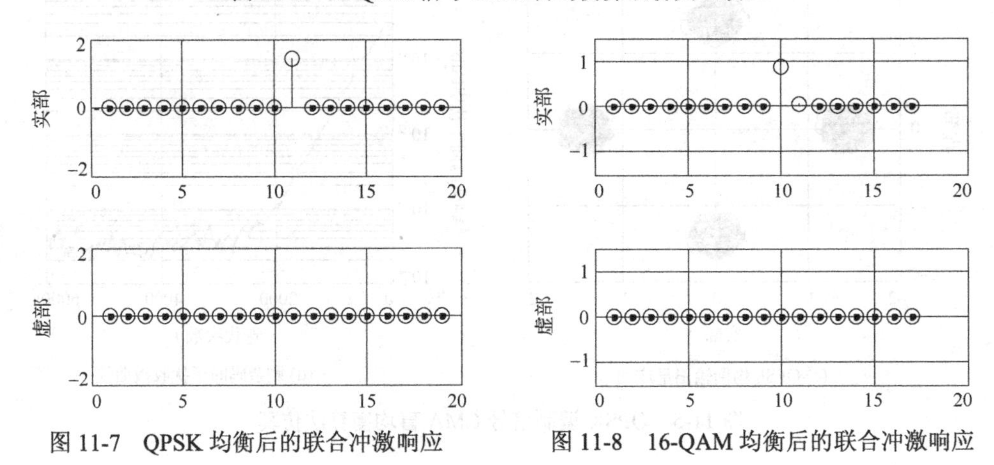

图 11-7 QPSK 均衡后的联合冲激响应

图 11-8 16-QAM 均衡后的联合冲激响应

11.1.4 理想盲均衡实现的条件

根据对盲均衡的分析可知，盲均衡在发送信号和通信信道信息未知的条件下实现对发送信号的恢复，但是间接利用了发送信号的统计特性，如果要实现理想盲信道均衡，需要满足如下条件。

（1）信道是慢时变的。这一条件约束了盲均衡的推广应用，在算法设计和性能分析中，只要算法具有足够快的收敛速度，即可实现对信道的快速跟踪，因此具有快速收敛性能的盲均衡算法对于信道时变特征的约束可以进一步放宽。

（2）发射信号具有非高斯特性，这是大多数字调制信号都满足的特性。为满足理想均衡条件，约束发射信号为零均值且独立同分布。

（3）盲均衡器双向无限长。

（4）信道为无噪声干扰信道。

（5）信道频率响应无零点（即 FIR 信道传递函数在单位圆上没有零点）。

11.1.5 最小二乘 CMA 盲均衡算法

由于采用随机梯度下降算法的 CMA 盲均衡算法的收敛速度慢，在发送信号有限长度的条件下，会浪费大量的发送码元用于盲均衡器的训练和收敛，导致初始阶段的误码率较高。

实际上，大量的 LMS 改进算法都可以稍做修改并被应用于 CMA 盲均衡算法，比较典型的是归一化 CMA 盲均衡算法、变步长盲均衡算法、共轭梯度盲均衡算法、附加动量项的 CMA 盲均衡算法及仿射投影 CMA 盲均衡算法等。改进算法在提高 CMA 盲均衡算法的收敛速度和收敛精度上都有改进，可进一步提高 CMA 盲均衡算法的性能。

与随机梯度下降算法相比，最小二乘 CMA 盲均衡算法在稍增加计算复杂度的条件下，具有更快的收敛速度和更高的收敛精度。但是最小二乘 CMA 盲均衡算法需要代价函数满足二次标准型，因此可以考虑对 CMA 盲均衡算法的代价函数进行适当的简化，利用最小二乘 CMA 盲均衡算法来实现盲均衡。这里重写 CMA 盲均衡算法的代价函数为

$$J(n)=[R_2-\boldsymbol{w}^{\mathrm{H}}(n)\boldsymbol{y}(n)(\boldsymbol{w}^{\mathrm{H}}(n)\boldsymbol{y}(n))^*]^2 \tag{11-34}$$

其中符号“H”表示复共轭转置，定义

$$\boldsymbol{\kappa}(n)=\boldsymbol{y}(n)(\boldsymbol{w}(n)^{\mathrm{H}}\boldsymbol{y}(n))^* \tag{11-35}$$

那么代价函数可以写为

$$J(n)=[R_2-\boldsymbol{w}^{\mathrm{H}}(n)\boldsymbol{\kappa}(n)]^2 \tag{11-36}$$

式（11-36）在形式上满足二次标准型，但是在 $\boldsymbol{\kappa}(n)$ 的表达式中包含变量 $\boldsymbol{w}(n)$，因此 $\boldsymbol{\kappa}(n)$ 不能作为等价的盲均衡器的输入变量。这里考虑 $\boldsymbol{\kappa}(n)$ 的近似表达式

$$\tilde{\boldsymbol{\kappa}}(n)=\boldsymbol{y}(n)(\boldsymbol{w}^{\mathrm{H}}(n-1)\boldsymbol{y}(n))^* \tag{11-37}$$

如果算法收敛，那么必然有

$$\lim_{n\to\infty}\|\boldsymbol{w}(n)-\boldsymbol{w}(n-1)\|=0 \tag{11-38}$$

因此，利用 $\tilde{\boldsymbol{\kappa}}(n)$ 近似表示 $\boldsymbol{\kappa}(n)$ 具有合理性。在盲均衡器输入信号的近似表示下，CMA 盲均衡算法的代价函数可以用标准二次型表示

$$J(n)=[R_2-\boldsymbol{w}^{\mathrm{H}}(n)\tilde{\boldsymbol{\kappa}}(n)]^2 \tag{11-39}$$

根据近似的 CMA 盲均衡算法的代价函数[式（11-39）]，利用最小二乘 CMA 盲均衡算法的原理，可将盲均衡算法归结为如下的优化问题

$$\min J(n)=\sum_{i=0}^{n}\lambda^{n-i}|e(i)|^2=\sum_{i=1}^{n}\lambda^{n-i}\left|R_2-\boldsymbol{w}^{\mathrm{H}}(i)\tilde{\boldsymbol{\kappa}}(i)\right|^2 \tag{11-40}$$

λ（$0<\lambda\leqslant 1$）称为遗忘因子。经计算可知指数代价函数的梯度为

$$\boldsymbol{\nabla}(n)=\boldsymbol{R}(n)\boldsymbol{w}(n)-\boldsymbol{r}(n) \tag{11-41}$$

其中

$$\boldsymbol{R}(n)=\sum_{i=0}^{n}\lambda^{n-i}\tilde{\boldsymbol{\kappa}}(i)\tilde{\boldsymbol{\kappa}}^{\mathrm{H}}(i) \tag{11-42}$$

$$\boldsymbol{r}(n)=\sum_{i=0}^{n}\lambda^{n-i}\tilde{\boldsymbol{\kappa}}(i)R_2 \tag{11-43}$$

根据无约束指数加权最优化问题的局部解由 $\boldsymbol{\nabla}(n)=0$ 给出，可以得到

$$w(n)=R^{-1}(n)r(n) \tag{11-44}$$

用时间递推的方法进行求解，得到的算法称为 RLS 自适应算法。考虑盲均衡器权系数 $w(n)$ 的时间递推，并根据指数滑动窗对自相关矩阵 $R(n)$ 和互相关向量 $r(n)$ 进行递推估计

$$R(n)=\lambda R(n-1)+\tilde{\kappa}(n)\tilde{\kappa}^{\mathrm{H}}(n) \tag{11-45}$$

$$r(n)=\lambda r(n-1)+\tilde{\kappa}(n)R_2 \tag{11-46}$$

$k(n)$ 作为增益矢量，定义为

$$k(n)=\frac{P(n-1)\tilde{\kappa}(n)}{\lambda+\tilde{\kappa}^{\mathrm{H}}(n)P(n-1)\tilde{\kappa}(n)} \tag{11-47}$$

根据式（11-45）利用矩阵求逆定理，可以得到 $P(n)=R^{-1}(n)$ 的递推估计，并进一步可以得到

$$\begin{aligned}P(n)\tilde{\kappa}(n)&=\frac{1}{\lambda}[P(n-1)\tilde{\kappa}(n)-k(n)\tilde{\kappa}^{\mathrm{H}}(n)P(n-1)\tilde{\kappa}(n)]\\&=\frac{1}{\lambda}\{[\lambda+\tilde{\kappa}^{\mathrm{H}}(n)P(n-1)\tilde{\kappa}(n)]k(n)-k(n)\tilde{\kappa}^{\mathrm{H}}(n)P(n-1)\tilde{\kappa}(n)\}\\&=k(n)\end{aligned} \tag{11-48}$$

综上，可以得到

$$\begin{aligned}w(n)&=R^{-1}(n)r(n)=P(n)r(n)\\&=\frac{1}{\lambda}[P(n-1)-k(n)\tilde{\kappa}^{\mathrm{H}}(n)P(n-1)][\lambda r(n-1)+R_2\tilde{\kappa}(n)]\\&=P(n-1)r(n)+\frac{1}{\lambda}R_2[P(n-1)\tilde{\kappa}(n)-k(n)\tilde{\kappa}^{\mathrm{H}}(n)P(n-1)\tilde{\kappa}(n)]\\&\quad-k(n)\tilde{\kappa}^{\mathrm{H}}(n)P(n-1)r(n-1)\end{aligned} \tag{11-49}$$

那么盲均衡器的更新公式为

$$w(n)=w(n-1)+R_2k(n)-k(n)\tilde{\kappa}^{\mathrm{H}}(n)w(n-1) \tag{11-50}$$

对式（11-50）简化可以得到

$$w(n)=w(n-1)+k(n)e^{*}(n) \tag{11-51}$$

其中误差函数

$$e(n)=R_2-w^{\mathrm{H}}(n-1)\tilde{\kappa}(n) \tag{11-52}$$

将式（11-51）实现盲均衡器更新的方法称为 RLS-CMA 盲均衡算法，在 RLS-CMA 盲均衡算法中需要初始化自相关矩阵的逆矩阵 $P(0)=R^{-1}(0)$，在非平稳情况下，初始值可以由式（11-53）来决定

$$P(0)=R^{-1}(0)=\left[\sum_{i=-n_0}^{0}\lambda^{-i}\tilde{\kappa}(i)\tilde{\kappa}^{\mathrm{H}}(i)\right]^{-1} \tag{11-53}$$

因此，自相关矩阵的表达式可以写作

$$\boldsymbol{R}(n)=\sum_{i=1}^{n}\lambda^{n-i}\tilde{\boldsymbol{\kappa}}(n)\tilde{\boldsymbol{\kappa}}^{\mathrm{H}}(n)+\boldsymbol{R}(0) \tag{11-54}$$

由于遗忘因子λ在求和过程中具有遗忘作用，自然希望$\boldsymbol{R}(0)$在自相关矩阵的递推计算中所起到的作用很小，因此可以利用一个很小的单位矩阵来近似自相关矩阵$\boldsymbol{R}(0)$，即

$$\boldsymbol{R}(0)=\delta\boldsymbol{I}\qquad \delta\text{是一个很小的正数} \tag{11-55}$$

因此自相关矩阵的逆矩阵可以初始化为

$$\boldsymbol{P}(0)=\delta^{-1}\boldsymbol{I}\qquad \delta\text{是一个很小的正数} \tag{11-56}$$

在上述分析过程中，可以将 RLS-CMA 盲均衡算法的实现流程归纳为表 11-1。

表 11-1　RLS-CMA 盲均衡算法的实现流程

初始化：盲均衡器权系数 $\boldsymbol{w}(0)$ 中心系数抽头初始化，$\boldsymbol{P}(0)=\delta^{-1}\boldsymbol{I}$，其中 δ 为一个很小的正数，$\boldsymbol{I}$ 为 $L_b\times L_b$ 单位矩阵，L_b 为线性均衡器的阶数
迭代过程：对于 $n=1,2,\cdots$，计算
$\tilde{\boldsymbol{\kappa}}(n)=\boldsymbol{y}(n)(\boldsymbol{w}^{\mathrm{H}}(n-1)\boldsymbol{y}(n))^{*}$
$e(n)=R_{CM}-\boldsymbol{w}^{\mathrm{H}}(n-1)\tilde{\boldsymbol{\kappa}}(n)$
$\boldsymbol{k}(n)=\dfrac{\boldsymbol{P}(n-1)\tilde{\boldsymbol{\kappa}}(n)}{\lambda+\tilde{\boldsymbol{\kappa}}^{\mathrm{H}}(n)\boldsymbol{P}(n-1)\tilde{\boldsymbol{\kappa}}(n)}$　　λ 为遗忘因子
$\boldsymbol{P}(n)=\dfrac{1}{\lambda}[\boldsymbol{P}(n-1)-\boldsymbol{k}(n)\tilde{\boldsymbol{\kappa}}^{\mathrm{H}}(n)\boldsymbol{P}(n-1)]$
$\boldsymbol{w}(n)=\boldsymbol{w}(n-1)+\boldsymbol{k}(n)e^{*}(n)$

RLS-CMA 盲均衡算法具有很快的收敛速度和很高的收敛精度，对于较为复杂的通信信道，利用 RLS-CMA 盲均衡算法也能得到很好的均衡性能，以式（11-57）给出的信道模型为例，该信道的条件数非常大，达到了 89.1，在复杂信道条件下，CMA 盲均衡的均衡性能急剧下降。设发送信号为 QPSK 调制信号，线性横向均衡器的长度为 40，中心抽头系数初始化为 1，其余权系数初始化为 0。遗忘因子$\lambda=0.995$，在 CMA 盲均衡算法中，学习步长为$\mu=0.002$，信道噪声为加性高斯白噪声，信噪比$\mathrm{SNR}=25\mathrm{dB}$。仿真结果如图 11-9 所示。

$$\boldsymbol{h}=[0.04,-0.05,0.07,0.21,0.5,0.72,0.36,0,0.21,0.03,0.07] \tag{11-57}$$

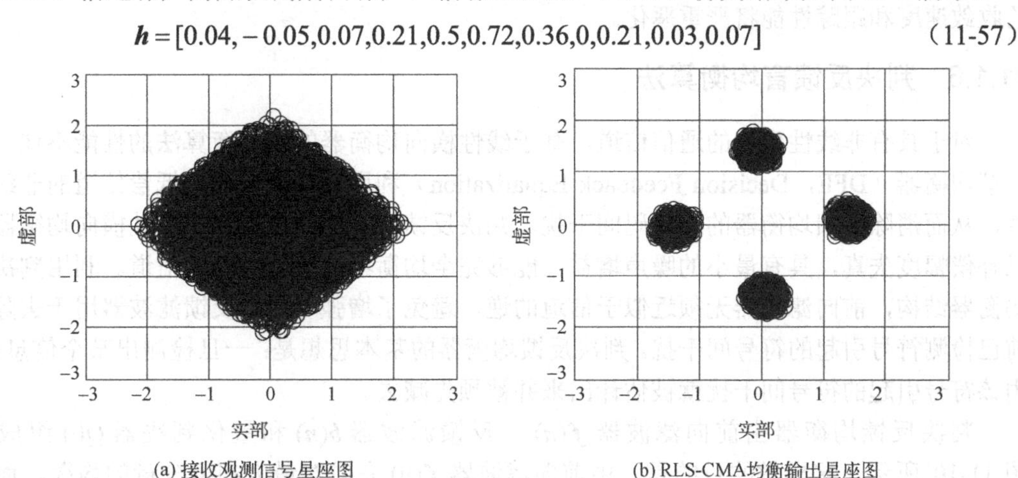

(a) 接收观测信号星座图　　(b) RLS-CMA均衡输出星座图

图 11-9　RLS-CMA 盲均衡仿真结果

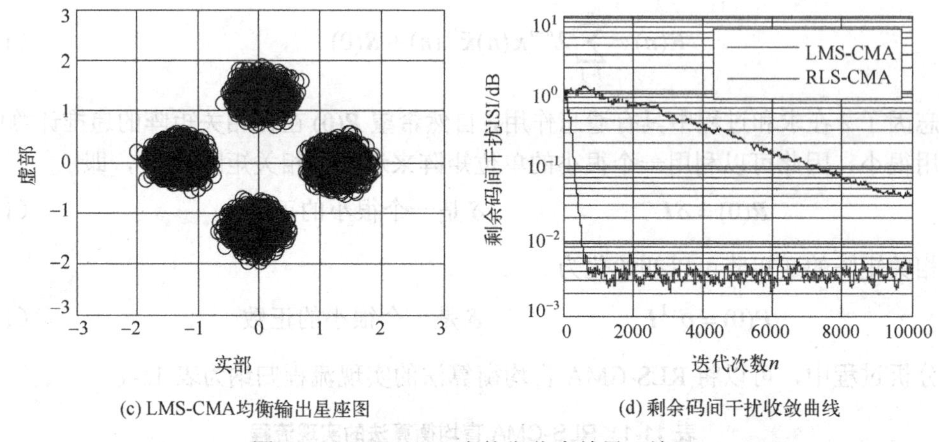

(c) LMS-CMA均衡输出星座图　　(d) 剩余码间干扰收敛曲线

图 11-9　RLS-CMA 盲均衡仿真结果（续）

RLS-CMA 盲均衡算法在复杂的通信信道条件下具有很好的均衡性能，与 LMS-CMA 盲均衡算法相比，均衡后的星座图的聚敛程度更好。从剩余码间干扰收敛曲线可以看出，RLS-CMA 盲均衡算法比 LMS-CMA 盲均衡算法具有更快的收敛速度和更小的稳态剩余误差，RLS-CMA 盲均衡算法比 LMS-CMA 盲均衡算法的收敛速度快约 8000 步，即 RLS-CMA 盲均衡算法在 1000 步左右已经实现了收敛，而 LMS-CMA 盲均衡算法在迭代至 10000 步时仍然没有收敛到稳态值，收敛后 RLS-CMA 盲均衡算法的稳态剩余误差比 LMS-CMA 盲均衡算法小约 15dB。

影响 RLS-CMA 盲均衡算法性能的参数主要是遗忘因子，遗忘因子反映了算法对以前输入信号信息的记忆程度，遗忘因子越大，反映了对以往输入信号的信息利用程度越小，反之，遗忘因子越小，算法对以往输入信号的信息利用程度越大。遗忘因子越大，收敛精度越高，但是相对而言，收敛速度越慢，跟踪能力越弱；遗忘因子越小，收敛速度越快，跟踪能力越强，但是收敛精度就越差。因此遗忘因子在不同通信信道条件下需要进行合理设置。

RLS-CMA 盲均衡算法比 LMS-CMA 盲均衡算法具有更快的收敛速度，所需要付出的代价就是需要更大的计算复杂度，需要指出的是，由于在 RLS-CMA 盲均衡算法中使用了逆矩阵的递推计算，因此当均衡器的输入信号的自相关矩阵接近奇异时，RLS-CMA 盲均衡算法的收敛速度和跟踪性能将严重恶化。

11.1.6　判决反馈盲均衡算法

对于具有非线性失真的通信信道，基于线性横向均衡器的盲均衡算法的性能不佳，判决反馈均衡器（DFE，Decision Feedback Equalization）利用反馈滤波器来抵偿信道的非线性特性，从而消除前馈均衡器的剩余码间干扰。判决反馈均衡器的性能优于线性横向均衡器，可以补偿幅度失真，具有最小的噪声增益，能够完全均衡不超过其长度的信道。利用判决反馈均衡器结构，前向滤波器无须近似于信道的逆，避免了增强噪声，反馈滤波器用于去除由先前已检测符号引起的符号间干扰。判决反馈均衡器的基本思想是：一旦检测出某个信息符号，由该符号引起的符号间干扰就被估计出来并被预先减去。

判决反馈均衡器由前向滤波器 $\boldsymbol{f}(n)$、反馈滤波器 $\boldsymbol{b}(n)$ 和量化判决器 $Q(\cdot)$ 组成，如图 11-10 所示。这样做的目的是，由前向滤波器 $\boldsymbol{f}(n)$ 完成对最大相位分量的均衡，而由反馈滤波器 $\boldsymbol{b}(n)$ 完成对最小相位分量的均衡。对于信道中靠近单位圆的最小相位零点，反馈

滤波器 $\boldsymbol{b}(n)$ 很容易构造相应的零点并将其抵消，因此不会放大噪声。当然，也容易看出，对于靠近单位圆的最大相位零点，由于 $\boldsymbol{b}(n)$ 无法构造位于单位圆外的零点，因此只能依靠前向滤波器来获得均衡。

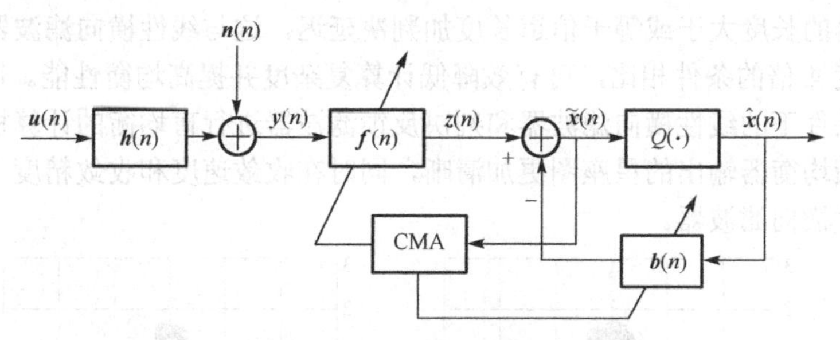

图 11-10　判决反馈均衡器的基本结构

令

$$\boldsymbol{y}(n)=[y(n),y(n-1),\cdots,y(n-N_f+1)]^{\mathrm{T}} \tag{11-58}$$

$$\boldsymbol{f}(n)=[f(0),f(1),\cdots,f(N_f+1)]^{\mathrm{T}} \tag{11-59}$$

$$\boldsymbol{b}(n)=[b(1),b(1),\cdots,b(N_b)]^{\mathrm{T}} \tag{11-60}$$

$$\hat{\boldsymbol{x}}(n)=[\hat{x}(n-1),\hat{x}(n-2),\cdots,\hat{x}(n-N_b)]^{\mathrm{T}} \tag{11-61}$$

则判决反馈均衡器的输出为

$$\tilde{\boldsymbol{x}}(n)=\boldsymbol{f}^{\mathrm{H}}(n)\boldsymbol{y}(n)-\boldsymbol{b}^{\mathrm{H}}(n)\hat{\boldsymbol{x}}(n) \tag{11-62}$$

根据 CMA 盲均衡算法的代价函数，判决反馈均衡器的更新公式为

$$\boldsymbol{f}(n)=\boldsymbol{f}(n-1)+\mu_f e(n)\boldsymbol{y}^*(n)A \tag{11-63}$$

$$\boldsymbol{b}(n)=\boldsymbol{b}(n-1)-\mu_b e(n)\hat{\boldsymbol{x}}^*(n) \tag{11-64}$$

其中误差函数计算如下

$$e(n)=\tilde{\boldsymbol{x}}(n)[R_{CM}-|\tilde{\boldsymbol{x}}(n)|^2] \tag{11-65}$$

如果判决反馈均衡器依据 DD 盲均衡代价函数进行更新，那么误差函数按照下式给出

$$e(n)=D(\tilde{\boldsymbol{x}}(n))-\tilde{\boldsymbol{x}}(n) \tag{11-66}$$

其中 $D(\cdot)$ 表示判决函数，按照 DD 盲均衡代价函数进行均衡器更新在接收信号眼图未张开的情况下，判决反馈均衡器常常不能收敛或者误收敛。

理论上判决反馈均衡器本身就是一个盲均衡器，可以通过判决信号产生误差信号，但是在传统自适应均衡技术中，为了保证判决反馈均衡器的稳定性，在发送信号中都定期地插入训练序列。不依赖训练序列的传统判决反馈均衡器实质是一种判决引导算法下的盲均衡器。无论是在 CMA 盲均衡算法的代价函数还是在 DD 盲均衡代价函数下基于梯度下降算法的判决反馈均衡器，均存在误收敛，判决反馈均衡器的误收敛与判决反馈均衡器的结构和均衡器权系数的更新算法都有关系。如果均衡器初始权系数能保证信号眼图张开，则可以避免误收敛现象的发生。如果把简化的 CMA 代价函数应用到判决反馈均衡器，那么在判决反馈均衡器抽头系数的更新中同样可以利用 RLS 算法。

利用判决反馈均衡器实现盲均衡的参数设置条件是前馈滤波器的长度达到非零有效长度，反馈滤波器的长度大于或等于信道长度加判决延迟，这与线性横向滤波器的长度必须满足大于信道长度 4 倍的条件相比，可有效降低计算复杂度并提高均衡性能。图 11-11 给出了两径稀疏信道条件下的线性横向滤波器和判决反馈滤波器进行盲均衡的计算机仿真结果，可以看出判决反馈均衡器输出的星座图更加清晰，同时在收敛速度和收敛精度上，判决反馈均衡器均优于线性横向滤波器。

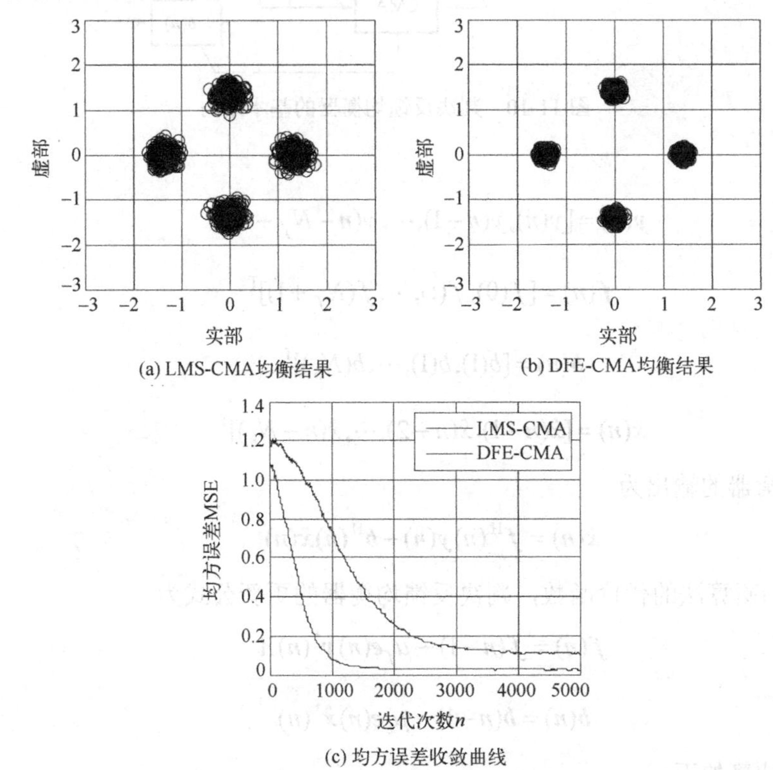

图 11-11 DFE-CMA 盲均衡仿真结果

在对判决反馈盲均衡器的分析中能够知道，在理论上判决反馈滤波器达到最优仅需要前馈滤波器满足非零有效长度，这使得判决反馈滤波器在稀疏信道的盲均衡应用中独具优势，在减小计算复杂度的前提下，与线性横向滤波器相比能够获得更好的均衡性能。

11.1.7 神经网络盲均衡

对于非线性信道的均衡，一般采用非线性滤波器算法，神经网络作为一种非线性动态系统，在函数拟合、模型预测、模式识别等领域得到了广泛应用。以神经网络作为盲均衡器，不仅可以实现对最小相位信道的均衡，也适用于最大相位信道及具有非线性特性的信道均衡。S.Mo 和 B.Shafaif 于 1994 年提出采用前馈神经网络（FNN，Feedforward Neural Network）和高阶累积量的盲均衡方案，它基于信道输出信号的四阶谱对信道进行辨识，而后利用神经网络的非线性构造出该信道的逆信道。由于高阶累积量对高斯噪声具有抑制作用，接收信号事先通过高阶累积运算器，可将高斯噪声滤掉，周正、梁启联提出了基于多层神经网络与高阶累积量的盲均衡算法，将 Rossiario 算法与 Solis 和 Wets 的随机算法相结合，提出了混合算法。递归网络由于具有网络规模小、收敛速度快的优点，因此吸引了部分学者的注意，G.Kechriotisp 于 1994 年首先将递归网络（RNN）用于盲均衡，其他的神经网络盲均衡方法还有如赵建业等提出的简单细胞神经元网络（CNN）盲均衡法，以及何振亚提出的独立分量分析神经网络盲均衡法和回归子波神经网络盲均衡法，1999 年，Yong Fang 和 Tommy W.S 等提出了一种基于线性神经网络的盲均衡方法，同年 Abdennour R. Ben 与 Bouani F、Ksouri M 和 Favier G 提出了基于簇算法神经网络的两种盲均衡方案等。所有的神经网络盲均衡都有共同的特点，就是以神经网络构建均衡器并依据盲均衡准则设定代价函数（神经网络学习的目标函数），通过算法使得代价函数收敛，神经网络均衡器与原信道构成理想可逆关系，实现信号的无失真恢复（均衡）。

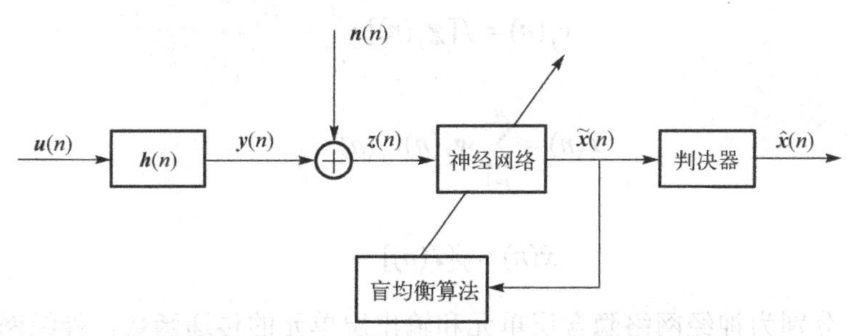

图 11-12　神经网络盲均衡基本原理

神经网络盲均衡基本原理如图 11-12 所示，根据神经网络原理，在神经网络拓扑结构确定后，需要为神经网络设定目标函数，使神经网络更新过程朝着目标函数最小（最大）化迭代，当达到目标函数最小（最大）值点时，神经网络完成收敛。

已知的盲均衡实现的准则包括：置零准则、峰度准则、累积量归一化准则，如果仅仅将神经网络看作一种特殊的盲均衡器，那么利用神经网络实现盲均衡所需的目标函数完全可以根据盲均衡的已有准则构建。如果结合 CMA 盲均衡，神经网络盲均衡的代价函数为

$$J(n)=\frac{1}{2}[|\tilde{x}(n)|^2-R_2]^2 \tag{11-67}$$

如果结合判决引导盲均衡算法，神经网络盲均衡的代价函数为

$$J(n)=\frac{1}{2}(\mathrm{sgn}(\tilde{x}(n))-\tilde{x}(n))^2 \tag{11-68}$$

下面以前馈神经网络为例，来说明神经网络盲均衡的实现过程。Cybenco 已经证明：用一个隐层的前馈神经网络可以以任意精确度逼近任意的连续函数，三层前馈神经网络拓扑结构如图 11-13 所示。其中 $\boldsymbol{w}_{ij}(n)$（$i=1,2,\cdots,m$，$j=1,2,\cdots,n$）为输入层与隐层单元的连接权重，$\boldsymbol{w}_j(n)$（$j=1,2,\cdots,n$）为隐层单元与输出层单元的连接权重，并设隐层单元的输入为 $\boldsymbol{\chi}_j(n)$，隐层单元的输出为 $\boldsymbol{v}_j(n)$，输出层单元的输入为 $\boldsymbol{I}(n)$，其中 $\boldsymbol{u}(n)$ 为发送信号，$\tilde{\boldsymbol{x}}(n)$ 为均衡器输出，$\boldsymbol{z}(n)$ 为均衡器接收到的观测序列，这里先假设发送信号为实信号。

根据前馈神经网络信号的传输过程，可以直接写出神经网络的状态方程为

$$\boldsymbol{\chi}_j(n)=\sum_{j=1}^{n} w_{ij}(n)z(n-j) \tag{11-69}$$

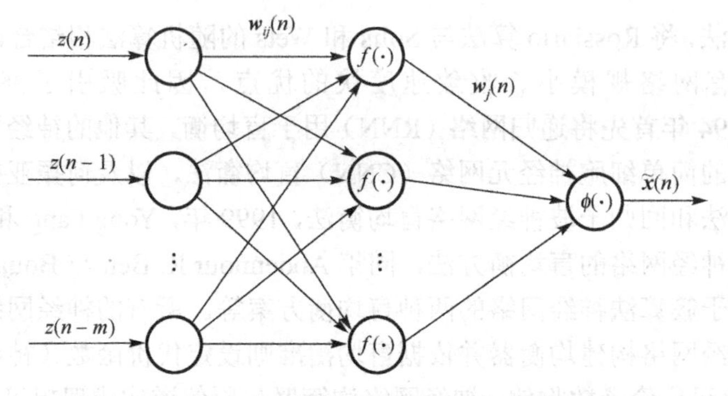

图 11-13 三层前馈神经网络拓扑结构

$$v_j(n) = f[\chi_j(n)] \tag{11-70}$$

$$I(n) = \sum_{j=1}^{n} w_j(n) v_j(n) \tag{11-71}$$

$$\tilde{x}(n) = \phi[I(n)] \tag{11-72}$$

其中 $f(\cdot)$ 和 $\phi(\cdot)$ 分别为神经网络隐含层单元和输出层单元的传递函数。神经网络的非动态特性与传递函数密切相关，在神经网络盲均衡算法的设计中，输出层单元一般采用线性传递函数，隐含层单元一般采用非线性传递函数，具有代表性的传递函数为 Tansig 函数

$$f(x) = \beta \frac{e^x - e^{-x}}{e^x + e^{-x}} \tag{11-73}$$

其一阶导数为

$$f'(x) = 4\beta \frac{1}{(e^x + e^{-x})^2} \tag{11-74}$$

其中 β 为调节参数，设定调节参数的意义在于使得网络能够适用于不同调制信号的均衡，为了保证传递函数的单调性，要求传递函数的导函数恒大于零，这就要求调节参数 β 大于零。根据信号幅度的不同选取不同的 β 值，如果信号幅度较大，则选用较大的 β，反之，选择较小的 β。

传递函数决定了网络输入和输出的关系，控制着整个网络的输出特性。由图 11-14 和图 11-15 可知，Tansig 函数具有平滑、渐进和单调的特性，有利于对输入序列进行判别，并且通过 β 的调节该传递函数适用于不同幅度的输入信号。

根据 BP 算法原理，前馈神经网络权值的更新公式可以写为

$$w(n+1) = w(n) - \mu \frac{\partial J(n)}{\partial w(n)} \tag{11-75}$$

$$\frac{\partial J(n)}{\partial w(k)} = 2\{\tilde{x}^2(n) - R_2\}\tilde{x}(n)\frac{\partial \tilde{x}(n)}{\partial w(n)} \tag{11-76}$$

对于输出层

$$\frac{\partial \tilde{x}(n)}{\partial \boldsymbol{w}_j(n)} = f'[\boldsymbol{I}(n)]\boldsymbol{v}_j(n) \tag{11-77}$$

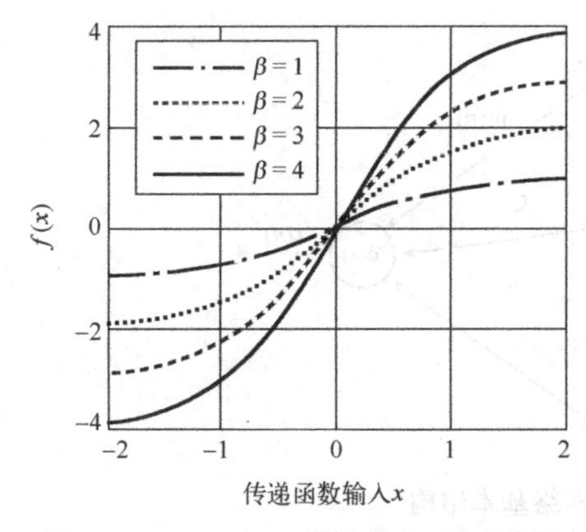

图 11-14　Tansig 函数的输入-输出特性

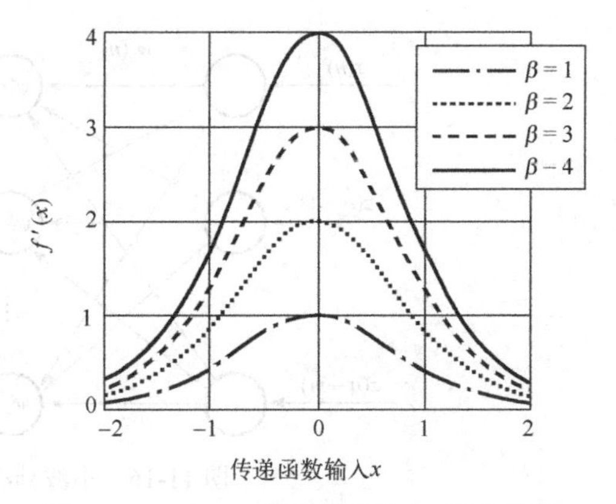

图 11-15　Tansig 导函数的输入-输出特性

$$\boldsymbol{w}_j(n+1) = \boldsymbol{w}_j(n) + \mu \boldsymbol{H}(n)\boldsymbol{v}_j(n) \tag{11-78}$$

对于隐含层

$$\frac{\partial \tilde{x}(n)}{\partial \boldsymbol{w}_{ij}(n)} = f'[\boldsymbol{I}(n)]\frac{\partial \boldsymbol{I}(n)}{\partial \boldsymbol{w}_{ij}(n)} \tag{11-79}$$

又因为

$$\frac{\partial \boldsymbol{I}(n)}{\partial \boldsymbol{w}_{ij}(n)} = \boldsymbol{w}_j(n) f'[\boldsymbol{\chi}_j(n)] z(n-i) \tag{11-80}$$

所以

$$\boldsymbol{w}_{ij}(n+1) = \boldsymbol{w}_{ij}(n) + \mu \boldsymbol{H}_j(n) z(n-i) \tag{11-81}$$

其中

$$\boldsymbol{H}_j(k) = f'[\boldsymbol{\chi}_j(n)]\boldsymbol{w}_j(n)\boldsymbol{H}(n) \tag{11-82}$$

前面的推导过程基于神经网络盲均衡算法采用 CMA 代价函数，如果神经网络盲均衡代价函数选择决策指向性算法，那么神经网络的期望输出可以用符号函数 $\mathrm{sgn}[\tilde{x}(k)]$ 来代替，此时的神经网络权值更新方法则与传统 BP 算法是完全一致的。当神经网络盲均衡算法收敛到全局最优时，神经网络构建的非动态系统为非线性信道的逆系统，从而补偿非线性信道在信号传输过程中产生的幅度和相位畸变，实现信号的无失真传输，达到理想均衡的目的。

如果将前馈网络中隐含层的传递函数用小波变换替换，就得到了小波神经网络盲均衡器，虽然在理论上小波变换过程与传递函数存在着本质区别，但是从滤波器的设计和算法的实现角度上，依然可以按照 BP 算法原理进行推导。

小波神经网络基本结构如图 11-16 所示，这里 $\psi(\cdot)$ 为小波函数。根据信号传输过程，小波神经网络的状态方程可以写作

$$\chi_j(n)=\sum_{j=1}^{n}w_{ij}(n)z(n-j) \tag{11-83}$$

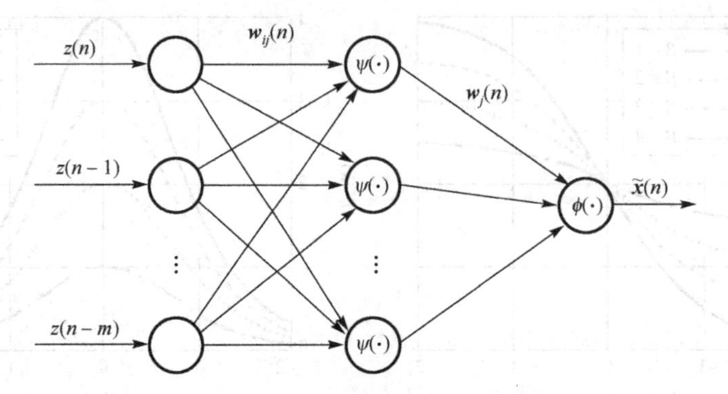

图 11-16 小波神经网络基本结构

$$I_j(n)=\psi_{a,b}[\chi_j(n)] \tag{11-84}$$

$$I(n)=\sum_{j=1}^{n}w_j(n)v_j(n) \tag{11-85}$$

$$\tilde{x}(n)=\phi[I(n)] \tag{11-86}$$

其中$\psi_{a,b}(\cdot)$表示对隐层输入信号进行小波变换，在小波神经网络盲均衡中，小波函数经常选取 Morlet 小波基函数

$$\psi(x)=x\mathrm{e}^{-\frac{1}{2}x^2} \tag{11-87}$$

则小波变换函数为

$$\psi_{a,b}(\cdot)=|a|^{\frac{1}{2}}\psi\left(\frac{x-b}{a}\right)=|a|^{\frac{1}{2}}\frac{x-b}{a}\mathrm{e}^{-\frac{(x-b)^2}{2a^2}} \tag{11-88}$$

对应的小波变换函数的一阶导函数为

$$\psi'_{a,b}(x)=|a|^{\frac{1}{2}}\frac{1}{a}\mathrm{e}^{-\frac{(x-b)^2}{2a^2}}-|a|^{\frac{1}{2}}\frac{1}{a}\left(\frac{x-b}{a}\right)^2\mathrm{e}^{-\frac{(x-b)^2}{2a^2}} \tag{11-89}$$

其中a和b分别为小波变换的尺度因子和平移因子。

在神经网络盲均衡中，传统的神经网络改进算法通过某种形式的变换，同样可以推广应用，典型的如变步长算法、附加动量项算法，还包括结合智能优化，如遗传算法、粒子群算法优化的神经网络盲均衡。

利用普通电话信道模型并对神经网络采用附加动量项改进进行仿真说明，发送信号为等概率二进制序列，采用 QAM 调制方式，神经网络拓扑结构为$15\times8\times1$，网络权重采用主元素初始化方法进行初始化。信道噪声为加性高斯白噪声，信噪比$\mathrm{SNR}=25\mathrm{dB}$。网络学习步长设置为$\mu=0.001$，在附加动量项算法中，动量因子设置为$m_\mathrm{c}=0.95$，仿真结果如图 11-17 所示。

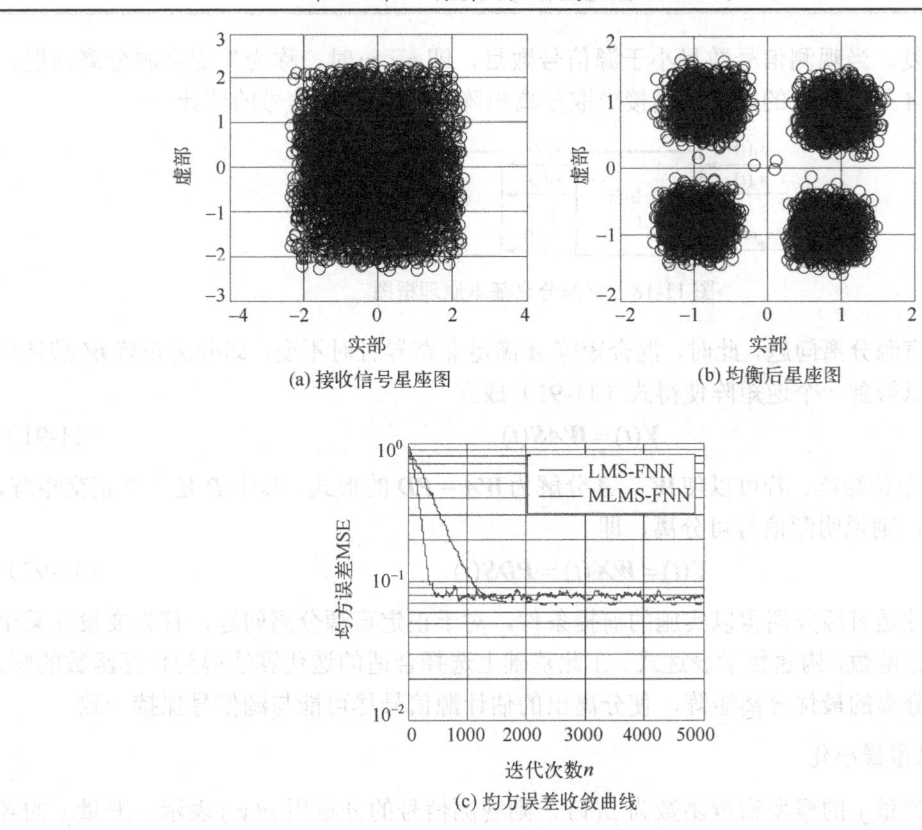

图 11-17　神经网络盲均衡仿真结果

11.2　盲源分离

盲源分离最早来源于“鸡尾酒会”，在源信号和混合信道未知、仅仅有观测信号可用的情况下，恢复出源信号的估计即为盲源分离。盲源分离在语音信号处理、医学信号处理、地震信号处理及故障信号检测等领域得到了广泛应用。根据源信号与混合信道的混合方式，可以将盲源分离分为线性瞬时混合、卷积混合和非线性混合，线性瞬时混合是盲源分离问题研究的基础。

11.2.1　盲源分离基本原理

线性瞬时混合的盲源分离基本原理框图如图 11-18 所示，其中 $\boldsymbol{S}(t)=[s_1(t),s_2(t),\cdots,s_m(t)]^{\mathrm{T}}$ 为 m 个源信号，$\boldsymbol{X}(t)=[x_1(t),x_2(t),\cdots,x_n(t)]^{\mathrm{T}}$ 为 n 个观测信号，$\boldsymbol{A}$ 为未知的 $m\times n$ 维混合矩阵，对应的 $\boldsymbol{W}$ 为 $n\times m$ 维分离矩阵。

对于线性瞬时混合模型，观测信号可以表示为

$$\boldsymbol{X}(t)=\boldsymbol{A}\boldsymbol{S}(t) \tag{11-90}$$

当观测信号数目大于源信号数目，即 $n>m$ 时，称为超定盲源分离问题；当观测信号数目等于源信号数目，即 $n=m$ 时，称为正定盲源分离问题。对于超定和正定盲源分离问题，观测信号可以给出足够的信息来估计混合矩阵 $\boldsymbol{A}$，并利用一定的算法得到分离矩阵 $\boldsymbol{W}$，从而实现

对源信号的恢复。当观测信号数目小于源信号数目，即$n<m$时，称为欠定盲源分离问题，此时混合矩阵$\boldsymbol{A}$是非满秩的，无法直接求取分离矩阵$\boldsymbol{W}$并进行源信号的估计。

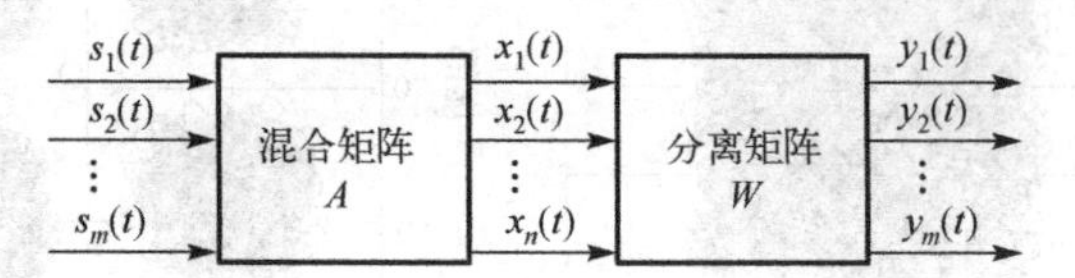

图 11-18 盲源分离基本原理框图

对于正定盲源分离问题，此时，混合矩阵$\boldsymbol{A}$满足非奇异且时不变，即分离矩阵$\boldsymbol{W}$满秩可逆，则一定可以得到一个逆矩阵使得式（11-91）成立

$$\boldsymbol{Y}(t)=\boldsymbol{WAS}(t) \tag{11-91}$$

$\boldsymbol{W}$、$\boldsymbol{A}$趋近于单位矩阵。若可以使$\boldsymbol{W}$、$\boldsymbol{A}$分解为$\boldsymbol{WA}=\boldsymbol{PD}$的形式，其中$\boldsymbol{P}$是一个正交矩阵，$\boldsymbol{D}$是对角矩阵，则说明源信号可分离，即

$$\boldsymbol{Y}(t)=\boldsymbol{WX}(t)=\boldsymbol{PDS}(t) \tag{11-92}$$

源信号的独立性是盲源分离得以实施的前提条件，对于正定盲源分离问题，首先要设立某个随机变量的目标函数，构建数学表达式。在此基础上选择合适的迭代算法得到目标函数的解，最终获得盲源分离的最优分离矩阵，使分离出的估计源信号尽可能与源信号保持一致。

1．互信息量最小化

假设随机变量y的概率密度函数为$p(y)$，则观测信号的分量用$p(y_i)$表示。变量y的各分量间统计独立性$p(y)$与$\prod_{i=1}^{n}p(y_i)$的相对熵为$I(y)$，此式称为互信息量，其数学表达式为

$$I(y)=KL\left[p(y),\prod_{i=1}^{n}p(y_i)\right]=\int p(y)\lg\left[\frac{p(y)}{\prod_{i=1}^{n}p(y_i)}\right]\mathrm{d}y \tag{11-93}$$

可以看出，$I(y)=0$、$p(y)=\prod_{i=1}^{n}p(y_i)$和$y$的各分量统计独立三种表达式等价，因此目标函数$I(y)$最小化就可以降低$y$的分量间的依存性，尽可能使$I(y)=0$时各分量完全独立。

2．信息传输最大化

信息传输最大化（Infomax）代表输出与输入之间的信息冗余量达到最小，目的是使输出分量间相互统计独立。互信息量与负熵的关系为

$$I(y)=J(y)-\sum_{i=1}^{N}J_i(y_i)+\frac{1}{2}\lg\frac{\prod_{i=1}^{N}R_{ii}}{\det(\boldsymbol{R})} \tag{11-94}$$

式中，$\boldsymbol{R}$为输出y的协方差矩阵，R_{ii}为矩阵的对角元素。当y的各分量不相关时，式（11-94）简化为

$$I(y)=J(y)-\sum_{i=1}^{N}J_i(y_i) \tag{11-95}$$

由此可得，互信息量最小化准则等价于信息传输最大化准则，输出分量的负熵$\sum_{i=1}^{N} J_i(y_i)$的目标函数可以表示为

$$\rho(y) = \sum_{i=1}^{N} J_i(y_i) \tag{11-96}$$

3．极大似然估计

极大似然估计（MLE，Maximum Likelihood Estimate）的目标是用观测数据的样本来估计真实的概率密度函数，此估计具有一致性、方差最小和计算简单等优点，但其必要条件是需要输入信号概率密度分布函数的先验知识，所以在利用极大似然估计算法前要获得充足的理论依据。设$\tilde{p}(x)$是观测信号概率密度的估计值，源信号的概率密度函数为$p_{\rm s}(s)$

$$\tilde{p}(x) = \frac{p_{\rm s}(\boldsymbol{A}^{-1}x)}{|\det(\boldsymbol{A})|} \tag{11-97}$$

盲源分离的过程分为两个阶段：信号的混合和信号的分离，起初利用传感器将接收到的源信号与未知信道参数混合，获得观测信号；利用盲分离算法求得混合矩阵$\boldsymbol{A}$的逆矩阵$\boldsymbol{A}^{-1}$，由于受实际情况的影响，可得出分离矩阵$\boldsymbol{W}$近似等于$\boldsymbol{A}^{-1}$，使得$\boldsymbol{WA} \approx \boldsymbol{I}$，以此实现信号的分离工作。极大似然表达式定义为

$$L(\boldsymbol{W}) \approx \frac{1}{T}\sum_{i=1}^{T} \lg p_{\rm s}(\boldsymbol{W}x_i) + \log|\det(\boldsymbol{W})| \tag{11-98}$$

式中，T为观测数据的样本，x_i为观测信号，求得代价函数的极大值即可获得分离矩阵$\boldsymbol{W}$的估计。

4．非高斯性极大

一般采用峭度（四阶累积量）来表示随机变量的非高斯性，表达式如下

$$\text{kurt}(X) = E(X^4) - 3(E(X^2))^2 \tag{11-99}$$

若随机变量满足零均值、单位方差的条件，则式（11-99）可变为

$$\text{kurt}(X) = E(X^4) - 3 \tag{11-100}$$

随机变量的非高斯性随峭度的增大而变强，非高斯性也可以用负熵表示，非高斯性越强，负熵的值越大。非高斯性的强度与分离结果成正比。

5．统计量目标函数

（1）累积量目标函数

$$J(\boldsymbol{Y},\boldsymbol{W}) = \sum_{i}^{N} [\text{Cum}_4(Y_i)]_2 \tag{11-101}$$

式中，$\text{Cum}_4(Y_i)$表示随机变量Y的四阶累积量，可以将$\text{Cum}_4(Y_i)$替换为$|\text{Cum}_4(Y_i)|$，等式成立，表达式为

$$J(\boldsymbol{Y},\boldsymbol{W})=\sum_{i}^{N}[\mathrm{Cum}_4(Y_i)] \tag{11-102}$$

（2）高阶矩目标函数

若 $\varepsilon=\mathrm{sgn}[\mathrm{Cum}_4(S_i)]$ 代表源信号中的任意四阶累积量，则高阶矩的目标函数可表示为

$$J(\boldsymbol{Y},\boldsymbol{W})=\sum_{i}^{N}[Y_i]_4 \tag{11-103}$$

11.2.2 Fast-ICA 算法

独立分量分析是指在统计独立的假设条件下，从观测到的混合信号中分离各个独立成分的过程。常见的 ICA（Independent Component Analysis，独立成分分析）算法有基于极大似然估计的算法、基于峭度的盲分离算法和基于负熵的快速不动点算法，求解问题包含两个方面：一是目标函数的建立，二是优化目标函数。采用基于负熵的快速不动点（Fast-ICA）算法，以负熵最大化作为目标函数最优解，根据独立性与目标函数的偏差估计分离矩阵。

Fast-ICA 算法的目标函数可以表示为

$$J(y_i)\approx[E\{G(y_i)-EG(v)\}^2 \tag{11-104}$$

式中，y_i 是均值为 0、方差为 1 的估计信号；v 是均值为 0、方差为 1 的高斯随机变量；G 是非高斯二次函数，可选的函数如下

$$G_1(y)=\frac{1}{a_1}\log_2\{\cosh(a_1 y)\} \tag{11-105}$$

$$G_2(y)=-\mathrm{e}^{-\frac{y^2}{2}} \tag{11-106}$$

$$G_3(y)=\frac{1}{4}y^4 \tag{11-107}$$

其中，$1\leqslant a_1\leqslant 2$，混合信号是亚高斯和超高斯并存的时候选择 G_1 函数，若是超高斯混合信号则选择 G_2 函数，若是亚高斯混合信号则选择 G_3 函数。

Fast-ICA 算法实现流程如表 11-1 所示，其原理是使负熵最大化，可表示为

$$J_{\mathrm{G}}(\boldsymbol{W})=[E\{G(\boldsymbol{W}^{\mathrm{T}}\boldsymbol{x})-EG(v)\}^2 \tag{11-108}$$

因为 v 是均值为 0、方差为 1 的高斯随机变量，所以经白化处理后，值可近似为零，可省略。通过求取 $E\{G(\boldsymbol{W}^{\mathrm{T}}\boldsymbol{x})\}$ 的极值点来获取负熵的极大值，采用拉格朗日乘子法实现求解，设拉格朗日乘子为 μ

$$J_{\mathrm{G}}(\boldsymbol{W})=E\{G(\boldsymbol{W}^{\mathrm{T}}\boldsymbol{x})\}-\mu(\|\boldsymbol{W}\|^2-1)=E\{G(\boldsymbol{W}^{\mathrm{T}}\boldsymbol{x})\}-\mu(\boldsymbol{W}^{\mathrm{T}}\boldsymbol{W}-1) \tag{11-109}$$

设 g 是函数 G 的导数，对 $\boldsymbol{W}$ 求导，并令其导数为零，可得

$$E\{\boldsymbol{x}g(\boldsymbol{W}^{\mathrm{T}}\boldsymbol{x})\}+\mu\boldsymbol{W}=0 \tag{11-110}$$

对式（11-109）进行雅可比变换，得到雅可比矩阵 $J_{\mathrm{f}}(\boldsymbol{W})$ 为

$$J_{\mathrm{f}}(\boldsymbol{W})=E\{\boldsymbol{x}\boldsymbol{x}^{\mathrm{T}}g'(\boldsymbol{W}^{\mathrm{T}}\boldsymbol{x})\}-\mu\boldsymbol{I} \tag{11-111}$$

因为数据进行预处理，利用 $E\{\boldsymbol{x}\boldsymbol{x}^{\mathrm{T}}\}=\boldsymbol{I}$ 得到

$$E\{\boldsymbol{x}\boldsymbol{x}^{\mathrm{T}}g'(\boldsymbol{W}^{\mathrm{T}}\boldsymbol{x})\}=E[\boldsymbol{x}\boldsymbol{x}^{\mathrm{T}}]E[g'(\boldsymbol{W}^{\mathrm{T}}\boldsymbol{x})]=E[g'(\boldsymbol{W}^{\mathrm{T}}\boldsymbol{x})]\boldsymbol{I} \tag{11-112}$$

计算后近似牛顿迭代算法 $\boldsymbol{W}$ 的迭代公式为

$$\boldsymbol{W}(n+1)=\boldsymbol{W}(n)-\frac{E\{\boldsymbol{x}g(\boldsymbol{W}^{\mathrm{T}}(n)\boldsymbol{x}\}}{E\{g'(\boldsymbol{W}^{\mathrm{T}}(n)\boldsymbol{x})\}-\mu} \tag{11-113}$$

式中，n 为迭代次数；g' 为 g 的导数，得出计算结果

$$g'(y)_1=a_1[1-\tanh^2(a_1y)] \tag{11-114}$$

$$g'(y)_2=(1-y^2)\mathrm{e}^{-\frac{y^2}{2}} \tag{11-115}$$

$$g'(y)_3=3y^2 \tag{11-116}$$

在分离矩阵每次迭代之后，对其做归一化处理

$$\boldsymbol{W}(n+1)=\frac{\boldsymbol{W}(n+1)}{\|\boldsymbol{W}(n+1)\|} \tag{11-117}$$

表 11-1　Fast-ICA 算法实现流程

输入： 混合信号 $\boldsymbol{X}=(x_1,x_2,\cdots,x_n)$。
步骤：
Step 1. 对混合信号 $\boldsymbol{X}$ 预处理，即白化和去均值处理；
Step 2. 初始化：$n=0$，权值向量 $\boldsymbol{w}(0)$；
Step 3. $n=n+1$；
Step 4. 对 $\boldsymbol{w}$ 进行迭代 $$\boldsymbol{w}(n+1)=E\{\boldsymbol{X}g(\boldsymbol{w}^{\mathrm{T}}(n)\}-E\{\boldsymbol{X}g'(\boldsymbol{w}^{\mathrm{T}}(n)\}\boldsymbol{w}(n)$$
Step 5. 归一化处理 $\boldsymbol{w}(n+1)=\dfrac{\boldsymbol{w}(n+1)}{\|\boldsymbol{w}(n+1)\|}$；
Step 6. 判断 $\boldsymbol{w}(n+1)$ 是否满足收敛条件，若不满足，则返回 Step 4 继续迭代；
Step 7. 算法收敛输出独立分量。
输出： $\boldsymbol{Y}=(y_1,y_2,\cdots,y_n)$。

利用四路输入和输出的正定盲源分离对 Fast-ICA 算法进行仿真分析，其中混合矩阵采用 4×4 的随机矩阵模拟。由分离结果可知，Fast-ICA 算法能够很好地恢复出源信号的波形估计，如图 11-19 所示。

目前对于盲源分离问题，仍然在进行研究的内容包括欠定盲源分离、盲源分离不确定性问题等，对于卷积混合盲源分离，可以利用频域变换等手段，将其转换为变换域的线性瞬时混合问题，对于盲源分离问题理论和算法的研究，对推动盲源分离技术的工程应用仍具有一定的意义。

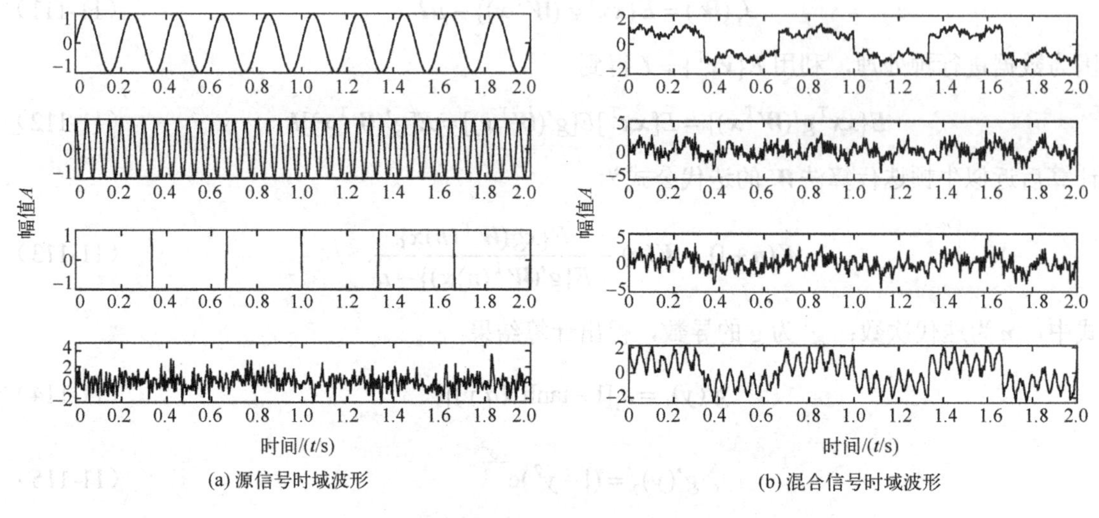

(a) 源信号时域波形 (b) 混合信号时域波形

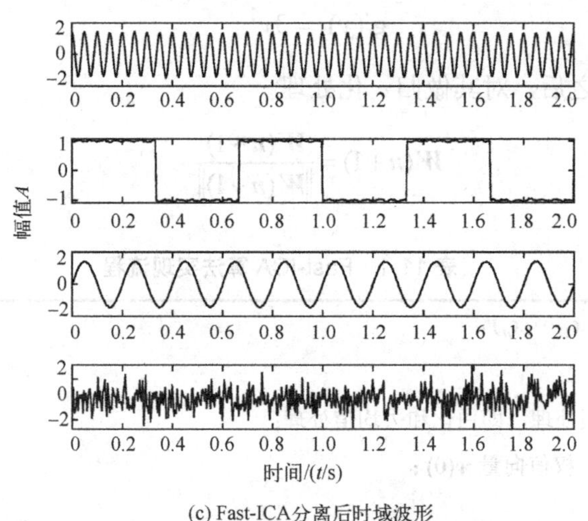

(c) Fast-ICA分离后时域波形

图 11-19 Fast-ICA 仿真分析

11.3 盲系统辨识算法

盲系统辨识是一种仅从系统的输出信号来恢复未知系统信息的基本信号处理方法，这种技术特别适用于未知输入驱动的未知系统。所谓盲，是指系统的输入不可得到，盲辨识的任务就是仅从输出中辨识输入和/或系统函数。盲系统辨识方法较多，本节重点对 AR（Auto-Regressive，自回归）系统的盲辨识算法进行介绍，包括一种基于自相关的 AR 模型的盲辨识算法和一种基于最大峰度准则的非因果 AR 系统辨识算法。

11.3.1 基于自相关的 AR 模型的盲辨识算法

在将时间序列分析方法应用于许多实际问题时，人们总把系统的输入视为白噪声，并且假定系统的阶次已知或事先能够确定。然而，在实际问题中，系统的阶次往往是未知的，而且输入信号是难以观测的。在很多情况下也不允许人为地设计输入信号，即使允许设计输入信号，实际输入信号与预期输入信号也存在差异。因此，人们希望仅仅利用测得的系统输出信号来辨识系统，即系统盲辨识。

1. 自相关函数的定义及其算法

对于各态历经的平稳随机过程 $y(n)$，其自相关函数定义为

$$r_y(m)=\lim_{N\to\infty}\frac{1}{N}\sum_{n=1}^{N}y(n)y(n+m) \tag{11-118}$$

式中，N 为采样的数据点数，m 为系统的延迟。对于有限长度采样的自相关函数估计为

$$\hat{r}_y(m)=\frac{1}{N}\sum_{n=1}^{N}y(n)y(n+m) \tag{11-119}$$

由 $y(n)$ 的 N 个数据 $y_N(1),y_N(2),\cdots,y_N(N)$ 估计自相关函数的估计式有两个，即有偏估计和无偏估计。有偏估计为

$$\hat{r}_y(m)=\frac{1}{N}\sum_{n=1}^{N-|m|}y(n)y(n+m) \tag{11-120}$$

无偏估计为

$$\hat{r}_y(m)=\frac{1}{N-|m|}\sum_{n=1}^{N-|m|}y(n)y(n+m) \tag{11-121}$$

由于自相关函数是偶函数，即 $r_y(-m)=r_y(m)$，因此只要求 $m>0$ 部分即可。以下采用无偏估计方式。

2. 基于自相关的 AR 模型的盲辨识

其基本思路是根据预测误差构造系统的代价函数，利用代价函数确定模型的阶次，同时自适应估计其对应的模型参数。

对于一个平稳、均值为零的时间序列 $\{x(n)\}$，$n=1,2,\cdots,N$，其 AR 模型可表示为

$$\sum_{k=0}^{p}a(k)x(n-k)=u(n) \tag{11-122}$$

$$y(n)=x(n)+v(n) \tag{11-123}$$

式中，$x(n)$ 为时间序列 $\{x(n)\}$ 在 n 时刻的元素；$a(k)$（$k=0,1,\cdots,p$）称为自回归系数，$a(0)=1$；p 为 AR 模型的阶次；$u(n)$ 是平稳的、零均值的独立同分布信号，满足 $E[u^2(n)]=\sigma_u^2\neq 0$，$E[u^3(n)]=\sigma_u^3\neq 0$，$\sigma_u^2$ 为输入信号的方差；$v(n)$ 是与 $x(n)$ 相互独立的零均值高斯噪声。$y(n)$ 的自相关函数满足

$$\sum_{i=0}^{p}a(i)r_y(m-i)=0,\quad m>0,\quad a(0)=1 \tag{11-124}$$

设 AR 模型参数的估计值为 $\hat{a}(i)$，$i=1,2,\cdots,\hat{p}$，$\hat{p}$ 为 AR 模型的估计阶次，$r_y(m)$ 的估计为 $\hat{r}_y(m)$，并假设模型预期的最大阶数为 L，当 $m=L,L+1,\cdots,N$ 时，将上式表示成矩阵形式

$$\begin{bmatrix} \hat{r}_y(L) \\ \hat{r}_y(L+1) \\ \vdots \\ \hat{r}_y(N) \end{bmatrix} = \begin{bmatrix} \hat{r}_y(L-1) & \hat{r}_y(L-2) & \cdots & \hat{r}_y(L-\hat{p}) \\ \hat{r}_y((L+1)-1) & \hat{r}_y((L+1)-2) & \cdots & \hat{r}_y((L+1)-\hat{p}) \\ & \vdots & & \\ \hat{r}_y(N-1) & \hat{r}_y(N-2) & \cdots & \hat{r}_y(N-\hat{p}) \end{bmatrix} \cdot \begin{bmatrix} -\hat{a}(1) \\ -\hat{a}(2) \\ \vdots \\ -\hat{a}(\hat{p}) \end{bmatrix} \tag{11-125}$$

令

$$\hat{\boldsymbol{\theta}}(\hat{p}) = [-\hat{a}(1), -\hat{a}(2), \cdots, -\hat{a}(\hat{p})]^{\mathrm{T}} \tag{11-126}$$

$$\boldsymbol{Q} = [\hat{r}_y(L), \hat{r}_y(L+1), \cdots, \hat{r}_y(N)]^{\mathrm{T}} \tag{11-127}$$

$$\boldsymbol{R}_y(\hat{p}) = \begin{bmatrix} \hat{r}_y(L-1) & \hat{r}_y(L-2) & \cdots & \hat{r}_y(L-\hat{p}) \\ \hat{r}_y((L+1)-1) & \hat{r}_y((L+1)-2) & \cdots & \hat{r}_y((L+1)-\hat{p}) \\ & \vdots & & \\ \hat{r}_y(N-1) & \hat{r}_y(N-2) & \cdots & \hat{r}_y(N-\hat{p}) \end{bmatrix} \tag{11-128}$$

则式（11-125）可写为

$$\boldsymbol{R}_y(\hat{p})\hat{\boldsymbol{\theta}}(\hat{p}) = \boldsymbol{Q} \tag{11-129}$$

定义误差向量为

$$\boldsymbol{e} = \boldsymbol{R}_y(\hat{p})\hat{\boldsymbol{\theta}}(\hat{p}) - \boldsymbol{Q} \tag{11-130}$$

令代价函数为

$$J(\hat{p}) = \|\boldsymbol{e}\|^2 = [\boldsymbol{R}_y(\hat{p})\hat{\boldsymbol{\theta}}(\hat{p}) - \boldsymbol{Q}]^{\mathrm{T}}[\boldsymbol{R}_y(\hat{p})\hat{\boldsymbol{\theta}}(\hat{p}) - \boldsymbol{Q}] \tag{11-131}$$

可求得其梯度 $\Delta J = \dfrac{\partial J}{\partial \hat{\theta}}$，令其等于零，得到

$$\hat{\boldsymbol{\theta}}(\hat{p}) = [\boldsymbol{R}_y^{\mathrm{T}}(\hat{p})\boldsymbol{R}_y(\hat{p})]^{-1}[\boldsymbol{R}_y^{\mathrm{T}}(\hat{p})\boldsymbol{Q}] \tag{11-132}$$

对于式（11-129），得到一组新观测数据后构成新观测方程

$$\boldsymbol{R}_y(\hat{p}+1)\hat{\boldsymbol{\theta}}(\hat{p}+1) = \boldsymbol{Q} \tag{11-133}$$

得新解

$$\hat{\boldsymbol{\theta}}(\hat{p}+1) = [\boldsymbol{R}_y^{\mathrm{T}}(\hat{p}+1)\boldsymbol{R}_y(\hat{p}+1)]^{-1}[\boldsymbol{R}_y^{\mathrm{T}}(\hat{p}+1)\boldsymbol{Q}] \tag{11-134}$$

其中

$$\boldsymbol{R}_y(\hat{p}+1) = [\boldsymbol{R}_y(\hat{p}) \mid \boldsymbol{U}(\hat{p}+1)] \tag{11-135}$$

$$\boldsymbol{U}(\hat{p}+1) = [\hat{r}_y(L-(\hat{p}+1)) \;\; \hat{r}_y(L+1-(\hat{p}+1)) \;\; \cdots \;\; \hat{r}_y(N-(\hat{p}+1))]^{\mathrm{T}} \tag{11-136}$$

令 $\boldsymbol{P}(\hat{p}) = [\boldsymbol{R}_y^{\mathrm{T}}(\hat{p})\boldsymbol{R}_y(\hat{p})]^{-1}$，则

$$\boldsymbol{P}(\hat{p}+1) = \boldsymbol{P}(\hat{p})$$

$$+\left[\frac{\boldsymbol{P}(\hat{p})\boldsymbol{R}_y^{\mathrm{T}}(\hat{p})\boldsymbol{U}(\hat{p}+1)\boldsymbol{U}^{\mathrm{T}}(\hat{p}+1)\boldsymbol{R}_y(\hat{p})\boldsymbol{P}(\hat{p})}{\boldsymbol{U}^{\mathrm{T}}(\hat{p}+1)\boldsymbol{V}(\hat{p})\boldsymbol{U}(\hat{p}+1)}\cdot\frac{\boldsymbol{U}^{\mathrm{T}}(\hat{p}+1)\boldsymbol{R}_y(\hat{p})\boldsymbol{P}(\hat{p})}{\boldsymbol{U}^{\mathrm{T}}(\hat{p}+1)\boldsymbol{V}(\hat{p})\boldsymbol{U}(\hat{p}+1)}\right. \tag{11-137}$$
$$\left.-\frac{\boldsymbol{P}(\hat{p})\boldsymbol{R}_y^{\mathrm{T}}(\hat{p})\boldsymbol{U}(\hat{p}+1)}{\boldsymbol{U}^{\mathrm{T}}(\hat{p}+1)\boldsymbol{V}(\hat{p})\boldsymbol{U}(\hat{p}+1)}\cdot\frac{1}{\boldsymbol{U}^{\mathrm{T}}(\hat{p}+1)\boldsymbol{V}(\hat{p})\boldsymbol{U}(\hat{p}+1)}\right]$$

其中，$\boldsymbol{V}(\hat{p})=\boldsymbol{I}-\boldsymbol{R}_y(\hat{p})\boldsymbol{P}(\hat{p})\boldsymbol{R}_y^{\mathrm{T}}(\hat{p})$。对于 $\hat{\boldsymbol{\theta}}(\hat{p}+1)$ 的求解，由式（11-134），并考虑式（11-132）、式（11-135）、式（11-137）及 $\boldsymbol{P}(\hat{p})$ 的设定，得

$$\hat{\boldsymbol{\theta}}(\hat{p}+1) =\left[\hat{\boldsymbol{\theta}}(\hat{p})-\frac{\boldsymbol{P}(\hat{p})\boldsymbol{R}_y^{\mathrm{T}}(\hat{p})\boldsymbol{U}(\hat{p}+1)\boldsymbol{U}^{\mathrm{T}}(\hat{p}+1)\boldsymbol{V}(\hat{p})\boldsymbol{Q}}{\boldsymbol{U}^{\mathrm{T}}(\hat{p}+1)\boldsymbol{V}(\hat{p})\boldsymbol{U}(\hat{p}+1)}\cdot\frac{\boldsymbol{U}^{\mathrm{T}}(\hat{p}+1)\boldsymbol{V}(\hat{p})\boldsymbol{Q}}{\boldsymbol{U}^{\mathrm{T}}(\hat{p}+1)\boldsymbol{V}(\hat{p})\boldsymbol{U}(\hat{p}+1)}\right] \tag{11-138}$$

此时的代价函数为

$$\begin{aligned}J(\hat{p}+1)&=[\boldsymbol{R}_y(\hat{p}+1)\hat{\boldsymbol{\theta}}(\hat{p}+1)-\boldsymbol{Q}]^{\mathrm{T}}[\boldsymbol{R}_y(\hat{p}+1)\hat{\boldsymbol{\theta}}(\hat{p}+1)-\boldsymbol{Q}]\\&=J(\hat{p})-\frac{\boldsymbol{Q}^{\mathrm{T}}\boldsymbol{V}(\hat{p})\boldsymbol{U}(\hat{p}+1)\boldsymbol{U}^{\mathrm{T}}(\hat{p}+1)\boldsymbol{V}(\hat{p})\boldsymbol{Q}}{\boldsymbol{U}^{\mathrm{T}}(\hat{p}+1)\boldsymbol{V}(\hat{p})\boldsymbol{U}(\hat{p}+1)}\end{aligned} \tag{11-139}$$

令

$$\mathrm{den}=\boldsymbol{U}^{\mathrm{T}}(\hat{p}+1)\boldsymbol{V}(\hat{p})\boldsymbol{U}(\hat{p}+1) \tag{11-140}$$

$$\mathrm{num}=\boldsymbol{U}^{\mathrm{T}}(\hat{p}+1)\boldsymbol{V}(\hat{p})\boldsymbol{Q} \tag{11-141}$$

$$\boldsymbol{D}(\hat{p})=\boldsymbol{P}(\hat{p})\boldsymbol{R}_y^{\mathrm{T}}(\hat{p})\boldsymbol{U}(\hat{p}+1) \tag{11-142}$$

$$\boldsymbol{H}(\hat{p})=\boldsymbol{U}^{\mathrm{T}}(\hat{p}+1)\boldsymbol{R}_y(\hat{p})\boldsymbol{P}(\hat{p}) \tag{11-143}$$

$$S=\boldsymbol{Q}^{\mathrm{T}}\boldsymbol{V}(\hat{p})\boldsymbol{U}(\hat{p}+1) \tag{11-144}$$

其中 $\boldsymbol{D}(\hat{p})$ 为 $\hat{p}\times 1$ 维列向量，$\boldsymbol{H}(\hat{p})$ 为 $1\times\hat{p}$ 维行向量，den、num、S 为标量。这样，AR 模型的递推盲辨识式为

$$\boldsymbol{P}(\hat{p}+1)=\begin{bmatrix}\boldsymbol{P}(\hat{p})+\dfrac{\boldsymbol{D}(\hat{p})\boldsymbol{H}(\hat{p})}{\mathrm{den}} & -\dfrac{\boldsymbol{D}(\hat{p})}{\mathrm{den}}\\ -\dfrac{\boldsymbol{H}(\hat{p})}{\mathrm{den}} & \dfrac{1}{\mathrm{den}}\end{bmatrix} \tag{11-145}$$

$$\hat{\boldsymbol{\theta}}(\hat{p}+1)=\begin{bmatrix}\hat{\boldsymbol{\theta}}(\hat{p})-\dfrac{\boldsymbol{D}(\hat{p})\mathrm{num}}{\mathrm{den}}\\ \dfrac{\mathrm{num}}{\mathrm{den}}\end{bmatrix} \tag{11-146}$$

$$J(\hat{p}+1)=J(\hat{p})-\frac{S\times\mathrm{num}}{\mathrm{den}} \tag{11-147}$$

由上可知，新估计是在老估计的基础上修正得到的，利用代价函数可确定 AR 模型的阶次。

以下为基于自相关的 AR 模型盲辨识的仿真算例。设非最小相位 AR(2, 1)模型为：$y(n)-$

$1.5y(n-1)+0.8y(n-2)=v(n)$，其极点为 0.75±j0.4873。假设系统的输入信号 $\{M(n)\}$ 是独立指数分布的随机信号，其均值为 0，方差为 1。输出端包含均值为零、方差为 1 的白噪声，信噪比为 85dB，采样点数为 N=1024。设仿真中模型的上限为 6，实验条件是 20 次 Monte2Carlo 运行。基于递推盲辨识法的代价函数如图 11-20 所示，模型参数和辨识结果如表 11-2 所示。由图 11-20 可知，开始时，代价函数随迭代次数的增加而迅速减小，当迭代到实际的阶次时，随着模型阶次的增大，代价函数不再减小，几乎维持在同一水平线上。它的收敛性很好，对应其代价函数曲线的转折点上的迭代次数即为模型的阶次，此时的估计参数即为系统的估计参数。

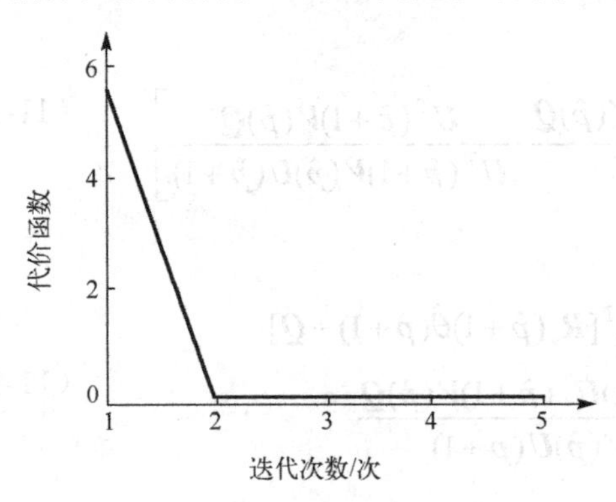

图 11-20　基于递推盲辨识法的代价函数

表 11-2　模型参数和辨识结果

	$a(1)$	$a(2)$
模型真值	−1.5	0.8
辨识结果	−1.5051	0.8021

11.3.2　基于最大峰度准则的非因果 AR 系统辨识算法

基于高阶统计量的系统辨识方法受到了高度的重视。同基于相关函数的传统辨识方法相比较，高阶统计量的优点在于：可保留系统的相位信息，从而有效地辨识非最小相位、非因果系统；可以抑制加性有色噪声的影响，提高算法的鲁棒性。在各种高阶统计量中，四阶统计量因计算相对简单，可以处理对称分布信号而受到特别关注。

1. 算法描述

设有一未知的线性时不变系统 H_c，其输入序列 $\{x(n)\}$ 也未知，我们只观测到其输出序列 $\{u(n)\}$，$n=0,1,\cdots,N-1$，其中 N 为此两序列的长度。系统模型为

$$u(n)=x(n)*h_c(n)+v(n) \tag{11-148}$$

其中 $\{v(n)\}$ 是测量噪声，$h_c(n)$ 是未知的线性时不变系统 H_c 的单位脉冲响应。对这个模型中的信号特性做如下假设。

（1）线性时不变系统 H_c 是稳定的，但它不一定是最小相位的，也不一定是因果的，它存在一个稳定的逆系统。

（2）$\{x(n)\}$ 是平稳的零均值非高斯实信号，而且是一个独立同分布信号，它的 m 阶累积量 γ_m 存在，$m \geqslant 3$。加性噪声 $\{v(n)\}$ 服从高斯分布，其统计特性未知，且与输入信号 $\{x(n)\}$ 相独立。

设对 H_c 逆系统的估计为 H_e，则 H_e 的输出 $\{y(n)\}$ 为

$$y(n)=u(n)*h_e(n)=x(n)*h_\Sigma(n)+v'(n) \tag{11-149}$$

其中 $v'(n)=v(n)*h_e(n)$ 仍为一高斯噪声，$h_\Sigma(n)$ 是由下式给出的稳定的滤波器

$$h_\Sigma(n)=h_c(n)*h_e(n) \tag{11-150}$$

与通常的峰度定义不同，定义信号$u(t)$规范化的峰度K_{2u}^4为

$$K_{2u}^4=c_{4u}(0,0,0)/[c_{2u}(0)]^2=\gamma_{4u}/[\sigma_u^2]^2 \tag{11-151}$$

把式（11-151）定义的峰度值作为准则函数，这使它更适用于实际应用环境定义的准则函数

$$J(h_e(n))=\left|K_{2y}^4\right|=\left|\gamma_{4y}/(\sigma_y^2)^2\right| \tag{11-152}$$

需要说明的是，这个准则函数实际上是 Chi & Wu 提出的一大类准则函数中的一个特例，他们提出的准则函数为

$$J_{l+s,2s}(h_e(n))=\left|\gamma_{l+s,y}\right|^{2s}/\left|\gamma_{2s,y}\right|^{l+s} \tag{11-153}$$

其中$l>s\geqslant 1$。显然，式（11-152）、式（11-153）是在$l=3$、$s=1$时的特例。已有文献证明了基于式（11-152）中这条准则的有效性，下证该准则的全局收敛性和收敛速度。对于非因果 AR 系统，其滤波器是一个因果 MA 系统和一个反因果 MA 系统的级联。设这两个系统分别为$\omega(i)$和$\bar{\omega}(i)$。针对上面的准则函数，可以利用梯度算法，得到$\omega(i)$和$\bar{\omega}(i)$的自学习算法为

$$\Delta\omega(i)\propto\frac{E\{y^3(t)u(t-i)\}}{E\{y^4(t)\}}-\frac{E\{y(t)u(t-i)\}}{E\{y^2(t)\}} \tag{11-154}$$

$$\Delta\bar{\omega}(i)\propto\frac{E\{y^3(t)u(t+i)\}}{E\{y^4(t)\}}-\frac{E\{y(t)u(t+i)\}}{E\{y^2(t)\}} \tag{11-155}$$

式中的数学期望在实际应用中都用相应的均值估计代替，当K_{2u}^4为正时，$u(t)$为所谓的超值，保证K_{2y}^4不断向正的方向增大；当K_{2u}^4为负时，$u(t)$为亚高斯（Sab-Gavsaian）信号，a取负值，K_{2y}^4不断减小，$\left|K_{2y}^4\right|$增大。

2．算法的全局收敛性

上面的非线性优化方法所涉及的一个问题是：算法收敛到的是全局极值点还是局部极值点。下面的定理表明算法必然收敛到全局极值点。

定理：式（11-154）、式（11-155）的算法的收敛点是全局极值点。

证明：根据输入和输出之间高阶累积量的关系，可以把准则函数改写为

$$J(h_e(n))=\left|K_{2x}^4\right|\sum h_\Sigma^4(n)/[h_\Sigma^2(n)]^2 \tag{11-156}$$

去掉其中与输入有关的常数，可以把目标函数进一步简化为

$$J(h_\Sigma(n))=\sum h_\Sigma^4(n)/[h_\Sigma^2(n)]^2 \tag{11-157}$$

由式（11-157），得到下列驻点方程

$$\frac{\partial J}{\partial h_\Sigma(j)}=\frac{4h_\Sigma(i)\sum h_\Sigma^2(j)\left[h_\Sigma^2(j)\sum h_\Sigma^2(j)-\sum h_\Sigma^4(j)\right]}{\left[\sum h_\Sigma^2(i)\right]^4}=0 \tag{11-158}$$

由式（11-158），驻点为$h_\Sigma(j)=0$或$h_\Sigma^2(j)=c$，其中$c=\sum h_\Sigma^4(i)/\sum h_\Sigma^2(i)$为一常数。为了便于

叙述，定义由驻点$h_{\Sigma}^{M}(j)$组成的集合为$\boldsymbol{H}_{\Sigma}^{M}$（$M=1,2,\cdots$），即

$$\{\boldsymbol{H}_{\Sigma}^{M}=\boldsymbol{h}_{\Sigma}^{M}\text{：}h_{\Sigma}^{M}(j)\text{符合式 (11-148)，且}\boldsymbol{h}_{\Sigma}^{M}\text{中有}M\text{个非零元素}\} \tag{11-159}$$

由准则有效性的证明可以知道$\boldsymbol{h}_{\Sigma}^{1}$是由不稳定平衡点（鞍点）组合的集合，下面证明$\boldsymbol{H}_{\Sigma}^{M}$（$M\geqslant 2$）是由不稳定平衡点（鞍点）组成的集合，即利用本算法不会收敛到局部极值。

假定$\hat{\boldsymbol{h}}_{\Sigma}\in\boldsymbol{H}_{\Sigma}^{M}$为

$$\left|\hat{h}_{\Sigma}(j)\right|^{2}=\begin{cases}c, & j\in\boldsymbol{I}_{M}\\0, & j\in\boldsymbol{I}_{M}\end{cases} \tag{11-160}$$

其中$\boldsymbol{I}_{M}=(k_{1},\cdots,k_{M})$是一个由$M$个不重复正整数组成的集合，构造一个向量$\widehat{\boldsymbol{h}}_{\Sigma}$

$$\left|\widehat{h}_{\Sigma}(j)\right|^{2}=\begin{cases}c, & j\in(k_{1},\cdots,k_{M-2})\\c-\varepsilon, & j=k_{M-1}\\c+\varepsilon, & j=k_{M}\\0, & \text{其他}\end{cases}\qquad 0<\varepsilon<c \tag{11-161}$$

它的准则函数为

$$J(\widehat{\boldsymbol{h}}_{\Sigma})=\frac{\sum\widehat{h}_{\Sigma}^{4}(i)}{\left[\sum\widehat{h}_{\Sigma}^{2}(i)\right]^{2}}=\frac{(M-2)c^{2}+(c-\varepsilon)^{2}+(c+\varepsilon)^{2}}{(Mc)^{2}}\geqslant\frac{Mc^{2}}{(Mc)^{2}}=J(\hat{\boldsymbol{h}}_{\Sigma}) \tag{11-162}$$

只要$\varepsilon>0$，上面的不等式就严格成立，也就是说，在$\hat{\boldsymbol{h}}_{\Sigma}$的任何小的邻域里，总存在$\widehat{\boldsymbol{h}}_{\Sigma}$使得$J(\widehat{\boldsymbol{h}}_{\Sigma})>J(\hat{\boldsymbol{h}}_{\Sigma})$，所以$\hat{\boldsymbol{h}}_{\Sigma}\in\boldsymbol{H}_{\Sigma}^{M}$不可能是局部极大值，下面证明它不是局部极小值。

设$\boldsymbol{k}_{M+1}\notin\boldsymbol{I}_{M}$，构成如下的一个向量$\breve{\boldsymbol{h}}_{\Sigma}$

$$\left|\breve{h}_{\Sigma}(j)\right|^{2}=\begin{cases}c, & j\in(k_{1},\cdots,k_{M-1})\\c-\varepsilon, & j=k_{M}\\\varepsilon, & j=k_{M+1}\\0, & \text{其他}\end{cases}\qquad 0<\varepsilon<c \tag{11-163}$$

它的准则函数为

$$\begin{aligned}J(\breve{\boldsymbol{h}}_{\Sigma})&=\frac{(M-1)c^{2}+(c-\varepsilon)^{2}+\varepsilon^{2}}{(Mc)^{2}}\\&\leqslant\frac{(M-1)c^{2}+[(c-\varepsilon)^{2}+\varepsilon^{2}]}{(Mc)^{2}}=J(\hat{\boldsymbol{h}}_{\Sigma})\end{aligned} \tag{11-164}$$

因为$c>\varepsilon>0$，上面的不等式严格成立，所以$\hat{\boldsymbol{h}}_{\Sigma}\in\boldsymbol{H}_{\Sigma}^{M}$不可能是局部极小值。

综上所述，$\hat{\boldsymbol{h}}_{\Sigma}\in\boldsymbol{H}_{\Sigma}^{M}$，$M\geqslant 2$是准则函数的不稳定平衡点，因此按照式（11-154），式（11-155）的梯度寻优算法收敛到的必然是全局极值点。证毕。

上述定理表明，本算法对任何初始值都不会收敛到不希望的局部极值点。

3．算法的收敛速度

下面考虑算法的收敛速度，不失一般性，假设平衡点为$\hat{h}_{\Sigma}(i)=\delta(\tau)$，$h_{\Sigma}(i)$为偏离平衡点

的一个迭代值

$$h_{\Sigma}(i)=\begin{cases}1-\varepsilon_0, & i=0\\ \varepsilon_i, & i\neq 0\end{cases} \tag{11-165}$$

定义 $\varepsilon=\left\|\boldsymbol{h}_{\Sigma}-\hat{\boldsymbol{h}}_{\Sigma}\right\|^2=\sum_{i}\varepsilon_i^{\ 2}$，则有

$$\begin{aligned}J(\boldsymbol{h}_{\Sigma})-J(\hat{\boldsymbol{h}}_{\Sigma})&=\frac{\sum_i h_{\Sigma}^4(i)}{\left|\sum_i h_{\Sigma}^2(i)\right|^2}-1=\frac{\sum_{i\neq 0}\varepsilon_i^4+(1-\varepsilon_0)^4}{\left|\sum_{i\neq 0}\varepsilon_i^2+(1-\varepsilon_0)^2\right|^2}-1\\ &\approx(1-4\varepsilon_0)/\left|1-\varepsilon+2\varepsilon_0\right|^2-1\approx(1-4\varepsilon_0)/\left|1+\varepsilon-2\varepsilon_0\right|^2-1\approx 2\varepsilon\end{aligned} \tag{11-166}$$

由式（11-165）和式（11-166），得到

$$J(\boldsymbol{h}_{\Sigma})-J(\hat{\boldsymbol{h}}_{\Sigma})\propto\left\|\boldsymbol{h}_{\Sigma}-\hat{\boldsymbol{h}}_{\Sigma}\right\|^2 \tag{11-167}$$

可见在全局极值点附近，准则函数是以平方速度变化的，因此上面的基于梯度法寻优的学习方法在平衡点附近将线性收敛。

以下为基于最大峰度准则的非因果 AR 模型盲辨识的仿真算例。实验中，输入信号的长度为 3000，学习常数开始时为 0.5，在学习过程中逐渐减小至 0.1。非因果 AR 模型为 $H(z)=1/[(1+0.8z^{-1}+0.5z^{-2}+0.3z^{-3})(1+0.7z+0.2z^2)]$，它的极点坐标为 $-0.0506\pm \mathrm{j}0.6532$、$-0.6988$、$-1.7500\pm \mathrm{j}1.3919$，信噪比 SNR 为 10dB，辨识时因果 MA 部分和反因果 MA 部分均取 5，分别比实际模型高两阶和三阶。模型参数和辨识结果如表 11-2 和表 11-3 所示。图 11-21 所示为最后一次实验中估计值的变化过程。由图 11-21 可以看到，在经过大约 18 次学习后，AR 参数的估计就收敛到真实值。

表 11-2　模型参数和辨识结果 1

	$a(1)$	$a(2)$	$a(3)$	$a(4)$	$a(5)$
真实值	0.8	0.5	0.2	0	0
均值	0.7700	0.4524	0.2375	0.0296	0.0041
标准差	0.0654	0.0759	0.0741	0.0492	0.0322

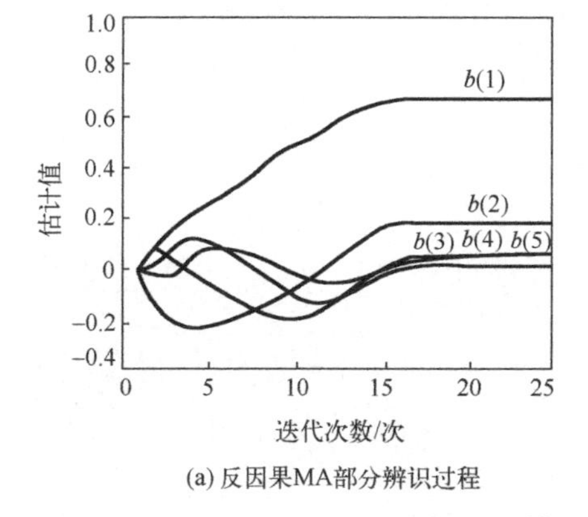

(a) 反因果MA部分辨识过程

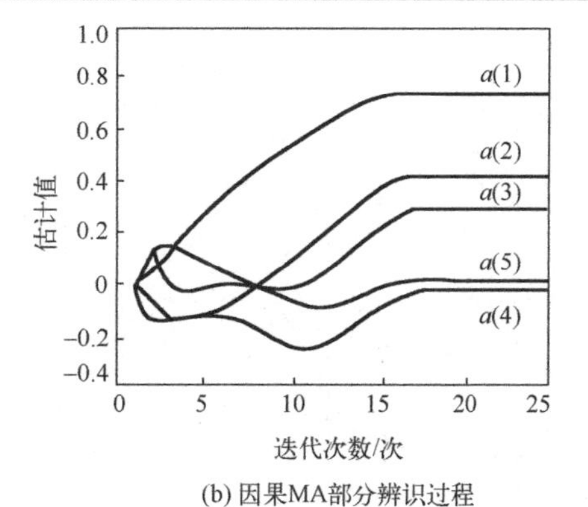

(b) 因果MA部分辨识过程

图 11-21　模型参数的辨识结果

表 11-3 模型参数和辨识结果 2

	$b(1)$	$b(2)$	$b(3)$	$b(4)$	$b(5)$
真实值	0.7	0.2	0.2	0	0
均值	0.6738	0.2015	0.0261	0.0215	0.0019
标准差	0.0812	0.0677	0.0485	0.0419	0.0337

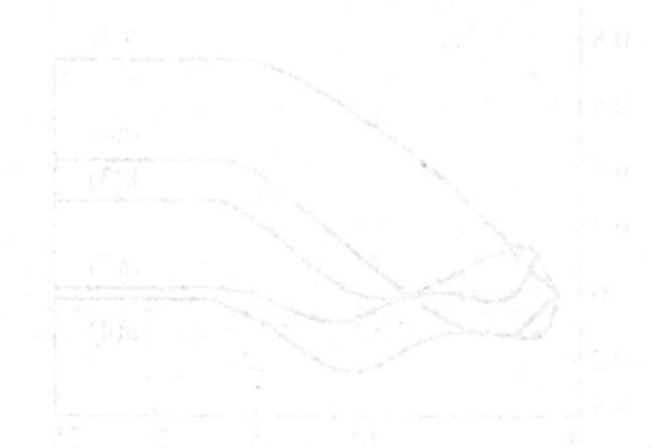

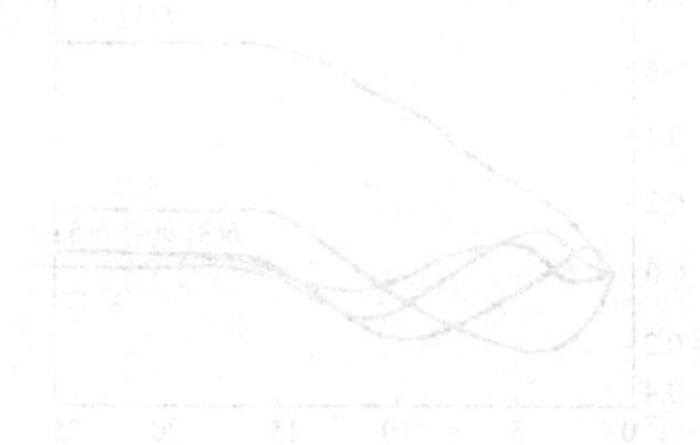

附录 A　矩阵和向量

A.1　矩　　阵

1．矩阵的逆。若 $\boldsymbol{A}$ 和 $\boldsymbol{B}$ 为方阵，且

$$\boldsymbol{AB} = \boldsymbol{BA} = \boldsymbol{I} \tag{A-1}$$

则称 $\boldsymbol{B}$ 为 $\boldsymbol{A}$ 的逆，并记为 $\boldsymbol{B} = \boldsymbol{A}^{-1}$。显然有 $\boldsymbol{A} = \boldsymbol{B}^{-1}$，进而可有

$$(\boldsymbol{AB})^{-1} = \boldsymbol{B}^{-1}\boldsymbol{A}^{-1} \tag{A-2}$$

2．矩阵的转置。m 行 n 列矩阵 $\boldsymbol{A}$，将其行与列交换所得的 n 行 m 列矩阵，称为 $\boldsymbol{A}$ 的转置矩阵，并记为 $\boldsymbol{A}^{\mathrm{T}}$。显然有 $(\boldsymbol{A}^{\mathrm{T}})^{\mathrm{T}} = \boldsymbol{A}$，进而可有

$$(\boldsymbol{AB})^{\mathrm{T}} = \boldsymbol{B}^{\mathrm{T}}\boldsymbol{A}^{\mathrm{T}} \tag{A-3}$$

3．对称矩阵。若方阵 $\boldsymbol{A}$ 满足条件

$$\boldsymbol{A}^{\mathrm{T}} = \boldsymbol{A} \tag{A-4}$$

则称 $\boldsymbol{A}$ 为对称矩阵。

4．正交矩阵。若方阵 $\boldsymbol{A}$ 满足条件

$$\boldsymbol{AA}^{\mathrm{T}} = \boldsymbol{A}^{\mathrm{T}}\boldsymbol{A} = \boldsymbol{I} \tag{A-5}$$

则称 $\boldsymbol{A}$ 为正交矩阵。显然，正交矩阵满足 $\boldsymbol{A}^{\mathrm{T}} = \boldsymbol{A}^{-1}$。

5．矩阵的迹。方阵 $\boldsymbol{A}$ 对角线元素的和称为 $\boldsymbol{A}$ 的迹，并记为 $\mathrm{tr}[\boldsymbol{A}]$。关于矩阵的迹，有如下关系式成立

$$\mathrm{tr}[\boldsymbol{A}+\boldsymbol{B}] = \mathrm{tr}[\boldsymbol{A}] + \mathrm{tr}[\boldsymbol{B}] \tag{A-6}$$

$$\mathrm{tr}[\boldsymbol{ABC}] = \mathrm{tr}[\boldsymbol{BCA}] + \mathrm{tr}[\boldsymbol{CAB}] \tag{A-7}$$

6．矩阵求逆引理。若 $\boldsymbol{A}$、$\boldsymbol{C}$ 及 $\boldsymbol{A}+\boldsymbol{BCD}$ 是满秩方阵，则有

$$(\boldsymbol{A}+\boldsymbol{BCD})^{-1} = \boldsymbol{A}^{-1} - \boldsymbol{A}^{-1}\boldsymbol{B}(\boldsymbol{C}^{-1}+\boldsymbol{DA}^{-1}\boldsymbol{B})^{-1}\boldsymbol{DA}^{-1} \tag{A-8}$$

A.2　向　　量

1．向量的内积。两个 n 维实向量

$$\boldsymbol{x} = [x_1, x_2, \cdots, x_n]^{\mathrm{T}},\quad \boldsymbol{y} = [y_1, y_2, \cdots, y_n]^{\mathrm{T}} \tag{A-9}$$

的内积定义为

$$\langle \boldsymbol{x}, \boldsymbol{y} \rangle = \sum_{i=1}^{n} x_i y_i = \boldsymbol{x}^{\mathrm{T}}\boldsymbol{y} = \boldsymbol{y}^{\mathrm{T}}\boldsymbol{x} \tag{A-10}$$

若两个向量的内积为零，则称它们相互正交。向量内积满足如下规则

$$
\begin{aligned}
&\langle \boldsymbol{x},\boldsymbol{x}\rangle \geqslant 0,\ \text{当且仅当}\boldsymbol{x}=\boldsymbol{0}\text{时},\langle \boldsymbol{x},\boldsymbol{x}\rangle = 0\\
&\langle \boldsymbol{x},\boldsymbol{y}\rangle = \langle \boldsymbol{y},\boldsymbol{x}\rangle\\
&\langle \alpha\boldsymbol{x},\boldsymbol{y}\rangle = \alpha\langle \boldsymbol{x},\boldsymbol{y}\rangle\\
&\langle \boldsymbol{x}+\boldsymbol{y},\boldsymbol{z}\rangle = \langle \boldsymbol{x},\boldsymbol{z}\rangle + \langle \boldsymbol{y},\boldsymbol{z}\rangle
\end{aligned} \tag{A-11}
$$

其中，$\boldsymbol{z}$ 为 n 维实向量，α 为任一纯量。

2．线性相关。若对 m 个向量 $\boldsymbol{x}_1,\boldsymbol{x}_2,\cdots,\boldsymbol{x}_m$ 存在不全为零的 $k_1,k_2,\cdots,k_m$，使得

$$
k_1\boldsymbol{x}_1 + k_2\boldsymbol{x}_2 + \cdots + k_m\boldsymbol{x}_m = \boldsymbol{0} \tag{A-12}
$$

则称 $\boldsymbol{x}_1,\boldsymbol{x}_2,\cdots,\boldsymbol{x}_m$ 线性相关。否则，若只当 $k_1,k_2,\cdots,k_m$ 全为零时式（A-12）才成立，则称这些向量线性不相关。

3．向量的长度。向量 $\boldsymbol{x}=[x_1,x_2,\cdots,x_n]^{\mathrm{T}}$ 的长度 $\|\boldsymbol{x}\|$ 定义为

$$
\|\boldsymbol{x}\| = \sqrt{\langle \boldsymbol{x},\boldsymbol{x}\rangle} = \sqrt{\sum_{i=1}^{n} x_i^2} \tag{A-13}
$$

显然，$\|\boldsymbol{x}\| \geqslant 0$。且仅当 $\boldsymbol{x}$ 为零向量时，其长度才等于零。长度为1的向量称为单位向量。

A.3 特征值和特征向量

1．基本概念

给定 n 阶方阵。若对向量 $\boldsymbol{x}$ 和数 λ 有

$$
\boldsymbol{A}\boldsymbol{x} = \lambda\boldsymbol{x} \tag{A-14}
$$

则可得齐次方程组

$$
\lambda\boldsymbol{x} - \boldsymbol{A}\boldsymbol{x} = (\lambda\boldsymbol{I} - \boldsymbol{A})\boldsymbol{x} = \boldsymbol{0} \tag{A-15}
$$

式（A-15）有非零解的充要条件为

$$
|\lambda\boldsymbol{I} - \boldsymbol{A}| = 0 \tag{A-16}
$$

λ 的 n 阶多项式

$$
\varPhi(\lambda) = |\lambda\boldsymbol{I} - \boldsymbol{A}| = \begin{vmatrix} \lambda - a_{11} & \cdots & -a_{1n} \\ \vdots & & \vdots \\ -a_{n1} & \cdots & \lambda - a_{nn} \end{vmatrix} \tag{A-17}
$$

称为特征多项式。式（A-16）称为特征方程。特征方程的 n 个根 $\lambda_1,\cdots,\lambda_n$ 称为特征值。若 $\lambda=\lambda_i$ 是 $\boldsymbol{A}$ 的一个特征值，则方程

$$
(\lambda_i\boldsymbol{I} - \boldsymbol{A})\boldsymbol{x} = \boldsymbol{0} \tag{A-18}
$$

的相应的非零解 $\boldsymbol{x}_i$ 称为对应于 λ_i 的特征向量。

2．基本定理

对特征值和特征向量有下列定理。

定理1：若$\lambda_1,\cdots,\lambda_k$为$\boldsymbol{A}$的不同特征值，则相应的特征向量$\boldsymbol{x}_1,\cdots,\boldsymbol{x}_k$线性不相关。

定理2：$\boldsymbol{A}$和$\boldsymbol{A}^{\mathrm{T}}$的特征值相同，$\boldsymbol{A}^*$的特征值是$\boldsymbol{A}$的特征值的共轭值。

定理3：若$\lambda_1,\cdots,\lambda_n$为$\boldsymbol{A}$的特征值，而$k$为一纯量，则$k\lambda_1,\cdots,k\lambda_n$为$k\boldsymbol{A}$的特征值。

3．相似与矩阵的对角线化

若n阶方阵$\boldsymbol{A}$和$\boldsymbol{B}$存在如下关系

$$\boldsymbol{B}=\boldsymbol{R}^{-1}\boldsymbol{A}\boldsymbol{R} \tag{A-19}$$

其中$\boldsymbol{R}$为满秩矩阵，则称$\boldsymbol{A}$与$\boldsymbol{B}$相似。

相似矩阵有下列定理。

定理1：相似矩阵具有同样的特征值、同样的行列式和同样的迹。

定理2：若$\boldsymbol{y}$是$\boldsymbol{B}=\boldsymbol{R}^{-1}\boldsymbol{A}\boldsymbol{R}$对应于$\lambda_i$的特征向量，则$\boldsymbol{x}=\boldsymbol{R}\boldsymbol{y}$是$\boldsymbol{A}$对应于$\lambda_i$的特征向量。

定理3：对角线矩阵

$$\boldsymbol{D}=\mathrm{Diag}(d_1,\cdots,d_n) \tag{A-20}$$

的特征值就是$d_1,\cdots,d_n$，而且有与这些特征值相应的下列n个相互正交的特征向量

$$\boldsymbol{E}_1=[1,0,\cdots,0]^{\mathrm{T}},\cdots,\boldsymbol{E}_n=[0,0,\cdots,1]^{\mathrm{T}} \tag{A-21}$$

定理4：任何与n阶对角线矩阵相似的n阶矩阵都有n个线性不相关的特征向量。

定理5：若n阶方阵$\boldsymbol{A}$有n个线性不相关的特征向量，则$\boldsymbol{A}$与对角线矩阵相似。

附录B 相关矩阵与时间平均自相关矩阵

横向滤波器的抽头输入$u(n),u(n-1),\cdots,u(n-M+1)$的自相关矩阵$\boldsymbol{R}$定义为

$$\boldsymbol{R}=E[\boldsymbol{u}(n)\boldsymbol{u}^{\mathrm{T}}(n)]=\begin{bmatrix} r(0) & r(1) & \cdots & r(M-1) \\ r(1) & r(0) & \cdots & r(M-2) \\ \vdots & \vdots & & \vdots \\ r(M-1) & r(M-2) & \cdots & r(0) \end{bmatrix} \tag{B-1}$$

式中，$\boldsymbol{u}(n)=[u(n),u(n-1),\cdots,u(n-M+1)]^{\mathrm{T}}$是横向滤波器的抽头输入向量。实输入信号向量$\boldsymbol{u}(n)$的自相关矩阵$\boldsymbol{R}$有如下特点。

1．自相关矩阵$\boldsymbol{R}$是实对称矩阵，即

$$\boldsymbol{R}^{\mathrm{T}}=\boldsymbol{R} \tag{B-2}$$

2．自相关矩阵$\boldsymbol{R}$是正定的或半正定的。这是因为，对于任一向量$\boldsymbol{v}\neq\boldsymbol{0}$，有

$$\boldsymbol{v}^{\mathrm{T}}\boldsymbol{R}\boldsymbol{v}=E[\boldsymbol{v}^{\mathrm{T}}\boldsymbol{u}(n)\boldsymbol{u}^{\mathrm{T}}(n)\boldsymbol{v}]=E\left[\left|\boldsymbol{u}^{\mathrm{T}}(n)\boldsymbol{v}\right|^{2}\right]\geqslant 0 \tag{B-3}$$

3．自相关矩阵$\boldsymbol{R}$为Toeplitz（特普利茨）矩阵，即其任一对角线上的元素相等。

由于输入的自相关矩阵$\boldsymbol{R}$是实对称矩阵，根据实对称矩阵的相应性质，可得到自相关矩阵$\boldsymbol{R}$有以下特点。

4．相应于$\boldsymbol{R}$不同的特征值的特征向量是相互正交的。

5．$\boldsymbol{R}$的所有特征值是实的并且大于或等于零。

6．特征向量矩阵$\boldsymbol{Q}$可以进行正交归一化以满足$\boldsymbol{Q}^{\mathrm{T}}\boldsymbol{Q}=\boldsymbol{Q}\boldsymbol{Q}^{\mathrm{T}}=\boldsymbol{I}$。

横向滤波器在时刻i的抽头输入向量$\boldsymbol{u}(i)=[u(i),u(i-1),\cdots,u(i-M+1)]^{\mathrm{T}}$的时间平均自相关矩阵为

$$\boldsymbol{\Phi}=\begin{bmatrix} \varphi(0,0) & \varphi(1,0) & \cdots & \varphi(M-1,0) \\ \varphi(0,1) & \varphi(1,1) & \cdots & \varphi(M-1,1) \\ \vdots & \vdots & & \vdots \\ \varphi(0,M-1) & \varphi(1,M-1) & \cdots & \varphi(M-1,M-1) \end{bmatrix} \tag{B-4}$$

当加权因子$\lambda=1$时，时间平均自相关矩阵$\boldsymbol{\Phi}$可重新表示为

$$\boldsymbol{\Phi}=\sum_{i=1}^{N}\boldsymbol{u}(i)\boldsymbol{u}^{\mathrm{T}}(i) \tag{B-5}$$

按照式（B-5）给出的定义，可以很容易地得到时间平均自相关矩阵的如下特性。

1．时间平均自相关矩阵$\boldsymbol{\Phi}$是实对称矩阵，即

$$\boldsymbol{\Phi}^{\mathrm{T}}=\boldsymbol{\Phi} \tag{B-6}$$

2．时间平均自相关矩阵$\boldsymbol{\Phi}$是非负定的，即对任意$M\times1$向量$\boldsymbol{x}$，有

$$\boldsymbol{x}^{\mathrm{T}}\boldsymbol{\Phi}\boldsymbol{x}\geqslant 0 \tag{B-7}$$

应用式（B-5）的定义，也可导出特性2如下

$$\boldsymbol{x}^{\mathrm{T}}\boldsymbol{\Phi}\boldsymbol{x}=\sum_{i=1}^{N}\boldsymbol{x}^{\mathrm{T}}\boldsymbol{u}(i)\boldsymbol{u}^{\mathrm{T}}(i)\boldsymbol{x}=\sum_{i=1}^{N}\left|\boldsymbol{x}^{\mathrm{T}}\boldsymbol{u}(i)\right|^{2}\geqslant 0$$

3．当且仅当时间平均自相关矩阵$\boldsymbol{\Phi}$的行列式非零时，时间平均自相关矩阵$\boldsymbol{\Phi}$是非奇异的。

4．时间平均自相关矩阵$\boldsymbol{\Phi}$的特征值全为实数且非负。

5．时间平均自相关矩阵$\boldsymbol{\Phi}$是两个Toeplitz矩阵的乘积，它们互为转置。

利用输入数据矩阵

$$\boldsymbol{A}=\begin{bmatrix}\boldsymbol{u}^{\mathrm{T}}(1)\\ \boldsymbol{u}^{\mathrm{T}}(2)\\ \vdots\\ \boldsymbol{u}^{\mathrm{T}}(N)\end{bmatrix}=\begin{bmatrix}u(1) & 0 & \cdots & 0\\ u(2) & u(1) & \cdots & 0\\ \vdots & \vdots & & \vdots\\ u(N) & u(N-1) & \cdots & u(N-M+1)\end{bmatrix} \tag{B-8}$$

时间平均自相关矩阵$\boldsymbol{\Phi}$可以表示为

$$\boldsymbol{\Phi}=\boldsymbol{A}^{\mathrm{T}}\boldsymbol{A} \tag{B-9}$$

从式（B-8）可以看出，$\boldsymbol{A}$是Toeplitz矩阵，因此从式（B-9）可以看出，时间平均自相关矩阵$\boldsymbol{\Phi}$是两个Toeplitz矩阵的乘积，它们互为转置。于是就完成了特性5的推导。

参 考 文 献

[1] Haykin S. Adaptive Filter Theory[M]. 3rd ed. Upper Saddle River: Prentice-Hall Inc., 1996.

[2] Alexander S T. Adaptive Signal Processing[M]. New York: Springer-Verlag New York Inc., 1986.

[3] Widrow B, Stearns S D. Adaptive Signal Processing. Englewood Cliffs: Prentice-Hall Inc., 1985.

[4] Paulo S R, Diniz. Adaptive Filter: Algorithms and Practial Implementation[M].2nd ed. Dordrecht: Kluwer Acadimic Publishers, 2002.

[5] Manolakis D G, Ingle V K, Kongon S M. Statistical and Adaptive Signal Processing[M]. New York: McGraw-Hill companies, Inc., 2000.

[6] 沈福民．自适应信号处理[M]．西安：西安电子科技大学出版社，2001.

[7] 姚天任，孙洪．现代数字信号处理[M]．武汉：华中理工大学出版社，1999.

[8] 陈尚勤，李晓峰．快速自适应信息处理[M]．北京：人民邮电出版社，1993.

[9] 张贤达．现代信号处理[M]．北京：清华大学出版社，1995.

[10] 何振亚．自适应信号处理[M]．北京：科学出版社，2002.

[11] 夏天昌．系统辨识[M]．北京：国防工业出版社，1985.

[12] 龚耀寰．自适应滤波——时域自适应滤波和智能天线[M]．2 版．北京：电子工业出版社，2003.